风力机叶片结构设计

王同光 李 慧 陈 程 叶婷婷 著

科 学 出 版 社
北 京

内 容 简 介

本书总结了作者关于风力机叶片结构设计方面的经验，系统地阐述了复合材料型风力机叶片结构应用的设计方法和技术方案，包括风力机叶片复合材料应用、构件、设计、方法、基础校核及高级校核；重点介绍了风力机叶片结构设计校核的方方面面，涉及基础理论、设计方法、结构校核、全尺寸测试；并结合风力机国际标准和规范给出大量设计实例。

本书可供从事风力机叶片设计和仿真的专业技术人员使用，也可作为高等院校风电专业的本科生和研究生的参考教材。

图书在版编目(CIP)数据

风力机叶片结构设计/王同光等著. —北京：科学出版社，2015.11
ISBN 978-7-03-046216-9
Ⅰ.①风… Ⅱ.①王… Ⅲ.①风力发电机－叶片－结构设计 Ⅳ.①TM315
中国版本图书馆 CIP 数据核字(2015) 第 262200 号

责任编辑：惠 雪 曾佳佳／责任校对：胡小洁
责任印制：赵 博／封面设计：许 瑞

科 学 出 版 社 出版
北京东黄城根北街 16 号
邮政编码：100717
http://www.sciencep.com
北京科印技术咨询服务有限公司数码印刷分部印刷
科学出版社发行 各地新华书店经销
*
2015 年 11 月第 一 版 开本：720×1000 1/16
2025 年 4 月第七次印刷 印张：24 1/4
字数：489 000

定价：139.00 元
(如有印装质量问题，我社负责调换)

前　言

由于石化能源危机和全球气候变化日趋严重，发展可再生能源已成为当今世界的迫切问题之一。在诸多可再生能源中，风能已成为最具代表性和商业化前景的清洁能源之一，受到世界各国的重视。我国风电产业发展快速，累计风电装机容量已多年位居世界第一，风电机组的国产化率也不断提高。但是，从根本上来说，我国风电技术自主创新能力薄弱，实践经验积累不足。因而，自主设计开发对我国风电产业的可持续发展是非常重要的。叶片是风力机中最基础和最关键的部件，叶片结构可靠性是保证叶片安全运行的基本条件。本书以实用为准则，致力于阐述风力机叶片结构设计的方方面面，涉及基础理论、设计方法、校核、测试等叶片设计产业链的各个环节，并给出满足国际标准和规范的大量设计实例。可供从事风力机叶片设计和仿真等方面工作的专业技术人员使用，也可作为高等院校相关专业的本科生和研究生的参考教材。

风力机叶片，到底是怎样的一种结构件？

是玻纤 + 树脂 + 芯材 + 结构胶形成的复合材料件？

是主梁 + 腹板 + 蒙皮 + 叶根组成的结构构件？

是梁单元 + 壳单元 + 体单元 + 点质量耦合的有限元薄壁组件？

……

风力机叶片就是一种复杂的结构形式，更是以上元件的综合，如果一定要给叶片一个术语，那应该叫做复合材料薄壁杆件结构。

针对复杂的风力机叶片结构，我们应该进行哪些工作呢？

是玻纤 + 树脂 + 芯材 + 结构胶这些复合材料件的选型吗？

是主梁 + 腹板 + 蒙皮 + 叶根这些结构构件的结构设计吗？

是梁单元 + 壳单元 + 体单元 + 点质量这些有限元单元的分析方法吗？

是复合材料薄壁杆件结构的强度+刚度+振动+屈曲+疲劳的校核与分析吗？

……

风力机叶片结构应涵盖复合材料、构件、设计、校核甚至包括抗冲击、断裂力学这些高级校核，用全方位的视角，细致地雕琢叶片的每一部件、每一剖面、每一构件、每一层铺层、每一层纤维与树脂，甚至可以研究到纤维微观方面的问题。

本书共分五篇，二十一章。第一篇为第 1~3 章，为叶片结构设计基础，介绍了结构工程师所需要的一些叶片结构背景知识，以便于灵活学习及应用理论基础，叶片设计基本准则作为结构设计的基石，复合材料基础作为结构设计的储备，结构设计基础是集成多方面设计约束的必要理论依据; 第二篇为第 4、5 章, 为叶片结构设计, 详细介绍了叶片结构件和功能件的构型设计和详细尺寸设计, 部分主要结构件还涉及一定的工艺设计, 本章节涉及的叶片结构件基本涵盖了主流叶片结构形式的所有结构部件, 力求全面阐述叶片结构件设计的诸多技术点; 第三篇为第 6~10 章, 为叶片结构设计方法, 包括叶片结构校核综述及方法, 结合风力机叶片的国际标准阐述叶片结构校核的要求与设计准则, 对应于工字梁、薄壁杆件理论和有限元理论, 分别介绍一维、二维和三维叶片结构分析方法; 第四篇为第 11~15 章, 为叶片结构构件设计, 介绍叶片结构的基本校核内容及叶片中的复合材料构件的细节分析内容, 主要包括层合板结构、夹芯结构、胶接连接和螺栓连接四种结构构件的分析方法; 第五篇为第 16~20 章, 为叶片结构设计专题, 介绍叶片校核的高级专题部分, 包括疲劳分析、抗冲击分析、断裂力学的层间分析与可靠性分析, 同时, 在本篇最后简述了叶片全尺寸测试的基本内容。在全书最后一章介绍了本书中未涵盖的内容, 意在抛砖引玉, 简明引出未来叶片的发展趋势。

本书是南京航空航天大学风力机设计团队和无锡风电设计研究院有限公司设计团队在风力机叶片结构设计方面通力合作的成果和工作总结。撰写过程中得到了郭大宏的大力支持与帮助, 同时要特别感谢南京航空航天大学张震宇、王珑、钟伟的指导, 以及无锡风电设计研究院的俞志强、李丹、梁庆新、倪士刚、郑海燕的支持, 尤其要感谢赵新华对本书提出诸多宝贵意见。在他们的通力协助下, 本书才能与各位读者见面。本书中引用较多叶片生产的照片, 源于无锡乘风科技有限公司的支持, 在此表示感谢。

作者对全书的编写作了非常大的努力, 力求为国内风电事业添砖加瓦, 本书经过再三校对, 但由于作者能力和水平有限, 纰漏之处在所难免, 盼各界人士赐予指正, 再版时加以修正。

作　者

2015 年 6 月

目　录

绪论······1

第一篇　叶片结构设计基础

第 1 章　基本准则······7
1.1　设计协调······7
1.2　设计基础······9
1.3　结构设计······10
1.4　结构重量与成本控制······11
第 2 章　复合材料基础······13
2.1　叶片复合材料结构件······16
2.2　叶片结构材料······19
2.3　增强纤维······19
2.4　树脂······21
2.5　其他结构材料······22
2.6　选材途径······22
2.7　复合材料力学测试······23
2.8　叶片复合材料工艺性······27
第 3 章　结构设计基础······31
3.1　设计基准······31
3.2　构型设计······42
3.3　结构设计流程······44

第二篇　叶片结构设计

第 4 章　结构件设计······49
4.1　主梁设计······50
4.2　腹板设计及缘条胶接······61
4.3　蒙皮设计······72
4.4　夹芯结构设计······73
4.5　前缘梁设计及前缘胶接······78

4.6 尾缘梁设计及尾缘胶接 …… 80
4.7 叶根加强层设计 …… 90
4.8 叶根连接设计 …… 92
4.9 优化设计讨论 …… 104
第 5 章 功能件设计 …… 106
5.1 叶尖设计 …… 106
5.2 防雷设计 …… 106
5.3 胶衣及喷漆 …… 109
5.4 运输加强层设计 …… 109
5.5 叶根盖板设计 …… 110
5.6 配重腔设计 …… 110
5.7 挡雨环设计 …… 111
5.8 双腹板 PE 管设计 …… 111
5.9 其他设计 …… 111

第三篇 叶片结构设计方法

第 6 章 结构校核准则 …… 115
6.1 结构校核总则 …… 115
6.2 叶片结构校核方法 …… 116
6.3 叶片结构校核概述 …… 116
6.4 强度分析 …… 118
6.5 稳定性分析 …… 118
6.6 变形分析 …… 121
6.7 动力学特性分析 …… 121
6.8 胶接分析 …… 122
6.9 层间分析 …… 122
6.10 疲劳分析 …… 122
6.11 高级分析 …… 123
第 7 章 一维方法 …… 124
7.1 工字梁理论 …… 124
7.2 叶片剖面模型简化 …… 126
7.3 叶片剖面强度计算 …… 128
7.4 叶片剖面强度分析 …… 130
7.5 叶片弯曲变形计算 …… 131

7.6 叶片剖面挠度分析 …… 132
7.7 一维方法误差分析 …… 133
7.8 一维方法应用拓展 …… 135
第 8 章 二维方法 …… 137
8.1 叶片强度计算 …… 138
8.2 叶片固有频率与特征模态计算 …… 151
8.3 等效疲劳载荷法计算疲劳损伤 …… 153
8.4 二维工程算法 …… 154
8.5 二维等截面有限元方法 …… 155
第 9 章 三维方法 …… 159
9.1 风力机叶片有限元分析 …… 159
9.2 叶片有限元建模 …… 160
9.3 叶片有限元模型局部细化 …… 168
9.4 叶片有限元边界与加载 …… 170
第 10 章 其他方法 …… 185
10.1 叶片建模流程 …… 185
10.2 叶片数据库 …… 186

第四篇 叶片结构构件设计

第 11 章 基本校核分析 …… 189
11.1 叶片基本校核 …… 189
11.2 结构校核安全系数 …… 190
11.3 强度校核 …… 193
11.4 刚度校核 …… 198
11.5 振动特性分析 …… 200
11.6 叶片整体屈曲 …… 207
第 12 章 层合板分析 …… 208
12.1 层合板理论 …… 208
12.2 层合板设计 …… 215
12.3 层合平板的屈曲 …… 217
12.4 纤维失效分析 …… 226
12.5 树脂失效分析 …… 228
12.6 层合板在叶片上的应用 …… 231

第 13 章　夹芯结构分析 ······ 233
13.1　夹芯结构基础 ······ 233
13.2　夹芯结构设计 ······ 234
13.3　夹芯结构分析 ······ 235
13.4　夹芯结构分析方法 ······ 237
13.5　夹芯结构在叶片上的应用 ······ 249
13.6　腹板屈曲分析 ······ 249
13.7　叶片局部屈曲分析 ······ 253
13.8　叶片截面屈曲分析 ······ 254
第 14 章　胶接连接分析 ······ 255
14.1　胶接理论 ······ 255
14.2　胶接连接设计 ······ 257
14.3　胶接工程算法 ······ 262
14.4　胶接连接分析 ······ 266
14.5　胶接连接在叶片上的应用 ······ 268
第 15 章　螺栓连接分析 ······ 271
15.1　叶根预埋工艺的结构校核 ······ 271
15.2　后打孔叶根工艺的结构校核 ······ 287

第五篇　叶片结构设计专题

第 16 章　疲劳分析 ······ 293
16.1　理论基础 ······ 293
16.2　复合材料疲劳 ······ 298
16.3　叶片疲劳校核流程 ······ 301
16.4　疲劳载荷 ······ 302
16.5　疲劳校核危险点选取 ······ 303
16.6　叶片疲劳校核方法 ······ 304
16.7　叶片疲劳损伤判断 ······ 309
第 17 章　叶片抗冲击分析 ······ 311
17.1　冲击损伤分析技术 ······ 311
17.2　显示时间积分方法 ······ 314
17.3　材料本构关系 ······ 315
17.4　叶片抗冲击校核 ······ 316
17.5　叶片抗冲击试验 ······ 318

第 18 章　断裂力学与层间分析 …… 319
18.1　复合材料的断裂分析 …… 319
18.2　断裂力学中的主要参数 …… 319
18.3　断裂力学计算方法 …… 320
18.4　哑节点断裂单元 …… 328
18.5　复合材料层间应力 …… 334
18.6　叶片的层间失效与断裂破坏 …… 338
第 19 章　可靠性分析 …… 340
19.1　复合材料损伤容限 …… 340
19.2　可靠性 …… 342
第 20 章　叶片全尺寸测试 …… 346
20.1　概述 …… 346
20.2　材料测试与构件测试 …… 346
20.3　叶片全尺寸测试简介 …… 348
20.4　叶片数据与试验件要求 …… 349
20.5　试验台 …… 350
20.6　设计载荷与测试载荷 …… 353
20.7　失效模式 …… 354
20.8　质量与动态特性测试 …… 354
20.9　静强度测试 …… 355
20.10　疲劳测试 …… 358
20.11　破坏性测试 …… 358
第 21 章　总结与展望 …… 359
21.1　设计与流程 …… 359
21.2　校核与经验 …… 360
21.3　设计和校核之外的眼界 …… 361
21.4　对未来的展望 …… 362
21.5　回到原点 —— 复合材料薄壁杆件结构力学 …… 364
参考文献 …… 366
附录 A　坐标系 …… 368
附录 B　WB45.3 叶片 …… 371
名词索引 …… 372

绪　论

叶片是风力发电机组中最基础和最关键的部件，叶片设计中要进行空气动力学计算和结构力学计算等。为了最大限度地利用风能，叶片外形根据空气动力学原理设计而成，为了满足叶片质量轻、刚度大、强度高和耐疲劳等特性，叶片主体部分由复合材料制作而成。

从结构的角度看，风力机叶片结构分析的关键是 “**复合材料薄壁杆件结构力学**” 这 12 个字。

力学，是分析外部作用 (载荷和位移) 与内部响应 (应力和应变等) 之间关系的一种分析方法，这也是叶片结构分析的依据。从静力学的角度看，叶片的结构通过合理的简化，经过气动和气弹的仿真，可以得到结构所需承担的外部载荷，将该外部载荷加到叶片结构上，分析各个细部的内部应变，确定未超出许用值。从动力学角度，以上气动和气弹仿真与结构分析过程应该有更深入的流固耦合分析，以目前计算机的计算能力，大多数气动和气弹模型中仅将叶片作为欧拉梁单元简化进行分析，而很少让整个结构的细节模型参与到流固耦合的分析中，由此方法产生的误差，目前在工程上是可行的，也是主流的方法。

结构力学，是一种层层分解的系统化、结构化的力学分析方法。通过工程方法层层细分的分析，或通过有限元方法的分析，亦或通过解析的方法对可解析描述的形状和奇点附近的结构进行分析，都是一种由全局逐步细化的结构化分析方法，对叶片的结构从宏观到微观有一个逐层深入的体现。

杆件，是某一方向的特征尺度远大于另两个方向特征尺度的结构。因为大型的风力机叶片长度为几十米，而宽度 (最大弦长) 通常为几米，其展弦比在 10 以上，所以可以用杆件的研究方法来研究。杆件的研究中有很多独特的方法，也有很多便于分析的简化，特别是采用梁理论进行简化。如采用欧拉梁理论，利用平面变形假设，将杆件所承担的弯曲与拉压效应和其所承担的剪切与扭转效应进行解耦，将复杂的三维结构求解问题简化为若干个二维等截面结构的求解问题，大大简化了每一个子问题的复杂度，然后再将各个二维求解的结果通过梁理论在三维内进行整合，又获得一个全局的效果。或者说，在对杆件理论理解深刻并简化得当的情况下，可以在全局上将 3D 结构解耦为 1D 梁和若干个 2D 等截面或近似等截面梁。在本书中，第 7 章的一维方法与第 8 章的二维方法就是对以上杆件理论应用在风力机叶片领域之后最直接的一个解耦。

薄壁，是壁厚方向特征尺度远小于其他方向特征尺度的结构。叶片壳体的厚度为几毫米到 100mm(主要是叶根部位) 不等，而叶片的弦长通常在 1m 以上 (叶尖除外)，所以径向特征尺度与壁厚特征尺度之比远大于 10，通常大于 30，所以可以用薄壁的研究方法来研究。由于是薄壁，对正应力的计算，可以将各种刚度特征线性叠加，在几何分析时也有很多忽略小量的简化分析方法，从而大大简化计算；对于剪应力的计算，也可以采用薄壁杆件通常使用的剪力流方法来进行研究和分析，将一个二维的平面问题简化为剪力流沿一维曲线的运动，即一维的微分方程，能够快速地进行分析。

在腹板的支撑作用下，整个叶片的大部分区域的截面形式是一种多闭室薄壁杆件。目前，风力机叶片通常采用三闭室薄壁形式，即两腹板的结构形式；在小型的风力机叶片中也有两闭室 (单腹板) 或者单闭室 (无腹板) 的形式，而更大型的风力机也会考虑采用截面内四闭室 (三腹板) 等多闭室结构形式。这种多闭室的结构在杆件结构分析中，也有很多成熟的分析方法。本书第 9 章主要介绍的是薄壁杆件的结构力学相关内容。

通过以上**薄壁 + 杆件**，叶片上的三维空间的偏微分方程的求解，已经简化为沿叶片展向若干个独立截面下，若干个一维曲线上物理特性的常微分方程，且方程的自由度较低。自由度的大大降低，提供给工程师一种快速的进行工程计算的可能性。早期的叶片设计，主要是通过手算完成；后来，针对该方法开发了计算机程序；即便在有限元软件已经高度发展的今天，以上薄壁方法仍然作为工程人员经验的重要来源之一，可以避免有限元软件只见云图、不见原理的不足。

需要注意的是，在叶片的某些部位，以上薄壁杆件的前提条件并不成立，或者说存在例外而造成引入的误差会比较大，如对于杆件而言刚度突变或几何不连续的部位附近，如对于薄壁而言厚度突变的部位，如对于多闭室而言尾缘部位的连接方式等，这些特征的存在对直接分析整个结构提出了要求。对于这些部位，有限元分析方法仍然是最快速的分析方法，本书第 10 章描述了整体建模分析的方法。

复合材料，存在比强度高、比模量高、可设计性强、热稳定性好、高温性能好等优点，但同时存在材料各向异性、材料分散度高、成本昂贵、韧性较差等缺点 [1]。整个叶片结构本身为纤维增强复合材料，几乎所有承力构件形式基本都是复合材料结构件，其中叶片承力梁主梁、前缘梁、尾缘梁和无夹芯的蒙皮部位均可作为复合材料层合板；叶片壳体芯材段及整个腹板结构可作为夹芯结构；叶片合模中的前缘、尾缘和腹板缘条黏接可作为胶接结构；叶根通过螺栓与变桨轴承、轮毂连接到一起可作为螺栓连接件。以上层合板结构、夹芯结构、胶接结构和螺栓连接结构四种结构，就是常见的复合材料结构件。对此四种结构的深入研究，可以建立起复合材料力学与风力机叶片结构之间的关系。

复合材料的微观特性方面，研究增强相与基体之间的物理、力学、化学关系，属于复合材料力学范畴，本书不做进一步的探讨。

综上所述，“复合材料、薄壁杆件、结构力学”12 个字是风力机叶片结构分析的关键，如图 0-1 所示，其中复合材料是材料特性，薄壁杆件是结构形式，结构力学是研究方法，只有充分理解以上理论的精髓，并将理论与实践结合，才能对叶片的结构获得既深入又细致的理解。

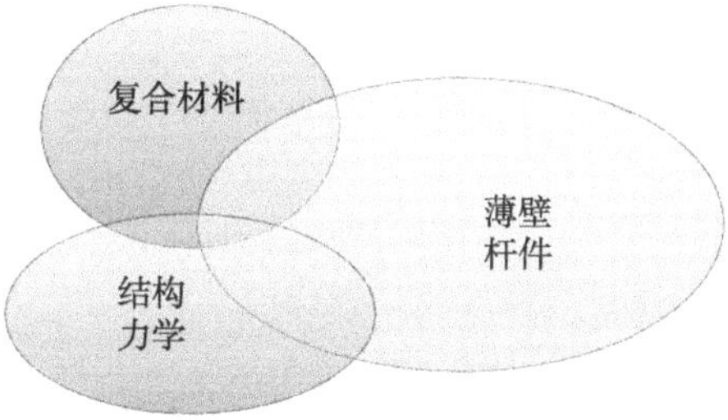

图 0-1 复合材料薄壁杆件

本书基于五大学科基础，采取五种分类原则，逐节逐层介绍叶片结构设计与分析的方方面面。详见表 0-1。

表 0-1 本书章节划分

学科基础	分类	章节
复合材料件	四大构件	2 复合材料基础 12 层合板分析 13 夹芯结构分析 14 胶接连接分析 15 螺栓连接分析
薄壁杆件	四种方法	7 一维杆件方法 8 二维薄壁方法 9 三维有限元方法 10 其他方法
结构	两类部件	1 基本准则 3 结构设计基础 4 结构件设计 5 功能件设计
力学	*N*种分析	6 结构校核准则 11 基本校核分析 16 疲劳分析 17 叶片抗冲击分析 18 断裂力学与层间分析 19 可靠性分析
测试	全尺寸测试	20 叶片全尺寸测试

第一篇

叶片结构设计基础

第1章　基本准则

1.1　设计协调

叶片的设计过程涉及气动、结构、工艺等多个学科方面的工作，为了得到性价比最优的叶片，通常会给这几项工作设定指标。一个良好的叶片设计能够体现所有设计因素之间的平衡，事实上某些单指标最优的要求是无法达到的，因此在叶片设计过程中，各部门各专业有必要针对叶片各方面的设计指标，进行协商与协调，给出一套折中的设计方案。设计部门或生产部门在叶片设计过程中，如果把自己的工作看得太重，忽略一些其他部门考虑的设计指标，设计出来的叶片有可能应用价值较小 [2]。

气动工程师为了追求完美的流线型气动外形，以发电量最大作为单一的设计指标，将设计出见表 1-1 的叶片外形，叶片外形很薄且各截面造型很连续，但此时很难满足结构强度要求及制造要求。

表 1-1　气动工程师设计叶片

A – 流线型外形
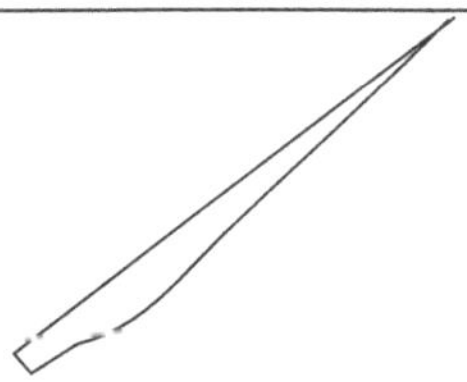

结构工程师为了追求高强度和高刚度的叶片结构布局，以承载能力作为单一的设计指标，将设计出结构工程师所追求的叶片，见表 1-2 的圆管式、椭圆式、桁架式、矩形箱式、工字梁式等，以结构受力特性为主导的最好的结构形式是桁架式。但无论哪种结构，其气动特性很差，难以满足发电量要求。

工艺工程师为了追求制造方便及生产成本低，以加工便捷作为单一的设计指标，将设计出等厚度平板、圆管 + 蒙皮等叶片形式，见表 1-3，但这种叶片的外形难以满足结构强度要求，且捕获风能效率低。

风力机发展的初始阶段，小型风力机有以上方式的组合，在结构不主导设计时，仅考虑一定气动扭角的薄片带来了加工上的便利，如 P1 即可形成片状的小型风力机叶片；考虑一定的结构特性，荷兰风车有采用 S2+ 帆布蒙皮即可形成桁架结构形式的风力机叶片。

表 1-2　结构工程师设计叶片

S1–圆管结构	S2 – 桁架结构	S3 – 工字梁结构	S4 – 其他各种力学形式
	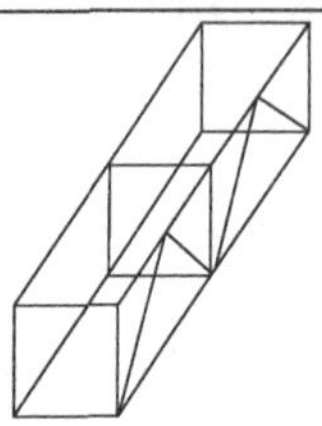	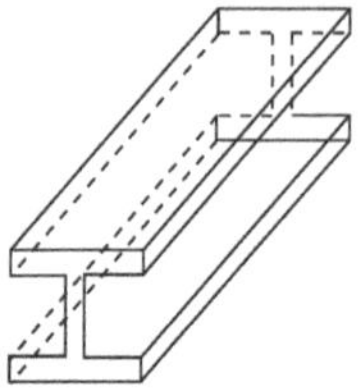	……

表 1-3　工艺工程师设计叶片

P1 – 平板形	P2 – 圆管 + 蒙皮
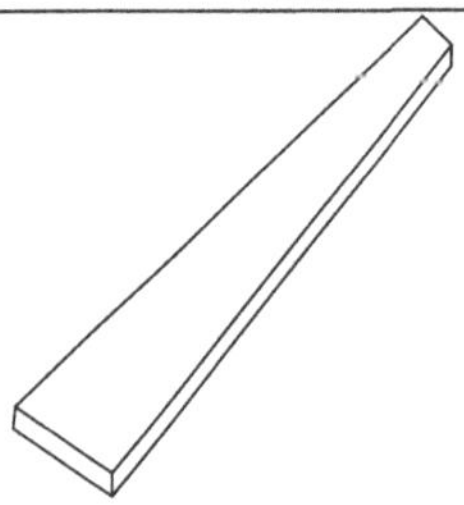	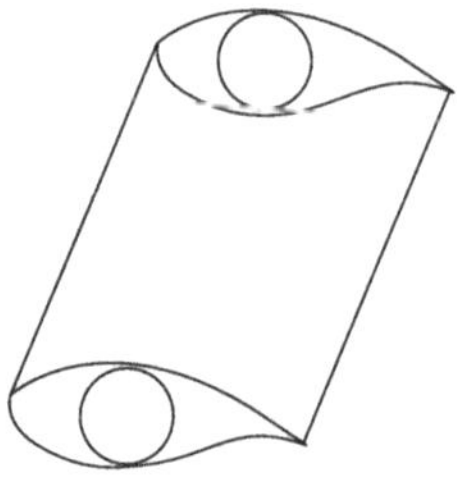

风力机起步的早期，叶片的形式多种多样，其材料有木、铁、铝、帆布、塑料等，结构形式有 O 形梁、D 形梁、方形梁、工字梁、实心式等多种 [3,4]。随着风力机的不断发展和成熟，特别是随着风力机的大型化，水平轴、升力型、上风向、三叶片、变桨距、变转速、兆瓦级的风力机已经成为世界风能利用的主要形式，叶片设计中必须综合考虑气动、结构、工艺等方面的可设计性与可实施性，于是，叶片形式逐渐固定下来，纤维增强复合材料、真空导注工艺、薄壁杆件结构的叶片已经成为最常见的一种结构形式。无特殊说明，本书中所述叶片均为以上构型的叶片。

目前，大型风力机叶片通常为复合材料薄壁杆件结构，进行叶片结构设计时应从多方面多学科角度综合考虑结构设计的要求和原则。图 1-1 显示风力机叶片结构与多学科密切相关，包括气动、载荷、机械、工艺、材料、检测、维护维修等产品全生命周期。

叶片结构在复合材料叶片开发中属于承上启下的关键技术环节，与气动、气弹、机械、工艺、材料和测试方面都有很密切的关联，如图 1-2 所示。

综上所述，综合考虑叶片设计多学科领域及叶片结构与其他学科的交集，以复合材料薄壁杆件结构形式为主，大型风力机叶片外形及结构剖面如图 1-3 所示。

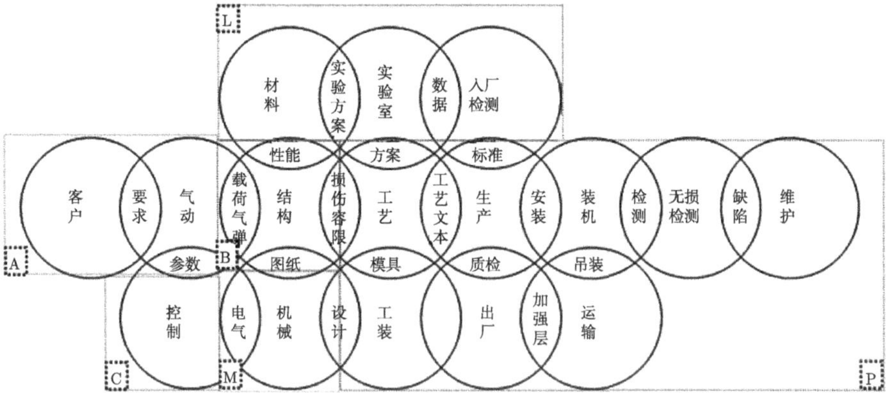

图 1-1　叶片设计多学科领域

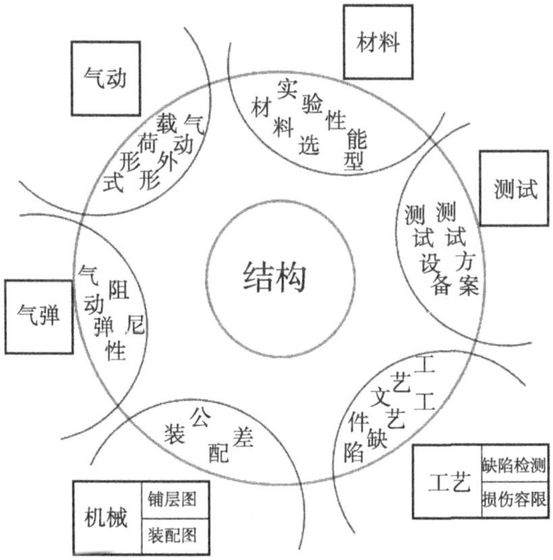

图 1-2　叶片结构与其他学科的相关性

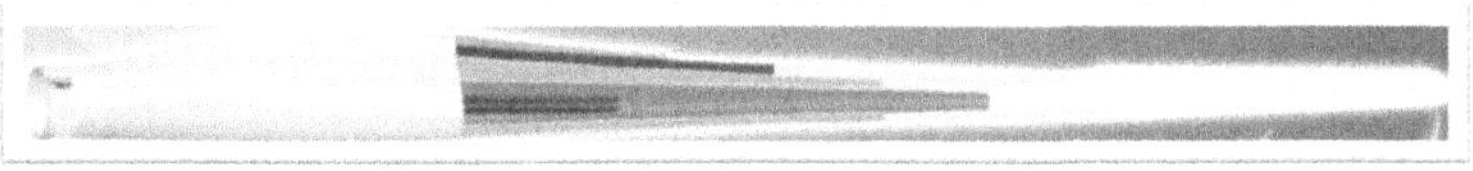

图 1-3　叶片形式

1.2　设 计 基 础

作为结构设计人员，应考虑到设计学和工程学的基础以及它们之间的相互影响 [2]。应充分了解专业的工程学科知识，以便评估一些因素 (如载荷、材料、总重约束、维护维修、成本控制、试验方法等) 对设计的影响，如图 1-4 所示。

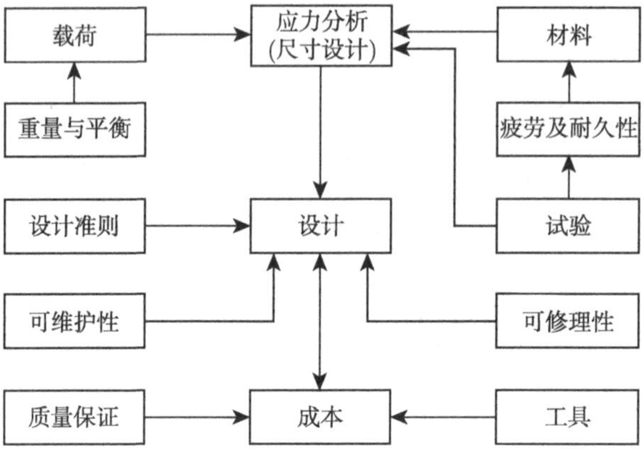

图 1-4　结构设计人员的工作内容

1.3 结构设计

1. 结构件设计

叶片的结构件按照构件来分，一般包括层合板结构、夹芯结构、螺栓连接结构与胶接结构。各种结构件的结构形式要满足强度、刚度、损伤容限与维修性设计的基本要求。详见本书第 4 章。

2. 结构连接设计与分析

结构的连接设计与分析一般分为胶接连接设计和螺栓连接设计。叶片合模中，腹板、前缘和尾缘合模区域都为胶接连接，叶根与变桨轴承及轮毂之间为螺栓连接。详见本书第 14 章和第 15 章。

3. 结构细节设计

叶片细节设计密切相关于叶片工艺设计与工艺实施，完成叶片结构校核与分析后，结合工艺实现叶片细节设计。表 1-4 列出结构细节设计的关键点，通常表中内容都应在叶片图纸中标注出来 [5]。

4. 结构的整体化设计

结构的整体化设计是实现高效复合材料结构的重要途径。复合材料结构由于其制造工艺的特殊性，不同的结构组分既可直接通过纤维的连续铺放、编织或缠绕等结为一体；也可通过共固化或胶接共固化等途径，在复合材料结构的材料形成过程中结为一体；还可以通过二次胶接等连接方式构成。复合材料结构的这一特征被称为结构整体化。

表 1-4　结构设计细节

序号	考虑因素	内容
1	铺层	各铺层应该展开成平面或近似展开成平面，错层处理
2	表面及表面粗糙度	叶片外形表面粗糙度的气动性能影响
3	构件厚度偏差	厚度偏差应满足一定公差要求，误差累积
4	变厚区过渡	厚度变化应避免突变，宜采用渐变或台阶逐级过渡
5	拐角	拐角处应避免形成尖角，宜采用圆弧过渡
6	脱模斜度	对于有小闭角的结构，在不影响装配协调或与型面无关的情况下，应给出脱模斜度
7	可检性	对整体成型的结构，应留有无损检测开口，不能留有检测盲区
8	装配	对于因厚度偏差引起的装配偏差，应允许用复合材料补偿
9	共固化结构布置	管路设计
10	蜂窝夹芯结构边缘加强	加强铺层应均匀地加于面板铺层之间
11	薄弱环节的界面强化	在分层破坏的区域的某一层或若干层加胶黏剂等
12	黏接面表面粗糙度	用于黏接面表面处理，提高表面胶接特性

1.4　结构重量与成本控制

叶片的重量控制由铺层材料与复合材料性能、结构形式与结构设计、工艺设计与实施共同主导。

对于叶片结构设计来说，决定结构尺寸的结构设计与应力分析中必须要考虑重量问题。结构设计的目标就是提供一种结构来保证风力机叶片运行过程中最有效地实现其功能，也就是在叶片运行全寿命周期内所需要付出的代价最小。这种全寿命周期是指从最初设计开始到运行满 20 年的全过程。

众所周知，在飞机行业应严格控制飞机总重，其重量影响的因素比较广，特别是直接影响载重和燃油；而作为“低速重载”的风力机叶片，与飞机不同，叶片更关注自身的成本及由叶片总重直接影响的风力发电机组成本 [2]。

叶片重量的控制有两个目的，一是叶片自身的疲劳来源于自身重量，所以叶片重量减少，可以使得叶片的载荷进一步减小，进而继续优化叶片重量；另一方面，叶片的重量增大所导致的风轮重量增加是变桨轴承、变桨系统、轮毂、主轴、主轴承齿轮箱、底架等零部件的疲劳载荷的来源，叶片的重量的优化，有利于这些零部件的优化设计。从这个角度讲，叶片每减重 1kg，可带来的整机成本下降要远大于叶片减重的成本，所以现代风力机，特别是大型化的风力机，为减重叶片而不惜采用碳纤维等高性能的昂贵材料。

叶片成本的约束较广，简单说来，叶片成本以直接材料成本 + 间接材料成本

+ 人工成本 + 管理成本 + 维护成本等部分构成，为方便起见，在设计期，对成本采用直接材料成本 × 固定费率 + 固定费用的方式进行计算；对于生产规划阶段，对成本的计算应考虑生产规模 (产能或产量)、模具等特种工装数量、运输三个主要要素。而如果要想更细致的分析，则需要考虑工人的熟练程度和当地工资水平、季节和仓储、装机地点与运输成本、风场环境与维护成本、运行环境及维护费用等综合因素，将叶片整体视为一套产业链体系，分为叶片研发、设计、工艺、培训、采购、生产、物流、质检、经销、销售、工程、服务和维护维修等多方面的工作，在不同的环节侧重点不同，但是整个叶片产业链系统中应以追求成本最低为原则，控制好叶片产业链的方方面面，合理控制叶片成本。

第2章　复合材料基础

从广义上讲，复合材料是由两种或两种以上不同化学物质的组分组合而成的材料。但在现代材料学中，复合材料专指由两种或两种以上不同相态的组分所组成的材料[6]。其特点是材料、结构和外形三者同时形成。该类材料不仅性能优于组成中的任意一个单独的材料，而且还具有组分单独不具有的独特性能。纤维与树脂组成的纤维复合材料，具有较高的方向性性能，它的各种性能，特别是强度性能随方向的不同而不同。

表 2-1　复合材料的分类

<table>
<tr><td rowspan="6">复合材料</td><td colspan="4">功能复合材料</td></tr>
<tr><td rowspan="5">结构复合材料</td><td>颗粒复合材料</td><td colspan="2">非金属-非金属
非金属-金属
金属-非金属</td></tr>
<tr><td>层合复合材料</td><td colspan="2">双金属片
涂覆金属
夹层玻璃
……</td></tr>
<tr><td rowspan="3">纤维增强复合材料</td><td>纤维种类</td><td>玻璃纤维
硼纤维
碳纤维
碳化硅纤维
氧化铝纤维
芳纶纤维
玄武岩纤维
超高分子量聚乙烯纤维
……</td></tr>
<tr><td>基体材料</td><td>树脂基体
陶瓷基体
碳基体
……</td></tr>
<tr><td>纤维形状</td><td>连续纤维
短切纤维
空心玻璃纤维
玻璃粉及磨细纤维
……</td></tr>
</table>

复合材料从应用性质上可以分为功能复合材料和结构复合材料。其中，结构复

合材料根据增强材料的几何形状，分为三大类：颗粒复合材料、层合复合材料和纤维增强复合材料 [1]。纤维增强复合材料又可以根据其纤维种类、基体材料和纤维性状进一步进行细分。复合材料的具体分类见表 2-1。

关于复合材料的研究建议参见相关书籍，本书不再赘述。

目前风力机叶片行业主要应用复合材料，所采用纤维增强材料主要是由基体材料和增强材料两种组分组成的结构复合材料，如图 2-1 所示。

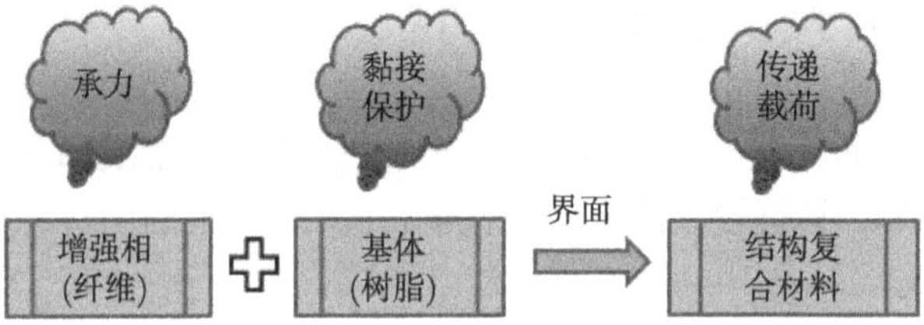

图 2-1　结构复合材料

叶片设计中用到的复合材料主要有：纤维增强体，树脂基体，结构芯材 (包括 Balsa 木和 PVC 等)，结构胶黏剂，表面漆与胶衣等。

本章以 WB45.3-2.0MW 的叶片为例 (WB45.3 叶片参数详见附录 B)，叶片总重约 9t，其中 95%以上的重量为不同组分的复合材料。可见，复合材料在风力机叶片中占有举足轻重的地位。

1. WB45.3 各部件的材料

叶片各部件的主要铺层材料包括单向布、多轴布 (三轴布、双轴布)、胶黏剂、芯材 (PVC、Balsa 木) 和金属件，如图 2-2 与表 2-2 所示。

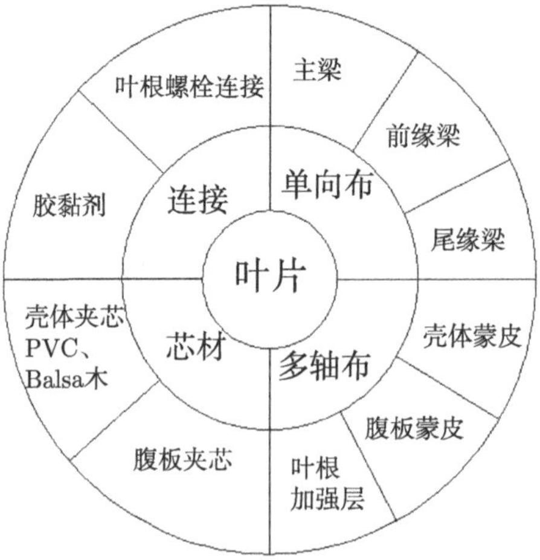

图 2-2　叶片各部件材料划分

叶片各部件属于不同的结构形式，各主要部件的主体材料见表 2-2。

表 2-2　某款叶片主要部件材料形式

部件	材料形式
主梁	单向布
壳体蒙皮	多轴布 (三轴布、双轴布)
腹板蒙皮	多轴布 (三轴布、双轴布)
芯材	PVC、Balsa 木
前缘梁	单向布
尾缘梁	单向布
胶接连接	结构胶黏剂 (环氧、聚酯等)
叶根加强层	三轴布
其他	金属件

2. WB45.3 各部件的表面积占比

WB45.3 叶片总表面积约 210.6m^2，叶片整体结构形式的主要构件为：前缘梁、前缘芯材 (Balsa 木、PVC)、主梁、尾缘芯材 (Balsa 木、PVC)、尾缘梁和其他构件。

从图 2-3 可以看出，叶片表面积占比中，芯材占了绝大部分的分量，包括 PVC 和 Balsa 木在内的前缘芯材和尾缘芯材占叶片总表面积的 67%，即叶片总表面积的 2/3 都是芯材。且由于叶片壳体与腹板组成的多闭室结构，尾缘空腔很大，尾缘芯材占叶片总表面积的 44%。而包括主梁、尾缘梁和前缘梁的梁结构件则占叶片总表面积的 22%。

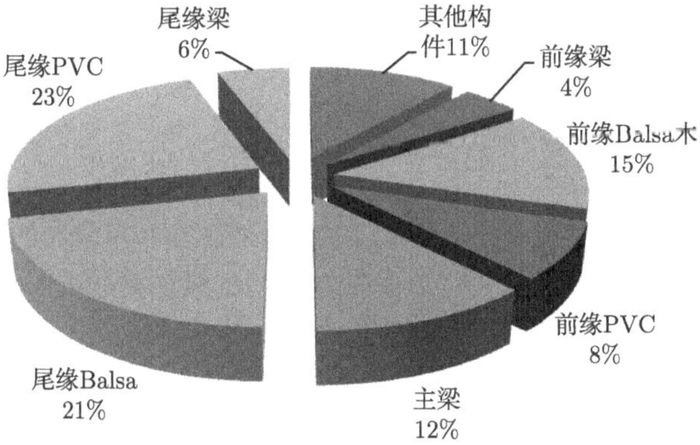

图 2-3　某款叶片主要部件占表面积比

3. WB45.3 各材料占重量百分比

综合以上，WB45.3 各部件的表面积占比及 WB45.3 各部件的材料，其 2.0MW 叶片的各材料占重量百分比如图 2-4 和表 2-3 所示。

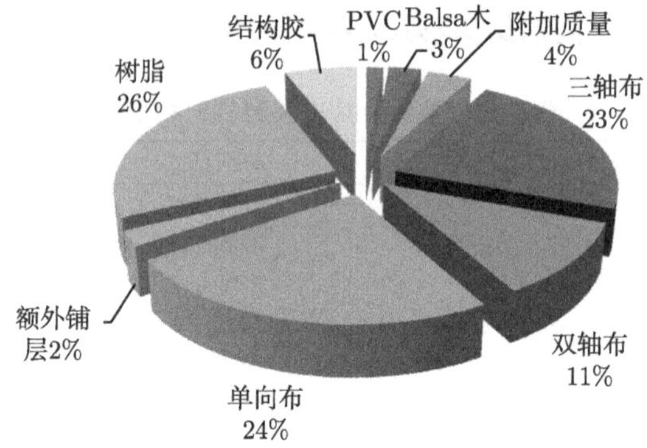

图 2-4　WB45.3 叶片 BOM

表 2-3　WB45.3 叶片材料占重量百分比

材料明细		占重量比例/%	
三轴布		23	
双轴布		11	
单轴布	主梁单向带	21	24
	尾缘梁单向带	3	
额外铺层		2	
树脂	灌输	24	26
	手糊	2	
结构胶		6	
PVC		1	
Balsa 木		3	
附加质量	填充和胶衣	1.3	4
	接闪系统	0.3	
	配重腔	0.2	
	盖板	0.3	
	T-螺栓	1.9	

从图 2-4 和表 2-3 可以看出，包括三轴布、双轴布和单轴布的玻纤织物占叶片总重的绝大部分，占重量比为 58%。叶片成型所需的灌输树脂占叶片重量比的 23%，而用于合模黏接的手糊树脂占叶片重量比的 2%。叶片芯材 (PVC、Balsa 木) 虽然占叶片总表面积比的绝大部分，但占总重量比的比重很小，仅 4%。用于叶片整体合模的结构胶黏剂，涂抹于腹板缘条、前缘合模区和尾缘合模区，占总重量比的 6%。

2.1　叶片复合材料结构件

叶片复合材料主要应用玻璃纤维与树脂基体，局部加强区域可采用碳纤维与树脂基体。同时，连续纤维与短纤维都以不同的形式应用于叶片结构中，如图 2-5

所示。目前大型风力机叶片大多采用玻璃纤维增强环氧树脂复合材料 (GFRP)[7]，其叶片有以下特点：

(1) 根据风力机叶片的受力特点设计强度与刚度。风力机叶片主要是纵向受力，即气动弯矩和离心力，气动弯矩载荷比离心力大得多，而由于剪切与扭转产生的剪切应力不大，利用纤维受力为主的受力理论，可把主要纤维方向安排在叶片的纵向，这样就可减轻叶片的重量。

(2) 翼型容易成型，并达到最大气动效率。为了达到最佳气动效果，叶片具有复杂的气动外形。在风轮的不同半径处，叶片的弦长、厚度、扭角和翼型都是不同的，如用金属制造十分困难。GFRP 叶片可实现批量生产。

(3) 叶片使用 20 年，要经受多次疲劳交变，因此材料的疲劳性能要好。GFRP 疲劳强度较高，缺口敏感性低，内阻尼大，抗震性能较好，是制作叶片的理想材料。

(4) GFRP 耐腐蚀性好。风力机安装在户外，近年来又大力发展离岸风电场，风力机安装在海上，风力机组及叶片要受到各种气候环境的影响，它应具有耐酸、碱、水汽的性能。

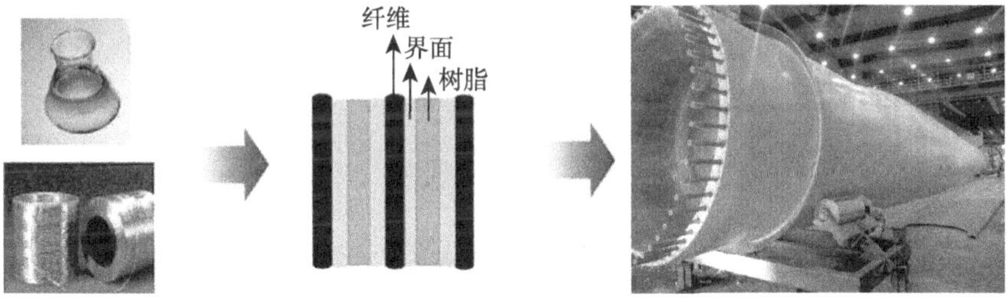

图 2-5　叶片复合材料应用

叶片的构造较复杂，由叶片外壳、主梁、夹层结构、前缘和尾缘加强层等构件组成，模型建立较困难。有限元强大的建模和结构分析功能适于叶片的应力、变形、频率、屈曲、疲劳等分析。大型风力机叶片采用腹板支撑主梁结构，叶片前缘和尾缘区域有夹芯结构，在气动载荷作用下叶片局部受压区域发生局部屈曲破坏。叶片尾缘夹芯区域较宽，易发生失稳，因此芯层和面层的厚度可采用复合材料夹层结构稳定理论进行计算。

复合材料叶片结构形式如图 2-6 所示，根据风力机叶片的受力特性，一般情况下叶片蒙皮和腹板蒙皮采用双轴布或三轴布铺层，主梁和尾缘梁等梁结构采用单向玻纤布的铺层，叶片外壳和腹板夹芯结构采用芯材，如 Balsa 木、PVC 泡沫、PMI 泡沫、PU 硬质泡沫等。叶片整体采用合模黏接，前缘、尾缘和腹板缘条段采用胶接连接。同时，叶片整体需要与变桨轴承、轮毂连接，叶片叶根段采用螺栓连接。

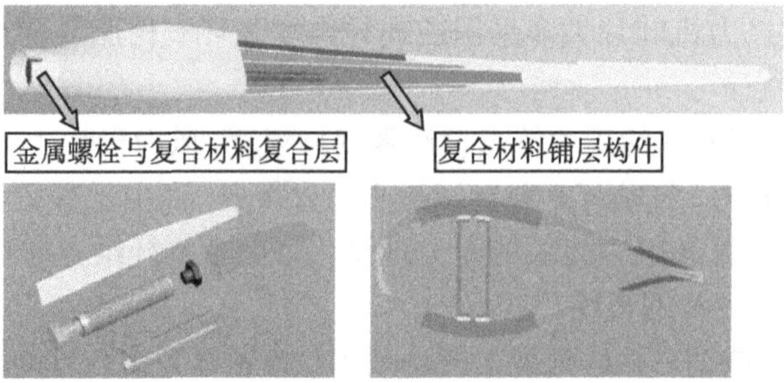

图 2-6　复合材料叶片构件

叶片结构主要以四大结构件的形式体现于叶片剖面中，如图 2-7 所示，包括层合板结构、夹芯结构和胶接连接结构，而螺栓连接结构用于叶根与轴承连接，未体现于叶片剖面结构形式中。本书将在第 12～15 章节中深入展开介绍这四种结构件。本书中未选用特殊结构剖面形式，如尾缘三腹板和钝尾缘，三腹板结构一般用于大叶片的最大弦长局部，为了提高局部的抗屈曲特性，防止大叶片的尾缘无支撑空腔过大而发生局部屈曲；同时，钝尾缘需综合考虑气动、结构、工艺的设计特点，一般出现在大叶片的叶根至展向最大弦长段。叶片铺面的结构形式与区域划分的示意图详见图 2-8 及表 2-4。

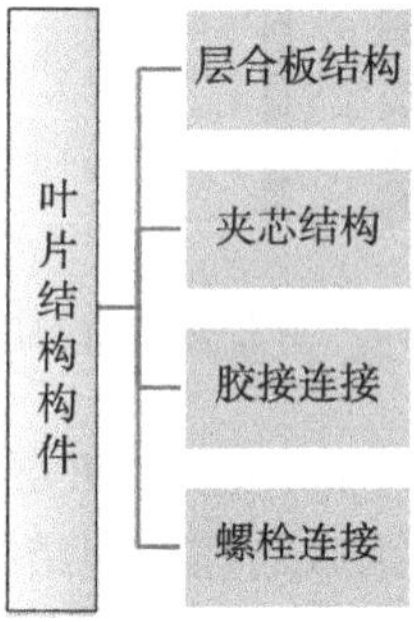

图 2-7　叶片结构构件

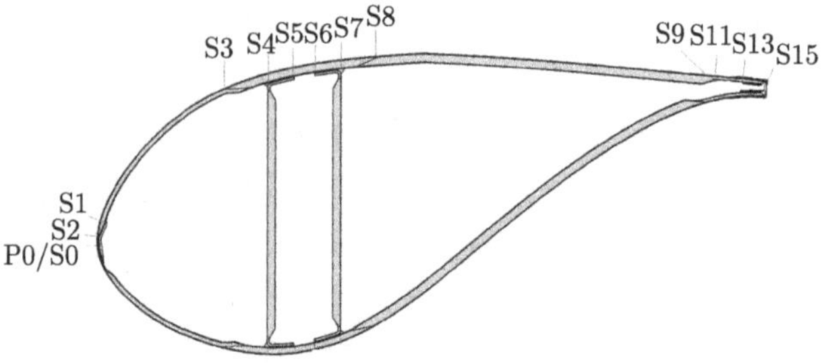

图 2-8　叶片结构剖面形式

表 2-4 叶片结构构件 (S 面为例)

叶片构件	起点	终点	部件
层合板结构	S0	S1	前缘梁
	S3	S8	主梁
	S9	S13	尾缘梁
	S2	S3	S 面前缘夹芯
夹芯结构	S8	S9	S 面尾缘夹芯
	S4	P面	前缘腹板
	S7	P面	尾缘腹板
胶接连接	S0	S1	合模前缘胶接
	S13	S15	合模尾缘胶接
	S4	S5	腹板缘条与壳体胶接
	S6	S7	

2.2 叶片结构材料

叶片一般采用 E-Glass ＋环氧树脂，价格低廉，性能较好；而大型叶片可采用碳纤维与玻纤混杂或碳纤维＋环氧树脂，成本较高，性能优良，提高叶片刚度的同时可控制叶片总重。

一般情况下，60m 左右长度的叶片是单纯使用玻璃纤维增强体叶片长度的临界尺度，大于此尺度的叶片可使用碳纤维增强，当叶片的尺寸大到一定程度时，由于使用碳纤维增强，玻纤和树脂的用量可以减少，其综合成本可以做到不高于玻纤复合材料。大丝束碳纤维的研发生产进一步促进了碳纤维的应用。

2.3 增 强 纤 维

现阶段，市场上的叶片采用的纤维增强体多为玻璃纤维中的 E-Glass，未来发展方向为采用重量轻、高比模量、高比强度的纤维增强体，如 S-Glass、碳纤维、超高分子量聚乙烯纤维等。

1. E-Glass

无碱玻璃纤维 E-Glass 是一种铝硼硅酸盐成分，其比强度高、耐疲劳性好、介电性能优异，在 600℉ (320℃) 时可保持 50%的拉伸强度，耐化学、耐腐蚀以及耐环境的性能好。E-Glass 已经广泛应用于风力机叶片中。

2. S-Glass

与 E-Glass 相比，S-Glass 的压缩强度提高了 25%，拉伸强度提高了 40%，模量提高了 20%，而密度降低了 4%[8]。S-Glass 比 E-Glass 具有更强的耐强酸性，但其成本相对也更高。应用于叶片中，在同等强度下可以减轻叶片的重量。

尽管目前 S-Glass 的价格高于 E-Glass，在风力机市场良好的发展前景下，S-Glass 的供应量随着叶片产量的增加会逐步增加。

3. 碳纤维

碳纤维具有较高的比强度和比刚度，耐腐蚀，耐疲劳，耐冲击，能够满足风力机叶片的刚度、强度和疲劳方面的性能。但是由于碳纤维制成的复合材料容易导电、修补难度大、工艺较难等一些约束条件，大量使用碳纤维生产的风力机叶片，短期内不会出现。

4. 天然纤维复合材料叶片

传统的小型风力机叶片采用木质材料；大型风力机中英国怀特岛的 Vestas 叶片厂生产轻质、绿色环保的木质叶片有千套以上兆瓦级机组近 20 年的运行经验。

竹材是中国的优势资源，产量丰富，其性能高于木材，绿色环保，可再生性能好，资源丰富，是一种环保创新型材料，目前中国已有几家企业尝试将竹材应用于大型风力机叶片中，但距离大规模应用尚有一定距离。并且，亚麻纤维、玄武岩纤维等天然纤维，更能适合于环保绿色能源主题的风力机叶片中。

5. 超高分子量聚乙烯纤维

超高分子量聚乙烯纤维 (UHMW-PE) 也称为伸直链聚乙烯纤维 (ECPE)、高强高模聚乙烯纤维，原材料是超高分子量线型聚乙烯，UHMW-PE 纤维具有超高的强度和模量，它是继芳纶问世后又一类具有高度取向拉直链结构的纤维[6]。

UHMW-PE 纤维的制备采用的原料是相对分子质量在 100 万以上的超高分子量的聚乙烯，工业化产品多采用相对分子质量为 300 万左右聚乙烯树脂，约为普通聚乙烯纤维所用树脂相对分子质量的 10~60 倍，因此称超高分子量聚乙烯。由于相对分子质量很高，在没有溶剂存在的条件下，即使温度升到聚乙烯熔点以上几十度仍然没有流动性，熔融黏度极大，成纤十分困难，因此，UHMW-PE 纤维采用溶剂溶解的凝胶纺丝方法，实现了超强高模纤维的工业制备。

UHMW-PE 纤维的强度很高，轴向拉伸强度达 3.4GPa，断裂伸长为 3%~5%。同时，UHMW-PE 纤维的密度很小，只为 0.97g/cm^3，是典型的亮结晶聚乙烯树脂的密度数值，大约为芳纶纤维的 2/3 和高模碳纤维的 1/2。

UHMW-PE 纤维，其优异的性能完全能够满足风力机叶片的设计要求，但由于成本、工艺等研发工作，在风力机叶片上面的应用还需一段较长的时间。

2.4 树　　脂

目前叶片主要选用热固性树脂，包括环氧树脂、不饱和聚酯树脂和环氧乙烯基树脂。叶片树脂体系用于叶片基本复合层，例如叶片壳体的玻纤结构层、腹板的玻纤结构层等，树脂必须和玻纤浸润性良好，其次树脂浇铸体必须按照标准达到材料特性的认证要求。

1. 环氧树脂体系

以环氧树脂为基体的玻纤复合材料，具有良好的力学性能和机械性能，化学性能稳定，介电性能好，并且加工固化方便，固化时收缩率低[6]。

2. 不饱和聚酯树脂体系

以不饱和聚酯为基体的玻纤复合材料，具有轻质高强、良好的耐腐蚀性、优良的介电性能、加工性能优异、无需加热固化等优点，玻璃钢的机械强度比纤维增强体和树脂浇铸体都有着明显的提高。

3. 环氧乙烯基树脂体系

目前，部分企业正在采用环氧乙烯基树脂来代替环氧树脂作为风力机叶片复合材料的基体材料。环氧乙烯基树脂与环氧树脂的机械力学性能、抗疲劳、刚度等各项性能指标接近，在与纤维增强等材料经合理匹配后的复合材料性能指标并不低于环氧体系的复合材料，可满足设计要求。从成本上来看，环氧乙烯基树脂的成本较之环氧树脂低 20%左右，并且在叶片后固化过程中，无需加热，节约了能耗。

以上三种树脂是属于热固性树脂，热固性树脂制成的玻纤复合材料不溶不熔，不可回收，将成为一个严重污染源 (15~20 年后，中国将出现玻纤复合材料叶片报废与回收高峰期)，玻纤复合材料回收处理方法有待进一步研究。

4. 热塑性树脂和生物基树脂

热塑性树脂和生物基树脂将是风力机叶片树脂基体的研究发展方向，这两种树脂做成的复合材料可回收再利用或者降解，减少对环境的污染。

热塑性树脂具有受热软化、受冷硬化的性能，溶解于芳香类、脂肪类、酯类及酮类等溶剂，使得叶片可以回收利用；热塑性树脂优点是加工成型简单，具有较高的机械性能，能满足叶片成型要求；但是热塑性树脂的耐热性和刚性较差，增加了叶片设计难度。

叶片常用的树脂基体的优缺点见表 2-5。

表 2-5 树脂基体优缺点对比

树脂基体	性能优点	性能缺点
不饱和聚酯树脂	工艺性好、价格低、综合性能优良	固化收缩率大、污染大、性能偏低
环氧乙烯基树脂	优异的耐腐蚀性，性能高于普通聚酯	价格略高于不饱和聚酯树脂、固化收缩率大、污染大
环氧树脂	性能优异、工艺性好、固化收缩率低	价格高、固化温度高
热塑性树脂	可回收、韧性高	价格高、工艺性差

2.5 其他结构材料

风力机叶片用夹芯材料以闭孔泡沫材料为主，主要有 PVC 泡沫、PMI 泡沫、PU 硬质泡沫等。此外，还有 Balsa 木。夹芯材料的选取和受力，需特别注意蒙皮与芯材脱胶问题。叶片常用夹芯材料的优缺点见表 2-6。

表 2-6 夹芯材料的优缺点对比

夹芯芯材	性能优点	性能缺点
Balsa 木	抗压抗剪强度高，比强度高，抗化学腐蚀，天然的可再生资源	性能不均匀，易霉变，易吸水
PVC 泡沫	性能稳定，综合性能优异，比强度低于轻木	热稳定性差，高温易碳化
PU 硬质泡沫	价格低，成型加工简单，性能一般	—
PMI 泡沫	性能高，耐热温度高，价格高	易吸水

结构胶黏剂用以黏接风机叶片上下壳体和主支架，叶片由玻璃纤维/树脂复合层压制成。结构胶黏剂必须有抗海水腐蚀，抗液压油、机油和油脂的特性。

环氧树脂胶黏剂 (简称环氧胶黏剂或环氧胶)，主要由环氧树脂和固化剂两大部分组成，环氧胶黏剂的胶接过程是一个复杂的物理和化学过程，包括浸润、黏附、固化等步骤，最后生成三维交联结构的固化物，把被黏物结合成一个整体。胶接性能 (强度、耐热性、耐腐蚀性、抗渗性等) 不仅取决于胶黏剂的结构和性能以及被黏物表面的结构和胶接特性，而且和接头设计、胶黏剂的制备工艺和储存以及胶接工艺等密切相关，同时还受周围环境 (应力、温度、湿度、介质等) 的制约。

乙烯基酯胶黏剂适用于不饱和树脂和乙烯基树脂，黏接后，使黏接槽具有很高的强度和韧性。为了确保树脂保持最大的稳定性和最好的性能，应该将其储存在密闭容器中，储存温度低于 24℃/75℉，并且远离热源和阳光照射。为了保证其固化性和工艺性良好，使用之前应该加热到 18℃/65℉ 以上。

2.6 选材途径

复合材料数据库中材料来源一般可以通过材料认证机构的测试、公司内部测试、行业内权威的材料测试项目发布数据 (如 Optimat)、复合材料供应商等。针对不同来源的复合材料性能数据，材料数据库中数据的可靠性等级不同。在进行叶片结构选材中，应优先选择成熟度高的材料，如需要新材料的研发，应确保研发及试验流程清晰正确。选材途径可如图 2-9 所示。

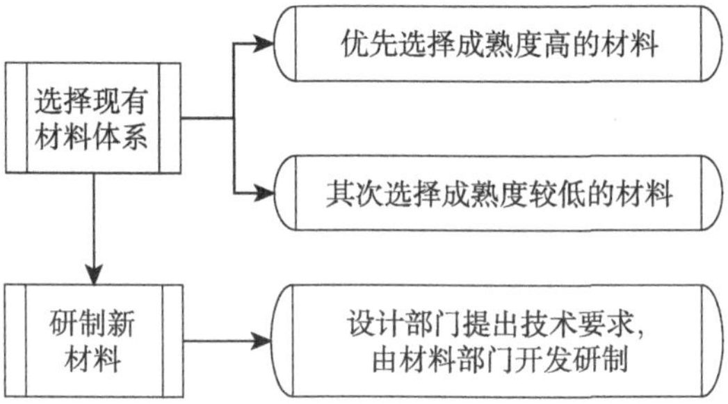

图 2-9　选材途径

2.7　复合材料力学测试

2.7.1　复合材料测试技术

结构中的材料主要承受以下四种载荷：拉伸、压缩、剪切和弯曲。对于叶片复合材料结构件，通常采用积木式试验流程，如图 2-10 所示。

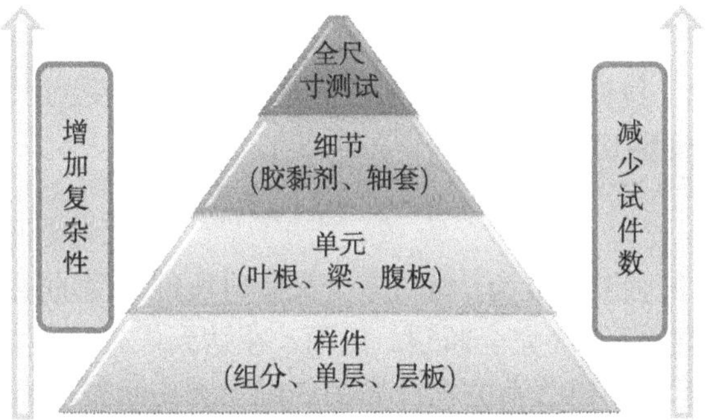

图 2-10　积木式试验流程

1. 拉伸

施加在复合材料上的拉伸载荷，复合材料在拉伸作用下的变形基本取决于增强纤维的拉伸强度和模量，这些性能远高于树脂体系本身的性能。图 2-11 给出材料拉伸和压缩的示意图。

图 2-11　材料拉伸和压缩模型

2. 压缩

复合材料承受压缩载荷时的状况，树脂在复合材料中的作用是保证纤维垂直排列并且防止纤维弯曲，纤维和树脂黏接以及树脂的模量对压缩强度有至关重要的影响。

3. 剪切

复合材料承受剪切载荷时的状况，剪切载荷会让纤维层间发生滑动，此时树脂在复合材料内传递载荷，因此树脂为主要影响因素。树脂具有良好的机械性能并且与增强纤维有良好的结合，才能保证复合材料具有较高的剪切性能。多层复合材料的这一性能常用层间剪切强度进行表征。图 2-12 给出材料剪切和弯曲的示意图。

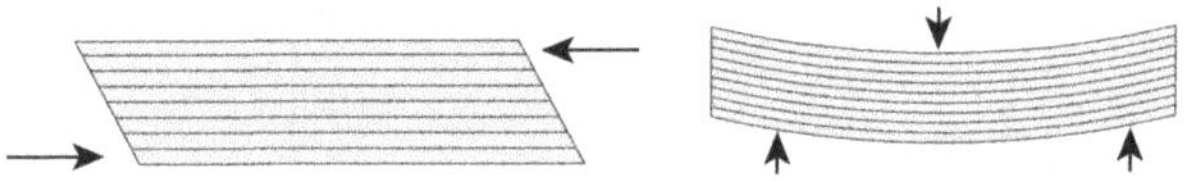

图 2-12　材料剪切和弯曲模型

4. 弯曲

弯曲载荷结合了拉伸、压缩和剪切等作用力。上表面受到压缩，下表面受到拉伸，中间部分则承受剪切作用。

5. 应力与应变

多层复合材料的强度定义为：材料完全失效时所能承受的载荷。这里的完全失效指的是树脂和增强纤维均完全断裂。然而，在达到失效强度前的某一应力水平下，树脂将开始从那些不沿载荷方向分布的纤维上剥离断裂，裂纹进而扩展至全部树脂基体，即所谓的“横向裂纹”。虽然在此应力水平下材料不会完全失效，但断裂已经发生；设计时需要注意：如果希望延长结构寿命，在正常运行载荷下多层复合材料的应力不能超过此应力水平。通常树脂的化学性能和它与纤维表面胶黏剂的相容性决定了纤维/树脂的结合强度。环氧树脂具有优异的黏接性能，这已得到大家的认可，这种性能有助于多层复合材料获得更高的微裂纹应变。树脂的韧性比较难以测定，但可以用最终失效应变进行表征。图 2-13 和图 2-14 分别给出了典型层合板及典型树脂的应变-应力曲线。

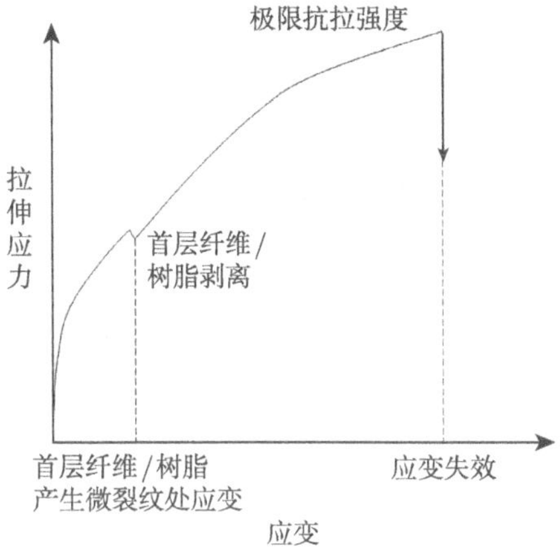

图 2-13　典型层合板的应变-应力曲线

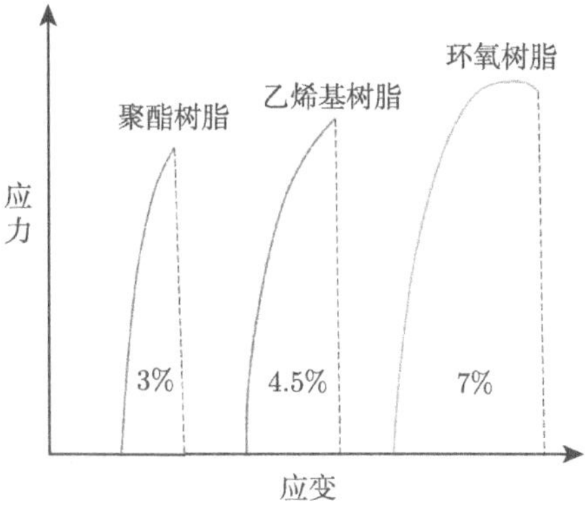

图 2-14　典型树脂的应变-应力曲线

需要注意的是，当复合材料承受拉伸载荷时，为了提高结构件的整体力学性能，树脂的变形量至少与纤维相当。图 2-15 给出了各种纤维自身的失效应变，从中可以看出，S- 玻璃纤维的断裂伸长率为 5.3%，因此需要与断裂伸长率接近的树脂搭配才能获得最高的拉伸性能。

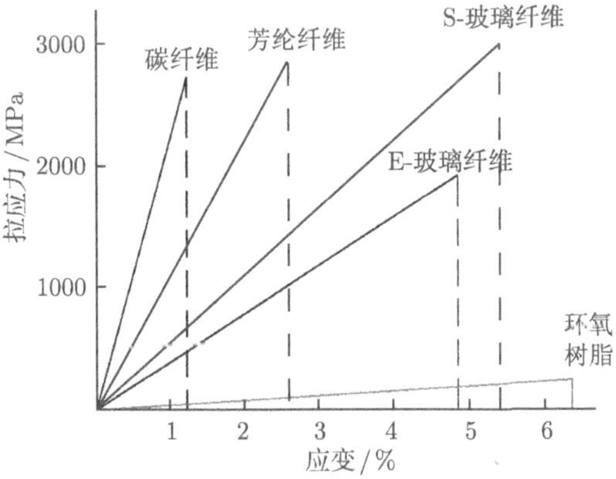

图 2-15　典型纤维的失效应变

6. 材料抗疲劳性能测试

与大多数金属材料相比，复合材料表现出了更优异的抗疲劳性能。考虑到疲劳失效是微量损伤的不断累积，任何复合材料的疲劳行为都受到以下因素的影响：树脂韧性，抗微裂纹能力，孔隙率和制造过程中引入的其他缺陷。

由于高低温疲劳特性受环境等因素影响较大，疲劳测试不稳定。因此合理、高效地完成抗疲劳性能的测试是比较困难的。

2.7.2 复合材料测试流程

复合材料力学测试应按照一套标准的流程，包括试件准备、测试与数据后处理等过程 [9]。

(1) 范围：简要介绍复合材料力学测试的基本假设和测试方法。

(2) 参考标准：复合材料力学测试相关的参考标准，一般为 ISO 国际标准。

(3) 测试准则：复合材料力学测试的基本要求。

(4) 术语：复合材料力学测试相关的术语定义，包括模量、强度、坐标轴等。

(5) 设备：复合材料力学测试的仪器与设备，包括基本设备、速度测试仪、加载设备、应变测试和测微仪等。

(6) 试件尺寸：复合材料力学测试的试件尺寸包括试件宽度、长度和厚度，以及试件的铺层形式、倒角和斜角位与尺寸。同时，试件尺寸还需要确定夹具的尺寸和位置。

(7) 试件个数：复合材料力学测试的最少试件个数，为了保证测试结果的可靠性和置信度，需要确定测试需要的最少试件个数。

(8) 测试条件：测试标准下的材料测试条件。

(9) 测试步骤：图 2-16 给出复合材料的测试步骤。

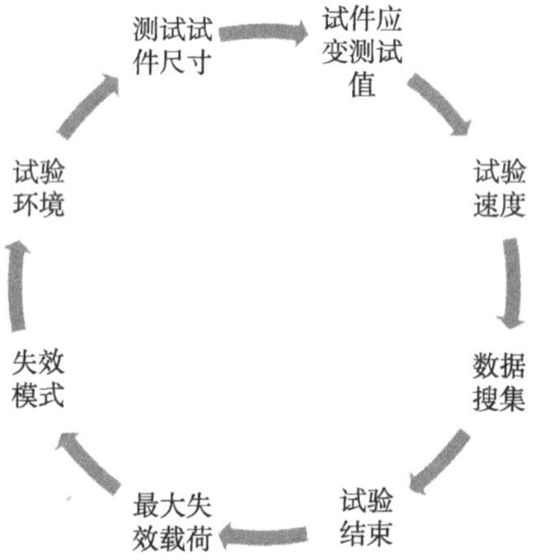

图 2-16　测试步骤

纤维增强复合材料的力学理论和设计计算必须以充分准确的性能数据为前提，而复合材料的性能与其组成材料、纤维和基体的力学性能密切相关。

复合材料力学性能的试验测定，包括纤维力学性能测定、基体性能测定和单层板力学性能测定。单层板的力学性能包括拉伸试验、压缩试验、面内剪切试验、层间剪切试验、弯曲试验及诸如冲击韧性测试等其他试验。复合材料试验必须基于测试标准，复合材料的力学性能测试标准简介见表 2-7。

表 2-7　复合材料力学测试

力学性能	测试标准	标准明细
拉伸性能	GB/T 1447—2005	纤维增强塑料拉伸性能试验方法
	ISO 527—4—1997	塑料拉伸性能的测定第 4 部分: 各向同性及各向异性纤维增强塑料复合材料的试验条件
压缩性能	GB/T 1448—2005	纤维增强塑料压缩性能试验方法
	ISO 14126—1999	纤维增强塑料复合材料平面方向压缩性的测试
弯曲性能	ISO 178—2010	塑料弯曲性能测定
剪切性能	ISO 14129—1997	纤维增强塑料复合材料用 ±45° 张力试验法测定剪应力/应变
层间剪切	GB/T 1450.1—2005	纤维增强塑料层间剪切强度试验方法
	ISO 14130—1997	纤维增强塑料复合材料用短梁法测定表面层间剪切强度
胶黏剂拉伸剪切 (刚性 - 刚性)	GB/T 7124—2008	胶黏剂拉伸剪切强度的测试 (刚性材料对刚性材料)
树脂拉伸	GB/T 2568—1995	树脂浇铸体拉伸性能试验方法
冲压式层间剪切	GB/T 1450.2—2005	纤维增强塑料冲压式层间剪切强度试验方法
冲击韧性测试	GB/T 1451—2005	纤维增强塑料简支梁式冲击韧性试验方法

2.8　叶片复合材料工艺性

复合材料叶片的工艺设计与生产对叶片性能和质量起关键作用，叶片生产过程中有一系列关键工序直接影响复合材料叶片性能的好坏。图 2-17 显示复合材料的关键工序包括材料试件试验、设计与分析、工艺制造、构件验证和全尺寸试验。

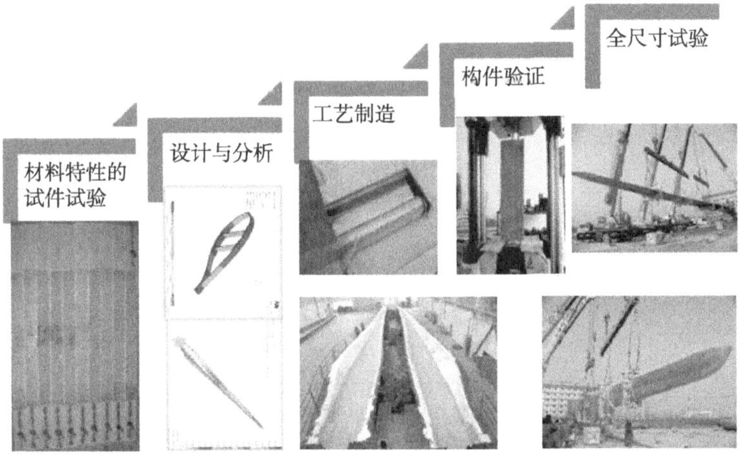

图 2-17　复合材料叶片验证流程

表 2-8 给出叶片生产规程的关键点，指导叶片生产。

表 2-8　叶片生产规程的关键点 [10]

物理特性	关键点	过程控制/质量控制的意义	注意
表面喷漆的附着力	叶片表面准备	附着力测试适用于质量控制	
树脂或者胶黏剂中的气泡	强度	湿法中的滚压固定; 树脂灌输前检查模具的外壳; 树脂和结构胶在混胶过程中不能有空气进入; 使用可以脱气的夹芯材料	要允许夹芯在加热的时候可以放出气体
金属轴套的不良黏接	黏接强度	在黏接前用溶剂清理轴套; 金属件涂漆	
叶片根部静矩平衡的装备	风轮不平衡会引起振动和疲劳	在较轻的两支叶片上增加重量	
材料冷凝	强度	如果车间的温度高于储存设备里面的温度可以避免冷凝; 在合适的时候将材料带到车间去适应车间的温度进行使用	一个合适的运输工具是必须的，储存设备要与厂房分开
夹芯的正确铺设	层合板起皱和屈曲强度	颜色代号和外观检查	班组长或者质检部的人员要进行铺层的外观检测
树脂和结构胶的固化	强度 叶片的永久变形 收缩	控制使用期限和过程时间	由于在固化过程中树脂的放热影响，薄的和厚的层合板可能在固化时间上不一样
		在过程中用温度仪或者温度传感器周期性地记录温度	如果将叶片过早地从模具中脱模，叶片会发生永久性变形
		后固化过程中要进行巴氏硬度的检测; 时间或硬度要求，确定离开模具后的固化条件; 应指出是加热固化还是常温后固化; 固化样件测试，如破坏	
胶衣、树脂结构胶的老化	强度	设备中的温度、灰尘和阳光的控制	合理的储藏温度要与供应商明细表上的数据一致，这对预浸材料来说很重要
		测量和控制温度和湿度数据	超标的灰尘可以避免通过将材料一直储存在相关的容器中，或者不用的时候封装起来

续表

物理特性	关键点	过程控制/质量控制的意义	注意
胶衣、树脂结构胶的老化	强度	材料的有效期限要很清楚地标示出来	未使用过的材料不要返回到器皿屋，除非有明确的流程来控制
层合板表面的干纤维	表面抛光	过程控制和铺层过程中的细节作业指导书	手糊聚酯 FRP 的通用性
增强纤维的粉尘和湿度	强度	仓库中储存的增强纤维的粉尘和湿度的控制 测量和控制温度和湿度的值	纤维要很好的储存，要在温度高于车间温度 2℃的情况下储存
		模具的温度测量	模具中日常温度的变化要在 ± 3℃内
		环境的温度和湿度测量	车间的湿度要低于 80%
叶根平面度	对叶根连接螺栓的疲劳有冲击	叶根的磨损	
胶黏剂裂纹	黏接强度	胶黏剂和部件连接的胶量控制 叶片结构胶后固化的热变形检查	
胶衣鼓包	噪声和空气动力学特性	控制树脂的混合比例	树脂的不完全聚合反应会引起胶衣的鼓包，主要是因为催化剂太少或者固化剂的不正确混合
胶衣厚度	耐腐蚀性和强度	碾压过程的厚度特殊梳理控制	胶衣的厚度一定要在 0.3 ~ 0.6mm
层合板的黏接	黏接强度	胶衣在覆盖层合板前的过程时间控制 使用一层薄的增强纤维 脱胶的敲击测试	表层胶衣应用 12h 内， 湿的层合板要应用到模具上
不牢固的黏接	噪声		
胶黏剂和树脂的混合	黏接强度	使用标准的自动混胶机 对胶黏剂树脂和树脂固化剂定义的混胶的比例	固化强度对环氧树脂的混合比要比对聚酯的混合比敏感
叶片表面的小针孔	噪声和空气动力学特性	固化中的真空压力的控制	用底漆或者填充剂来填满小孔 表面设计完毕胶衣可以被使用
合模后叶片的吸力面和压力面的错位	空气动力学	合模原理防止这个缺陷	模具的定位系统
层合板的维修	强度	尾缘处逐渐变薄的维修	
对湿度敏感的材料的密封	由于湿度、菌类和腐蚀引起的材料老化	密封和喷漆	木制品表面，机械切边层合板的边缘，接闪器附近的夹芯材料可能比较危险 表面密封，需要胶衣增强纤维

续表

物理特性	关键点	过程控制/质量控制的意义	注意
黏接的表面处理	黏接强度	纤维剥落的磨损 胶接零部件的正常充分的固化	打磨表面是必要的，以防层压过程被中断
摆振角度是叶根端面和叶根中心与叶片质心连线之间的夹角	叶片设置，改变风轮不平衡		
挥舞角度是叶根端面和叶根中心与叶尖中心连线的夹角	对于风力机来说，如果叶尖与塔架的距离比较危险，精确的公差还是需要的		
胶接的厚度	黏接强度	应用结构胶前的胶黏剂厚度的测量 应用厚度控制添加剂	胶厚可以通过黏接膜来控制
叶片外部的尾缘厚度	噪声	后续层合板，胶接和胶衣的修补引起的磨损	磨损能破坏叶片
结构胶过多	叶片总重	叶片最终重量的测量	
叶片扭角	风轮的空气动力学	每套风轮叶片要用同一个模具制造	
层合板的褶皱	层合板强度	铺设过程中的铺层展宽 用夹子固定铺层	当模具表面不平整时，展向宽度会不随形的
			班组长或者质检部人员要进行铺层的外观检测
材料的错误组合	强度	生产过程需要的材料要被内部存档和控制 所需材料的用量和条件，应与制造过程中对比验证	如果生产过程中材料不足，则会发生材料组合不受控制

第3章　结构设计基础

叶片的外形、载荷、材料、设计准则及与轮毂轴承的接口，都是制约叶片结构设计及构型选型的主要因素，同时，由于叶片结构设计需考虑工艺的可操作性和便捷性，还受到工艺设计的影响。

3.1　设计基准

叶片的结构设计，主要是构件设计与构型设计，包括主梁、尾缘梁、腹板等主要结构件设计及运输加强层、配重腔等功能件设计。风力机叶片通常采用升力型翼型形状和流线型气动外形布局，在其复杂的运行环境中，风力机叶片的载荷工况纷繁复杂。根据风力机叶片特殊的受力特性，结构设计人员需要设计出既满足叶片强度、刚度等力学特性要求，又方便工艺操作与生产制造的叶片。图 3-1 表明叶片结构设计应考虑翼型形状、载荷特性、受力形式与构型设计四个设计基准。

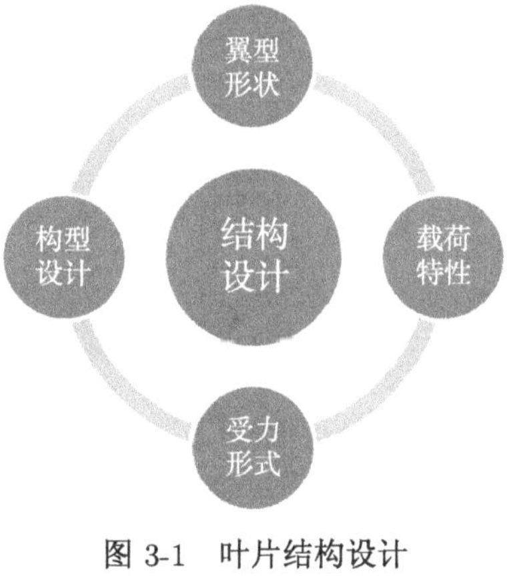

图 3-1　叶片结构设计

根据风力机叶片的翼型形状、载荷特性和受力形式，对叶片的主要承力构件及其他功能件进行构型设计，充分考虑其尺寸和公差要求。

3.1.1　翼型形状

风力机叶片的气动外形主要决定于翼型形状，翼型厚度沿叶片展向由叶根至叶尖，由厚变薄，由圆形截面平顺过渡为流线型的翼型形状，形成一套翼型族，如图 3-2 所示。

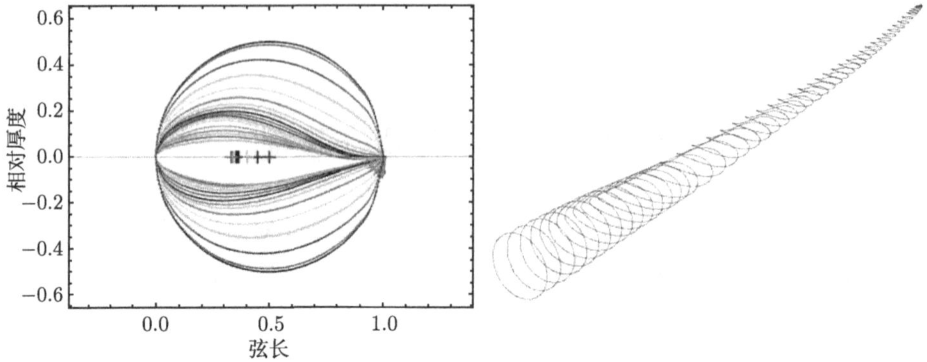

(a) 叶片外形分布　　(b) 翼型三维布局

图 3-2　叶片翼型族

考虑到翼型对粗糙度的敏感性、叶片尾缘处能够有良好的结构特性以及叶片的气动性能等方面，在翼型设计过程中，对翼型上表面厚度、前缘半径、尾缘区域的厚度等都进行了限制。翼型气动性能的要求，使得叶片结构设计与工艺设计过程中必须考虑铺层的可随形性，以保证叶片的气动外形的准确。

翼型形状有其自身的特殊性，翼型坐标系下翼型弦向 X_A 的长度远大于翼型的高度 Y_A，同时叶片的弦向和厚度方向的受载形式不同，如图 3-3 所示，故叶片截面翼型的弦向和厚度方向的结构铺层设计要求不同。

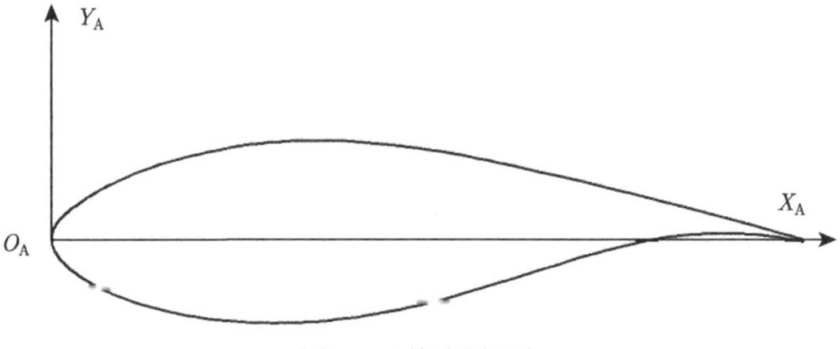

图 3-3　翼型坐标系

叶片迎风面与背风面沿叶片弦向是不对称的，同时叶片在运行过程中，绝大多数载荷工况下叶片的迎风面受拉，背风面受压。结合玻纤 - 环氧等复合材料的受力特性，即材料纤维方向的压缩性能一般略低于拉伸性能。因此，叶片的结构铺层设计在叶片的迎风面与背风面不一定是对称的，要综合考虑叶片截面形状、材料属性和受力特性来确定叶片结构的复合材料铺层设计。

3.1.2　载荷特性

载荷是叶片结构设计的依据，载荷的分析计算是风力机各部件设计过程中的关键和基础性工作之一。载荷分析的目的是通过合理的评估和计算方法，提供相对完整、准确的设计载荷数据。载荷分析不准确，可能会导致结构强度设计问题，而过于保守的载荷分析，往往会使风力机的总体设计成本大幅度增加[10]。

1. 载荷类型

极端载荷作用于风力机主要表现为风载，风力机由很多细长单元组成，如叶片和塔架，会产生惯性载荷。同时，运行中的离心力、科里奥利力和陀螺力产生的载荷都应考虑。风力机载荷分类有：

(1) 叶片空气动力载荷；

(2) 风轮叶片重力载荷；

(3) 由于旋转产生的离心力和科里奥利力；

(4) 偏航陀螺载荷；

(5) 塔架和机舱气动阻力；

(6) 塔架和机舱的重力载荷。

风轮叶片的重力载荷产生叶片摆振方向的弯曲力矩。对于变桨控制风力机，重力载荷同样会产生挥舞方向的弯曲力矩。由于叶片旋转，叶片重力载荷效应周期性改变弯曲力矩。风轮直径越大，重力载荷效应越强[11]，其载荷作用类型见表 3-1。

表 3-1　载荷作用类型

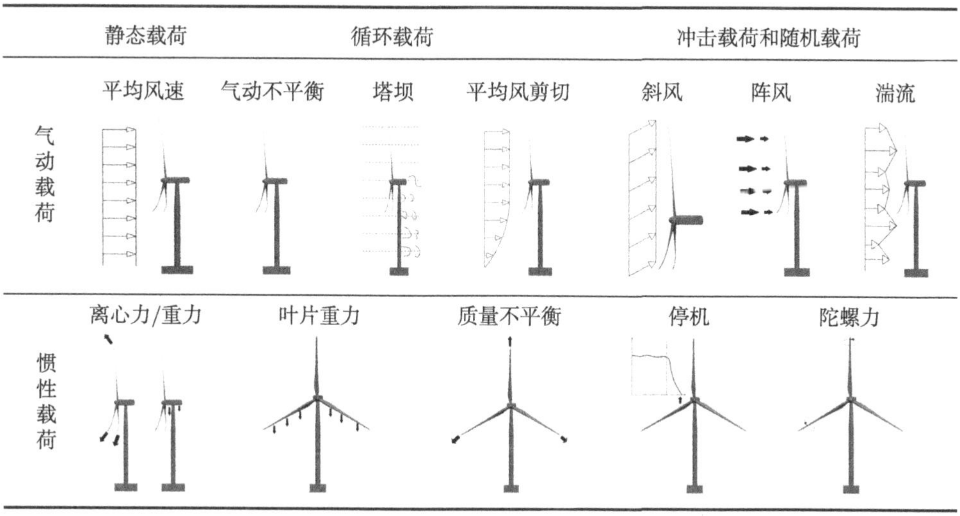

1) 空气动力载荷

空气动力载荷是指由于空气的流动及其与风力机组动静部件相互作用所产生的载荷。此类载荷是风力机组的主要外部载荷之一，取决于作用于风轮的风况条件、风力发电机组气动特性、结构特性和运行条件等因素。

风速 V_0 垂直于风轮旋转平面，即来流风速。当风流穿过风轮平面，由于轴线干扰，风速由 V_0 衰减为 αV_0。距叶根为 r，沿风轮轴线的叶片元素，在风轮旋转角速度 ω 下的风轮平面内的运动速度为 ωr。当风穿过风轮平面且与风轮运动相互作用，引入切向流风速 $\alpha' \omega r$，风轮叶片相关于来流风速参见图 3-4。

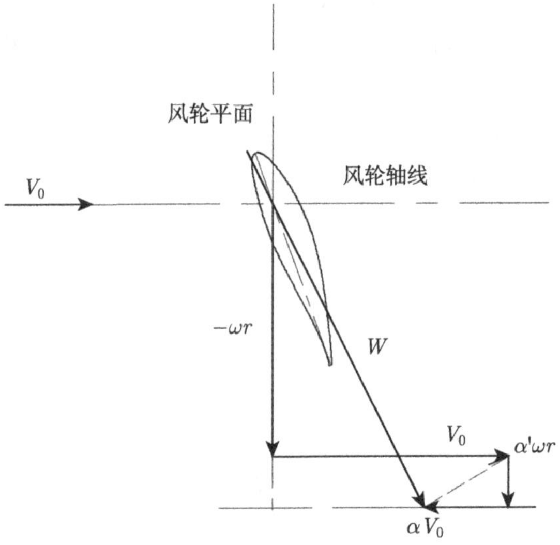

图 3-4　叶片剖面的速度图

根据合速度 W，这种相关风速的结果产生叶片的空气动力，如升力：

$$F_{\mathrm{L}} = \frac{1}{2} C_{\mathrm{L}} \rho c W^2 \tag{3-1}$$

及阻力：

$$F_{\mathrm{D}} = \frac{1}{2} C_{\mathrm{D}} \rho c W^2 \tag{3-2}$$

其中，C_{L} 和 C_{D} 为升力和阻力系数；ρ 为空气密度；c 为叶片剖面弦长。

2) 惯性和重力载荷

惯性和重力载荷是指由重力、振动、旋转以及地震等引起的静态和动态载荷。风轮惯性和重力载荷都是依于质量的载荷。横截面离心力 F_{c} 依于风轮角速度、半径和叶片单元的质量。叶根处的离心力：

$$F_{\mathrm{c}} = \sum_{i=1}^{n} m_i r_i \omega^2 \tag{3-3}$$

其中，m_i 为第 i 个叶片单元的质量；ω 为风轮角速度；r_i 为第 i 个叶片单元的半

径；叶片离散为 n 个单元。重力简化为

$$F_g=\sum_{i=1}^{n}m_ig \text{ 或 } F_g=m_{\text{blade}}g \tag{3-4}$$

其中，g 为重力加速度；m_i 为第 i 段叶片单元质量；m_{blade} 为叶片总质量。

风轮陀螺载荷依于风轮的弹性支撑。特别地，当风机在运行中偏航时将产生陀螺载荷。任何结构弹性下都会发生，且将引起风轮旋转平面的沿垂直轴的偏航力矩 M_{K} 和沿水平轴的倾斜力矩 M_{G}。

三叶片风轮由陀螺载荷效应引起的偏航力矩为 0，即 $M_{\text{K}}=0$；但产生非零常值的倾斜力矩 $\boldsymbol{M}_{\text{G}}$，且 $M_{\text{G}}=3M_0/2$，则

$$M_0=2\omega_{\text{K}}\omega\sum_{i=1}^{n}m_ir_i^2 \tag{3-5}$$

其中，ω 为风轮角速度；ω_{K} 为偏航角速度。

二叶片风轮，陀螺载荷效应将导致周期偏航力矩和周期倾斜力矩。

$$M_{\text{K}}=2M_0\cos\omega t\sin\omega t \tag{3-6}$$

$$M_{\text{G}}=2M_0\cos^2\omega t \tag{3-7}$$

很多时候，忽略陀螺效应，因为偏航系统的角速度非常小。然而，弹性风轮- 轴承支撑会引起很大的陀螺力 (风轮旋转)，对于兆瓦级风机不能忽略陀螺力。

3) 功能载荷

当风机遭受瞬态运行条件下，如刹车和偏航，或联网电机，将产生功能载荷。许多重要的功能载荷可分类如下：

(1) 机械刹车载荷和气动刹车载荷；

(2) 传递系统的瞬态载荷，由电机产生；

(3) 偏航载荷；

(4) 叶片变桨或气动刹车产生的载荷。

4) 其他载荷

其他载荷或效应，如以下因素诱导产生：塔影、塔架脱涡、阻尼、挥舞和摆振不稳定的振动，或由于负空气阻力导致振型激荡。

若风机结构安装在海上，同时要考虑海上环境下的载荷，如波浪载荷、涌流载荷、冰载。

2. 载荷计算

风力机载荷计算一般通过气弹计算方法完成，风机气弹分析即解决运动方程。通常，这种方法应用几何非线性有限单元法或修正模型分析法。总之，应包括复杂力学结构，同时能建立在确定和随机力作用下的模型。运动方程为

$$M\ddot{x} + C\dot{x} + Kx = F \tag{3-8}$$

其中，M 为质量矩阵；C 为阻尼矩阵；K 为刚度矩阵；F 为矢量外力, 随时间变化；x 为偏移和旋转的矢量未知数。

图 3-5 表明应用有限元模型表征风力机结构，气弹模型的载荷计算用于设计风力机结构组件，多数组件同时承受极限载荷和疲劳载荷。

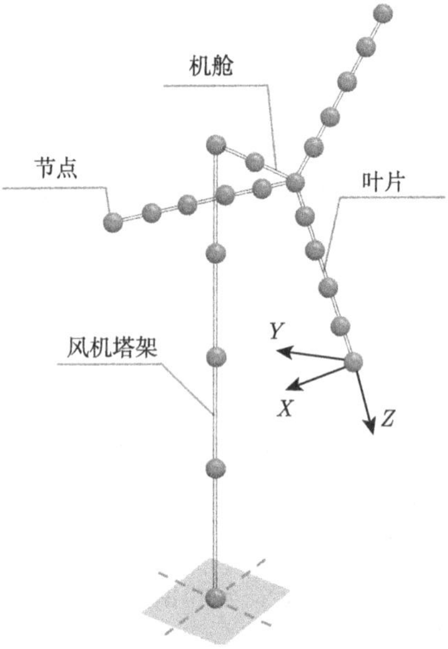

图 3-5　有限元模型表征风力机结构

1) 气动模型

气动涉及空气运动和由物体相对于空气运动的作用力，气动理论可用于定量预测空气流过风轮产生的力，翼型气动力和合力分布如图 3-6 所示。失速控制型风力机，在高风速运行时会发生大范围的流动分离。当叶片失速时，采用失速控制策略，通过衰减升力控制风力机的输出功率，从而限制功率产出和载荷。由于变量较多，全三维流动作用于风轮，是极复杂与不稳定的气流，包括风速、风剪切、大气湍流、偏航角、选择速度、风轮直径、风轮叶片全局设计 (扭角、锥化、厚度分布)、翼型特性 (厚度、弯度、表面平顺、前缘厚度、粗糙敏感、钝/尖尾缘)。

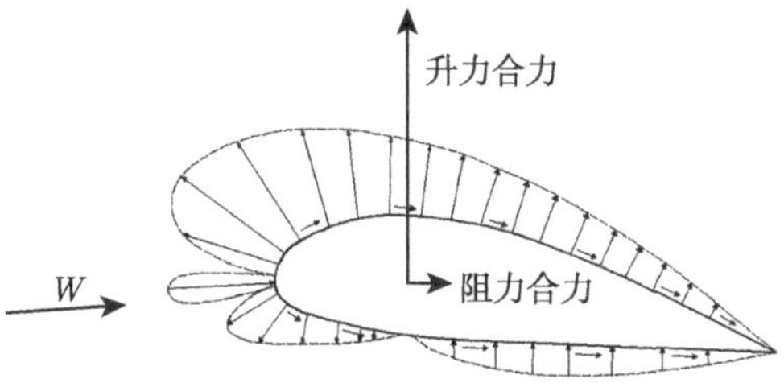

图 3-6　翼型气动力和合力分布

目前，叶片载荷中主要应用叶素动量理论计算气动力，通过动量平衡计算叶素外力。

首先考虑二维剖面流动模型，二维流动视为平面，其面外速度为 0。为了得到二维流动面，从叶片整体中提取有限长度微段。对于真实叶片形式，其形状、扭转和剖面随其跨距变化。叶片由轮毂处算起，至叶尖结束。然而，对于细长型叶片，沿展向的速度相比沿气流方向的速度分量小。合力 F 由压力和摩擦力积分得到，合力 F 的分量 F_{L} 垂直于来流速度 W，分量 F_{D} 平行于该方向。其中，F_{L} 为升力，F_{D} 为阻力，F_{L} 和 F_{D} 都依于来流角度 α。

失速是一种非线性现象，导致附面流的急剧损失，而达到有限入流角 α_{stall} 下的翼型升力。失速角 α_{stall} 有时是任意的。

图 3-7 中图示 2D 流动剖面的升力和阻力，其升力系数 C_{L} 和阻力系数 C_{D}：

$$
\begin{aligned}
C_{\mathrm{L}} &= \frac{F_{\mathrm{L}}}{\frac{1}{2}\rho W^2 c} \\
C_{\mathrm{D}} &= \frac{F_{\mathrm{D}}}{\frac{1}{2}\rho W^2 c}
\end{aligned}
\tag{3-9}
$$

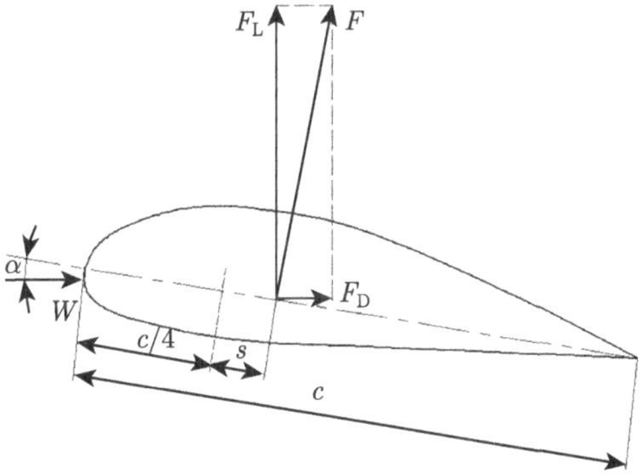

图 3-7　2D 流动剖面的升力和阻力

C_{L} 和 C_{D} 是入流角 α 、翼型形状、雷诺数 Re 的函数。其中，$Re = cW/\nu$，ν

为运动黏度。随着 α 升到失速角 α_{stall} ，C_{L} 线性增加; 再增大 α，C_{L} 达到最大值; 随着 α 继续增大，C_{L} 开始衰减。对于小 α 下，C_{D} 基本为常值, 但在失速后快速增大。失速现象密切相关于翼型上表面的边界层分离，剖面失速依于剖面几何，将剖面结合尖状前缘，如前缘局部高曲率，相比较原翼型，易于发生突然的失速，这也是边界层分离形式不同的结果。

图 3-8 是 C_{L} 和 C_{D} 相关于 α 的例子。在失速前，通过二维流动状态计算，CFD 考虑三维效应修正，计算失速区域的 $C_{\text{L}}/C_{\text{D}}$，而在失速后，测试方法用于得到 C_{L}、C_{D}。另外，Viterna 和 Corrigan 的方法用于预测，此方法假设风轮的扭角为 0，当假设不满足时应修正。通过这种方法，在入流角 $\alpha = 90°$ 时, 最大阻力系数为

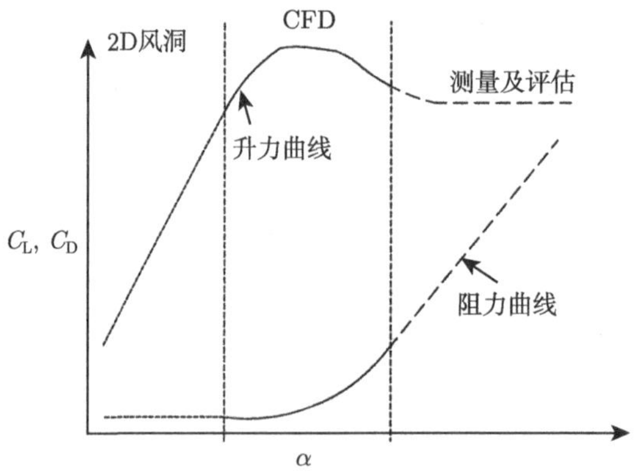

图 3-8　翼型升力和阻力曲线

$$C_{\text{D,max}} = 1.11 + 0.018\text{AR} \tag{3-10}$$

AR 为方向比，AR 定义为叶片长度/ 弦长。失速后的阻力系数:

$$C_{\text{D}} = B_1 \sin^2 \alpha + B_2 \cos \alpha, \quad 15° \leqslant \alpha \leqslant 90° \tag{3-11}$$

其中，$B_1 = C_{\text{D,max}}$；$B_2 = (1/\cos\alpha_{\text{s}})(C_{\text{Ds}} - C_{\text{D,max}} \sin^2 \alpha_{\text{s}})$；$\alpha_{\text{s}}$ 为开始失速的入流角 (通常为 15°)；C_{Ds} 为开始失速的阻力系数。升力系数为

$$C_{\text{L}} = A_1 \sin^2 \alpha + A_2(\cos^2 \alpha/\sin\alpha), \quad 15° \leqslant \alpha \leqslant 90° \tag{3-12}$$

其中，$A_1 = B_1/2$；$A_2 = (C_{\text{Ls}} - C_{\text{D,max}} \sin\alpha_{\text{s}} \cos\alpha_{\text{s}})(\sin\alpha_{\text{s}}/\cos^2\alpha_{\text{s}})$；$C_{\text{Ls}}$ 为开始失速时的升力系数。

数学方式描述，风轮视为圆盘，通过降低风速来吸收能量，图 3-9 给出风速和圆盘压力条件。

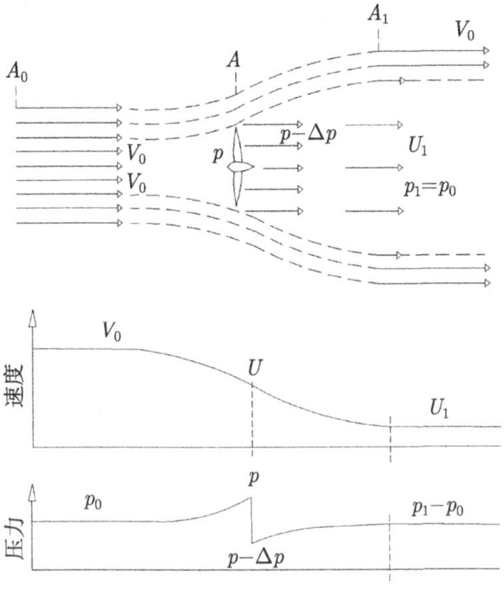

图 3-9　风力机风速和空气压力影响

2) 结构模型

叶片结构近似梁模型，可应用梁理论。考虑叶片剖面，弹性轴垂直于剖面且与剖面相交于一点，该点的法向力不会产生弯曲。考虑剪切中心，即面内作用力不会使剖面旋转。面内的两个主惯性轴相互垂直，主惯性轴为任何弯曲力矩作用在任意轴上，只会发生绕该轴的弯曲，如图 3-10 所示。参考 X' 轴和主轴 X 的夹角 α 为

$$\alpha = \frac{1}{2}\arctan\frac{2[ED_{X'Y'}]}{[EI_{Y'}]-[EI_{X'}]} \tag{3-13}$$

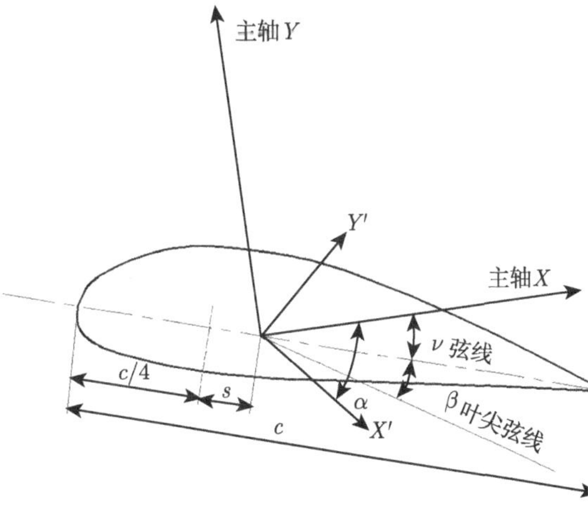

图 3-10　叶片主轴、弦长、叶尖剖面弦长和角度

其中，$[ED_{X'Y'}] = \int_A EX'Y'\mathrm{d}A$ 为惯性力矩偏差；$[EI_{X'}] = \int_A EX'^2\mathrm{d}A$ 和 $[EI_{Y'}] = \int_A EY'^2\mathrm{d}A$ 为参考轴 X' 和 Y' 的弯曲刚度；主轴的弯曲刚度为

$$\begin{aligned}[EI_X] &= [EI_{X'}] - [ED_{X'Y'}]\tan\alpha \\ [EI_Y] &= [EI_{Y'}] - [ED_{X'Y'}]\tan\alpha\end{aligned} \tag{3-14}$$

结构模型的建模和分析，一定要注意振动现象，这可能由扭转、挥舞耦合的。低阶扭转、挥舞频率及高叶尖速比将引起振动，振动将引发叶片损坏。

3) 控制系统建模

控制系统保证风机运行参数在特定标准极限内，如控制风机载荷在极限载荷内。对于变桨控制风机，速度也是变化的，描述变桨风机的控制系统，其机械效应为

$$P = \frac{1}{2}\rho A u^3 C_P(\beta, \lambda) \tag{3-15}$$

其中，ρ 为空气密度；A 为风轮面积；u 为风速；C_P 为风轮效率，是桨距角 β 和叶尖速比 λ 的函数。$\lambda = \omega_R R/u$。

3. 载荷分析

风力发电机组的最大极限状态是指可能损害结构或部件的极端载荷状况，相应的结构极限状态分析一般涉及以下几方面：

(1) 极限强度分析；

(2) 疲劳失效分析；

(3) 结构稳定性分析；

(4) 刚度及临界挠度分析；

(5) 动力学分析。

一般而言，风力发电机组的总体结构需满足极限载荷和循环疲劳载荷的强度，并满足一定的刚度要求。保证风力发电机组的安全是极限状态条件设计需要解决的主要问题，针对极限状态分析中的载荷波动、材料不确定性、分析方法不确定性以及结构部件重要性等因素的影响，需要考虑相应的设计方法问题，增加必要的设计冗余。

叶片结构强度设计应基于叶片极限包络载荷下的各工况的极限载荷，每一组极限载荷都是基于叶片截面挥舞摆振坐标系的三向力和三向力矩。除特殊极少数极限载荷工况外，绝大多数的极限载荷工况下的挥舞弯矩最大，因此叶片的结构铺层设计应有较大的构件承受挥舞弯矩的作用。风力机叶片的极限载荷坐标系为挥舞摆振坐标系，如图 3-11 所示，其力与力矩形式为：挥舞弯矩 M_f 和摆振弯矩 M_e，挥舞力 F_f 和摆振力 F_e，离心力 F_z 和扭矩 M_z。

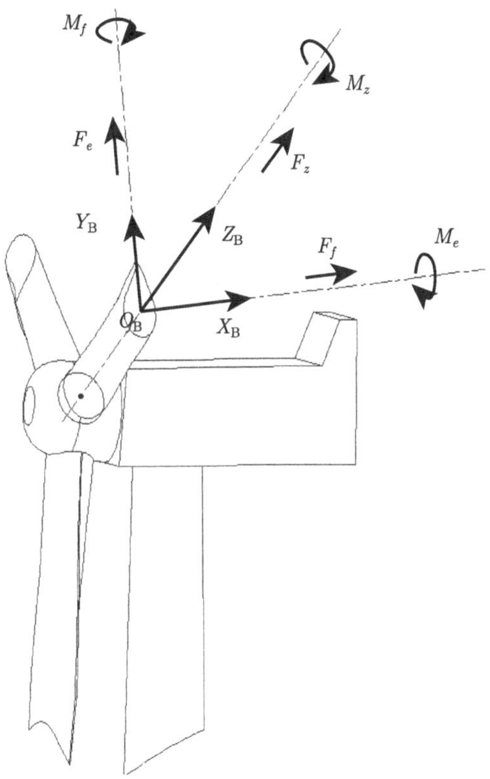

图 3-11　叶片截面挥舞摆振坐标系

疲劳载荷是周期载荷，会引起结构件材料的累积损伤，等效结构失效。失效体现初始裂纹和裂纹扩展，直至裂纹开始不稳定且迅速扩展。更多的关于风力机疲劳载荷及叶片疲劳分析详见本书第 16 章。

3.1.3　受力形式

风力机叶片应该确定合理的结构以防止在受载时失稳或局部变形，因此应该根据风力机的受力特性，选择合理的结构布局形式。图 3-12 显示叶片的受力形式，包括挥舞弯矩与剪力、摆振弯矩与剪力、扭矩和离心力的共同作用。

叶片最大的挥舞弯矩表现为挥舞摆振坐标系下正挥舞弯矩和负挥舞弯矩，主要作用于叶片截面厚度方向的最高段附近，在正挥舞弯矩作用下，叶片迎风面主梁受拉，背风面主梁受压。

叶片摆振方向的弯矩同样为挥舞摆振坐标系下正摆振力矩和负摆振力矩，主要作用于叶片前缘和尾缘段。同时由于叶片迎风面和背风面壳体采用胶接工艺黏接，因此叶片摆振方向除需要抵抗弯矩作用外，还需要保证胶层胶接特性，并且应避免叶片振动引起气动弹性效应。

叶片挥舞方向和摆振方向的剪力作用于叶片壳体表面，通过壳体与壳体迎风面、背风面的支撑结构的胶接段传递给叶片支撑结构，即腹板。因此叶片腹板需承载叶片大部分的剪力，其他部分由叶片蒙皮承担且传递至叶根。

叶片作为旋转结构，叶根与轮毂通过螺栓连接，作用在叶片表面上的载荷通过叶片蒙皮、主梁、腹板等构件传递到叶根加强层，再通过叶根连接螺栓传到轮毂上，同时螺栓要承受叶片旋转引起的离心力，因此叶根的载荷最大。叶片上的载荷通过根端结构的剪切作用、挤压作用或玻璃钢与金属的胶接作用传递到轮毂上，而玻璃钢的这些强度均低于其拉弯强度，因而叶片的根端是危险的部位，设计时应予以特别重视。大型风力机玻璃钢叶片根端形式主要有：金属法兰、预埋金属杆、预埋螺栓套、T 型螺栓等连接方式。为确保根端结构的安全可靠，需进行叶根螺栓与玻璃钢壳体结合强度的模拟试验。

叶片截面采用的是多闭室的结构，且叶片腹板与叶片壳体形成叶片多闭室剖面结构。多闭室剖面结构用于承担叶片剪力流和扭矩。

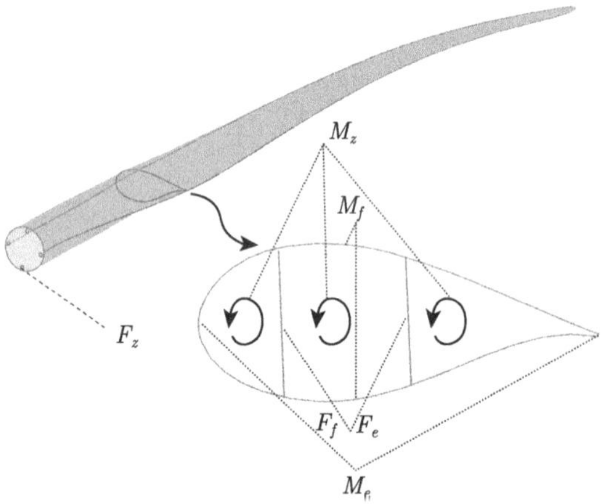

图 3-12　叶片截面受力形式

3.2　构型设计

叶片剖面结构形式的设计是叶片结构设计的重要环节，它的好坏对叶片结构性能影响很大。风力机叶片结构形式复杂，叶片剖面基本上采用蒙皮、主梁与腹板的构造形式。主梁与腹板结构有箱型形式、双槽钢形式或 D 形等 (详述于本书第 5 章)，叶片结构剖面形式如图 3-13 所示。结合本书上一章节介绍的受力形式，叶片蒙皮的主要功能是提供叶片的气动外形，同时承担部分弯曲载荷和剪切载荷，因此叶片蒙皮可选用双向或三向玻纤织物。叶片主梁为主要承力结构，承载叶片的大部分弯曲载荷，叶片主梁的结构形式需要满足强度和刚度特性，因此主梁可选用单向玻纤织物。叶片主梁两侧到前缘梁和尾缘梁之间采用夹层结构，芯材材料可采用 PVC 泡沫或 Balsa 木，这些芯材有较高的剪切模量，组成的夹层结构有良好的刚度特性，以提高前缘和尾缘空腹结构的抗屈曲失稳能力。这种叶片的结构既可以满足叶片的受力特性，减轻叶片重量，又可以提高叶片的强度与刚度，避免叶片由弯曲产生的局部失稳。

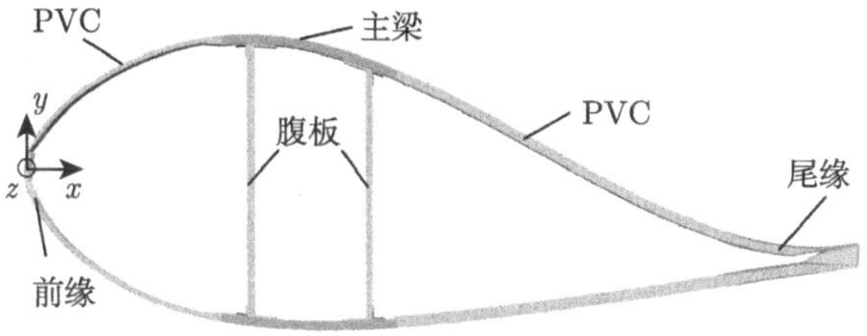

图 3-13　叶片结构形式

叶片结构构型设计见表 3-2。

表 3-2　叶片结构构型设计

序号	构件	载荷	构型	组合	作用	选材	索引
1	主梁	M_f		–	承受挥舞弯矩	单向织物 层合板	本书4.1节
2	腹板	F_f/F_e		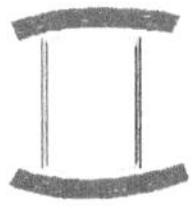	承受剪力	双轴织物 夹层结构	本书4.2节
3	蒙皮	$F_f/F_e/M_z$		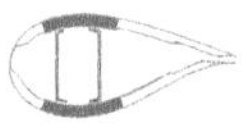	传递剪力/ 闭室抗扭/ 抗冲击	三轴织物 双轴织物	本书4.3节
4	夹芯结构	–			抗屈曲	硬质芯材 软质芯材	本书4.4节
5	前缘梁	M_e		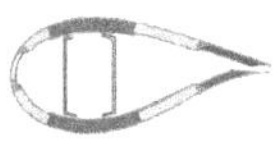	承受摆振弯矩; 减小尾缘变形; 避免胶接疲劳	单向织物 层合板	本书4.5节
6	尾缘梁	M_e					本书4.6节

续表

序号	构件	载荷	构型	组合	作用	选材	索引
7	胶接(腹板、前缘、尾缘)及叶片包边	F_f/F_e		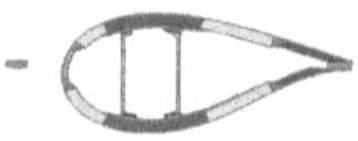	传递剪力	结构胶黏剂	本书4.2节 本书4.5节 本书4.6节
8	叶根加强层	$M_f/M_e/F_z$ $F_f/F_e/M_z$ 的组合			传递载荷/加强叶根	三轴织物	本书4.7节
9	叶根螺栓及叶根法兰	$M_f/M_e/F_z$ $F_f/F_e/M_z$ 的组合	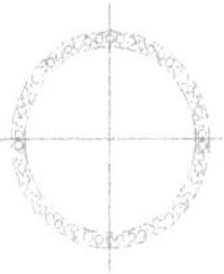	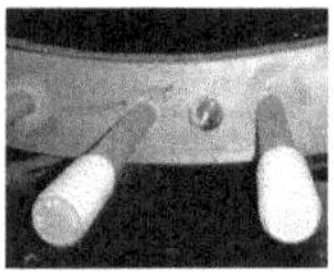	传递载荷/连接叶片与轮毂	金属	本书4.8节
10	尖角	–	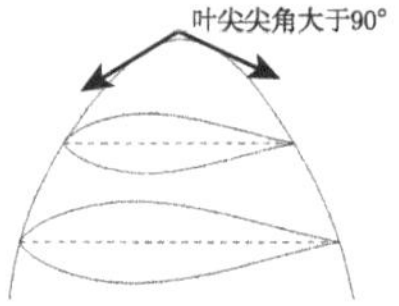		气动效应/减小噪声/涡尾迹	–	本书5.1节
11	接闪系统	–	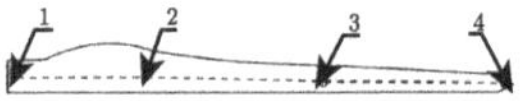		防雷击	金属	本书5.2节
12	胶衣及喷漆	–			防腐蚀	如WU230/FU300	本书5.3节
13	其他件: 运输加强层 叶根盖板 配重腔 挡雨环 双腹板PE管 等	运输载荷 维护			运输/维护/配重等	–	本书5.4~5.9节

3.3　结构设计流程

叶片结构设计流程基本分为概念设计、初步设计、详细设计，叶片结构设计中需根据不同的设计环节和设计要求，分清楚各设计阶段的主次与重点[5]，图 3-14 给出结构设计的基本流程，同时在表 3-3 中展开介绍设计流程中各设计阶段的重点。

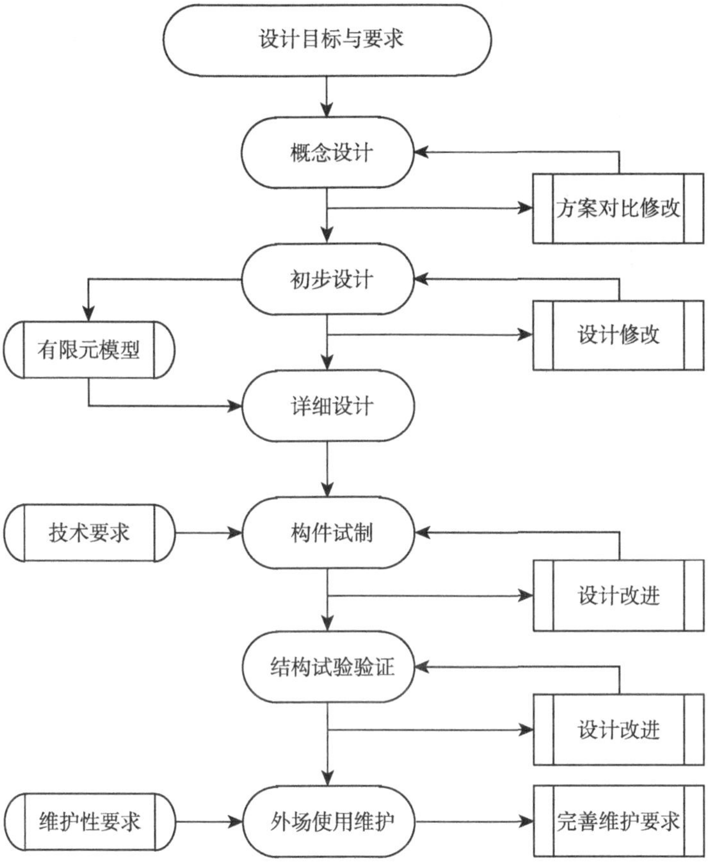

图 3-14　结构设计流程

表 3-3　叶片结构设计流程的具体内容

设计流程	具体内容
概念设计	明确设计要求，包括叶片强度安全系数分布、叶尖挠度及叶片总重要求; 明确结构设计选材及材料主方向的材料性能许用值; 根据叶片气动外形与外部载荷，确定主梁、尾缘梁、蒙皮、叶根加强层、腹板等结构件的构型、尺寸、厚度分布及空间位置; 粗略计算叶片结构的强度、挠度与总重，验证是否满足基本设计要求
初步设计	明确叶片复合材料的各向异性物理性能和力学性能，结合成型工艺、环境安全系数及工艺安全系数等确定材料安全系数，计算用于结构设计的材料许用值; 确定叶根连接方式及连接工艺，如预埋螺栓或后打孔工艺; 根据叶片包络载荷下的所有极限载荷，设计及校核叶片结构的铺层形式，满足强度、刚度、频率、疲劳、总重的要求，最终确定叶片所有结构件的构型及尺寸，以及各结构件之间的搭接及连接关系

续表

设计流程	具体内容
初步设计	确定叶片功能件的尺寸、位置及重量，包括运输加强层、配重腔、叶根盖板、挡雨环等; 预估叶片整体成本
详细设计	完成叶片局部或细节的结构分析，如尾缘、叶根、层间局部分析等; 完成叶片整体的、全套的结构校核与分析报告; 确定叶片全尺寸试验大纲，包括静载试验、固有频率试验和疲劳试验; 若需要构件试验，如叶根连接螺栓试验或叶根灌输工艺试验，也需要准备再测试方案; 完成叶片整体 BOM 统计，计算叶片总材料成本及制造成本，评估成本; 完成叶片铺层图、零部件图及装配图; 完成用于指导叶片生产的工艺文件及工装图纸; 编制叶片技术规范及采购规范

第二篇

叶片结构设计

第 4 章　结构件设计

叶片结构设计中包括结构件设计与功能件设计，本章节主要介绍结构件的构型形式、尺寸设计，功能件的设计将在第 6 章中详细阐述，叶片结构设计如图 4-1 所示。

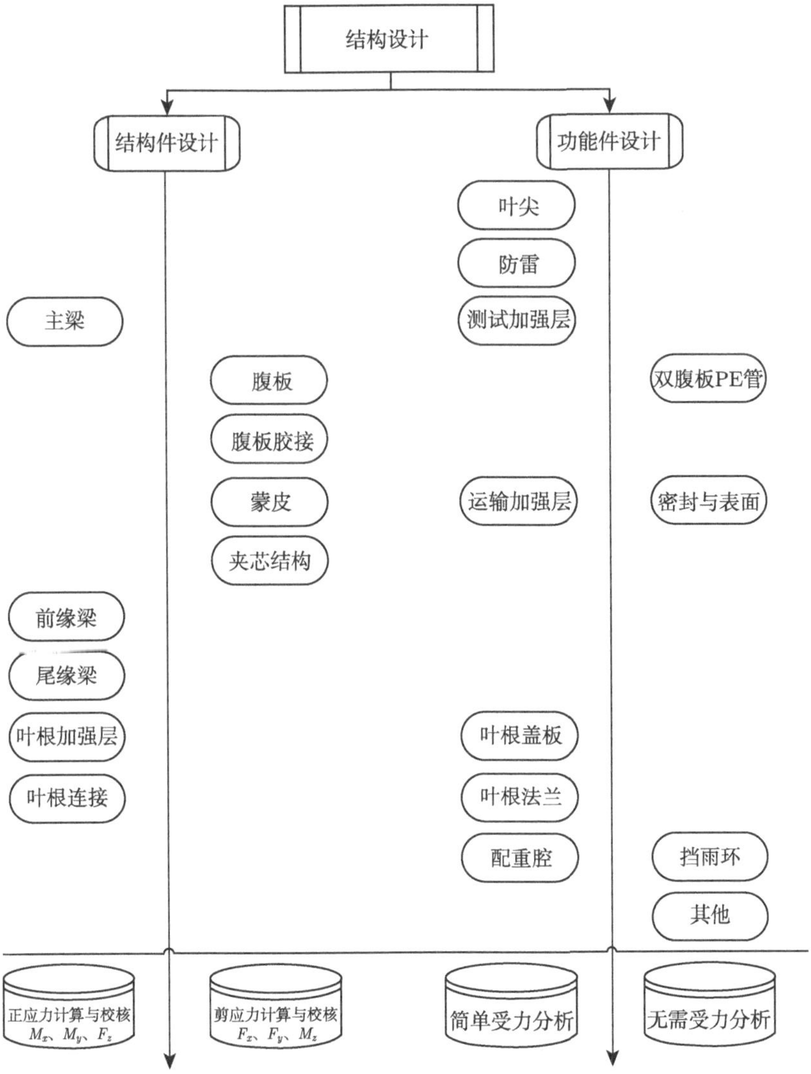

图 4-1　叶片结构设计

本书中，第 4 章详细阐述结构件设计，第 5 章详细介绍功能件设计。

4.1 主梁设计

主梁是叶片结构的主要承力构件，其良好的强度和刚度特性是叶片结构设计的主要技术指标。主梁形式示意图如图 4-2 所示，根据本书第 2 章表 2-3 可知，主梁占叶片重量百分比为 21%，占叶片表面积比为 12%，因此叶片主梁从功能、占重比、占表面积比等方面都表现得很重要。叶片主梁要保证：

(1) 能够承受挥舞弯矩的作用，保证叶片主梁强度特性；

(2) 保证挥舞方向的刚度特性，避免叶尖挠度过大而与塔架干涉；

(3) 影响叶片一阶挥舞固有频率，避免与激振力共振。

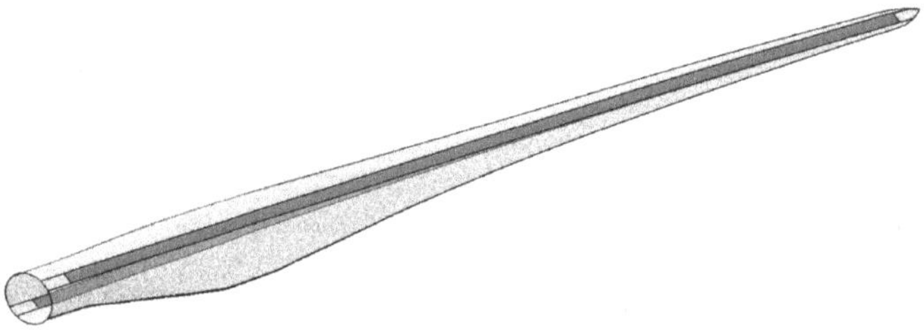

图 4-2　叶片主梁示意图

主梁尤为重要，而其设计难度又大，因此本书首先介绍叶片主梁的结构设计。主梁设计的重点及难度主要依于以下几方面：

(1) 主梁占重比和占表面积比较大，主梁设计的难度主要来源于叶片坐标系中挥舞弯矩 M_f 远大于摆振弯矩 M_e，但叶片剖面主梁段翼型厚度小于剖面弦长，因此造成叶片剖面的主梁段厚度/弦长与 M_f/M_e 的差别较大，引入主梁刚度与载荷的反差，成为设计主梁的主要瓶颈。

针对 WB45.3 叶片，在叶片展向最大弦长位置的叶片剖面载荷与外形分布见表 4-1。

表 4-1　某叶片剖面的载荷与外形对比

叶片剖面参数				外形比				
挥舞弯矩 $M_{f,\max}$/(kN · m)	摆振弯矩 $M_{e,\max}$/(kN · m)	翼型厚度 T_h/mm	剖面弦长 C_h/mm	M_f/M_e	T_h/C_h	M_f/T_h	M_e/C_h	$\frac{M_f/T_h}{M_e/C_h}$
4493	2705	1482	3570	1.661	0.415	3.032	0.758	4.00

叶片最大弦长剖面的最大挥舞弯矩是最大摆振弯矩的 1.661 倍，而剖面绝对厚

度仅占弦长的 0.415。主梁设计中主要考虑挥舞弯矩的大小及主梁段的刚度，而叶片剖面的 M_f/T_h 是 M_e/C_h 的 4 倍，因此主梁的设计由于其主导刚度较小而作用载荷较大，增加了设计难度。

(2) 叶片外形通常由空气动力学追求高升阻比而采用比较薄的翼型，风电行业叶片从叶中段至叶尖段，翼型的相对厚度一般不会超过 30%，即造成叶片主梁在比较小的空间内满足强度和刚度的要求。主梁段刚度与绝对厚度的四次方成正比，强度与外载荷成正比、与绝对厚度的三次方成反比，因此厚度对刚度和强度的影响甚大。

(3) 基于以上两个原因，综合考虑载荷安全系数与复合材料安全系数之后，主梁设计时仍然需要预留较大的安全系数，才能满足整体强度和刚度的要求。

(4) 由于主梁预留一定的安全系数，主梁铺层过厚。考虑复合材料工艺设计中要求的单层布的裁剪与铺放，主梁通常采用等宽设计。这样就增加了设计的约束，结合复合材料单向布自身的铺放特点，因此主梁设计难度较大。

4.1.1　主梁构型类别

主梁俗称 Spar Cap，主梁应选用比强度高或者比刚度高的材料，如玻璃纤维、碳纤维 (玻璃钢、碳环氧复合材料) 或竹木复合材料等。各纤维增强体的力学性能见表 4-2，其对比如图 4-3 所示。需保证叶片满足整体的成本与总重的要求，叶片主梁构型为多层单向铺层叠加组成的层合板结构。早期的叶片和小型风力机叶片也有采用天然木材、工程塑料及铝、钢等材料的主梁。

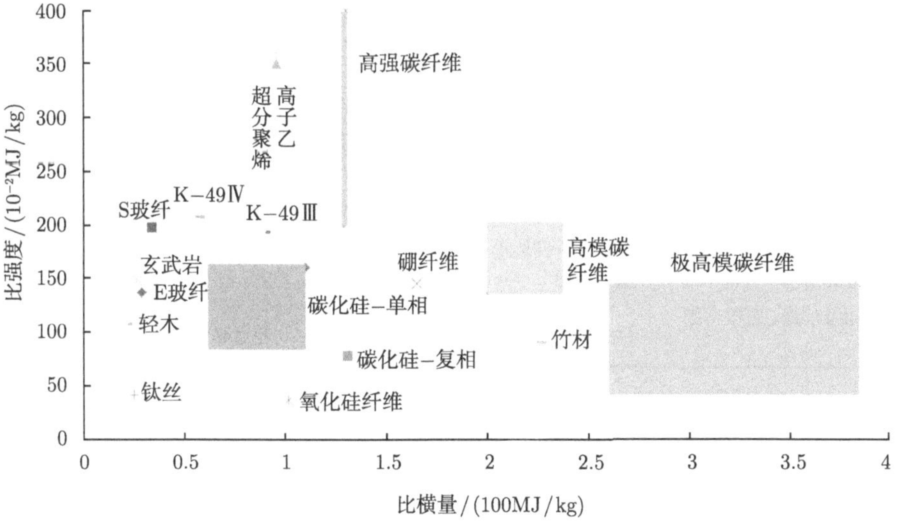

图 4-3　不同纤维增强体的比强度和比模量比较

表 4-2　纤维增强体的部分力学性能 [1]

材料		直径/μm	相对密度	拉伸强度/10MPa	模量/10^5MPa	伸长率/%	比强度/10MPa	比模量/100GPa
玻璃纤维	E	10	2.55	350	0.74	4.8	137	0.29
	S	10	2.49	490	0.84	5.7	197	0.34
	M_2		2.77	370	0.93		134	0.34
硼纤维		100	2.65	350	4.1	0.5~0.8	132	1.55
		140	2.49	364			146	1.65
碳纤维	普通		1.75	250 ~ 300			143 ~ 171	
	高强	6		350 ~ 700	2.25 ~ 2.28		200 ~ 400	1.29 ~ 1.30
	高模	6		240 ~ 350	3.5 ~ 5.8	1.5 ~ 2.4	137 ~ 200	2.0 ~ 2.34
	极高模	6		75 ~ 250	4.6 ~ 6.7	0.5 ~ 0.7	43 ~ 143	2.63 ~ 3.83
芳纶纤维	K-49 Ⅲ	10	1.47	283	1.34	2.5	193	0.91
	K-49 Ⅳ			304	0.85	4	207	0.58
碳化硅纤维	复相	100	3.28	254	4.3		77.4	1.31
	单相	8~12	2.8	250 ~ 450	1.8 ~ 3.0		89 ~ 161	0.64 ~ 1.1
超高分子量聚乙烯			0.97	340	0.93	3.5 ~ 3.7	350.5	0.959
玄武岩纤维			2.63	390	0.72	3.03	148.3	0.27
氧化硅纤维			3.7	138 ~ 172	3.79		37 ~ 46	1.02
钢丝			7.8	42	2.1		5.4	0.27
铝丝			2.7	63	0.74		23	0.27
钛丝			4.7	196	1.17		41.7	0.25
轻木			0.155	14.1	0.352		107.14	0.22
竹材			1.12	120	0.25		90.97	2.27

主梁按照不同的材料、成型工艺、错层方式等情况，有表 4-3 的分类方式。

表 4-3　主梁构型分类方式

分类方式	A	B	C	D
按材料分	玻璃纤维	碳纤维	竹层积材	其他
按成型工艺分	一体成型	主梁预制成型	主梁、叶片整体预制	其他
按错层分	等宽平行四边形	等宽矩形	梯形	其他
按主梁构成分	单工字梁	双工字梁		
按主梁及前缘、腹板空腔形状分	D 形梁	O 形梁	箱形梁	其他

叶片主梁剖面示意图如图 4-4 所示。

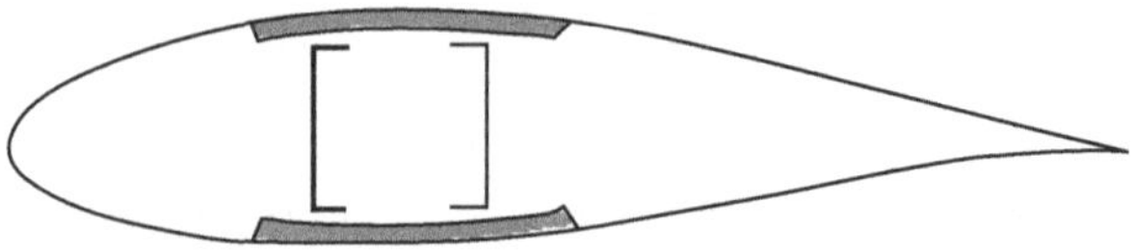

图 4-4　叶片主梁图示

4.1.2　玻纤织物主梁

目前风力机行业内的绝大多数叶片都采用玻纤织物主梁的设计形式，玻纤织物主梁一般采用等宽不等厚的设计方式，以强度设计为基准进行叶片玻纤织物主梁设计。

叶片玻纤织物主梁铺设参考叶片上模与下模的中心线，主梁几何特性中应定义主梁铺层宽度，应用叶片结构设计理论确定满足约束叶片强度和刚度特性的主梁厚度。图 4-5 给出叶片剖面确定主梁铺层的几何尺寸，并在表 4-4 和表 4-5 中详述各参数的意义。

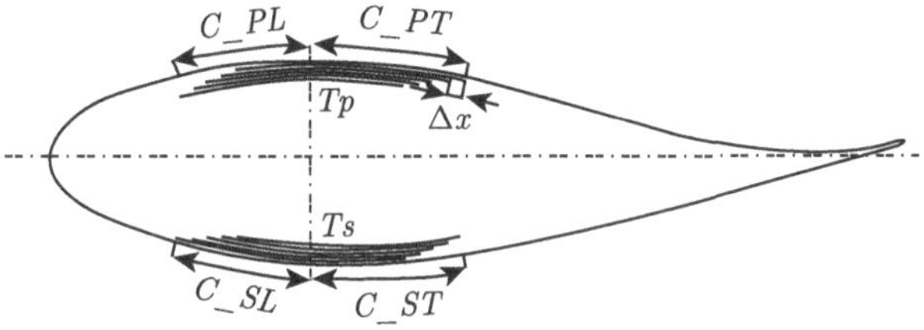

图 4-5　叶片截面主梁几何尺寸

叶片主梁铺层相对于叶片各截面弦向而言，每一层的铺设宽度相同，沿叶片中心线可以存在错层。叶片主梁段铺设宽度为考虑工艺错层的铺层后，沿中心线向前缘和尾缘铺设的幅宽。

表 4-4　主梁构型参数及含义

叶片展向/m	主梁铺层	主梁构型参数	含义
R	1～ N	C_SL	吸力面主梁沿中心线向前缘铺设的宽度
		C_ST	吸力面主梁沿中心线向尾缘铺设的宽度
		C_PL	压力面主梁沿中心线向前缘铺设的宽度
		C_PT	压力面主梁沿中心线向尾缘铺设的宽度

表 4-5　主梁铺层幅宽、厚度等参数及含义

叶片展向/m	主梁构型参数	含义
R	C_S	吸力面主梁铺设幅宽
	C_P	压力面主梁铺设幅宽
	Ts	吸力面主梁段铺设厚度最大值
	Tp	压力面主梁段铺设厚度最大值
	Δx	铺层错层宽度值

由于叶片展向位置不同，主梁的铺设厚度存在差别，根据叶片结构设计确定主梁铺设厚度。通过本书第 7~9 章介绍的一维方法、二维方法和三维方法来校核叶片主梁的强度、刚度、疲劳等特性是否满足设计要求。

叶片主梁设计确定后，应明确叶片主梁的铺层分布形式，如图 4-6 所示，同时确定如表 4-6 所示的主梁安全系数表。叶片主梁的铺层厚度沿叶片展向分布如图 4-7 所示，叶根至叶中段主梁铺层最厚，越靠近尖端越薄。

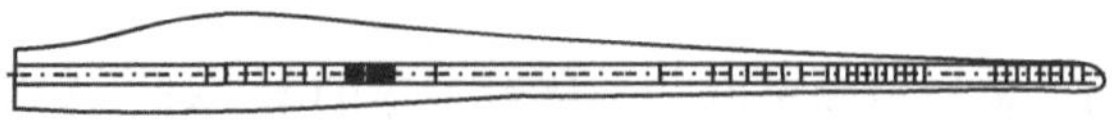

图 4-6　叶片展向主梁分布

表 4-6　叶片主梁安全系数表

叶片展向/m	主梁铺设层数	主梁拉伸应力安全系数	主梁压缩应力安全系数
R	N	St	Sc

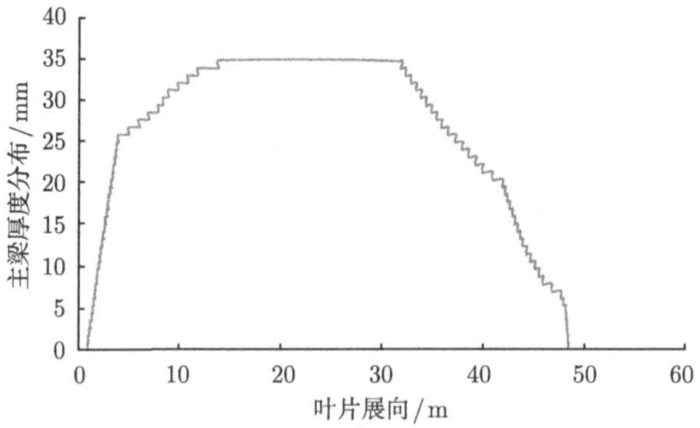

图 4-7　玻纤织物主梁沿叶片展向厚度分布

4.1.3　碳纤织物主梁

当叶片长度增加时，重量的增加要快于能量的提取，因为重量的增加和风叶长度的立方成正比，而风机产生的电能和风叶长度的平方成正比。同时随着叶片长度的增加，对增强材料的强度和刚度等性能提出了新的要求，玻璃纤维在大型复合材料叶片制造中逐渐显现出性能方面的不足。为了保证在极端风载下叶尖不碰塔架，叶片必须具有足够的刚度。减轻叶片的重量，又要满足强度与刚度要求，有效的办法是采用碳纤维增强。由于现有材料性能不能很好地满足大功率风力发电装置的需求，并且玻璃纤维复合材料性能已经趋于极限，因此在发展更大功率风力发电装置和更长叶片时，采用性能更好的碳纤维复合材料已经成为发展趋势。根据国外有关资料显示，当风力机超过 5MW、叶片长度超过 60m 时，在叶片制造时采用碳纤维已成为必要的选择。事实上，当叶片超过一定尺寸后，由于材料用量、劳动力、运输和安装成本等相应下降，碳纤维叶片反而比玻纤叶片成本更优[12]。

1. 碳纤维应用部位

碳纤维在风叶中的应用正在逐年增加。由于碳纤维比玻纤昂贵，采用百分之百的碳纤维制造叶片从成本上来说是不合算的。目前国外碳纤维主要是和玻纤混合使用，碳纤维只是用于一些关键的部位。碳纤维在叶片中应用的主要部位有：

(1) 主梁；

(2) 前缘梁和尾缘梁；

(3) 叶片的表面，采用具有高强度特性的碳纤维片材。

2. 碳纤维在风机叶片中应用的优势

1) 提高叶片刚度，减轻叶片重量

碳纤维的密度比玻璃纤维小约 30%，强度大约 40%，尤其是模量高 3~8 倍。大型叶片采用碳纤维增强可充分发挥其高弹轻质的优点。某旋转直径为 120m 的风机的叶片，由于梁的质量 (主梁、尾缘梁、前缘梁) 占叶片总质量份额较大，梁结构采用碳纤维和采用全玻纤的相比，重量可减轻 40% 左右；碳纤维复合材料叶片刚度是玻璃纤维复合材料叶片的 2 倍。据分析，采用碳/玻混杂增强方案，叶片可减重 20%~30%。

2) 提高叶片抗疲劳性能

风机总是处在条件恶劣的环境中，并且 24 小时处于工作状态。这就使材料易于受到损害。相关研究表明，碳纤维合成材料具有出众的抗疲劳特性，当与树脂材料混合时，则成为了风力机适应恶劣气候条件的最佳材料之一。

3) 使风机的输出功率更平滑更均衡，提高风能利用效率

使用碳纤维后，叶片重量的降低和刚度的增加改善了叶片的空气动力学性能，减少对塔和轮轴的负载，从而使风机的输出功率更平滑和更均衡，提高能量效率。同时，碳纤维叶片更薄，外形设计更有效，叶片更细长，也提高了能量的输出效率。

4) 在低速风力机叶片应用中存在优势

碳纤维的应用可以减少负载和增加叶片长度，从而制造适合于低风速地区的大直径风叶，使风能成本下降。

5) 利用导电性能避免雷击

利用碳纤维的导电性能，通过特殊的结构设计，可有效地避免雷击对叶片造成的损伤。

6) 降低风力机叶片的制造和运输成本

由于减少了材料的应用，所以纤维和树脂的应用都减少了，叶片变得轻巧，制造和运输成本都会下降，可缩小工厂的规模和运输设备。

7) 具有振动阻尼特性

碳纤维的振动阻尼特性可较有效地避免叶片自然频率与塔架频率间产生共振。

4.1.4　竹-木积材主梁

玻璃纤维难以降解，回收困难，而碳纤维价格高。木-环氧目前主要是用芬兰桦木 (Finnish Brich)，中国缺少实施条件，且该技术为 Vestas 专有。中国竹林面积庞大，竹材生长环境优良，且竹材是生长最快的植物之一，与木材相比具有更高的经济价值和环保价值。因此竹层积材在风力机叶片中有较高的应用价值和发展趋势。截至目前，全世界兆瓦级叶片有 2000 套由竹木制成。

竹材主梁一般分为竹层积材和单层竹篾铺层两种形式，竹层积材主梁一般选用等厚不等宽的设计，方便工艺以及采购的要求；而单层竹篾的铺层方式与玻纤织物主梁的设计形式相同。图 4-8 显示竹层积材的主梁形式，其比刚度较好，但比强度较玻纤/碳纤维的主梁低较多。竹层积材主梁的套料图设计非常重要，应注意主梁收边、叶根收边铺层、叶尖收尾铺层，如图 4-9 所示。

图 4-8　竹层积材

图 4-9　叶片竹材主梁铺层

叶片竹-木主梁的铺设宽度由叶根至叶尖逐渐变小，如图 4-10 所示。

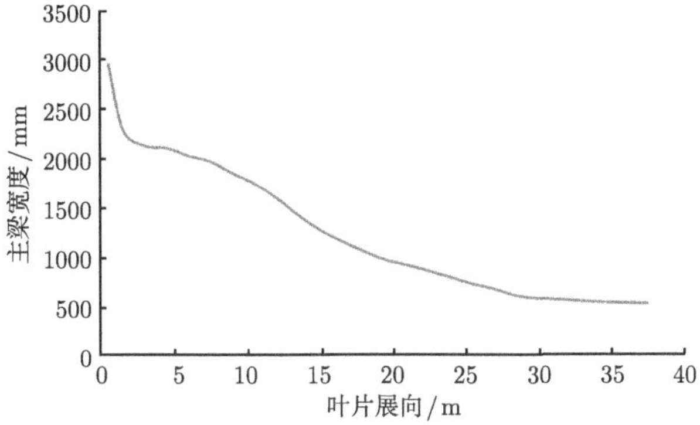

图 4-10　竹-木主梁宽度沿叶片展向分布

竹-木积材主梁叶片有其自身的技术难点，这些技术难点没有攻破之前是不能大量应用于风力机叶片中的，尤其是大型叶片。

(1) 材料物理力学性能离散度很大；

(2) 选材标准缺乏；

(3) 竹-木使用工艺复杂。

竹-木积材的这些问题没有解决之前，竹木叶片的发展空间受限。解决这些问题需要从以下几个方面入手：

(1) 了解竹种、产地、竹龄、部位、厚度、宽度、含水率、热压温度、压力、组坯方式；

(2) 胶黏剂种类，改性处理；

(3) 湿度、温度生产条件；

(4) 仓储及运输；

(5) 原竹、竹片、成材的物理力学实验；

(6) 成材的疲劳性能试验。

4.1.5　混合材料主梁

如玻纤-碳纤混合、竹材-玻纤混合等，这种不同材料的混合主梁会产生附和应力、层间失效、工艺复杂等问题，需要一系列的材料和工艺试验来验证主梁的性能。

竹材主梁中需要在竹材表面增铺单向带的主梁铺层，如图 4-11 所示，并保证叶片主梁各截面单向带的宽度大于竹材主梁的宽度。此时，竹层积材与玻纤之间的层间黏接力、竹材与玻纤突变位置的应力集中、两种材料引入的工艺灌输等复杂性，是设计的难点与重点。

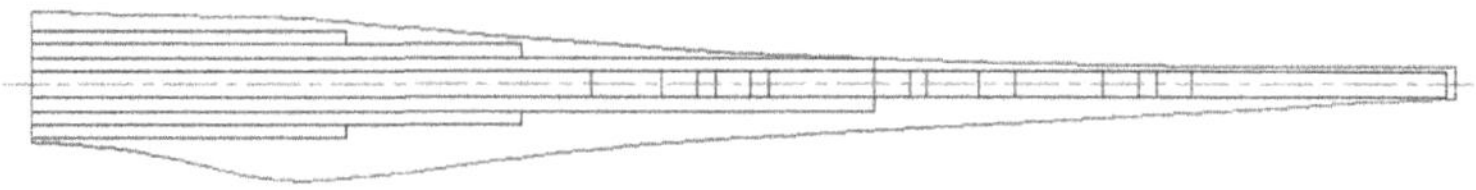

图 4-11 叶片竹材表面单向布铺层

4.1.6 主梁结构设计

1. 确定主梁构型

确定主梁构型，即根据本章表 4-3 确定采用何种材料的主梁、成型工艺、错层等构型环节，目前通用的主梁构型为玻纤织物的预制主梁工艺。

2. 估算主梁尺寸

根据主梁的构型，估算主梁沿着叶片展向和弦向的尺寸及厚度分布，可以应用本书第 7 章的一维方法推算叶片各截面的尺寸，包括主梁宽度和厚度。

3. 校核主梁强度

可以采用本书第 8 章和第 9 章中介绍的二维校核及三维校核方法，结合复合材料各向异性的理论，应用风力机行业的标准，采用 Tsai-Hill 失效准则，判定主梁的强度特性，评估主梁的设计结果。

4. 调整及优化主梁尺寸

根据主梁强度校核结果，对强度较低的位置适当增加铺层，对强度较高的位置减少铺层，重新进行主梁的结构设计与结构校核，直到满足设计要求的、重量最轻的主梁设计。

5. 评估主梁特性

此时，应结合强度、刚度、疲劳等结构方面，综合评价主梁的整体特性，判断刚度是否连续，是否满足疲劳安全系数的要求，挠度是否过大，存在打塔的危险。

叶片主梁的设计成果可包括 3D 示意图、3D FEM 分析云图、2D 铺层图及产品实体图，见表 4-7。

表 4-7 主梁设计成果

设计成果	图示
3D 示意图	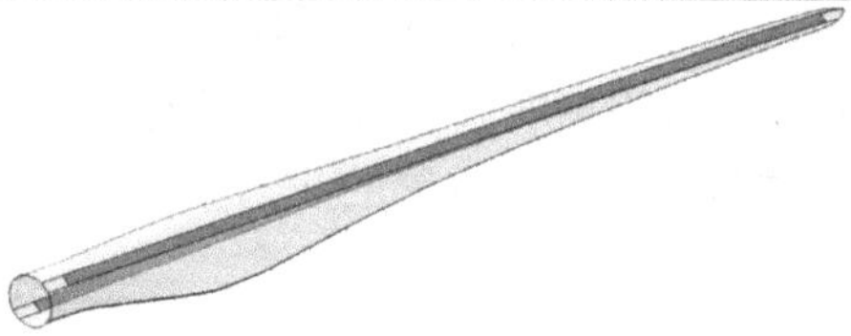

续表

设计成果	图示
3D FEM 分析云图	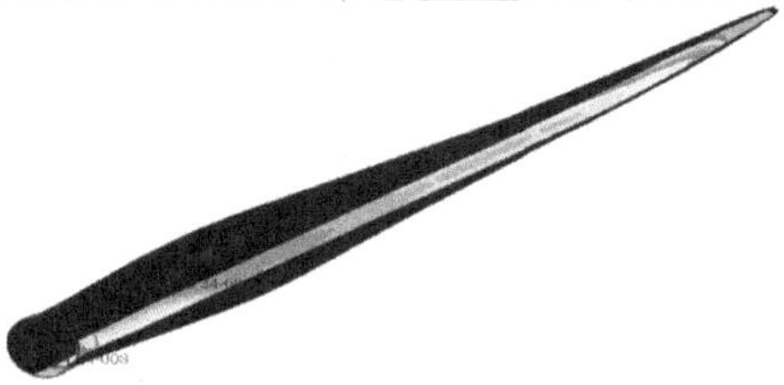
2D 图示	
实体图	

4.1.7　主梁工艺简述

风力机叶片主要应用预制主梁和一体成型两种。根据不同的环境和工艺条件、叶片材料特性和叶片量产需求，选择合适的主梁成型工艺。

1. 预制主梁工艺

预制主梁如图 4-12 所示，在做叶片整体灌输之前已完成叶片主梁的铺设、导注与成型，在叶片完成蒙皮与其他主材的铺设之后，将预制主梁按照正确的位置放入叶片整体中，通过二次灌输工艺完成叶片的整体成型。当叶片批量产的任务较重，预制主梁可显著提高生产时间成本，缩短叶片整体生产周期，提高生产效率。但是，预制主梁由于与叶片整体需要二次灌输固化成型，工艺缺陷诸如灌输不透、干纤维等时有发生，导致整个叶片质量下降，修补工作量较大，更严重的可能引起整个叶片的报废。

(a) 预制主梁　　(b) 主梁模具

图 4-12　预制主梁及模具

2. 一体成型主梁工艺

一体成型主梁如图 4-13 所示，与叶片整体铺层同时铺设、导注和成型。保证叶片导注管铺设位置的合理性，严格树脂浇注速度控制及合理的工艺和环境条件，可避免一体成型主梁的工艺缺陷。但是当叶片批量产的任务量较重，一体成型主梁铺设时间较长，占用人工和模具成本较高，因此会造成叶片生产周期较长，降低生产效率。

图 4-13　一体成型主梁

3. 叶片主梁工艺设计

叶片主梁工艺设计保证叶片工艺错层的合理性，同时通过叶片工艺铺层设计预估叶片成本。考虑如图 4-14 所示的 600mm 幅宽的主梁，其铺放第一层以叶片中心线为参考线，按照铺层设计向叶片前缘或尾缘铺设一定宽度，如图 4-15 所示，将一定幅宽的主梁织物向尾缘铺设宽度 340mm。第 2 层开始错位铺设，即在上一层的基础上向前缘错位一定距离，如 20mm。到第 3 层时玻纤布靠近铺设线，但不超出铺设线，整个主梁铺设宽度都在前缘铺设线和尾缘铺设线范围内。每一层的铺设都有详细的图示及说明，为避免铺设线的挪动导致铺设失误，所以检验即图示标注都是以前缘边距中心线的距离为准。

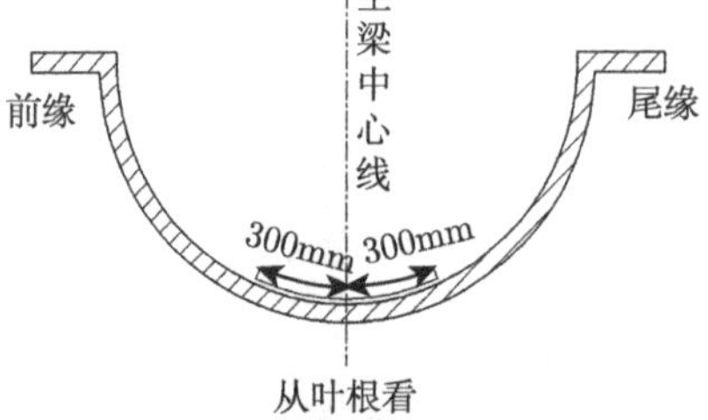

图 4-14　主梁铺设工艺

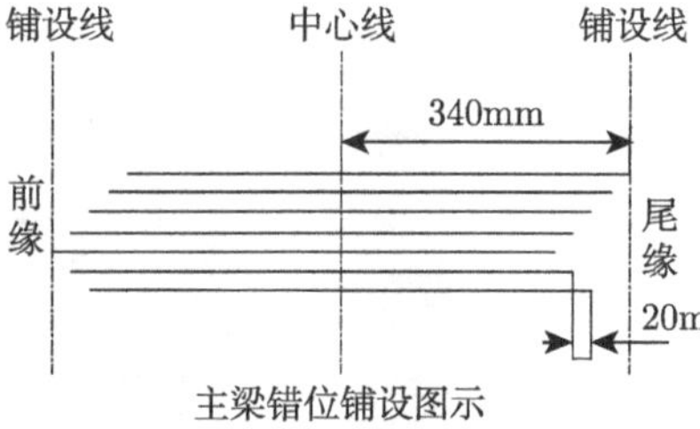

图 4-15　叶片主梁工艺错层

沿叶片展向，为了铺设方便，主梁铺设宽度距叶片中心线宽度可做到基本不变，如图 4-16 所示，其实际铺层如图 4-17 所示。

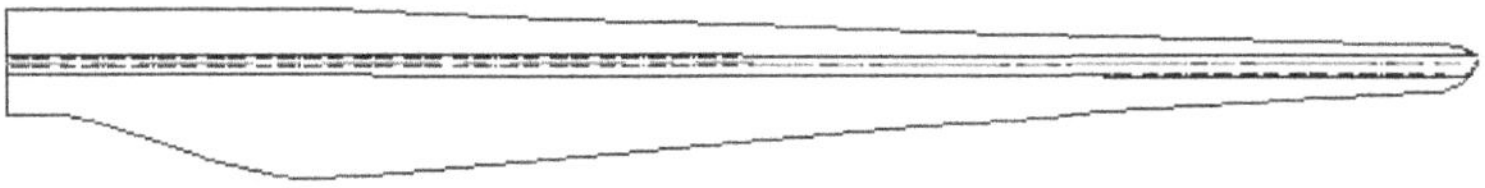

图 4-16　叶片展向主梁铺设

图 4-17　叶片主梁工艺铺层图

4.2　腹板设计及缘条胶接

叶片腹板支撑整个主梁结构，叶片蒙皮剪力通过腹板缘条与外壳黏接传递给腹板，腹板由叶尖向叶根传递剪力，同时由腹板与叶片外壳组成的多闭室承担扭矩的作用。因此，腹板在结构设计中很重要。叶片腹板结构为夹芯结构，屈曲分析在腹板分析中为主要分析内容。叶片双腹板如图 4-18 所示。

图 4-18　叶片腹板示意图

4.2.1　腹板构型类别

腹板构型类别，包括腹板的形式、布局、加工工艺、根部形状等不同表征方面来确定腹板及缘条的构型。叶片的腹板与缘条支撑整个叶片主梁及外壳，如图 4-19 所示。

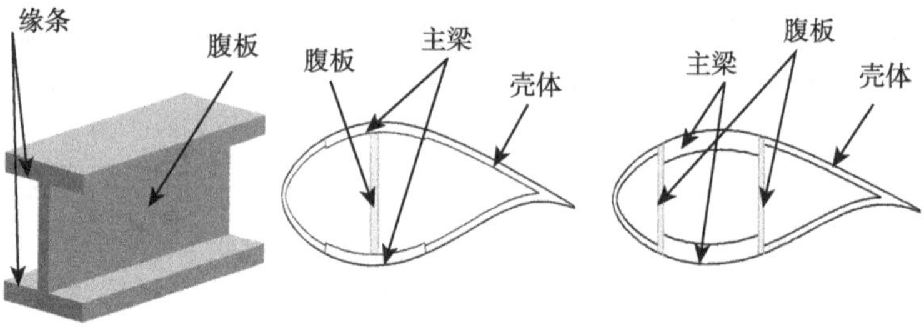

(a) 腹板结构效果图　(b) 单腹板剖面示意图　(c) 双腹板剖面示意图

图 4-19　腹板支撑主梁及外壳

腹板有多种构型形式。目前应用于风力机的腹板构型见表 4-8，腹板构型的图示见表 4-9。

表 4-8　腹板构型分类形式

分类方式	A	B	C	D
按腹板个数分	单腹板	双腹板	三腹板	其他
按腹板形状分	H 形腹板	箱形腹板	几形腹板	其他
按加工工艺分	带缘条预制	腹板预制	腹板中段黏接	其他
按芯材材料分	PVC	Balsa 木	PE	其他
按缘条柔性分	刚性缘条	柔性缘条		其他
按根部开口形状分	不开口	开弧形口	开梯形口	其他
按芯材与缘条位置分	顶头	楔形		其他
按根部翻边分	无翻边	有翻边		其他

表 4-9　腹板构型图示

分类	构型	图示
腹板个数	A	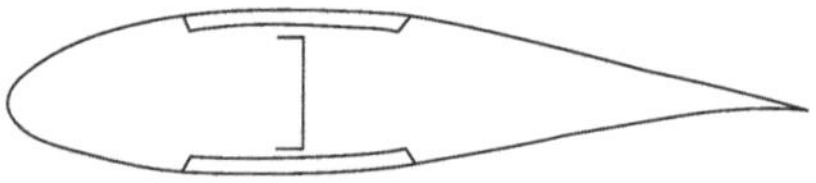
	B	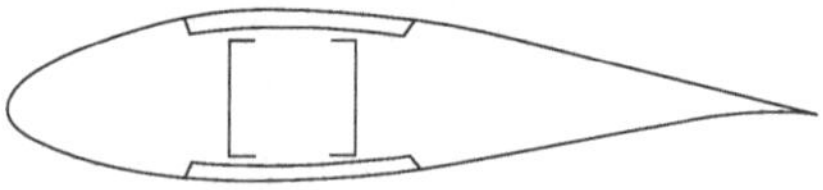
	C	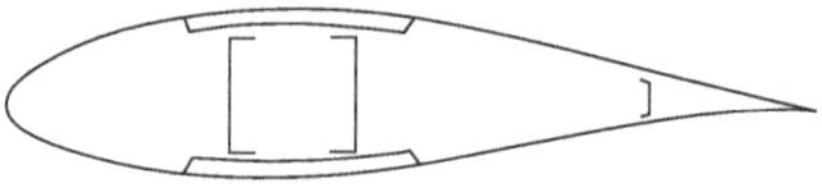
腹板形状	A	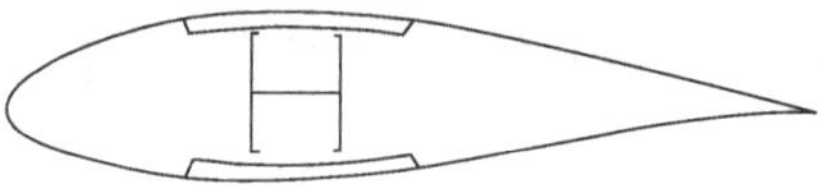

续表

分类	构型	图示
腹板形状	B	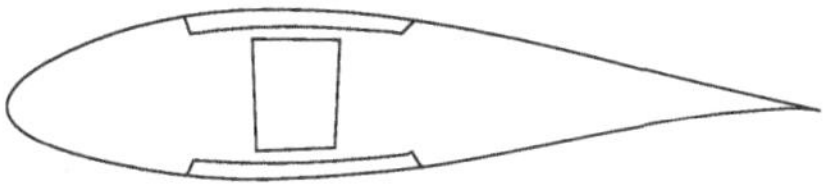
	C	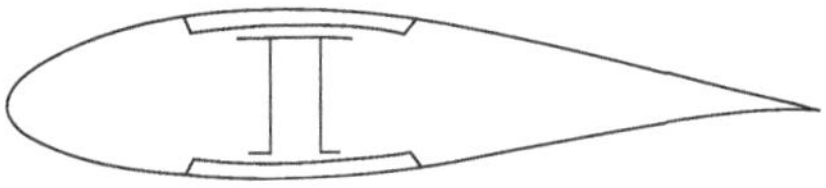
加工工艺	A	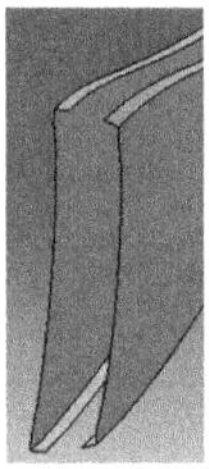
	B	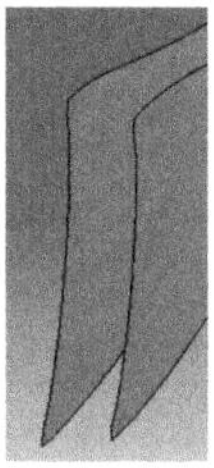
	C	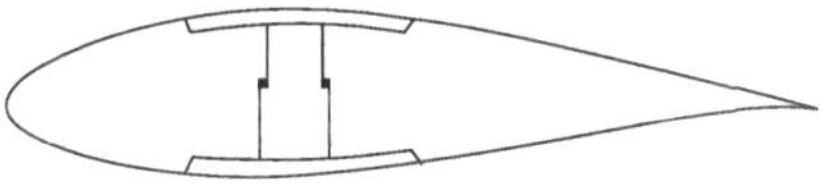
缘条柔性	A	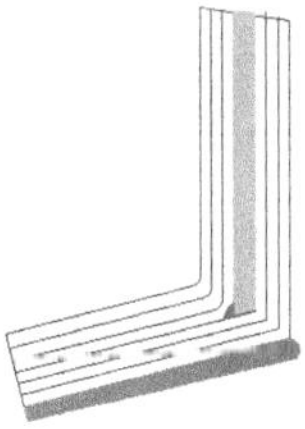
	B	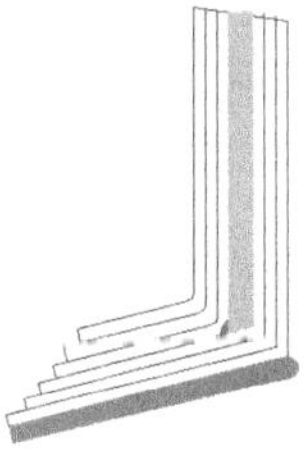
根部开口	A	
	B	

续表

分类	构型	图示	
根部开口	C		
按芯材与缘条		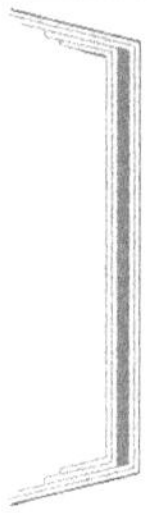 A	 B
根部翻边		 A	 B

目前风电常规叶片的腹板基本以双腹板、预制腹板与缘条、PVC 芯材腹板及柔性缘条、开弧形口且带翻边的为主流，随着叶片越来越大，三腹板逐渐取代双腹板。

4.2.2　腹板布局形式

叶片腹板与主梁组成近似于工字梁模型的主承力结构件，腹板位于主梁之间。叶片展向和弦向合理的腹板位置布局直接影响叶片整体闭室传递剪力和抗扭转的能力及叶片整体抗屈曲的能力。叶片腹板的展向起点一般距离叶根截面 0.5~2.5m，至叶尖保证叶片腹板的连续性。

1. 单腹板布局

单腹板一般沿叶片弦向位于叶片中心线附近。单腹板布局形式如图 4-20 所示。

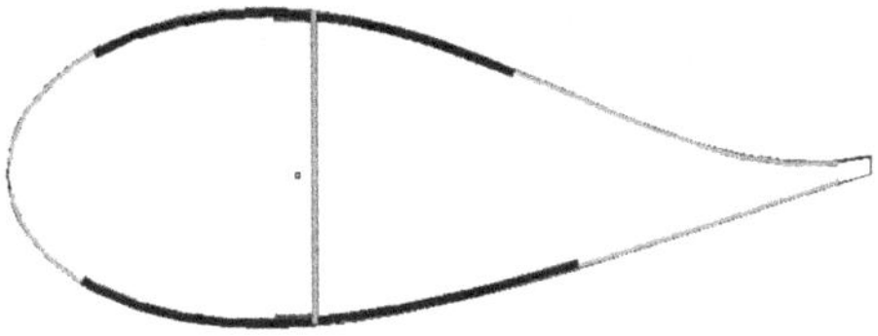

图 4-20　单腹板布局

2. 双腹板布局

在叶片弦向应该合理布置双腹板的尺寸参数，在叶片展向位置也应控制双腹板的起始位置。双腹板结构在靠近叶片叶尖段，只要能够满足叶片整体屈曲分析的要求，可以将叶尖段由双腹板改成单腹板，可以省材减重。双腹板布局形式如图 4-21 所示。

图 4-21　双腹板布局

3. 三腹板布局

随着叶片越来越大，叶片局部三腹板的构型设计已经显得更为重要。三腹板的设计可以有效避免最大弦长局部的尾缘夹芯发生局部屈曲破坏，同时可有效避免尾缘开裂的发生。三腹板在最大弦长附近的尾缘腹板应合理布局，不能非常靠近尾缘导致尾缘三角闭室过小，影响尾缘三角闭室的剪力流分布，导致尾缘段奇异点的剪力流不连续而引起载荷突变。三腹板布局形式如图 4-22 所示。

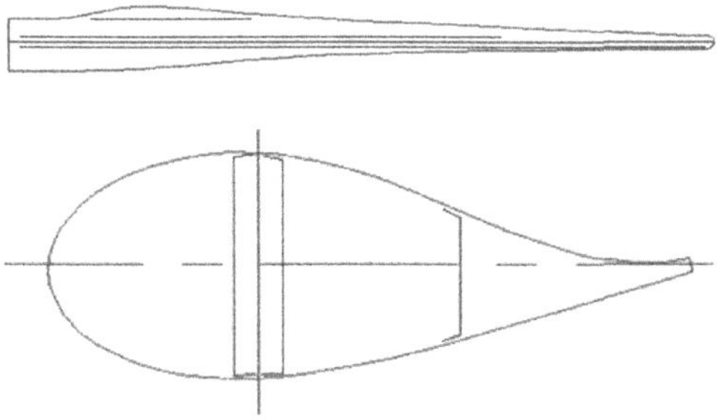

图 4-22　三腹板形式

4.2.3　腹板结构设计

1. 腹板尺寸设计

腹板尺寸包括腹板间距、腹板高度、缘条宽度、缘条与腹板角度等。不同的腹板构型对应的腹板约束尺寸不同。以双腹板为例，见表 4-10，说明腹板尺寸设计的参数。

表 4-10　双腹板尺寸参数表

双腹板构型	参数	说明
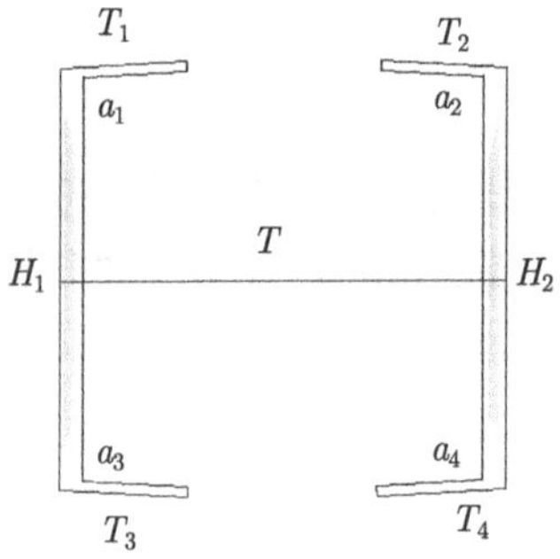	T	双腹板间距
	T_1	确定前缘腹板与叶片下模黏接的缘条宽度
	T_2	确定尾缘腹板与叶片下模黏接的缘条宽度
	T_3	确定前缘腹板与叶片上模黏接的缘条宽度
	T_4	确定尾缘腹板与叶片上模黏接的缘条宽度
	a_1	前缘腹板缘条与下模黏接的仰角
	a_2	尾缘腹板缘条与下模黏接的仰角
	a_3	前缘腹板缘条与上模黏接的仰角
	a_4	尾缘腹板缘条与上模黏接的仰角
	H_1	前缘腹板高度
	H_2	尾缘腹板高度

叶片双腹板的腹板几何尺寸中，与叶片下模黏接的腹板缘条一般在未合模之前先将腹板定位于叶片下模，因此与叶片下模黏接的腹板缘条基本与腹板成 90° 夹角。而与叶片上模黏接的腹板缘条，需要在腹板合模时与叶片上模整体固化成型，在叶片合模中腹板缘条需要受到较大的压力，为了保证合模后与叶片上模黏接的腹板缘条与腹板垂直，在合模之前应使叶片上模黏接的腹板缘条与腹板的夹角大于 90°(如 93°)，如图 4-23 所示，合模后在合模压力的作用下，与叶片上模黏接的腹板缘条在合模后与腹板垂直。

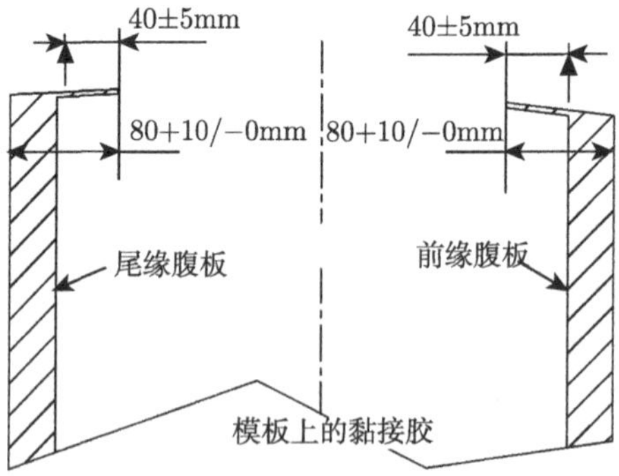

图 4-23　腹板黏接

腹板缘条的黏接宽度决定于腹板缘条的宽度，前缘腹板与尾缘腹板分别与叶片上模和下模黏接的腹板缘条宽度近似相同。双腹板通常沿叶片中心线对称分布。

腹板高度的设计尤为重要。由于叶片的工艺基本是叶片上下模分别灌注成型，再通过胶接二次固化成为叶片整体，因此叶片与腹板是通过胶接后固化成型。这样就在叶片生产过程中，需要制作叶片模具和腹板模具。由于设计考虑不全面或环境、模具变形、尺寸公差控制不到位等因素，叶片与腹板安装不匹配的现象时常发生。如果腹板过高，则导致叶片整体合模干涉，叶片前尾缘存在空腔或胶接过厚，影响整体黏接性能；如果腹板过低，则叶片与腹板黏接不充分而导致叶片在运行过程中与腹板分离，进而发生叶片整体失稳。因此，腹板模具的设计与制造需要综合考虑叶片铺层厚度、公差、胶接厚度、工艺控制等方方面面的因素。

铺层设计中确定应铺设腹板位置的内缩厚度，通常情况下叶片上模和下模的内缩厚度不一样，通过叶片上模和下模的内缩厚度，根据叶片各截面的当地高度确定腹板的高度。

2. 腹板根部设计

腹板根部需要特殊设计，包括腹板根部的开口、根部铺层、根部翻边等，腹板的剪力从叶尖传递到叶根，再通过叶根腹板传递到叶根加强层至叶根螺栓传给轮毂。因此腹板根部的载荷很大，需要对腹板根部加强，包括铺层的合理优化与翻边，可提高腹板根部的抗屈曲能力；腹板根部还需要进行开口处理，起到剪力反传的作用，避免因腹板根部载荷过大且传载路径受阻而引起应力集中，导致腹板根部破坏。腹板根部开口如图 4-24 与图 4-25 所示。

图 4-24　腹板及腹板根部开口

1) 腹板根部开口

如前所述，梯形腹板在根部一定要进行开口处理，这样既可以减轻重量，又可以改善腹板剪应力的传递，不至于在腹板根部造成应力集中。

图 4-25　腹板根部开口示意图

腹板根部开口的尺寸和形状对剪力反传影响很大，一般情况下腹板根部开梯形口或弧形口，需要进行多种腹板根部开口的形状探索才能得到不同叶片设计下的最合适的腹板根部开口尺寸和形状，如图 4-26 所示。

图 4-26　腹板梯形开口尺寸

腹板梯形开口短边长度为 a，腹板根部长度尺寸为 b，设开口比例 $x = a/b \times 100\%$。可令梯形的高度为定值，改变 x 值的大小，通过有限元仿真计算，仿真梯形开口大小对腹板稳定的影响。

腹板开的弧形口尺寸，影响腹板根部的应力集中和剪力反传。腹板根部开口的形式如图 4-27 所示。

图 4-27　腹板根部弧形口

相同叶片模型和相同载荷形式下，腹板根部开口的形式可能不同，需要针对具体的问题定量定性分析每一种开口形式的结果，确定腹板根部的应力和屈曲因子，综合对比选择传力效果最佳的开口形式。

2) 腹板根部铺层

腹板根部铺层设计需要考虑工艺的可操作性，由于腹板为夹芯结构，根部夹芯芯材的厚度较厚，腹板根部的芯材需做倒角处理，同时应加强根部铺层，如图 4-28 所示。

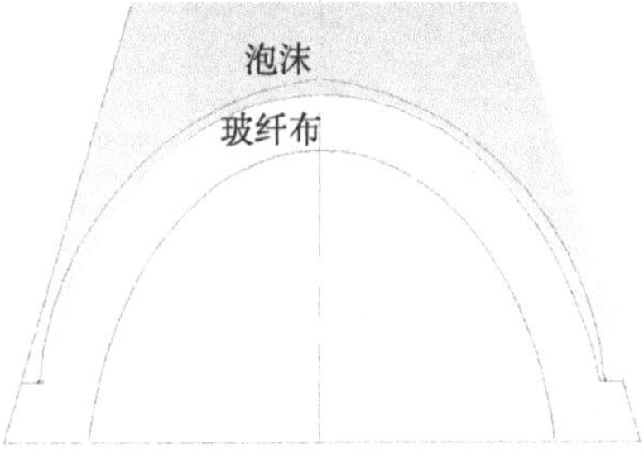

(a)

(b)

图 4-28　腹板根部铺层

3) 腹板叶根翻边

腹板根部除做开口处理，实现剪力反传，还应该做根部翻边，增强腹板根部局部抗屈曲的能力。翻边可显著提高抗屈曲能力，叶根腹板通常在合模之后增加手糊翻边来提高腹板局部的稳定性，如图 4-29 所示。

图 4-29　腹板根部翻边

腹板尖部一般不需要进行开口处理，因为腹板尖部的腹板高度较低，载荷较小，不会影响载荷的传力路径。

3. 腹板铺层设计

腹板是夹芯结构，腹板的铺层包括夹芯结构内外玻纤层厚度与芯材厚度，腹板结构通常为对称夹芯铺层，芯材通常为泡沫，且腹板为传剪构件，因此腹板玻纤织物铺层应选用双轴织物。腹板内外双轴向铺层在缘条处应错层处理，保证腹板整体与缘条有足够刚度的同时，有一定的柔度，图 4-30 显示腹板铺层的形式。

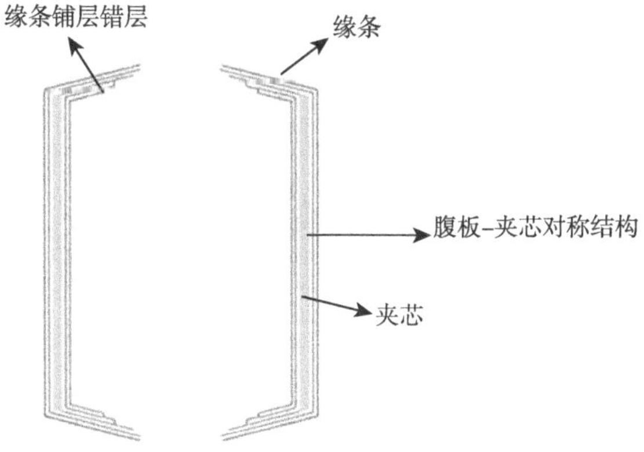

图 4-30　腹板铺层设计

叶片腹板设计主要是叶片铺层设计与夹芯结构芯材厚度分布设计，夹芯结构设计应满足强度和抗屈曲特性。沿叶片展向，腹板双轴向铺层的层数逐渐增多，至叶中段铺层最厚，由叶中至叶尖段铺层逐渐减少，腹板夹芯的厚度沿叶片展向逐渐减少。对于双腹板结构，叶片展向前缘腹板与尾缘腹板受到的载荷不是完全一致的，存在偏差，因此双腹板的前缘腹板与尾缘腹板的铺层可能相同，应根据结构设计在满足强度和刚度、抗屈曲等特性的前提下，分别设计腹板的铺层。腹板铺层的厚度分布如图 4-31 和图 4-32 所示。

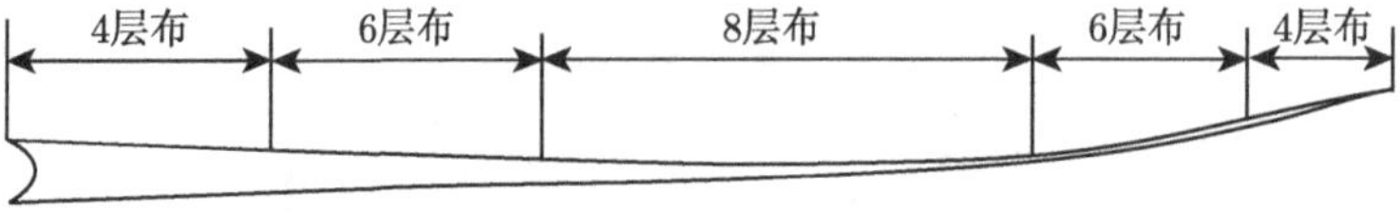

图 4-31　腹板铺层设计

图 4-32　腹板铺层厚度分布

腹板的设计成果可包括 3D 示意图、3D FEM 分析云图、2D 铺层图及产品实体图，见表 4-11。

表 4-11　腹板设计成果

设计成果	图示
3D 示意图	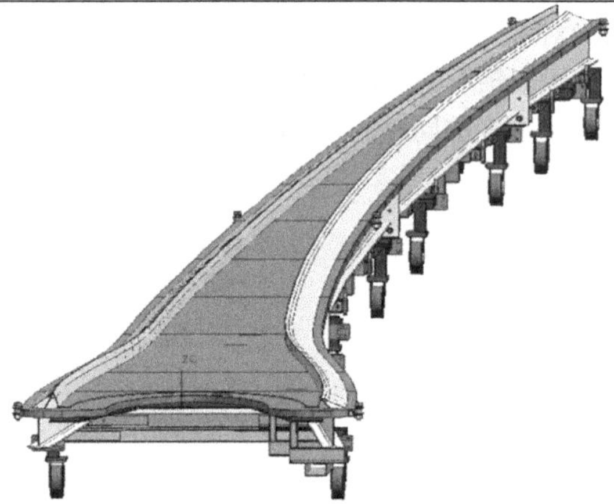
3D FEM 分析云图	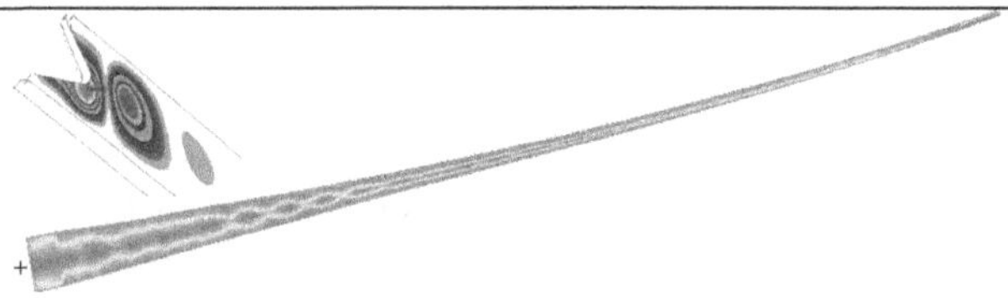

续表

设计成果	图示
2D 各截面形状示意图	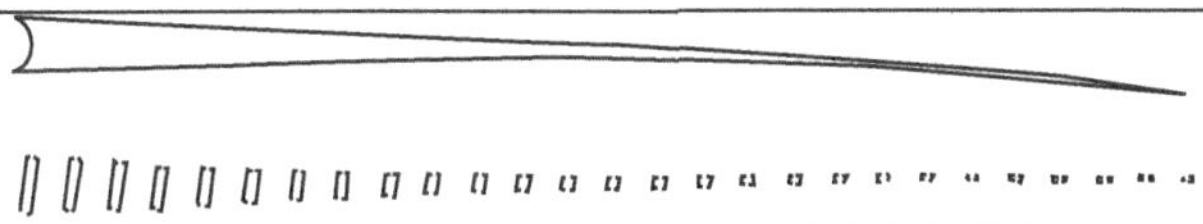
实体图	

4.2.4　腹板工艺展望

根据腹板图纸制作腹板模具，再生产腹板装配于叶片，这种腹板制作方法受环境与工艺的影响比较大，往往设计不可控，导致制作出的腹板与叶片合模中时常引起过高或过低。而修改腹板模具的成本过高，因此这种工艺设计只能靠每次修补腹板而装配叶片。

为避免这种情况，腹板的模具可以根据实际需要，制作无缘条的腹板模具，如图 4-33 所示。根据样片生产中确定的腹板高度，手糊缘条预制件。此时如果腹板高度过高，只需切割腹板高出的部分，在制作缘条与叶片上模黏接；如此时腹板高度过低，根据预合模的结果确定腹板相差的高度，手糊一段增高腹板得到适合高度的腹板。确定最合适的实际生产的腹板高度后，根据此时的腹板再次翻模得到腹板模具，此后根据已经校核过的腹板模具再制作符合叶片的腹板。这种腹板特殊工艺，虽然浪费一支腹板，但是可以根据生产确定腹板的实际高度，避免叶片批量生产中修补腹板而引入的时间成本和材料成本的浪费。

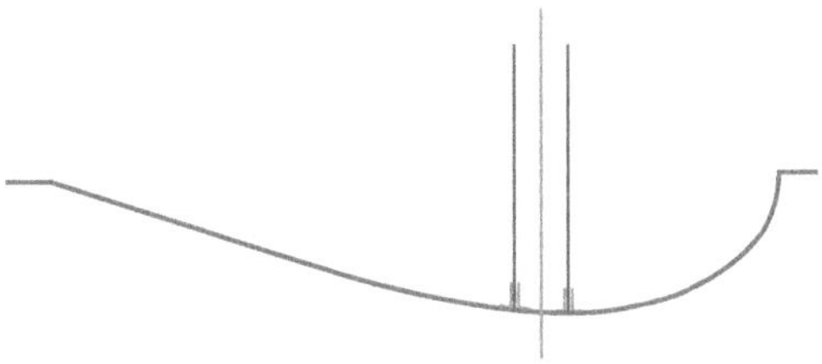

图 4-33　手糊预制件制作腹板缘条

同时，腹板可采用立体编织形式，在主梁上立体编织出能够定位腹板的小突条，可实现腹板与叶片之间的高效连接。

4.3 蒙皮设计

蒙皮主要承受叶片的剪力，还要承受冰雹、沙尘等冲击作用，蒙皮也要保证一定的铺层厚度。根据叶片蒙皮的受力特性，蒙皮可采用双轴布或三轴布，或者三轴布与双轴布结合的铺层形式。叶片蒙皮如图 4-34 所示。

图 4-34 叶片蒙皮示意图

4.3.1 蒙皮构型设计

叶片蒙皮沿叶片上下模具满铺，如图 4-35 所示，确保叶片蒙皮与模具的贴合度，保证叶片整体的气动外形。

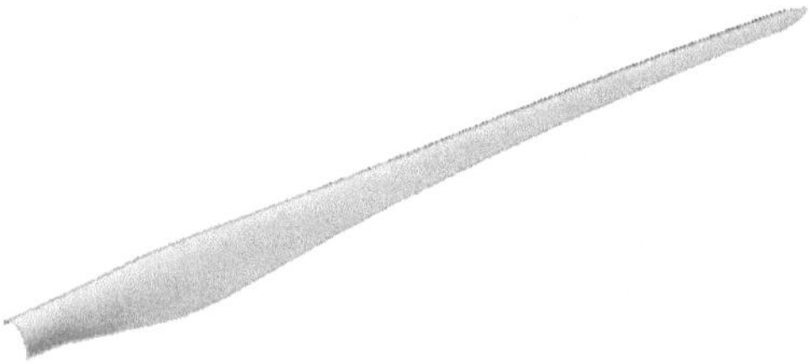

图 4-35 蒙皮构型

叶片蒙皮一般选用三轴织物或双轴织物，叶片结构设计中将蒙皮满铺于叶片表面。叶片蒙皮铺层如图 4-36 所示。

图 4-36 蒙皮铺层

4.3.2 蒙皮工艺概述

叶片蒙皮要保证叶片气动外形，而叶片气动外形存在一定曲率，尤其在叶片最大弦长附近叶片曲率较大。叶片使用的玻纤织物的随型性不是非常优良，将幅宽很大的玻纤织物满铺于叶片模具表面，不能保证铺层与叶片模具的贴合度，会造成玻纤布褶皱以及叶片表面积胶等工艺缺陷，同时由于叶片各截面周长的不同，会造成铺层材料的浪费。因此在蒙皮铺设工艺设计中，如图 4-37 和图 4-38 所示，通常将满铺的蒙皮分为幅宽相等的 N 段玻纤织物，各段之间应满足复合材料工艺设计中双轴织物或三轴织物的弦向搭接尺寸。沿叶片蒙皮面，从叶根到叶尖彻底抚平蒙皮层，不允许有折痕和褶皱。

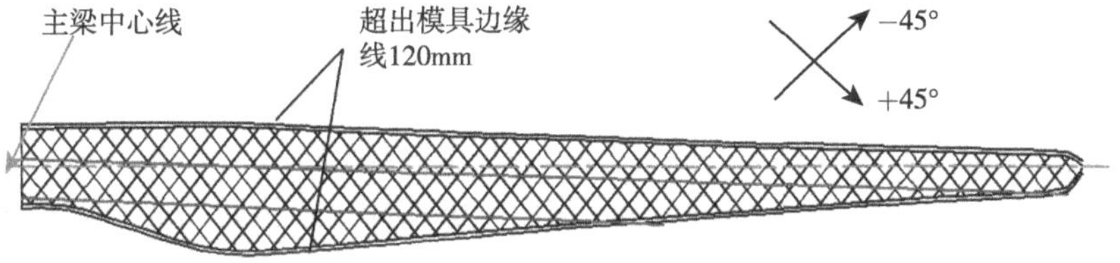

图 4-37　蒙皮工艺设计

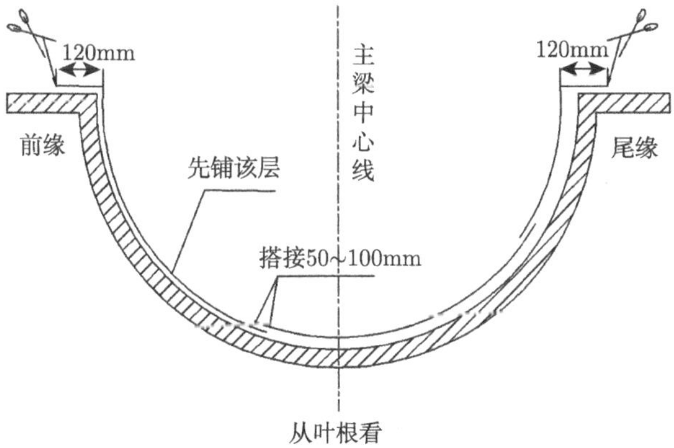

图 4-38　蒙皮搭接

4.4 夹芯结构设计

由于夹芯芯材重量轻，具有比较大的弯曲刚度和强度，夹芯结构在风力机叶片上广泛应用。叶片壳体局部与腹板结构都采用夹芯结构，叶片和腹板的夹芯结构一般是变截面的，且外形复杂，材料厚度变化范围大，因此夹芯结构的设计与分析在叶片结构设计中尤为重要。图 4-39 是叶片夹芯铺层的产品示意图。

图 4-39　叶片夹芯铺层

叶片芯材的出现是叶片结构追求轻量化的主要标志。

(1) 叶片结构铺层只有内外蒙皮的情况下，造成薄壁厚度不够，易被冲击损失及发生局部屈曲，因此应该加厚叶片薄壁段。

(2) 加厚薄壁段在叶片的结构形式中不属于受载荷作用较大的部位，因此应考虑叶片重量及成本，选择轻质芯材加厚叶片薄壁，如泡沫、Balsa 木、蜂窝结构等。

(3) 叶片蒙皮薄壁与芯材组成夹芯结构，可提高叶片整体和局部的抗屈曲能力，因此叶片芯材不仅有一定的厚度要求，还应保证一定的剪切和压缩特性。

(4) PVC 泡沫芯材、PE 芯材本身可简化为各向同性的材料，但有部分芯材在厚度方面的性能比较突出，如 Balsa 木这种芯材，在厚度方向的抗压缩性能和剪切性能明显高于其他方向，此时应该把 Balsa 木作为各向异性材料，才能正确应用芯材的特性分析叶片结构性能。

(5) 目前应用于叶片结构中的芯材主要集中于泡沫和 Balsa 木这两种，蜂窝结构应用得较少。由于蜂窝结构较好的结构特性，并且借鉴蜂窝结构广泛应用于飞机结构中的案例，因此在大叶片中采用蜂窝结构作为叶片芯材也是一种发展趋势。

(6) 叶片夹芯结构及腹板夹芯中，虽然采用加强筋和加强肋的还很少见，但考虑到加强筋和加强肋在飞机机翼中应用甚广，这不失为一种提高叶片抗屈曲能力的有效方式，预计将来这将会成为叶片提高稳定性的主要途径。综上，叶片芯材的发展经历了薄壁、减重、抗剪承载、各向异性等不同阶段，如图 4-40 所示。

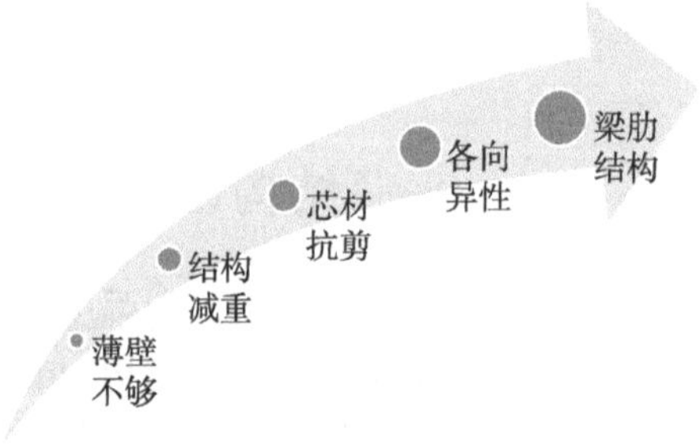

图 4-40　叶片夹芯结构发展历程

叶片中壳体和腹板中都存在夹芯结构，腹板夹芯结构已经在本书 4.2 节中介绍过，此处不再重复。一般情况下，叶片壳体段一共存在四处夹芯结构，如图 4-41 所示，分别为下模前缘夹芯段、下模尾缘夹芯段、上模前缘夹芯段和上模尾缘夹芯段。

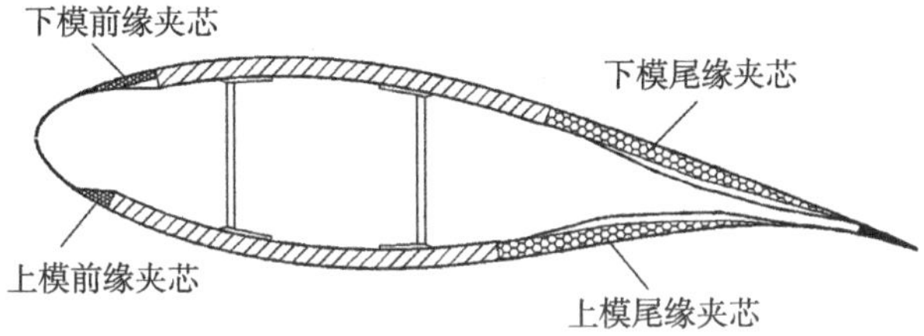

图 4-41　叶片壳体夹芯结构部位

4.4.1　芯材结构构型

夹芯结构是复合材料构件的一种，其构型形式基本为面板与芯材组成。按照芯材材料的剪切性能的不同可以分为硬夹芯和软夹芯，本书中将夹芯结构按照芯材材料来区分其构型，见表 4-12，详细的夹芯结构的理论与分析方法参见本书第 13 章。

表 4-12　夹芯结构构型表

分类方式	A	B	C	D
按芯材材料分	PVC 泡沫	Balsa 木	蜂窝	其他

4.4.2　芯材结构设计

叶片夹芯设计，包括芯材铺设设计、芯材套料图、芯材倒角的设计。芯材要保证一定的厚度，满足稳定性要求的同时，还需保证叶片弦向的铺层厚度不能有突变。

叶片壳体夹芯结构套料图，需要明确叶片展向的芯材厚度和面积分布。

1. 芯材铺设设计

叶片夹芯铺层设计中主要考虑夹芯结构的芯材厚度和芯材铺设范围，根据主梁和前尾缘梁的铺层形式确定芯材铺层的厚度和铺设范围，同时应确保夹芯结构能够满足叶片整体的强度和抗屈曲要求。在满足叶片整体结构性能的前提下，应尽可能通过合理的夹芯结构铺层设计优化叶片的总重。

叶片夹芯结构的芯材选材也很重要，芯材应有一定的剪切性能和抗压缩性能，且含胶后密度变化，确保叶片整体夹芯结构能满足结构和重量的要求。一般情况下，叶片芯材材料主要为 Balsa 木和 PVC，如图 4-42 所示，由于 Balsa 木的剪切模量和压缩特性显著高于泡沫材料，Balsa 木含胶后的密度相比泡沫高很多，考虑减重的要求，Balsa 木不能用于铺设整个叶片夹芯段，主要用于叶片根部至最大弦长附近夹芯段铺层。从叶片最大弦长至叶尖夹芯段的铺层都是泡沫，且腹板夹芯段的芯材材料一般也是泡沫。

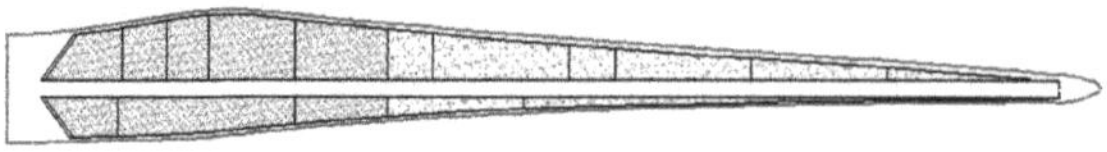

图 4-42　叶片夹芯结构构型

叶片气动变桨轴和载荷作用中心相对靠近前缘，叶片结构设计的刚心和质量中心也靠近前缘。因此叶片尾缘夹芯的铺设幅宽大于前缘，故一般情况下尾缘的夹芯芯材厚度相比前缘厚。

2. 芯材倒角设计

由于叶片主梁和尾缘梁沿叶片展向和弦向的厚度和铺设范围不连续，因此叶片夹芯结构的芯材沿叶片展向和弦向存在厚度变化，并且弦向的厚度变化比展向突变严重很多，因此叶片壳体展向和弦向芯材存在倒角设计，如图 4-43 所示，以保证叶片铺层展向和弦向的铺层厚度不能有突变。

(a) PVC厚度变化　　(b) Balsa木厚度变化

图 4-43　夹芯芯材倒角

3. 芯材套料图

叶片夹芯芯材的套料图应确定叶片芯材的铺设范围和铺设面积，及叶片夹芯铺层的厚度和倒角的设计。合理的叶片套料图能显著提高叶片生产效率，叶片夹芯铺层套料图如图 4-44 所示。

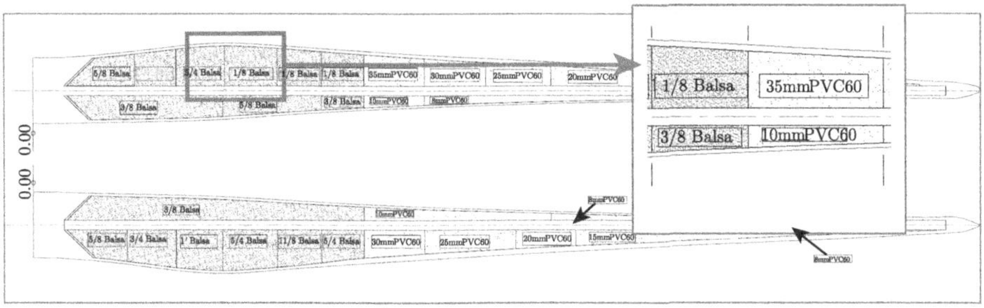

图 4-44　叶片夹芯铺层位置

叶片夹芯结构的设计成果可包括 3D FEM 分析云图、2D 铺层图及产品实体图，见表 4-13。

表 4-13　夹芯结构结果图示

设计成果	图示
3D FEM 分析云图	 Balsa木 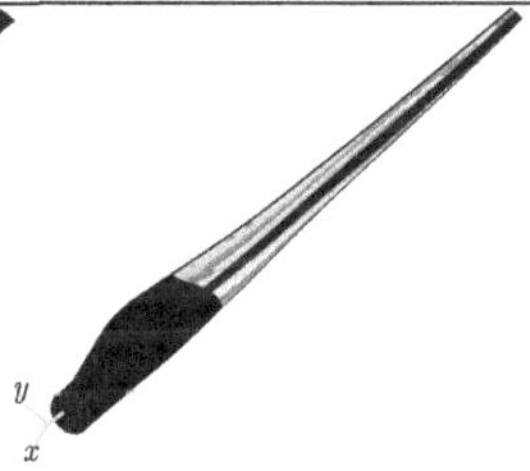 PVC泡沫
实体图	

4.4.3　夹芯结构工艺概述

叶片夹芯芯材铺设应严格按照叶片套料图进行泡沫的剪裁和铺设。由于设计理想性和工艺操作中往往存在理论与实际的偏差，实际生产中叶片夹芯芯材套料图的剪裁不可能与设计完全一致，因此生产过程中芯材的铺设质量尤其重要。芯材铺设中应确定芯材之间的间隙，严格控制在质检要求的范围内 (如 ≤3mm)，否则会造成叶片夹芯段积胶过多而导致局部屈曲破坏。

如图 4-45 所示，若在叶片芯材铺设过程中出现间隙过大，需要切一块适当大小的泡沫 (适合缝隙) 并用它填充。

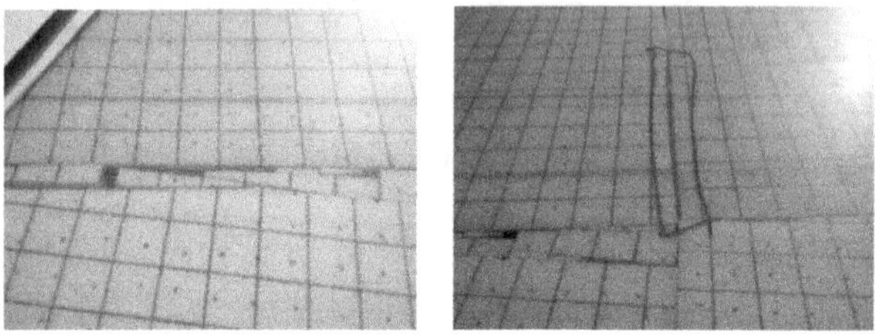

图 4-45　芯材工艺铺设间隙

铺设的泡沫与底层玻纤布贴合，不能出现芯材与壳体不贴合或者拱起的现象，如图 4-46 所示。一旦出现较大空腔，将会在叶片灌输过程中局部积胶，显著降低叶片的局部强度，造成局部损坏。

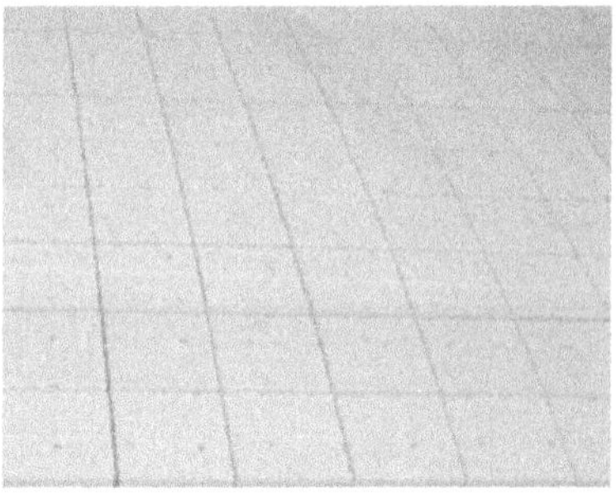

图 4-46　芯材与叶片壳体贴合度

泡沫铺设修补时，原则上切割过程不允许直接在模具里进行，必要时找一块隔板垫在下面进行切割，切割完成后必须清理，不得有碎片留在模具里，因为这些细小的泡沫琐屑对叶片铺层层间剪切的性能影响很大。

4.5　前缘梁设计及前缘胶接

叶片前缘梁承受摆振方向的弯矩作用，同时提供前缘合模的黏接特性。根据叶片前缘梁的受力特性，前缘梁的铺层采用单向带的形式。图 4-47 为叶片前缘梁的示意图。

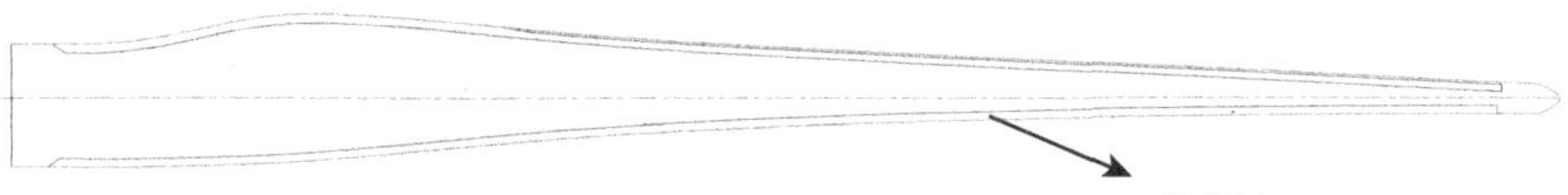

图 4-47　叶片前缘梁设计

4.5.1　前缘梁结构设计

叶片各截面前缘是产生气动升力的主要部位，前缘粗糙度和前缘光滑过渡是前缘气动设计的主要设计参数。而在结构设计中，前缘铺层设计尤为重要，增强前缘的刚度和强度，可提高叶片整体的摆振刚度、强度、抗冲击等特性。

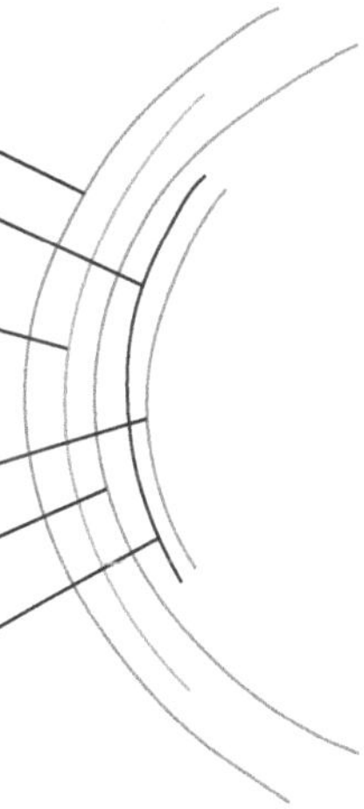

图 4-48　叶片前缘铺层设计

如图 4-48 所示，叶片前缘铺层包括外蒙皮、前缘梁、内蒙皮、胶接和前缘条。前缘梁铺层的明细见表 4-14。前缘梁的产品如图 4-49 所示。

表 4-14　叶片前缘铺层明细

铺层	细节	材料	说明
外蒙皮	叶片整体外壳	三轴向布 双轴向布	—
前缘梁	前缘局部	单向布	增加摆振刚度，减小叶片整体摆振方向的变形，避免气动弹性稳定性效应
内蒙皮	叶片整体内壳	三轴向布 双轴向布	—
胶接	吸力面 (叶片下模) 手糊黏接 压力面 (叶片上模) 结构胶黏接	树脂基体 结构胶黏剂	叶片上下模黏接成整体，保证胶接特性，避免前缘开裂
前缘条	前缘局部，与黏接范围相当	双轴向布	保证胶接性能

图 4-49　叶片前缘条示意图

叶片各截面的刚度中心，相对尾缘较远前缘较近，增加尾缘梁铺层对摆振方向的刚度作用相比增加前缘梁铺层大很多。

4.5.2　前缘胶接形式

叶片前缘胶接主要是通过前缘梁将叶片上模和下模以胶接工艺连接为叶片整体，若叶片整体不分上下模结构而是整体一体成型，则不需要前缘及尾缘胶接形式。

叶片前缘梁与叶片下模手糊黏接，同时通过前缘梁模具及辅助工装控制前缘梁的位置和尺寸等，如图 4-50 所示的胶接辅助模具，确保叶片合模间隙在公差范围内。叶片前缘胶接，将结构胶黏剂均匀地涂于与叶片上模合模黏接的前缘黏结处，并且胶接工艺应符合叶片前缘胶接的技术要求。

图 4-50　前缘胶接辅助模具

4.6　尾缘梁设计及尾缘胶接

叶片尾缘梁承受摆振方向的弯矩作用，同时提供尾缘合模的黏接特性。根据叶片尾缘梁的受力特性，尾缘梁的铺层采用单向带的形式。图 4-51 所示为叶片尾缘梁示意图。

图 4-51　叶片尾缘梁设计

叶片尾缘开裂占叶片破坏事故原因的比例很大，据不完全统计，叶片事故中，40%的破坏形式是尾缘开裂。因此，提高尾缘胶接设计的能力和给出高质量的尾缘设计，是叶片设计的重中之重。

叶片尾缘设计与尾缘梁设计密不可分，尾缘梁设计主要是确定尾缘单向布的幅宽和沿展向的铺层厚度、位置分布及错层方式。尾缘设计则是在确定尾缘梁设计结果的前提下明确尾缘胶接形式与胶接设计。主导叶片尾缘设计的因素很多，包括气动设计、结构设计、模具设计与工艺设计等多方面。良好的尾缘设计形式，不仅可以保证叶片气动性能和结构刚度等特性，还能保证叶片生产过程中操作方便等。本章节为满足良好的尾缘形式，确定尾缘设计的综合目标如下：

(1) 尾缘厚度和夹角需满足气动性能；

(2) 尾缘摆振刚度和合理的铺层，保证结构特性；

(3) 避免尾缘变形量过大，引起气动弹性稳定性的问题；

(4) 尾缘工艺的可操作性和方便性；

(5) 尾缘生产中胶接厚度满足技术要求；

(6) 尾缘结构形式的合理过渡。

4.6.1　尾缘梁构型设计

尾缘梁一般均采用单向布铺层，按照不同的成型工艺、错层及铺层材料可以区分其构型形式，见表 4-15。其尾缘梁构型的细节示意图见表 4-16。

表 4-15　尾缘梁构型类别

分类方式	A	B	C	D
按成型工艺分	一体成型	灌输成型		其他
按错层分	S 形错层	单向错层		其他
按材料分	玻璃纤维	碳纤维		其他

表 4-16　尾缘梁构型图示

分类	构型	图示
成型工艺	A	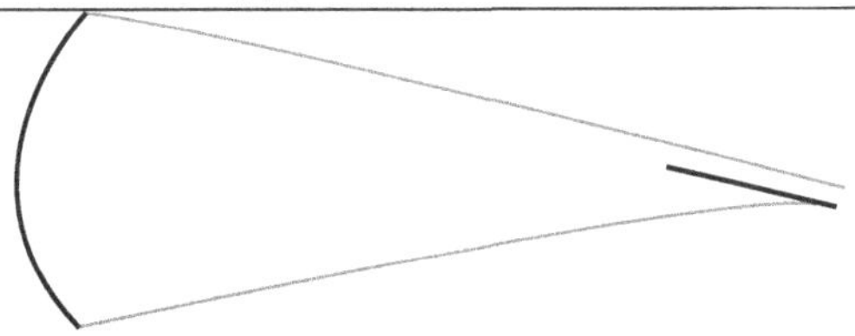

续表

分类	构型	图示	
	B		
尾缘梁形状	A	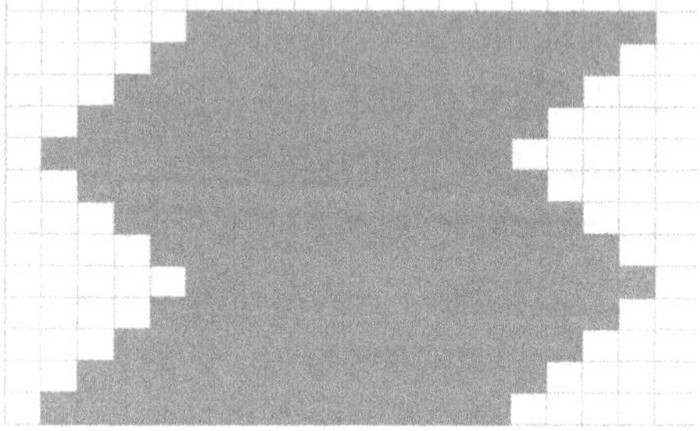	S 形错层
	B		单向错层

目前风力机叶片主流是采用灌输成型工艺，而 S 形错层与单向错层应综合考虑尾缘厚度、尾缘梁设计与尾缘胶接设计等方面后合理选择，两种错层方式都得到普遍应用。

一些尾缘梁铺层幅宽的叶片设计中，采用不同的错层形式下，尾缘梁的厚度分布不同，因而尾缘设计及胶接设计都会采用不同的设计方式，如图 4-52 所示为 S 形错层的尾缘梁厚度分布。

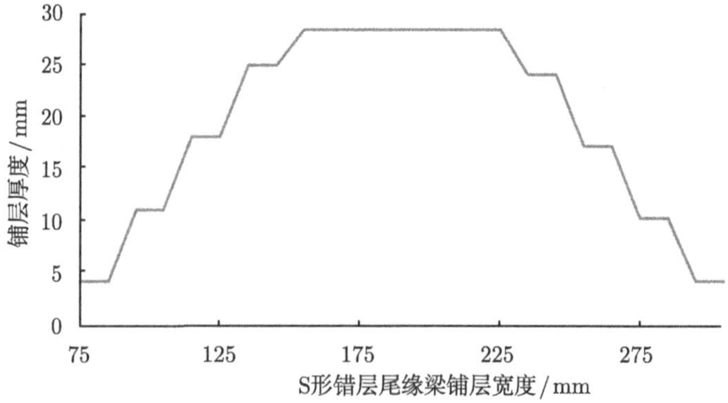

图 4-52　S 形错层的尾缘梁厚度分布

尾缘梁铺层应基于叶片本身的铺层坐标系，叶片铺层坐标系是根据实际需要特别定义的一组坐标系。为了生产时能方便操作，分别定义了 S 面 (吸力面) 和 P 面 (压力面) 的前缘铺层坐标系、主梁中心坐标系和尾缘铺层坐标系，共 6 个坐标系。叶片尾缘梁的铺层基于 P 面的尾缘铺层坐标系如图 4-53 所示。

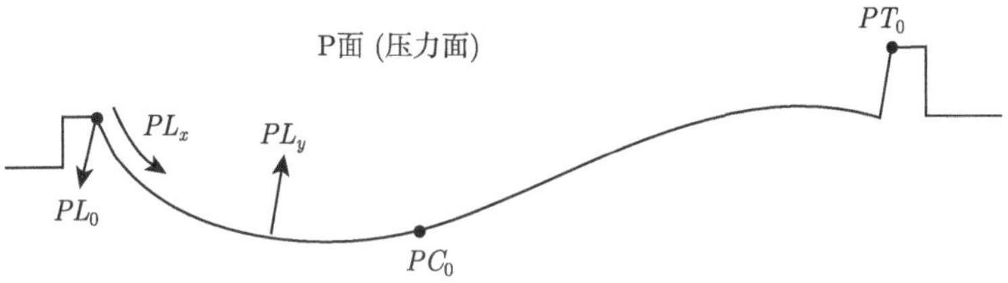

图 4-53　合模前 P 面 (压力面) 铺层坐标系

表 4-17 给出叶片合模前坐标系定义表，以 P 面为例。

表 4-17　合模前 P 面 (压力面) 坐标系定义表

坐标系名称		坐标系正方向定义
P 面前缘铺层坐标系	PL	PL_x 方向：由模具前缘点，沿 P 面模具，向尾缘铺为正; PL_y 方向：沿模具表面的法线方向，指向模具内部为正; PL_z 方向：平行于地面，由叶根指向叶尖; 坐标原点 PL_0：P 面模具各截面的模具前缘点
P 面主梁坐标系	PC	PC_x 方向：由主梁中心点，沿 P 面模具，向尾缘铺为正; PC_y 方向：沿模具表面的法线方向，指向模具内部为正; PC_z 方向：平行于地面，由叶根指向叶尖; 坐标原点 PC_0：P 面模具各截面主梁的中心点
P 面尾缘铺层坐标系	PT	PT_x 方向：由模具尾缘点，沿 P 面模具，向前缘铺为正; PT_y 方向：沿模具表面的法线方向，指向模具内部为正; PT_z 方向：平行于地面，由叶根指向叶尖; 坐标原点 PT_0：P 面模具各截面的模具尾缘点

4.6.2　尾缘结构设计

尾缘结构设计应考虑气动、结构、工艺、制造等方方面面的因素，应结合造成叶片尾缘开裂的原因进行分析与设计，包括工艺问题、模具问题、结构问题和气动问题等多方面因素。图 4-54 简述叶片尾缘开裂的原因。

1. 尾缘胶接参数

尾缘胶接构型、特性与分区，应考虑如图 4-55 所示的基本三要素：尾缘厚度 t，尾缘角 θ，尾缘局部空腔厚度 h。

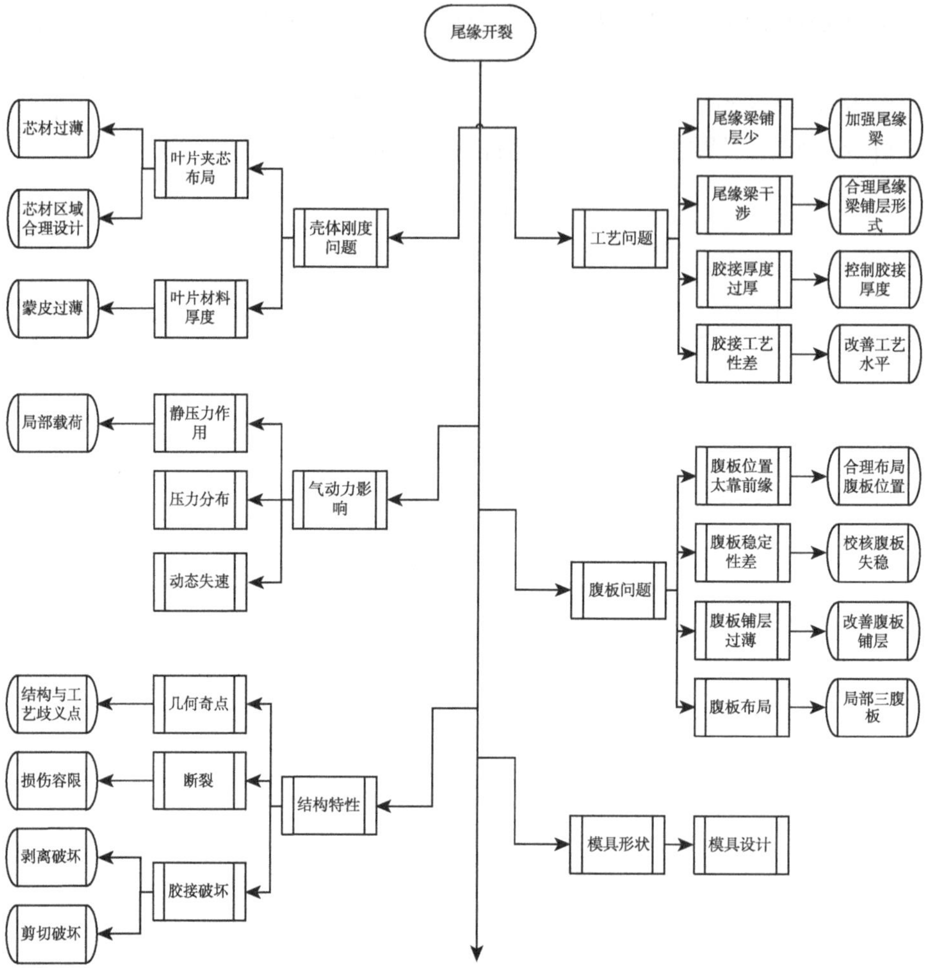

图 4-54　尾缘开裂原因分析

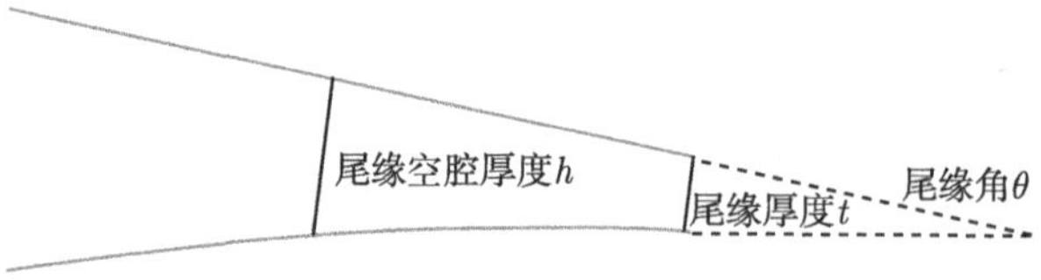

图 4-55　尾缘因素

2. 尾缘胶接构型

叶片展向尾缘厚度不同，且尾缘厚度变化较大。叶片尾缘厚度分布基于叶片上尾缘点和下尾缘点的尾缘铺层坐标系。根据不同的展向位置，确定不同的尾缘构型。

沿叶片展长方向，如图 4-56 所示，将叶片尾缘胶接设计分为：叶根外包边，叶根内包边，尾缘手糊包边，尾缘预制件，尾缘过渡胶接段，尾缘直接胶接段。叶片尾缘构型详见表 4-18。

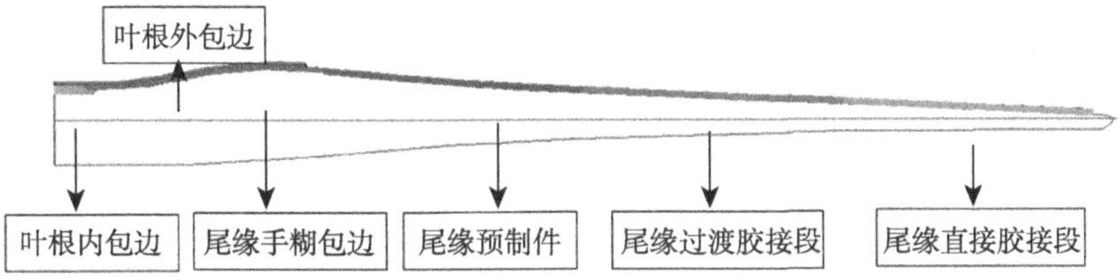

图 4-56　尾缘展向构型区域划分

表 4-18　叶片展向尾缘构型细节

序号	构型类别	胶接面	手糊面	备注
A	直接胶接段	2	0	尾缘较薄区域
B	过渡胶接段	2	0	叶中至叶尖附近，设计尾缘泡沫和倒角
C	预制缘条	2	0	叶中尾缘较厚，根据尾缘缘条预制件形状预制缘条，控制胶接厚度
D	手糊包边	1	1	最大弦至叶中尾缘很厚，手糊缘条包边于叶片上模，包边与下模黏接
E	叶根内包边	0	2	叶根圆柱段附近，尾缘内包边增强，手糊工艺
F	叶根外包边	0	2	叶根至叶片最大弦附近，尾缘外包边增强，手糊工艺
G	一体成型尾缘预制缘条	–	–	一体成型工艺
H	整体一体成型	–	–	全叶片一体成型

1) 尾缘直接胶接段

靠近叶片叶尖位置，叶片尾缘厚度较小，满足直接黏接的要求。此时叶片尾缘处上下模内蒙皮都为胶接面，如图 4-57 所示。

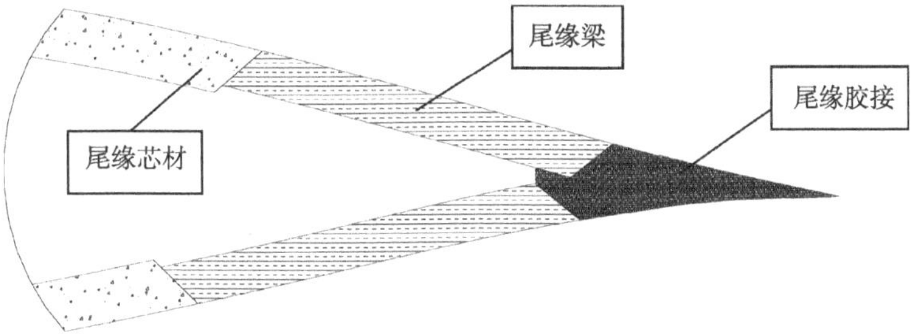

图 4-57　尾缘直接胶接段构型

2) 尾缘过渡胶接段

叶中靠近叶尖附件，叶片尾缘厚度适中，可通过设计尾缘泡沫倒角或尾缘梁的布局后，采用直接黏接的形式。此时叶片尾缘上下模内蒙皮为胶接面，如图 4-58 所示。

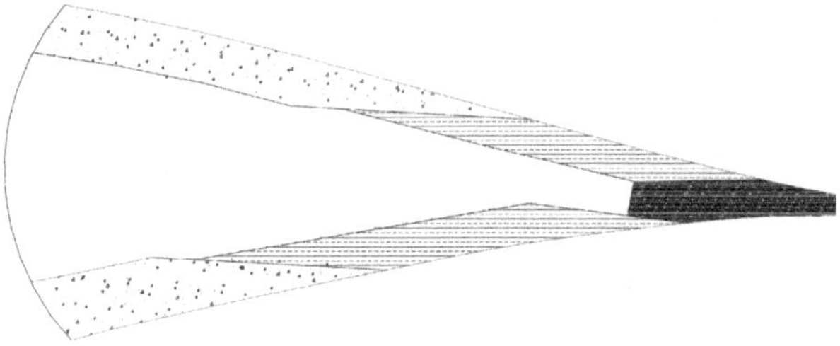

图 4-58　尾缘过渡胶接段构型

3) 尾缘预制缘条

叶片最大弦长附近至叶中段，尾缘空腔厚度较厚，可在叶片设计阶段根据尾缘的厚度、铺层形式与胶接厚度，考虑一定的公差影响，确定尾缘预制件的形式。预制缘条分别与叶片上下模黏接，如图 4-59 所示。

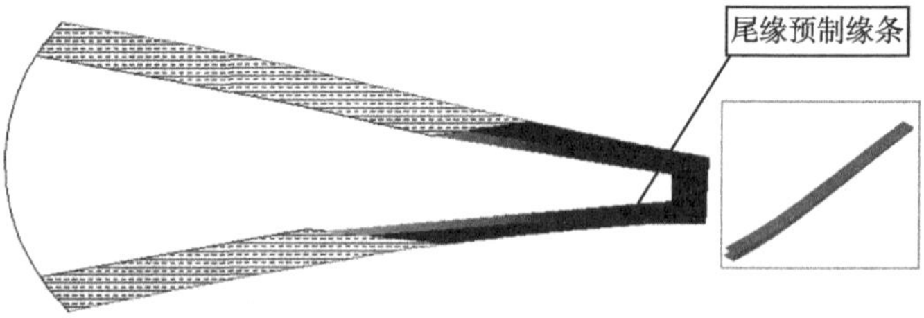

图 4-59　尾缘预制缘条构型

4) 尾缘手糊包边

叶根附近至最大弦一段为叶片尾缘，厚度很厚，需要按照尾缘手糊包边模具手糊尾缘缘条，有效控制尾缘胶接段的胶层厚度。尾缘手糊包边与叶片下模手糊，与叶片上模胶接，如图 4-60 所示。

图 4-60　尾缘手糊包边构型

5) 叶根内包边

叶根圆柱段增加尾缘内包边提高尾缘黏接特性。叶片内包边在叶片上模与下模都是手糊工艺，如图 4-61 所示。

图 4-61　内包边示意图

6) 叶根外包边

叶根由圆柱段过渡到最大弦长附近，由于曲率变化较大，同时叶片尾缘段很厚，需要增加尾缘外包边提高尾缘黏接，防止尾缘开裂，如图 4-62 所示。

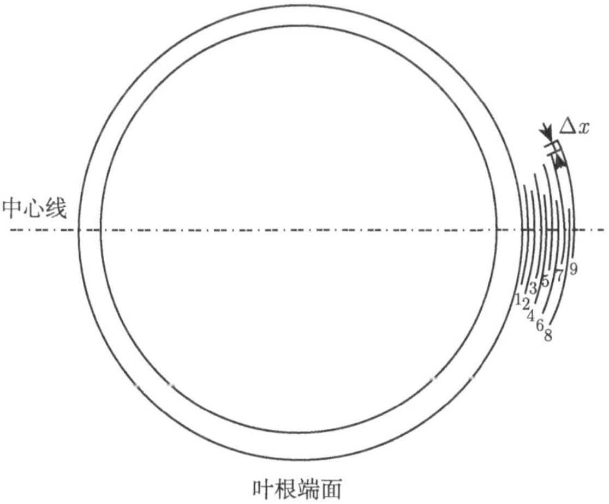

图 4-62　外包边示意图

3. 尾缘胶接区域划分

沿叶片展向，划分尾缘不同形式的影响指标为尾缘厚度和尾缘角。根据尾缘厚度和尾缘角的关系，确定尾缘划分区域，如图 4-63 所示。

以某款叶片为例，根据尾缘厚度与尾缘角的关系，划分叶片尾缘形式，选择叶片各段合适的尾缘构型，用于工艺设计与结构校核。叶片尾缘形式确认需将表 4-19 填完整，同时可确定全叶片的尾缘形式分布，如图 4-64 所示。

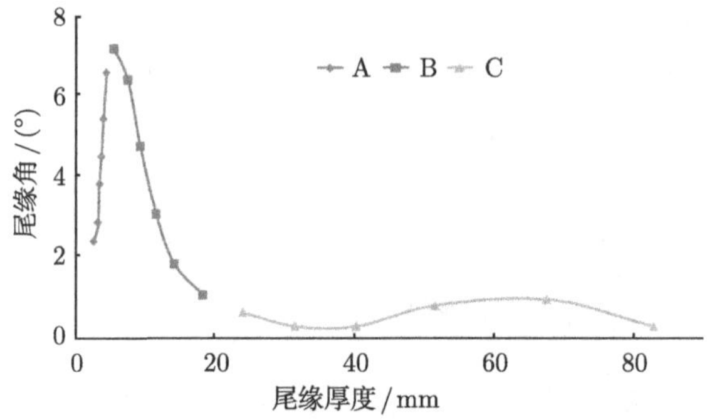

图 4-63　尾缘厚度与尾缘角关系

表 4-19　叶片展向尾缘形式

叶片展向 R/m	尾缘厚度 t/mm	尾缘角 θ/(°)	h^*_{100}/mm	A	B	C	D	E	设计选取
0								√	E
20					√				B

$*h_{100}$ 为距离尾缘 100mm 处的尾缘空腔厚度

图 4-64　叶片展向尾缘形式

4. *尾缘结构设计总结*

尾缘结构形式复杂，包括胶接连接与层合板结构，同时胶接与夹芯结构存在搭接段，因此尾缘是各种复杂结构形式的混合体。做好尾缘结构设计与分析，应从以下几个方面逐级分析。

(1) 尾缘胶接破坏形式：结构胶比较薄的情况下，尾缘胶接的破坏以剪切破坏为主；当尾缘胶接较厚，尾缘胶接的破坏形式以剥离破坏为主；叶根外包边和内包边的尾缘形式，是玻璃钢与玻璃钢之间的界面破坏为主；根据叶片不同位置的不同胶接设计，有限元校核中采用不同的结构形式和建模方法，采用不同的分析方法(如接触分析、VCCT 虚拟裂纹技术)。

(2) 尾缘尺寸因素影响：尾缘段曲率不连续，存在拐点，容易产生断裂和裂纹，必要情况下还需要进行损伤容限的分析。

(3) 尾缘几何奇点：叶片尾缘铺层段的胶接终点处的几何奇点问题，工艺与结构的共存复杂点。

(4) 尾缘分析的载荷处理：尾缘需要进行局部分析，根据叶片整体分析中的尾缘局部载荷，提取位移边界条件，同时针对尾缘局部模型进行网格细化与拓扑优化，进行子模型分析及超单元分析。

(5) 尾缘胶与铺层连接形式：尾缘胶与铺层之间，可通过 MPC 多点约束连接或接触非线性分析。

4.6.3　尾缘工艺概述

叶片尾缘工艺设计，通常为确定尾缘形式和尾缘铺层后，采用合理的尾缘工艺设计满足尾缘的总体需求。尾缘工艺设计的优良直接影响尾缘胶接性能，表 4-20 列举影响尾缘胶接厚度的因素。

表 4-20　尾缘工艺设计影响因素

序号	影响因素	备注
1	尾缘铺层层数	结构设计
2	尾缘铺层宽度	压力面和吸力面可不同
3	尾缘铺层，首层起始位置	压力面和吸力面一般不同
4	尾缘铺设方案	单向错层/S 形铺设
5	尾缘夹芯倒角	倒角比例
6	尾缘处总体铺层形式	蒙皮、夹芯倒角、导流毡、尾缘梁等
7	尾缘空腔厚度	t 和 h
8	尾缘公差	
9	尾缘厚度技术要求	胶厚要求

图 4-65 给出了不同的尾缘铺层形式，尾缘胶接厚度的分布不同。在满足尾缘胶接厚度技术要求的前提下，还需满足结构摆振刚度和尾缘强度特性。

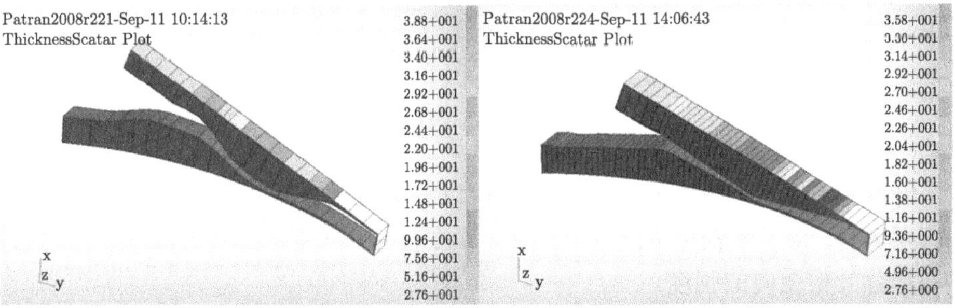

(a) S形尾缘错层的铺层厚度分布　(b) 单向尾缘错层的铺层厚度分布

图 4-65　不同工艺形式的尾缘铺层厚度

叶片尾缘梁铺设中应定义好尾缘沿展向的铺设范围及每层尾缘梁距尾缘点的距离，如图 4-66 所示。

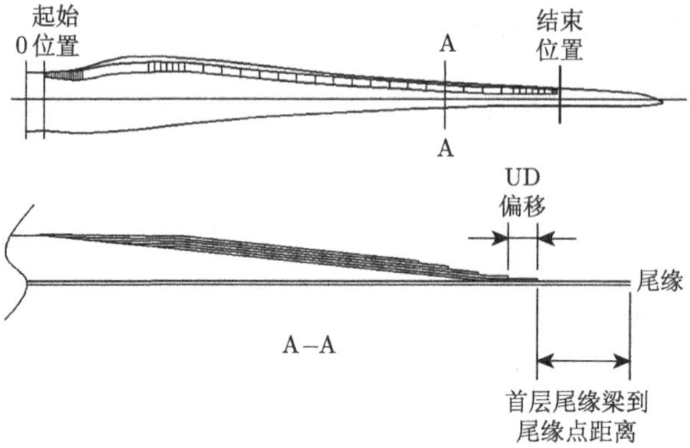

图 4-66　尾缘梁铺设

4.7　叶根加强层设计

叶片承受的剪力、弯矩和扭矩都要由叶尖传递给叶根，再由叶根传递给轮毂。因此叶根承受较大的力，需要增铺叶根加强层。根据叶根的受力特性，叶根加强层应采用三轴织物的铺层形式。图 4-67 所示为叶根加强层示意图。

图 4-67　叶根加强层示意图

叶根加强层的构型按照材料来分，可以分为三轴布叶根加强层和双轴布叶根加强层两种。由于叶根加强层铺层较多，厚度较厚，可能还会铺设含 90° 方向的多轴布增强叶根弦向的强度。

4.7.1　叶根加强层结构设计

叶根加强层沿叶片根部满铺，如图 4-68 所示，主要需要确定叶根加强层的展向铺设范围。为了节省材料，且减小叶根加强层铺层结束段与主梁相接段的刚度突变，叶根加强层在结束段应做一定的裁剪，如图 4-69 所示。

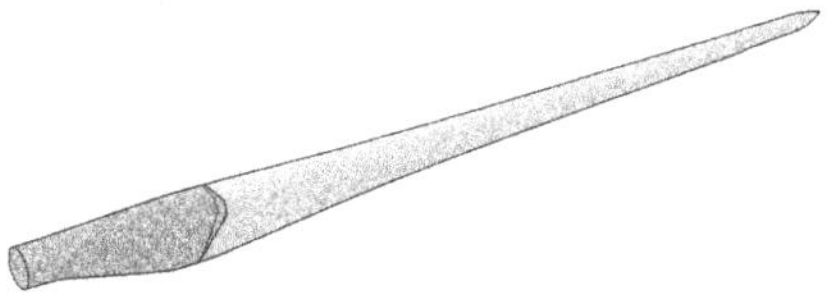

图 4-68　叶根加强层构型示意图

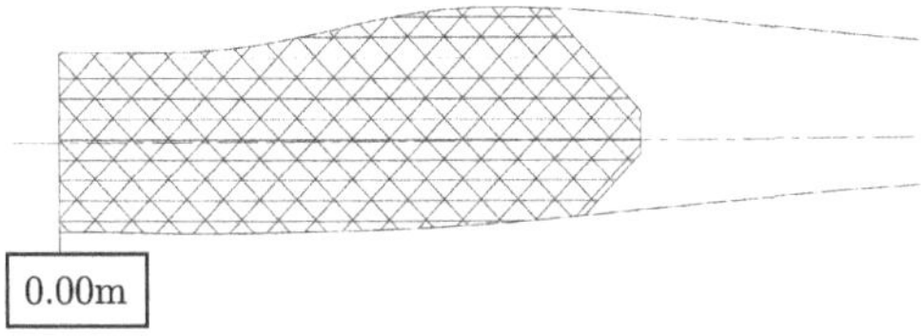

图 4-69　叶根加强层铺层形式

叶根加强层在结束段裁剪应确定裁剪的几何参数，包括叶根加强层结束段的倒角和梁宽。如图 4-70 所示，一般情况下叶根加强层结束段的倒角为 45°，梁宽与叶片主梁铺层的宽度基本相当。

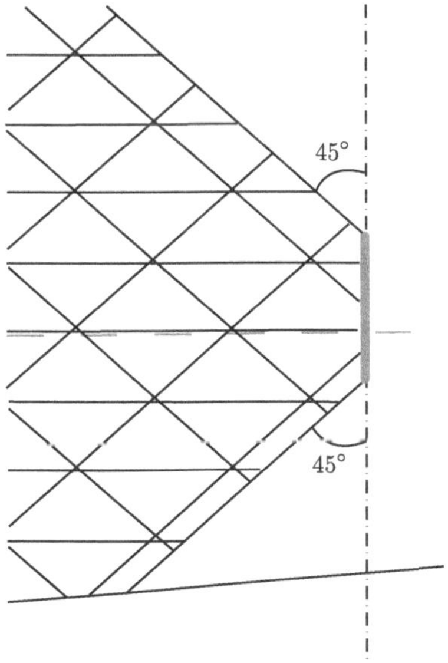

图 4-70　叶根加强层结束段倒角和梁宽

4.7.2　叶根加强层工艺概述

叶根加强层沿叶片叶根弦向满铺，同蒙皮铺层一样需要将满铺的叶根加强层沿弦向分成 N 段，每段的搭接宽度需要符合复合材料的工艺设计要求，如图 4-71 所示。叶根加强层沿叶片展向应定义各层的铺设范围和具体的倒角位置与倒角后的梁宽。

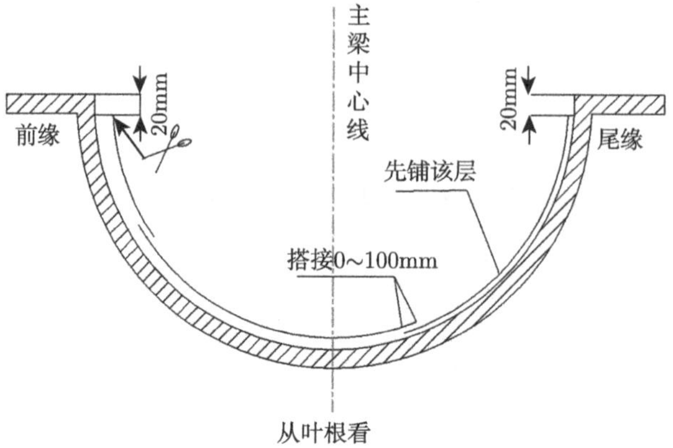

图 4-71　叶根加强层铺层

叶根加强层的设计及工艺与叶根工艺关系较大。叶根为预埋工艺时，应保证叶根加强层与预埋螺栓套紧密贴合，避免叶根积胶造成叶根整体力学性能显著下降。在预埋叶根工艺中，定位叶根螺栓套时应通过叶根法兰辅助，此时叶根加强层与叶根法兰之间的间隙控制及叶根端面形式对叶根整体力学性能影响较大，此处详见本书第 15 章叶根预埋螺栓结构校核；若叶根为后打孔工艺，应在叶根圆柱段增加预制叶根箍，防止在后打孔时由于打孔冲击而损坏叶根。

4.8　叶根连接设计

叶片通过螺栓与变桨轴连接，再通过螺栓连接于变桨轴和轮毂之间。叶片叶根有两种方式，后打孔与预埋螺栓的设计。叶片后打孔设计，需要保证叶根的铺层厚度，保证后打孔工艺的铺层厚度要求，而叶片预埋螺栓的设计，需要满足叶片螺栓套的铺层设计以及叶根螺栓设计。

螺栓连接是复合材料主承力结构的主要连接形式。为满足结构完整性要求，除静强度和刚度外，螺栓连接还必须满足疲劳、损伤容限和功能要求。螺栓连接部位较大的应力集中使其成为主承力结构的重要疲劳薄弱环节之一。鉴于复合材料连接的寿命预估方法尚未成熟，目前工程上确定螺栓连接疲劳强度的主要手段是试验，尤其是在复杂环境条件下更需如此。

4.8.1　叶根螺栓连接形式

叶片叶根需要与变桨轴承通过螺栓连接，再通过变桨轴承与轮毂连接。由于叶根是螺栓连接形式，这涉及复合材料与金属的连接。图 4-72 为预埋叶根螺栓工艺，图 4-73 为后打孔螺栓工艺。

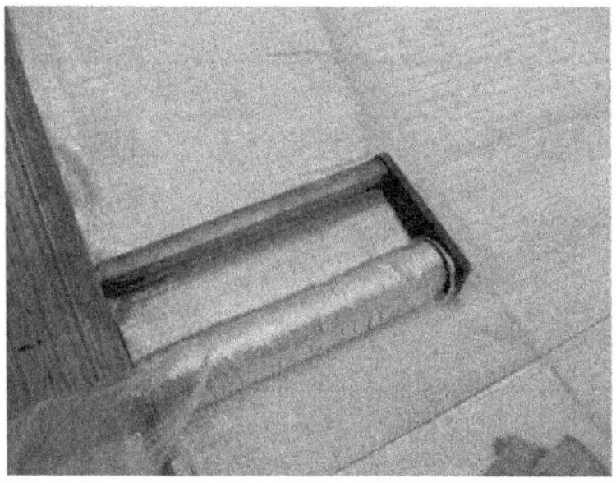

图 4-72　预埋螺栓工艺

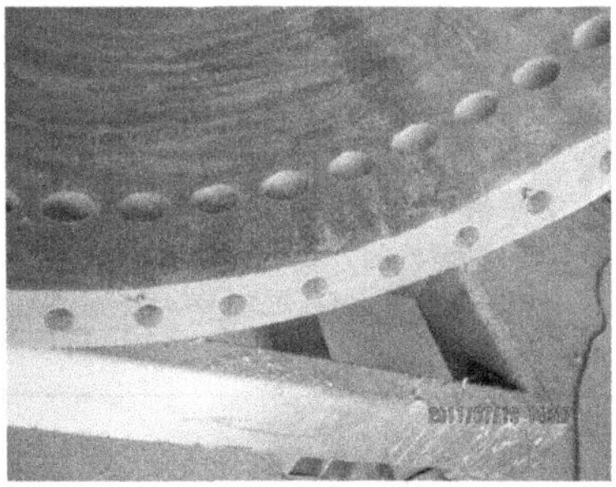

图 4-73　后打孔螺栓工艺

目前国内市场上风力发电机叶片主要采用后打孔工艺，安装 T 型螺栓，以用于叶根和轮毂的连接。另外，也有部分企业采用预埋螺栓套工艺，现将两种工艺分别从工艺和结构角度进行对比，见表 4-21 和表 4-22。

表 4-21　预埋叶根和后打孔工艺对比

项目	叶根螺栓套预埋	叶根 T 型螺栓形式	对比结果
定位	螺栓套定位方便，通过叶根法兰准确定位	打孔定位复杂	预埋工艺定位方便且准确
铺层	叶根螺栓套铺层工艺较复杂	叶根铺层需要加厚，加强，增加导注难度	预埋工艺叶根灌输难度相对较低
物料	增加模具叶根法兰，无材料损耗	增加打孔设备，加工过程中有材料损耗	材料损耗低，工装成本低
工时	螺栓套缠丝等工序准备时间约为 2h 螺栓套安装占用约 1.5h 的模具时间 （叶根法兰密封性测试可在叶片铺设同步完成，不占用模具时间，预埋螺栓套与叶片同时固化成型）	不占用模具时间 叶片脱离模具，初步修补后，进行后打孔准备，定位，切割，打孔，工时较长 安装圆柱螺母，手糊等需要 5~6h	消耗工时少，叶片和叶根螺栓套一体成型
螺栓数量	预埋工艺一体成型，可以使用更多数量的螺栓	后打孔会使叶根的结构强度减弱，约束了螺栓套的使用数量	预埋工艺可以安装更多的叶根螺栓，来传递叶根载荷
风险	叶根螺栓浸润效果不良，出现干纤维	叶根定位不准，导致螺栓孔偏心	若出现缺陷，两种工艺修复都较困难

表 4-22　预埋叶根和后打孔结构对比

项目	叶根螺栓套预埋	叶根 T 型螺栓形式	对比结果
数量	数量多，预埋孔大则消耗复合材料多	数量少	预埋工艺不破坏现有结构
预紧力	不承担预紧力	预紧力较大，高强螺栓预紧力可能达到叶根外载的 3~8 倍	预埋工艺不承担预紧力

续表

项目	叶根螺栓套预埋	叶根 T 型螺栓形式	对比结果
冲击	—	打孔时存在冲击性载荷	预埋工艺无冲击性载荷
承载	预埋螺栓数量多，平均分配到每颗螺栓的外载小	每颗螺栓分配到的载荷大	预埋工艺中，每颗螺栓分配到的载荷偏小
建模	金属件与复合材料件同时建模，接触模型	可分开建模，非线性计算	后打孔工艺结构建模简单

1. 叶根后打孔工艺

叶根需要有较厚的附加层，保证叶根厚度，如图 4-74 所示。

图 4-74　叶根后打孔的附加层设计

后打孔工艺中，在实际生产中要保证两点：叶根端面平面度和螺栓孔的位置。

2. 叶根预埋螺栓形式

叶片预埋螺栓，需要保证螺栓套的铺层以及叶根螺栓设计。叶根预埋螺栓套铺层，需要保证工艺特性与结构特性。同时，叶根节圆直径与内径都要与轮毂连接相匹配。图 4-75 为叶根预埋螺栓套端面图。

图 4-75　叶根预埋螺栓套

4.8.2　预埋螺栓构型设计

预埋螺栓构型设计从螺栓套螺纹、螺栓套端面形式、密封类型、螺栓形式、螺栓套与玻纤棒之间的配合、法兰构型设计等方面分别展开，详见表 4-23。

表 4-23　预埋螺栓构型类别

构型类别		细节
螺栓套螺纹	外螺纹	详见表 4-24
	内螺纹	详见表 4-25

续表

构型类别		细节
螺栓套断面形式		详见表 4-26
密封	外密封	详见表 4-27
	内密封	详见表 4-28
	堵头密封	详见表 4-29
螺栓形式		详见表 4-30
螺栓套与玻纤棒的配合		详见表 4-31
法兰		详见表 4-32

1. 外螺纹

表 4-24　外螺纹构型

	A	B	C
螺纹形式			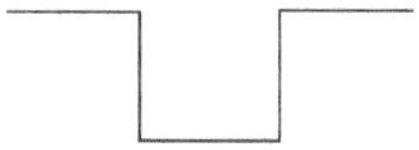
说明	牙底富树脂 接触表面积小	避免富树脂 接触表面积大	牙底富树脂

2. 内螺纹

表 4-25　内螺纹构型

	A	B	C
螺纹形式			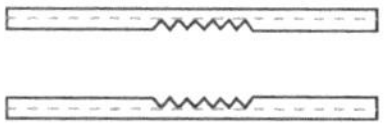
说明	易加工 连接强度低 可以设计为盲孔	易加工 连接强度高 若是通螺纹的，则密度复杂	加工难度相对大 连接强度高 密封简便

3. 螺栓套端面形式

表 4-26　螺栓套端面形式构型

	A	B	C
螺栓套端面构型	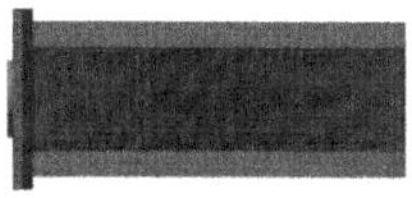	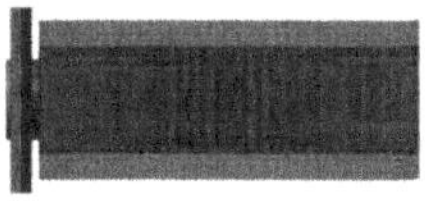	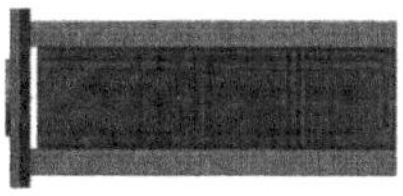
说明	端面与法兰平齐	螺栓套凸出	玻璃钢凸出

4. 外密封

表 4-27　外密封构型

	A	B
密封形式	O 型圈	密封胶条
优点	操作简便	灵活控制; 端面要求相对较低
缺点	端面平面度 0.2mm; 配合间隙 0.5mm	操作相对麻烦

5. 内密封

表 4-28　内密封构型

	A	B
密封槽位置 (O 型圈)	法兰盘	螺栓端面
优点	固定密封槽, 减少螺栓加工成本	可用于成型叶片法兰密封
缺点	—	每颗螺栓端面都需要加工

6. 堵头密封

表 4-29　堵头密封构型

	A	B	C
密封形式	盲孔	平堵头	螺纹堵头
优点	不需要堵头	操作简便	连接紧固
缺点	内螺纹加工困难	配合关系不易控制	安装麻烦 需增加密封圈

7. 螺栓形式

表 4-30　螺栓形式构型

	A	B
螺纹形式	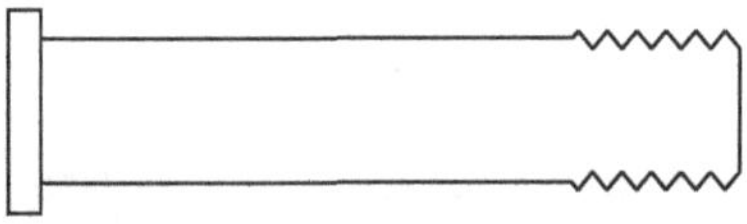	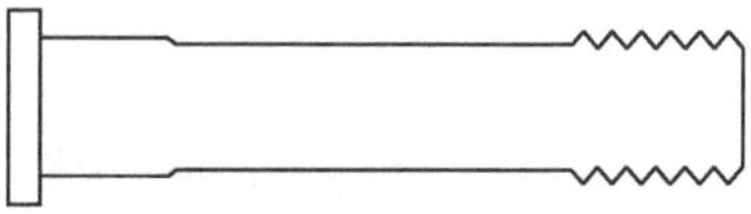
优点	安装简便	可能会减少加工费用
缺点	可能会增加加工费用	安装不易控制, 不合适多次安装
说明	不适合多次重复安装	安装方便, 易操作

8. 螺栓套与玻纤棒的配合

表 4-31　螺栓套与玻纤棒的配合

	A	B	C
螺栓套与玻纤棒之间	 不填充任何材质	 填充玻纤三角条	 填充玻纤丝
优点	减少填充工序	剪切强度高，疲劳性能好； 减少树脂含量； 避免空腔	避免纯树脂
缺点	螺栓套周围纯树脂，剪切强度低； 疲劳性能差； 螺栓套区域容易出现空腔	增加一道填充工序	螺栓套周围富树脂，强度低，疲劳性能差； 增加一道填充工序； 螺栓套区域容易出现空腔以及干纤维丝

9. 法兰构型形式

表 4-32　法兰构型

	A	B	C
法兰螺孔形式	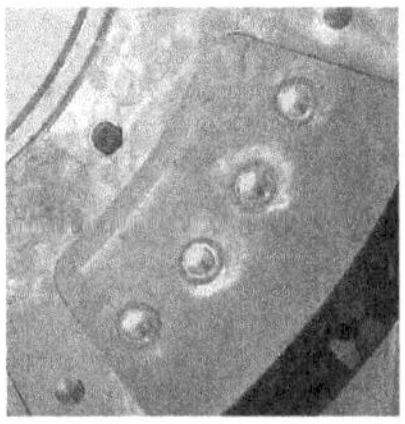 通孔	 带镶套	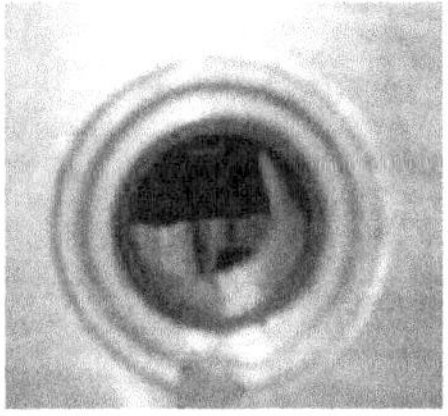 带密封槽
优点	法兰加工简单	减少螺栓密封槽加工； 刚度增加，不易损坏	减少螺栓密封槽加工
缺点	螺栓需加工密封槽	法兰加工成本增加	法兰加工多一道工序

4.8.3　预埋螺栓结构设计

预埋螺栓结构设计是通过确定预埋螺栓叶根连接的爆炸图，选择合适的螺栓套构型、法兰构型、角条构型及端面方案，确定各零部件的尺寸及装配方式与装配公差。

1. 基本信息

预埋螺栓套构型设计，基本输入信息诸如叶片功率、螺栓个数、螺栓型号、螺栓等级、节圆直径及叶根外径。

2. 总装图

叶根螺栓总体组装关系如图 4-76 所示，其尺寸设计的目的就是确定总装图中所有零部件的尺寸与装配公差关系。

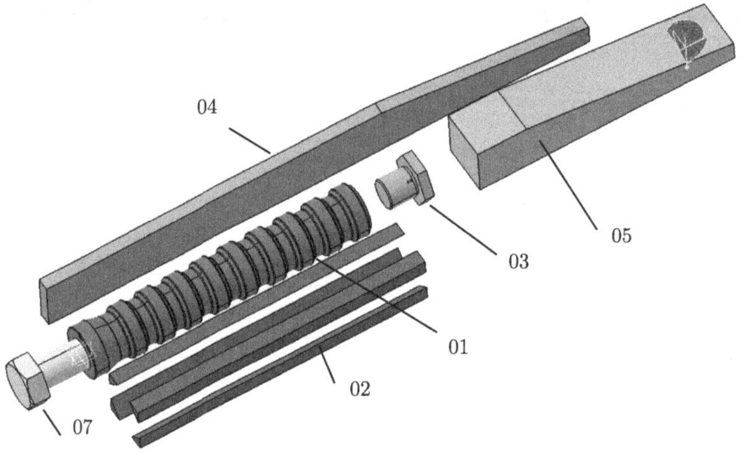

图 4-76 叶根预埋螺栓总装图

表 4-33 列举预埋叶根零部件的清单，不同的预埋叶根设计可能会略有不同。

表 4-33 叶根预埋螺栓零部件清单

序号	名称	材料	件数	备注
01	螺栓套	35CrMoA	1×64	
02	三角条	玻璃钢	4×64	
03	堵头	Q235	1×64	可以使用橡胶
04	楔形块 01	玻璃钢	1×64	
05	楔形块 02	泡沫块	1×64	螺栓套高度过渡使用
06	模具叶根法兰	45	2	
07	叶根螺栓	40Cr	1×64	10.9 级 - 六角头螺栓 -M36
08	双头螺柱	根据实际设计确定	1×64	10.9 级 -B 级等长双头螺柱 -M36
09	复合毡	[0°/90°] 方格布		
10	导流毡	Unifilo /CSM		
11	玻纤纱	玻纤粗纱		

3. 零部件尺寸

在本节中，将针对零件之间的具体装配关系，进行零部件的细节设计，确定零部件的尺寸和形状。

1) 螺栓套组装

叶根螺栓套在预埋工艺中，具体的连接形式如图 4-77 所示。确定预埋螺栓连接各零部件尺寸及组装后的公差。

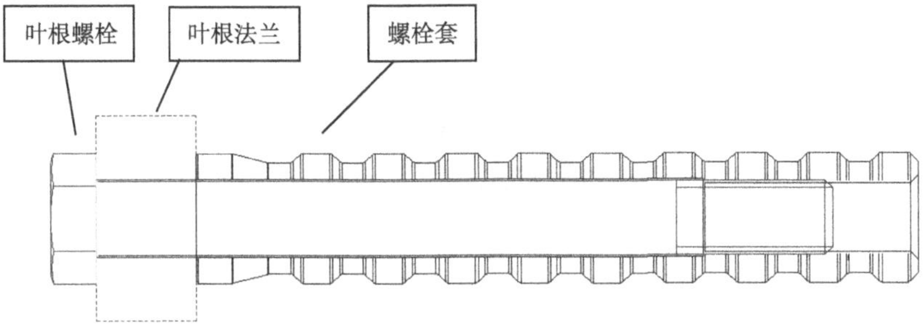

图 4-77　螺栓套组装图

2) 螺栓套

螺栓套应确定长度、外径、无螺纹段内径和螺纹段内径、螺纹长度、螺栓套具体形式等细节。图 4-78 给出螺栓套的三维示意图。

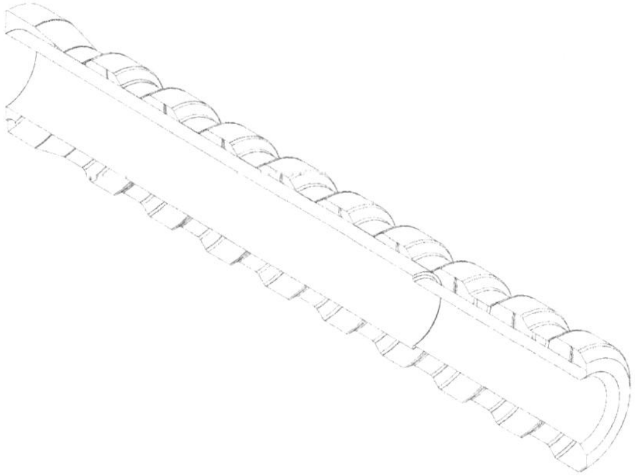

图 4-78　螺栓套 3D 剖视图

3) 叶根螺栓

叶根预埋螺栓套工艺中，根据螺栓等级确定具体尺寸信息，叶根螺栓图示如图 4-79 所示。

图 4-79　叶根螺栓图

4) 三角条

每根螺栓套配上 4 根三角条，确定三角条的长度和横截面宽度。叶片的三角条的材料一般为玻璃钢，图 4-80 为三角条示意图。

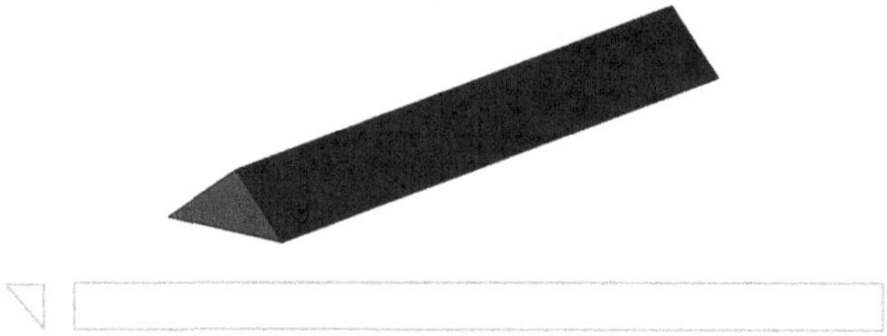

图 4-80　三角条示意图

5) 楔形块 01

楔形块 01 放置于螺栓套之间，一端贴着叶根法兰端面，一端高度逐渐降低，过渡到叶根铺层。应确定具体形状尺寸，图 4-81 为楔形块 01 的示意图。

图 4-81　楔形块 01 示意图

6) 楔形块 02

楔形块 02 放置于螺栓套有堵头那一端，用于预埋螺栓套的高度向叶根加强层的平滑过渡。图 4-82 为楔形块 02 的示意图。

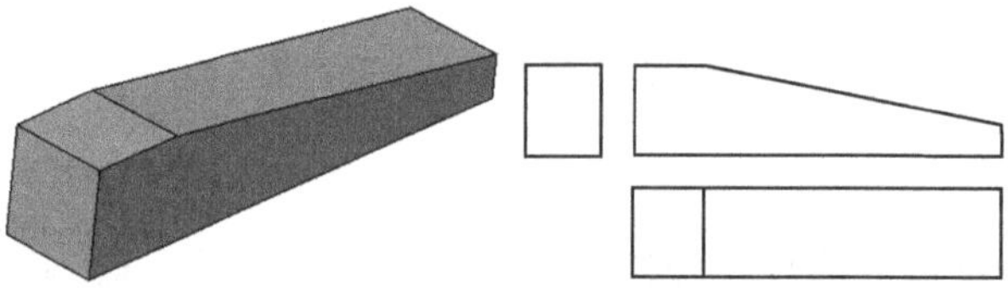

图 4-82　楔形块 02 示意图

4. 设计过程

1) 确定螺栓套位置

叶根节圆直径及螺栓尺寸和螺栓、螺栓套个数，叶根端面均匀分布螺栓套，如图 4-83 所示，确定螺栓套位置。

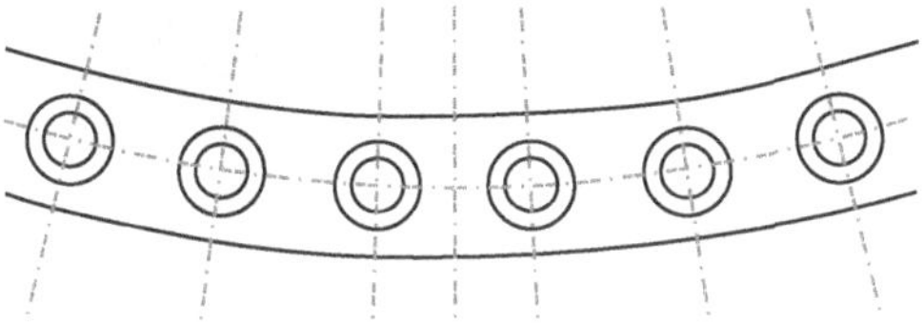

图 4-83　叶根螺栓套分布图

2) 螺栓套缠玻纤丝

在螺栓套凹槽上，均匀缠上玻纤丝。确定缠绕尺寸及缠丝后空隙余量。图 4-84 为螺栓套表面缠丝示意图。

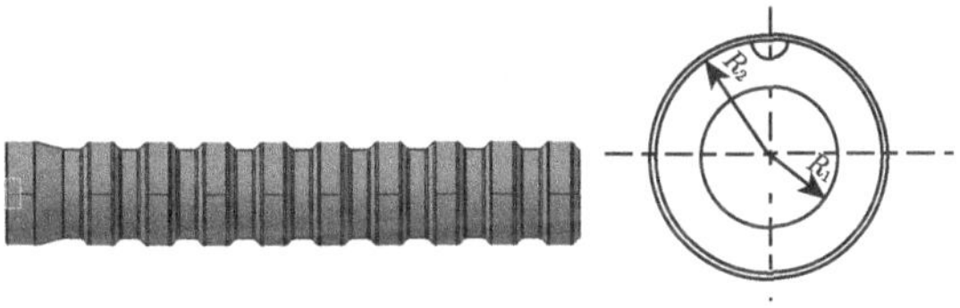

图 4-84　螺栓套缠玻纤丝图

3) 安装三角条

紧贴螺栓套下表面放置一组三角条，再用玻纤丝缠绕上。确定三角条与缠丝后螺栓套的装配紧凑度。图 4-85 为螺栓套安装三角条示意图，其中 R_1 和 R_2 分别为螺栓套内径及外径。

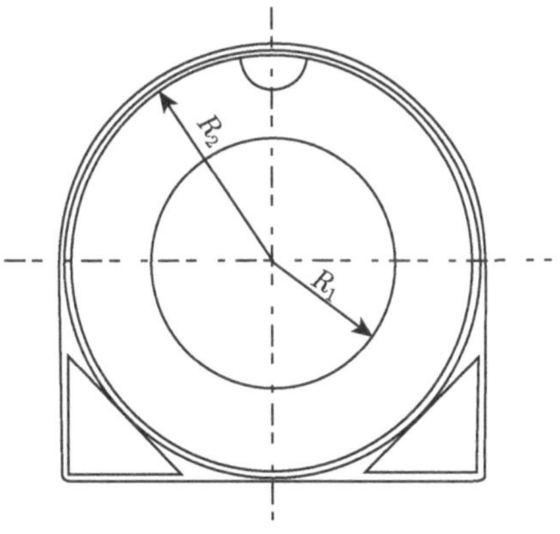

图 4-85　螺栓套安装三角条示意图

4) 螺栓套定位

螺栓套缠丝之后，定位于叶根法兰端面，如图 4-86 所示，此时叶根外侧的叶根加强层已经铺设完成。螺栓套上铺放 N 层复合毡和 N 层导流毡，同时计算两组螺栓套定位好之后的剩余间距，如图 4-87 所示。

图 4-86　螺栓套缠丝定位图

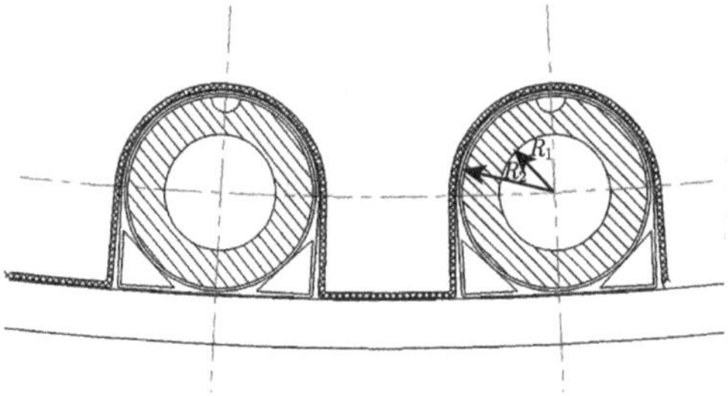

图 4-87　铺放复合毡和导流毡示意图

5) 安装楔形块

在两个螺栓套之间，嵌入已经确定好高度、底部宽度 L_2 和顶部宽度 L_1 的梯形楔形块。楔形块一般为多层单向布预制成型。图 4-88 为安装楔形块示意图，螺栓套与楔形块之间应用玻纤丝填充，缠丝厚度为 T。

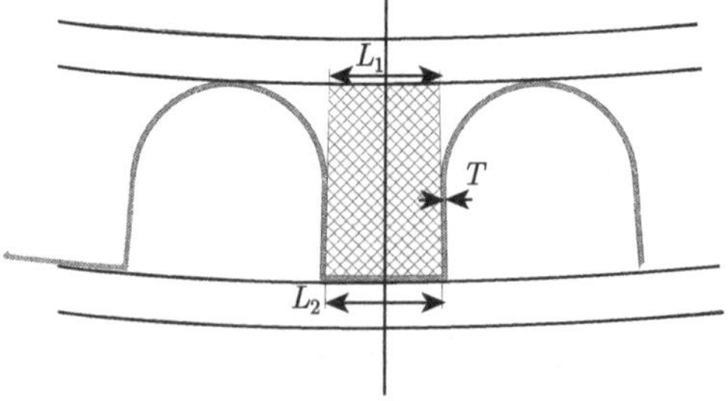

图 4-88　安装楔形块示意图

同时，在螺栓套顶部安装另外一组三角条，确定安装完三角条之后的螺栓套与楔形块整体的表面平整度，如图 4-89 所示。

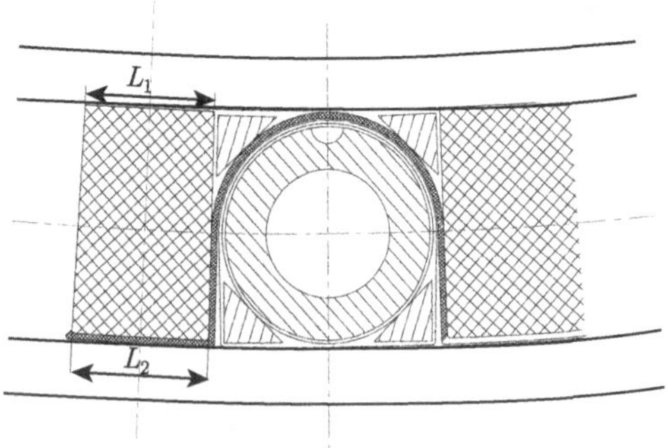

图 4-89　安装三角条示意图

在放置楔形块和三角条之后，用铁锤砸实后，开始铺放叶根加强层内部铺层。至此完成叶根预埋螺栓工艺的铺放，其端面效果如图 4-90 所示。

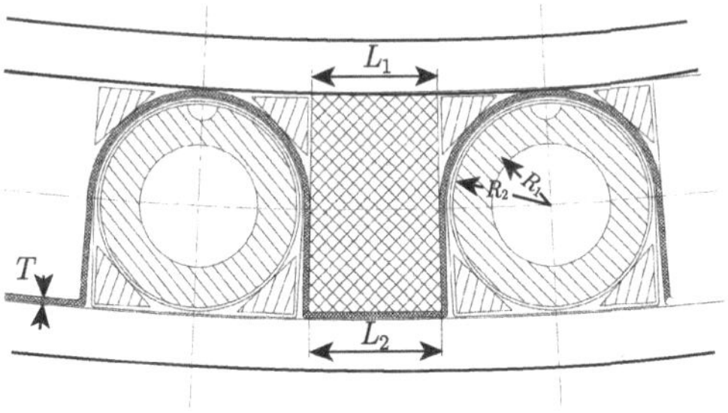

图 4-90　叶根预埋螺栓总装图示意图

5. 设计产品

图 4-91 为预埋螺栓的产品展示图，同时叶根预埋螺栓需要连接叶根法兰，叶根法兰与叶根预埋螺栓套连接的端面形式及结构校核参见本书第 15 章。

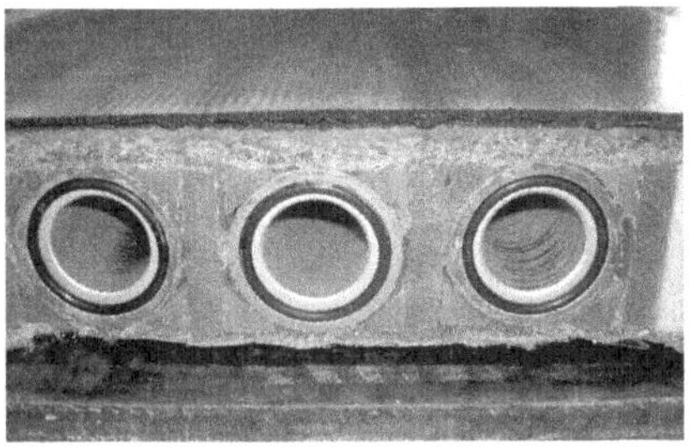

图 4-91　预埋螺栓产品图

4.8.4 后打孔螺栓结构设计

图 4-92 为后打孔叶根螺栓工艺，主要确定叶根零刻度线的位置，确保叶根平面的垂直度。关于后打孔螺栓工艺的结构校核内容详见本书第 15 章。

(a) 叶根端面螺栓圆孔分布　　(b) 后打孔工艺示意图

图 4-92 叶根后打孔工艺

4.8.5 叶根工艺试验概述

由于叶片叶根需要预埋螺栓或者采用后打孔工艺，叶根需要有较高的强度和刚度特性。所以，大型风力机叶片设计过程中，都会对叶根铺设较多的加强层，来提高叶片叶根的刚度和强度。较厚的叶根铺层，对叶片工艺水平要求很高，需要满足叶根灌输的工艺实验。

4.9 优化设计讨论

结构的主要功能是承受并传递载荷。对于结构设计来说，目标就是利用尽可能小的重量和最少的成本制造出这些结构。以一般的思维方式理解，优化结构就是设计出一种能最好地实现其功能，却将设计不想要的东西 (重量、费用、维修、维护等) 降至最低的结构。如果能够找到一个结构在所有的计算中能给出最优值，问题就得到了解决。然而，重量最轻的结构可能并不比重量稍重的结构成本低。此时，结构设计就必须根据叶片的功能和其他必须满足的判据做出决定[2]。

4.9.1 优化与非优化的影响

优化重量与非优化所导致的额外重量之间的区别。连接 (胶接、金属连接)、翻边、不变的铺层厚度、疲劳、刚度、成本等代表非优化重量[2]。

4.9.2　结构指数

结构研究的根本目的就是获得能够满足设计要求的最优结构，这也是结构研究需要遵守的基本原则。同样地，通过利用以前设计并验证过的所有结构的成果，可以减少设计与分析的时间。

结构指数在设计工作中特别有用，因为它包含：①载荷的强度；②规定结构大小的尺寸。

结构指数能够给结构设计优化提供指导。一旦可以作为设计数据用的一系列结构指数被确定下来，结构设计就可合理选择合适的结构形式。如果由于某种原因不能采用优化结构时，结构指数可以体现出必须承受多大的重量代价。

在结构设计的工程实例方面，借助结构指数能够非常方便地完成结构优化设计，这是因为：①在确定何种结构和材料适合某一特定载荷方面，结构指数最为有用。②结构指数可以用作快速确定结构尺寸、选择最有效的材料和确认最轻的结构形式。

对于任意给定的结构指数值都有可能找到材料与横截面形状、不同材料受力特性与作用载荷的组合，进而给出重量最轻的结构。在选择材料的时候，除了比强度因素外，结构设计还受到许多其他因素的影响，诸如材料的价格、可获得性、设计的简易性、工艺的可操作性、腐蚀、可成形性和机械加工性等。因此，结构设计应根据复合材料的各向异性性能，确定材料坐标系下各方向的比强度，进而选择比较合适的材料，这样可以在叶片结构设计的材料选型、不同材料位置布局等方面加以综合考虑重量的约束，得到相对的最优解。

第 5 章　功能件设计

5.1　叶尖设计

由风力机叶片气动基本理论可知，叶尖处叶素受力对整个风力机性能影响较大，叶尖的外形对叶片的气动性能和噪声影响甚大。故叶片的气动外形设计中，叶尖的曲面造型就显得很重要，本书暂不涉及叶尖的设计。

5.2　防雷设计

风力发电机组可靠性中最关键的一个问题是雷电防护。随着风力机高度和发电功率的增加，雷击风力机的概率也会成正比增长。风力机中最危险的部位是风轮叶片，如图 5-1 所示。

现代风力机组面临着很多其他建筑物不曾遇到过的防雷问题，诸如：

(1) 风电机组是高度超过 150m 的高大建筑物。

(2) 风力机对发电量的要求基本都设置在风力强大的地区，例如海岸、丘陵、山脊，而往往这些地区正是雷电多发区。由于风电机组的安装一般都处于该地区相对的制高点，并且远离其他高大物体，因此它更加容易吸引雷电。

(3) 风电机组的许多暴露部件，如叶片和机舱盖往往由不能承受直击雷或传导直接雷电流的复合材料制成。

(4) 叶片和机舱是可旋转部件 (不利导流)。

(5) 雷电必须通过风力机的结构传导到大地，因此，实际上大部分雷电流将流经或靠近所有的风力机部件。

(6) 风电场中的风电机组相互电连接装置往往位于接地条件不好的区域。

雷击造成叶片损坏的机理主要有两个方面：一是雷电释放巨大能量，使叶片结构温度急剧升高，分解气体高温膨胀，压力上升造成爆裂破坏；二是雷击造成的巨大声波，对叶片结构造成冲击破坏。叶片全绝缘不仅不会减少被雷击的风险，反而会增加损害的次数。因为多数情况下叶片被雷击的区域在叶片背风面 (即吸力面)，而由于雷电击中叶片的尖部，会在叶尖部位的内腔产生电弧，电弧能够将叶尖炸开。为避免雷电对叶片造成损害，需要通过导雷装置，快速将雷电通过连接在轮毂上的导线传递给大地。

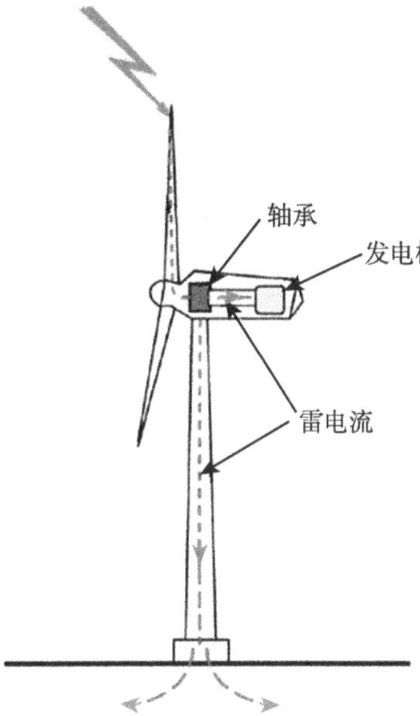

图 5-1　风力机叶片雷击示意图

5.2.1　接闪器

根据风力机雷电保护相关标准，按照叶片功率和风场等级可确定叶片接闪器的大概安装位置，如 A 型叶片，此种叶片接闪器是位于距离叶尖约为十几厘米的位置 [13]。

1. 接闪器的安装

如图 5-2 所示，在叶片模铸过程之中将接闪器预埋板灌注到叶片玻璃钢中，利

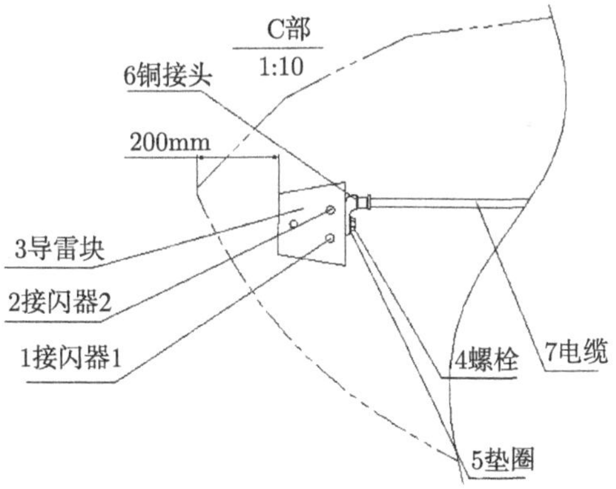

图 5-2　接闪器细节设计图

用螺栓将接闪线连接到接闪器预埋板上。叶片模铸完成后，在接闪器预埋板上钻螺纹孔，将接闪器安装在螺纹孔中。

2. 接闪器的形状及尺寸

确定接闪器的形状、尺寸及位置，如图 5-3 所示。

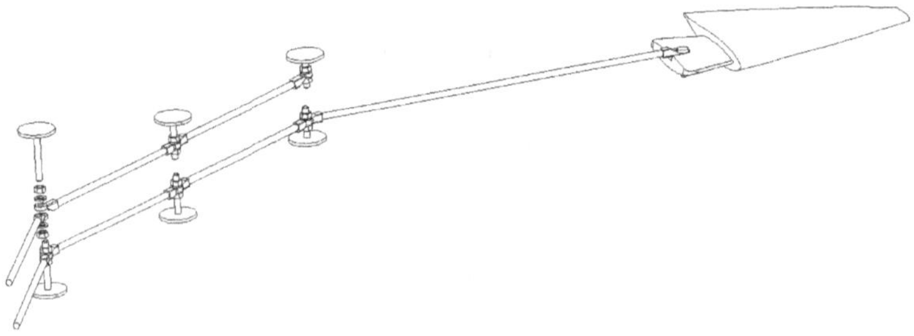

图 5-3　接闪器的形状及位置

3. 接闪器的材料

接闪器一般采用 HAL60-1-1 铝黄铜，该材料的特性是导电性能好、强度较高及耐腐蚀性好。

5.2.2　叶片防雷击试验

叶尖装有几个蝶形接闪器和棒形接闪器，而在叶片中部也装有几个蝶形接闪器，当接闪器与导流线 (引下线) 连接后接到高压冲击发生器上。通过叶片全尺寸大电流试验，确定叶片被施加正冲击电压和负冲击电压时的放电率，以改进叶片的接闪器设计。进行雷击试验的目的，就是为了验证雷电是否仅仅击中叶片设计规定的位置 (接闪器) 以控制雷电流。叶片雷击试验示意图如图 5-4 所示。

图 5-4　叶片雷击试验

风力机叶片受雷击破坏的现象时有发生，应加强对叶片抗雷能力的研究，改进叶片的抗雷能力。叶片接闪器的设计应严格按照 IEC 标准，确保整套防雷设计能够满足标准要求。在风力机机组防雷设计上，需综合全局考虑，在风轮系统良好导雷的同时，不能忽视大电流对机舱和塔架内置的电气、电子设备造成的强电磁场干扰。

5.3　胶衣及喷漆

胶衣作为叶片表面的保护层，可改善叶片的表面效果，保护叶片，防风沙冲击、防紫外线辐射老化、防火、防腐、防冰附着、防沙尘覆盖等作用。对胶衣本身而言，需有一定的厚度要求。

胶衣体系能对玻璃钢表面进行直接的保护，即使在风沙的冲击下，外层聚氨酯面漆破损，胶衣依然能够有效地抵御紫外线的照射，抵挡风沙对叶片表面的伤害。在同样的实验条件下检测表明，有胶衣的耐风沙能力是无胶衣体系的十倍以上，并且其他方面的性能都要优于无胶衣体系的数十倍以上。

中国的风场大多位于风沙冲击区域，这个也就是为什么 Mankiewicz、Bergolin、Maga 等来到中国市场一直采用胶衣体系。而有些则既没有胶衣，也没有 100%的面漆，只能适应欧洲的优良的大气环境，在中国风场根本就不能抵抗风沙的冲击，只能作为一种装饰，在沙尘暴冲击区域基本没有实用价值。

5.4　运输加强层设计

叶片其他功能件设计包括叶片运输加强层、叶根盖板、叶片配重腔、挡雨环、双腹板连接 PE 管等。

叶片运输加强层在铺层设计过程中需要在叶片运输的支点位置铺设运输加强层，确保运输过程中叶片不会产生局部屈曲破坏。运输加强层一般为双轴布。运输加强层应根据叶片的质量分布与重心而确定，一般在叶片 1/3 展长和 2/3 展长处，如图 5-5 所示。

图 5-5　运输加强层

5.5　叶根盖板设计

叶根盖板设计主要位于叶片根部，叶根铺层在各方向的铺层厚度不严格相同，因此叶根盖板不是严格的圆形或椭圆形。但在制作过程中，考虑制作便捷性，通常将叶根盖板做成圆形。如图 5-6 所示，叶根盖板采用上下两段拼接的方式，沿叶根 R 位置处的前缘分模点和尾缘分模点的连线分成上下两段叶根盖板。叶根盖板铺层一般为夹芯结构，面板采用复合毡，芯材为泡沫。

叶根盖板主要应用于人作用在其表面进行维修或其他操作，同时可以防止转动过程中叶片中碎物脱落造成危险，应注意叶根盖板表面防滑。

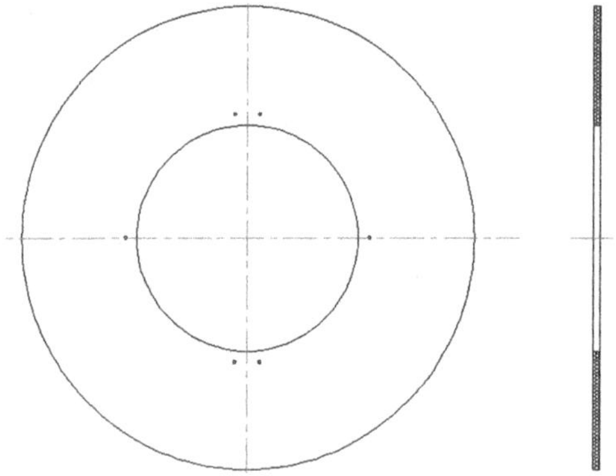

图 5-6　叶根盖板示意图

5.6　配重腔设计

叶片配重腔 (也称配平仓) 主要是在叶片设计与生产过程中预留可能需要配重的位置，配重后可保证风轮三叶片的质量矩和重量偏差符合公差要求。应当注意，配重过程中需记录配重重量和对应位置，如图 5-7 所示。

图 5-7　叶片配重腔

5.7　挡雨环设计

图 5-8 为叶片挡雨环，防止雨水浸入叶片内部，导致叶片内部材料受到雨水侵蚀，若在寒冷地区，积聚在叶片内部的水结成冰块，在叶片运转过程中脱落或冲撞叶片内部结构，容易造成叶片内部结构的冲击损伤。

图 5-8　叶片挡雨环

5.8　双腹板 PE 管设计

双腹板定位于叶片壳体主梁之间，沿中心线对称布局。腹板与叶片壳体之间除需要在缘条段黏接成一体之外，还可以在腹板展向不同位置增加 PE 管，如图 5-9 所示，起到固定双腹板的作用。同时，需要验算开孔对腹板结构的影响。

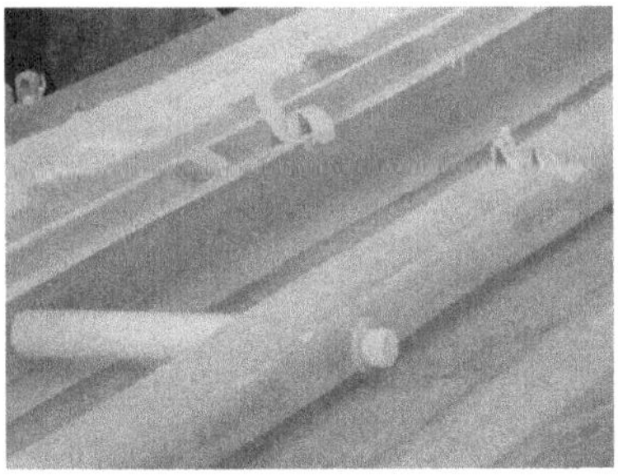

图 5-9　双腹板连接 PE 管

5.9　其 他 设 计

有的风力机叶片带有液压的叶尖刹车系统，或者更特殊的叶片结构形式采用分段拼接，对于特殊的叶片形式，暂不在本书介绍范围内。

第三篇

叶片结构设计方法

第 6 章　结构校核准则

风力机叶片结构应该满足一系列极限状态下的设计准则，需充分地验证叶片结构承载的能力，不能超过相关极限状态下材料抗力。风力机的相关标准规定了叶片结构校核中不同校核类型和校核方法的要素及要求。表 6-1 为风力机相关标准中规定的叶片结构校核内容。

表 6-1　风力机标准中规定的结构校核内容

结构校核		GB/T 25383—2010 GB/T 10194—1997 GL 2010	DNV/Riso
总则		√	√
强度分析	纤维失效分析		√
	纤维间失效分析		√
	应变分析		√
	极限强度	√	
稳定性分析		√	√
变形分析		√	√
动力学特性分析		√	√
胶接分析		√	√
疲劳分析		√	√

6.1　结构校核总则

(1) 叶片的结构强度校核与分析应包括结构强度分析、变形分析、动力学特性分析与胶接强度分析[10]。

(2) 叶片强度通常由静强度分析和疲劳分析 (设计极限状态校核) 来验证。

(3) 叶片受压部件还应校核失稳 (分层、褶皱、翘曲等)。

(4) 叶片的主要材料为纤维增强复合材料，叶片结构计算主要对纤维强度进行校核。

(5) 强度分析还应在足够多的截面上进行，被校核截面的数目取决于叶片类型和尺寸，但至少应分析四个截面。在几何形状和材料不连续的位置处应分析附加的截面。

(6) 用螺栓、胶接或其他连接技术在不同部件间构成的连接强度，应根据设计载荷进行验证。

6.2　叶片结构校核方法

叶片结构校核可分为一维方法、二维方法和三维方法，见表 6-2。不同的校核方法的时间、精度和校核范围是不同的，在叶片设计与校核时，应根据不同阶段的校核需求采取不同的校核方法，高效地给出叶片结构校核的结果。

表 6-2　叶片结构校核方法

校核方法		理论	细节
1D	1D 工程算法	工字梁	正应力，挠度
2D	2D 工程算法	薄壁杆件结构力学	强度，挠度，振动
	2D FEM 壳模型 2D FEM 体模型	等截面 FEM 法	等截面，圣维南原理，材料各向异性，泊松比效应
3D	3D FEM 壳模型	变截面 FEM 法	变截面，超单元
	3D FEM 体模型		尾缘局部拓扑优化
	混合模型		体单元与壳单元混合
试验	基于梁理论的试验方法	—	强度、挠度和扭角
	基于壳理论的试验方法	—	表面应变片
	基于体理论的试验方法	—	云图、预埋、强度和变形
一体化	PDM 方法	—	—

6.3　叶片结构校核概述

6.3.1　叶片拓扑图

叶片整体和局部的分析，按照叶片结构校核总则和校核方法，将叶片剖析成如图 6-1 所示的拓扑形式。

叶片拓扑图，按照叶片不同部位分为以下几个方面，详见表 6-3。

表 6-3　叶片拓扑图细节

ID	拓扑细节
0000	叶片整体分析
1000	叶根设计与分析
2000	叶片各截面分析
3000	前缘设计与分析
4000	腹板设计与分析
5000	尾缘设计与分析
6000	叶尖设计
7000	运输加强层设计与校核

续表

ID		拓扑细节
8000		叶片构件设计与分析
	8100	层合板结构
	8200	夹芯结构
	8300	胶接连接
	8400	螺栓连接
9000		叶片零部件设计

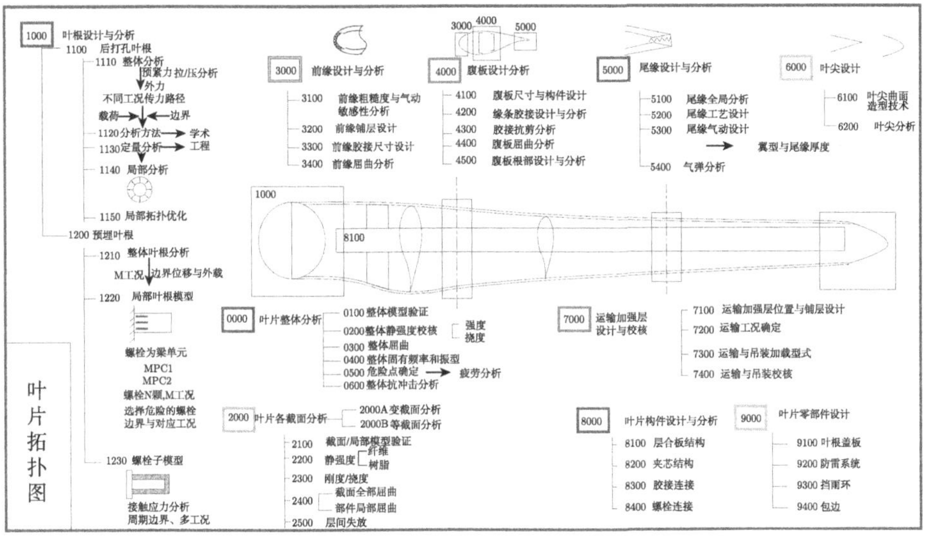

图 6-1　叶片拓扑图

6.3.2　叶片构件受力特性

叶片结构形式复杂，沿叶片展向可将其分为叶根加强段、叶中段和叶尖段；沿叶片弦向可将其分为前缘加强层、夹芯结构及芯材倒角、主梁、梁腹板、尾缘加强层、尾缘胶接层等，详见表 6-4。

表 6-4　构件受力特性

叶片剖面结构形式	常见英文术语	复合材料的应用	风力机叶片载荷	结构分析
主梁	Spar Cap	单向带层合板	主要承受挥舞弯矩的作用	强度分析 刚度分析
叶片夹芯	PVC	夹芯结构	—	屈曲分析
前缘梁	Leading edge	层合板	主要承受摆振弯矩的作用	强度分析 刚度分析

续表

叶片剖面结构形式	常见英文术语	复合材料的应用	风力机叶片载荷	结构分析
尾缘梁	Trailing edge	层合板	主要承受摆振弯矩的作用	强度分析 刚度分析
腹板	Web	夹芯结构	传递剪力	屈曲分析
蒙皮 + 腹板	Shell+Web		多闭室承受扭矩作用且传递剪力	强度分析 抗冲击分析 屈曲分析
胶接	Bonding	胶接结构	胶层剪切	胶接分析 尾缘开裂
叶根螺栓	Bolt	—	离心力 预紧力 弯矩和剪力共同作用	强度分析 刚度分析

6.4 强度分析

叶片的静强度校核包括整体强度校核、刚度校核及挠度校核。整体强度校核中，应用不同的失效判断准则判定纤维失效和树脂失效，刚度校核中包括挥舞刚度、摆振刚度和扭转刚度，同时，需要计算叶片在极限载荷作用下的叶尖挠度。结合不同的风力机叶片相关标准，考虑载荷安全系数、材料安全系数的情况下，验证强度和挠度的冗余。

总体来说，叶片强度分析可以用应变验证，也可用应力验证。如用应力验证，还应分析最大载荷作用点的应变，证明没有超过破坏极限。在进行复合材料的强度分析时，需证明设计值不超过材料的许用值，这里需考虑进行强度分析时的材料局部安全系数。不同的设计标准，对应的材料局部安全系数也是不同的。标准之间不能混用，否则将导致错误的结果或不准确的统计。

对于叶片铺层中的单层，平行和垂直于纤维方向的许用失效应力和失效应变、剪切的许用失效应力和失效应变都是必须考虑的。

当叶片结构主要承力材料为单向纤维增强材料时，其强度可采用简化的应变分析。对于玻璃纤维增强材料，在设计载荷作用下沿纤维方向的应变值应满足[14]：

拉伸应变
$$\varepsilon_{Rd,t} \leqslant 0.35\% \tag{6-1}$$

压缩应变
$$\varepsilon_{Rd,c} \leqslant |-0.25\%| \tag{6-2}$$

6.5 稳定性分析

随着叶片越来越大，腹板-前缘和腹板-尾缘间将出现大面积不受支撑的面板，这对叶片的稳定性有较大影响，因此叶片的抗屈曲能力应单独计算，同时还需要考虑腹板的屈曲。

GL 2010 中规定屈曲分析的载荷安全系数为 1.35，如环氧叶片采用线性屈曲分析，则材料安全系数为 2.04；若环氧叶片采用非线性屈曲分析，则材料安全系数为 1.6335[14]。DNV 中规定分析类型的安全系数中，按照不同分析部分进行分类，如环氧层合板的材料局部安全系数为 1.652，同时要考虑 1.35 的载荷安全系数和 1.0 的失效局部安全系数[10]。

叶片越长，稳定性分析将取代强度分析的主导地位。对拉伸、压缩和剪切载荷作用下构件的稳定性，即抵抗翘曲和起皱的能力，应在作用载荷的设计值的基础上进行验证。

弹性屈曲现象通常表现为两类。

(1) 分歧屈曲：增加外施载荷引起主要轴向或面内变形。在一种临界外施载荷 (弹性临界载荷) 下，将发生一种新的面外弯曲变形，这可能导致在不加大外施载荷下突然导致大变形 (不稳定的后屈曲现象，易碎的破坏)，或很小或基本不增大载荷下增加到很大变形 (中立的后屈曲现象，塑性破坏)，又或随着载荷的增加逐步稳定的变形变化 (稳定的后屈曲现象，延性破坏)。

(2) 极限点屈曲：随着外施载荷的增加，结构表现出逐渐减弱的刚度，直到载荷和挠度的关系达到最大值 (弹性临界载荷)，此时变形增加到不可控制的形式 (易碎的破坏)。

弹性屈曲可能发生于三种不同水平。

(1) 全局水平，包括结构整体变形；

(2) 结构组件的全局水平，只限于完整的单一结构件或单元；

(3) 结构组件的局部水平，只限于结构件或单元具体的部分。如主梁边缘的局部屈曲、胶板与胶接之间。

叶片主要承载结构在承受极限设计载荷下不能发生屈曲。叶片次级部分的应变可受叶片主要承载结构的界面位移控制，且局部刚度影响应变。对于这种类型，如果可证明这些仅发生于罕有的场合，次级结构屈曲是可接受的。屈曲和疲劳的相互作用非常复杂，不能应用现存的计算方法预测，且需要单独考虑。如果屈曲将影响叶片的应变分布或极限载荷下的应变分布，可通常应用简化屈曲分析规则来确认平板和正交各向异性曲板的更高级分析。风力机叶片的屈曲，需考虑失效机理，评估全局和局部屈曲。屈曲与其他失效机理的相互作用，如分层和树脂破裂，同样需要认真考虑。

在屈曲分析时，特别注意边界条件的定义。如果屈曲分析的应用载荷高于造成结构局部损伤的载荷，则会引入结构的局部损伤，如树脂破裂或分层。此时，屈曲计算应当考虑局部损伤。对于结构或结构组件期许的分歧屈曲，在执行复杂的非线性分析前，分析取决于弹性临界载荷 (或弹性临界应力或应变)。分析的目的是建立在以下方面：

(1) 是否可接受只进行几何线性分析；

(2) 是否结构屈曲明显地基于尺寸效应 (如果超出应用载荷，或接近弹性临界载荷)；

(3) FEA 网格精度的需求可用于更复杂的屈曲分析。

当评估屈曲失效模式，设计准则通常应用于结构所有点的局部应力或应变水平。准则应根据实际情况应用于纤维失效、树脂破裂、分层、屈服和极限破坏等。此外，位移准则同时应用于全局和局部，确保无非常大的屈曲位移。为获得校核中的阻力值，应进行几何非线性分析，此时需考虑由于局部屈曲造成的力学特性衰减。

在使用非线性有限元法进行稳定性分析时，为了确定屈曲临界载荷，应使用线性有限元法进行附加验证，确认屈曲临界载荷必须大于载荷特征值。另外，必须能够证明在预变形出现屈曲后，邻近的结构构件和结构零件不会出现损伤 (如在黏接接合部位)。

更复杂的屈曲分析，或整体屈曲分析应借助于有限元软件或等价的分析方法。仔细进行模型边界条件修正，几何瑕疵的影响应基于层合板成型方法和公差。首先，特征值屈曲分析应假定层合板的初始 (无退化) 弹性性能。其次，分析过程是迭代式的，在良好的网格质量下直至特征值和屈曲模式收敛。本步骤的目的是确认相应的屈曲模式形状，满足后续的网格密度需求。如果施加外载超过或非常接近计算的弹性临界载荷，则应在细节设计之前改进设计，提高稳定性性能。

叶片可采用局部二次稳定性分析方法：完成结构总体应力分析 (一次分析) 后，取出原结构中可能出现失稳的部位或区域，建立局部有限元模型 (根据需要可以直接利用原有的网格，也可进一步细化网格)，进行第二次稳定性分析的方法。局部模型的边界条件来自原结构模型应力分析的结果，通常取切开部位边界上的位移和内力，再加到二次分析的局部模型边界上，作为原模型提供给局部模型的弹性支撑。然后，对局部有限元模型进行稳定性分析，即称为二次稳定性分析。但从非线性理论的观点来看，是不可以采用局部二次稳定性分析方法。理由是在加载过程中，局部模型的支承条件也在变化，并且这是一个非线性的变化过程。由于后屈曲的存在，从整体模型中取出的局部结构其边界条件的变化是非线性的，整体和局部结构的力学量之间并非简单的线性关系，而是相互耦合影响的非线性关系。实际上，对于一个大型复杂结构，结果中包含了各个点上可能出现的应力极值点和位移极值点，它们既包含总体失稳，也包含局部失稳的各种模态，即使是一个奇异点的产生都会在众多的应力-应变曲线上有所反映，因此很难判断哪些是主要的哪些是次要的，真实的失稳部位在哪里，对应什么样的失稳模态。

所以，尽管如今计算机的硬件条件及软件功能给结构分析提供了强有力的工具，但目前国内外还很少用大型整体结构作为非线性屈曲分析的计算模型，而一般采用的还是线弹性分析中的局部二次稳定性分析方法，即对叶片总体模型进行线性静力分析的基础上，取出所关心的局部结构及其边界条件，建立叶片局部模型，然后对局部模型进行非线性屈曲分析。

本书在第 13 章中详细介绍了夹芯结构的屈曲和叶片的屈曲分析。

6.6 变形分析

所有工况下都应计算极限叶尖挠度 (由静态载荷、动态载荷和结构响应的相互作用引起)。叶尖挠度既可通过气弹程序自动计算，又可通过工程算法计算或有限元计算。无载条件下叶尖与塔架之间的距离为净空，净空计算基于一些危险参数组合而成，包括几何公差、特征刚度和叶片支撑。另外，阻尼的影响很重要，也需要考虑。长远地看，如果叶片支撑遭受蠕变、收缩、温度变形或时间衰减等，必须进行净空测试。

当计算净空时必须满足相应准则关于最小净空的要求。丹麦准则要求净空计算时，特征极端载荷考虑 1.3 的安全系数，此时计算的净空最小为 0，而荷兰准则要求特征极端载荷考虑 1.5 的安全系数。

GL 2010 中为了保证叶片与机组其他零部件间的最小间隙，对所有涉及工况下的叶片变形进行验证 [14]：

(1) 当采用静态方式进行叶片变形计算时，叶片在所有进行工况下的最小间隙不小于叶片在自由状态下与机组其他零部件间隙的 40%。叶片在所有静止工况下的最小间隙应不小于叶片在自由状态下与机组其他零部件间隙的 5%。

(2) 当采用动态或气弹的方式进行叶片变形计算时，叶片在所有进行工况下的最小间隙应不小于叶片在自由状态下与机组其他零部件间隙的 30%。

6.7 动力学特性分析

为了避免风力发电机组在运行过程中产生共振，应确定叶片在允许和静止时的一阶挥舞和摆振方向的固有频率，必要时还应考虑轮毂和变桨轴承的影响。叶片结构动力特性分析时应采用叶片材料测试模量的平均值。

当叶片长度大于 30m 时，应对叶片挥舞方向和摆振方向的二阶频率和一阶扭转频率进行分析。叶片运行时挥舞和摆振频率应避开机组激振频率的倍频 (推荐考虑 1~8P)，不同的标准规定的避免共振的范围不同，如 GB/T 25383−2010 控制固有频率在倍频 ±5%以外 [15]，而 DNV/Riso 推荐特征频率远离旋转频率的 ±12%[10]。

6.8 胶接分析

叶片胶接强度的分析中，应考虑胶接表面和缺陷处的应力集中。胶接设计应尽最大可能避免剥离力矩或力。GL 2010 中规定 [14]，对于胶接分析，双组分的热固性胶黏剂，剪切应力可采用 7MPa 作为特征值，结构中由于应力集中而增大的剪切应力可以使用该值的 1.0~3.0 倍的数值计算。本书在第 14 章详细介绍胶接分析。

6.9 层间分析

叶片的层间失效分析主要用于分析梁结构层合板层间变形及胶接部位的胶层变形，可采用体单元或界面单元的方式分析，计算层间开口、滑动、撕裂等不同层间失效类型的特性，同时需要验证裂纹扩展。本书在第 18 章详细介绍层间分析及断裂力学计算方法。

6.10 疲劳分析

复合材料叶片疲劳校核的计算量很大，危险点数目可通过如下方式计算：

$$\text{总计算量} = \text{叶片截面数} \times \text{材料层数} \times \text{危险点数} \times \text{载荷工况数} \times (600\text{s})/(0.05\text{s})$$

在 DNV/Riso 中明确规定：叶片展向所有截面和每个位置的所有方向都需验证疲劳强度。基于此，叶片展向所有点的所有载荷分量都需给出，包括相位、频率信息。疲劳分析应基于所研究铺层特征值的 S-N 曲线，及按此 S-N 曲线建立的 Goodman 图。

叶片摆振弯矩的疲劳由重力载荷主导，某种程度上依于叶片总重和设计周期内实际叶片旋转数；挥舞弯矩的疲劳由叶片空气动力学响应的风载主导，启动/停止引起的瞬态载荷和偏航问题引起的载荷对疲劳损伤影响非常大，故在正常运行下应考虑这些载荷。

疲劳分析可以同时对单层薄板和层合板进行分析，在层合板分析时，疲劳数据需要采用具有多层厚度的层合板来保证层间的综合作用是考虑在内的。如果一个区域内，静态载荷和周期性载荷同时作用一段时间，那么组合效应需要考虑在内。作一个保守假设，即这些影响是可以叠加的。如果提供实验证明，其他载荷组合也可以使用。如果用于疲劳分析和测试的载荷均值相当于静态载荷，静态影响和周期性疲劳影响可以分别考虑。即使最大应力没有达到在静力实验中初始树脂破裂的水平，在周期性载荷下，树脂可能先发生破坏。树脂破裂效应应考虑于疲劳分析中。

实际周期载荷也可以引起材料的刚度特性变化，材料的弹性变化可以导致总体上的应变重新分配和超过最终位移的要求。如果应力的重新分配被认为是危险的，则需要对变化后的弹性性能进行静态校核。如果位移要求是保守的，则位移规范需要根据变化后的刚度特性重新校准。

对于给定的作用载荷，可用 Goodman 图确定容许循环次数 N，然后用于损伤累积计算。损伤 D 定义为现有载荷循环次数 n_i 与容许循环次数 N_i 之比的总和，D 值小于等于 1：

$$D = \sum_{i} \frac{n_i}{N_i} \leqslant 1 \tag{6-3}$$

对于双组分的热固性胶黏剂，如果对于循环次数为 10^7 由当量等幅变程谱得出的应力变程小于以下值时，应提供在具有连续的剪切应力曲线的连接处 (例如大梁和壳体或上下壳体之间的连接) 的疲劳验证。

$$\tau_{Rd} = 1.0\text{N/mm}^2 \tag{6-4}$$

本书在第 16 章详细介绍了叶片疲劳分析。

6.11 高级分析

叶片还需要进行一些高级分析，如抗冲击分析、可靠性分析等，本书将在后续章节中展开介绍。

第7章　一维方法

一维方法，是将叶片简化为单梁式工字形结构，具有计算简单，学习成本低，可应用于叶片生产现场估算叶片强度和刚度等的便捷性优势，并且该方法快速给出的初始结构设计，对主要结构部位的应力水平进行数量级的评估具有较大的工程意义，因而在多学科综合交叉的领域，这种自由度较少的简化模型得到广泛的应用。

7.1　工字梁理论

工字梁结构受到横力弯曲，此时工字梁主梁横截面上不但有正应力还有切应力。由于切应力的存在，横截面不能再保持为平面。同时，横力弯曲下，往往也不能保证纵向纤维之间没有正应力。虽然横力弯曲与纯弯曲存在差异，但进一步分析表明，用纯弯曲计算横力弯曲时的正应力，并不会引起很大误差，能够满足工程问题所需要的精度。

横力弯曲时，弯矩随截面位置变化。一般情况下，最大正应力 $\sigma_{\max}$ 发生于弯矩最大的截面上，且离中性轴最远处：

$$\sigma_{\max} = \frac{M_{\max} x_{\max}}{I_y} \tag{7-1}$$

正应力不仅与 M 有关，而且与 $\frac{x}{I_y}$ 有关，亦即与截面的形状和尺寸有关。求出最大弯曲正应力后，弯曲的强度条件为 [16]

$$\sigma_{\max} \leqslant [\sigma] \tag{7-2}$$

一般在应用工字梁计算正应力的时候，由于腹板段的正应力很小且意义不大，只考虑工字梁缘条段的正应力。叶片主梁一般采用单向纤维织物，抗拉和抗压性能不同，则工字梁抗拉和抗压的最大应力都不应超过各自的许用应力。工字梁主梁的全部面积都在离中性轴最远处，每一点的正应力都比较大，所以主梁负担了剖面上的绝大部分弯矩，如图 7-1 所示。

首先讨论工字梁腹板上的切应力。腹板截面是一个狭长矩形，关于横截面上切应力的分布规律，作以下两个基本假设：

(1) 横截面上各点的切应力的方向都平行于剪力 F；

(2) 切应力沿截面宽度均匀分布。

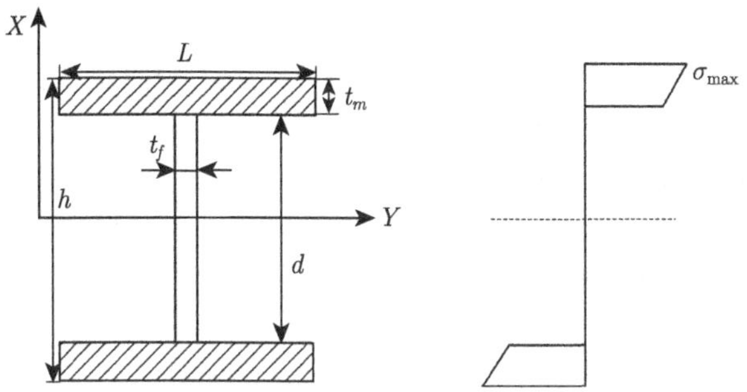

(a) 工字梁尺寸形式　　　　(b) 主梁正应力分布

图 7-1　工字梁缘条正应力分布

图 7-1 中，L 为等效模型中的蒙皮长度；t_m 为蒙皮和主梁厚度；t_f 为梁腹板的厚度；h 为工字梁模型的高度；d 为腹板的内高。

工字梁腹板段切应力计算公式为

$$\tau = \frac{F_s S_y^*}{I_y t_f} \tag{7-3}$$

若需要计算腹板上距中性轴为 x 处的切应力，则 S_y^* 为

$$S_y^* = \frac{L}{8}(h^2 - d^2) + \frac{t_f}{2}\left(\frac{d^2}{4} - x^2\right) \tag{7-4}$$

如图 7-2 所示，沿腹板高度，切应力也是按抛物线规律分布的。以 $x = 0$ 和 $x = \pm\dfrac{d}{2}$ 分别代入式 (7-3) 和式 (7-4)，求出腹板上的最大和最小切应力分别是

$$\begin{aligned} \tau_{\max} &= \frac{F_s}{I_y t_f}\left[\frac{Lh^2}{8} - (L - b_0)\frac{d^2}{8}\right] \\ \tau_{\min} &= \frac{F_s}{I_y t_f}\left(\frac{Lh^2}{8} - \frac{Ld^2}{8}\right) \end{aligned} \tag{7-5}$$

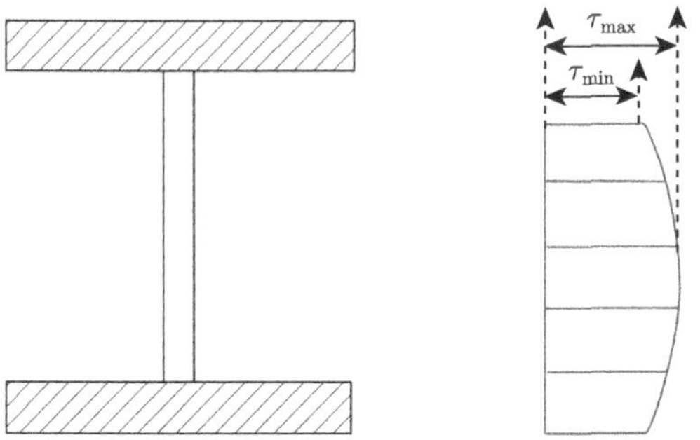

(a) 工字梁图示　　　　(b) 腹板剪应力分布

图 7-2　腹板切应力分布

因为腹板的宽度远小于主梁的宽度 L，切应力最大值与最小值实际上相差不大，所以可以认为腹板上切应力大致是均匀分布的。按照图 7-2 中应力分布图的面积乘以腹板厚度，即可得到腹板上的总剪力 F_{s1}。计算结果表明，F_{s1} 约等于 $(0.95\sim0.97)F_s$。由此可见，横截面上的剪力 F_s 的绝大部分为腹板所负担。既然腹板几乎负担了截面上的全部剪力，而且腹板上的切应力又接近于均匀分布，这样，就可用腹板的截面面积除剪力表征胶板切应力

$$\tau = \frac{F_s}{t_f d} \tag{7-6}$$

在主梁上，也应有平行于 F_s 的切应力分量，分布情况比较复杂，但数量很小，并无实际意义，所以通常并不进行计算。

7.2 叶片剖面模型简化

叶片属于自由曲面，截面形状相当复杂，与变形相关的惯性积、惯性矩等参数不能通过简单的代数运算获得，只有采用数值积分的方法精确计算。因此先对叶片外形和截面形状进行简化，建立宏观几何参数与叶片外形截面参数有关的简化模型，再在简化的模型上研究叶片弯曲变形。

依据横截面对展向的惯性矩相等，蒙皮厚度不变，主梁形状不变的前提等效为一对称物，其横截面如图 7-3 和图 7-4 所示。

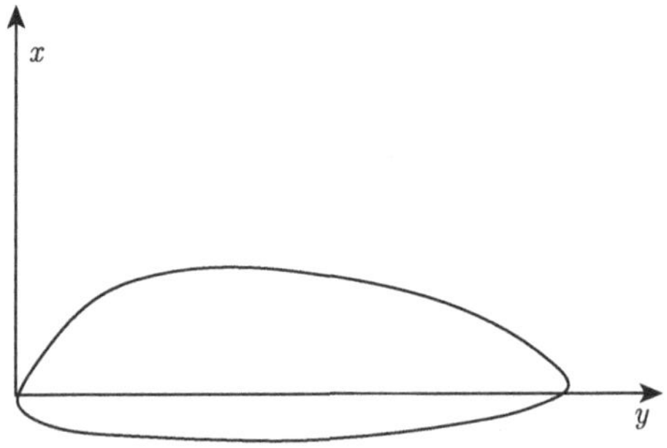

图 7-3　翼型截面的等效图

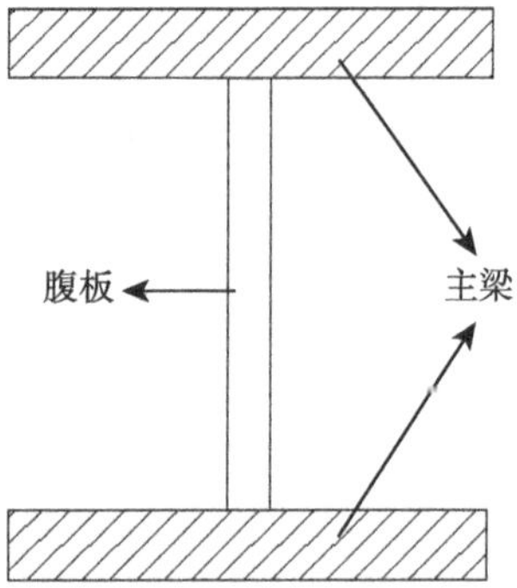

图 7-4　叶片主梁及腹板简化图

简化后的惯性矩计算公式如下：

$$I_{yy} = L \times t_m \times \left(\frac{t_m}{2} + \frac{d}{2}\right)^2 \times 2 + \frac{t_f d^3}{12} \approx \frac{1}{2} L t_m d^2 \tag{7-7}$$

即工字梁主梁的惯性矩近似于主梁厚度、宽度和腹板内高成正比。

以 WB45.3 叶片为例，将展向不同位置的叶片剖面简化为主梁与腹板的工字梁结构。叶片采用预制主梁，宽度为 500mm。沿叶片展向，从叶根开始取 5 个叶片剖面，每个截面对应展向的不同位置，各剖面的主梁段曲率、腹板高度、主梁厚度都不同，如图 7-5 所示。

图 7-5　WB45.3 叶片展向 5 个剖面分布

WB45.3 叶片展向不同剖面位置的工字梁模型及工字梁宽度、厚度、高度见表 7-1。

表 7-1　WB45.3 叶片展向剖面简化为工字梁模型 (工字梁为近似图示)

R	2D截面图	工字梁/mm
6%	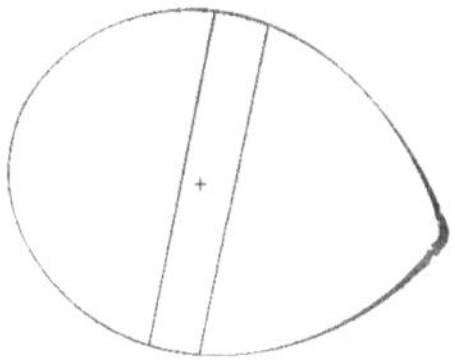	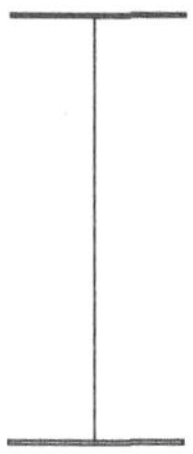 宽度L: 500 厚度t_m: 10 高度h: 1800
12%	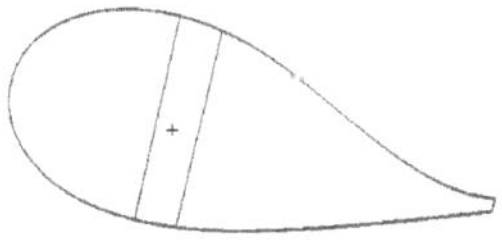	 宽度L: 500 厚度t_m: 30 高度h: 3000
38%	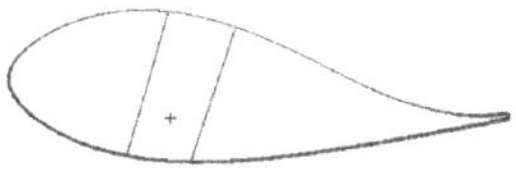	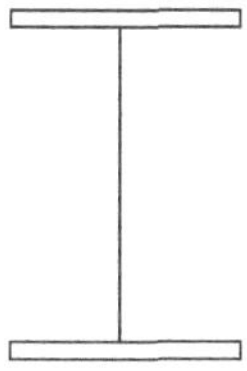 宽度L: 500 厚度t_m: 45 高度h: 800

续表

R	2D截面图	工字梁/mm
56%	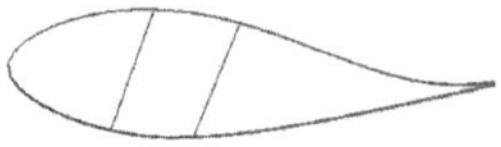	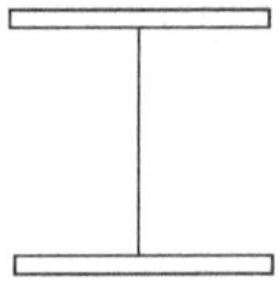 宽度L: 500 厚度t_m: 40 高度h: 450
76%	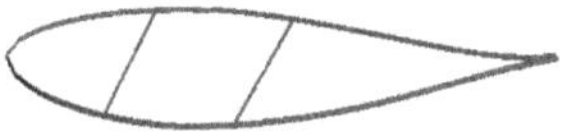	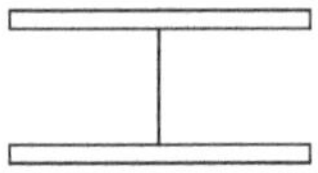 宽度L: 500 厚度t_m: 15 高度h: 285

7.3　叶片剖面强度计算

风力机叶片要承受较大的载荷，为提高叶片的强度和刚度，防止局部失稳，叶片大多采用主梁加气动外壳的结构型式。主梁承担大部分的弯曲载荷，外壳是重要的受力元件，它在结构中除形成翼型，承受并传递扭矩外，还要承受一部分的弯矩。翼型形状的特殊性，在翼型坐标系下翼型弦向的长度远大于翼型的高度，加上叶片的挥舞方向受到的弯矩远大于摆振方向，使得叶片的主梁承担绝大部分的载荷，因此在对叶片做基本校核分析时，应对叶片主梁进行强度及刚度的校核与分析。

风力机叶片剖面，主梁型式如图 7-6 所示。

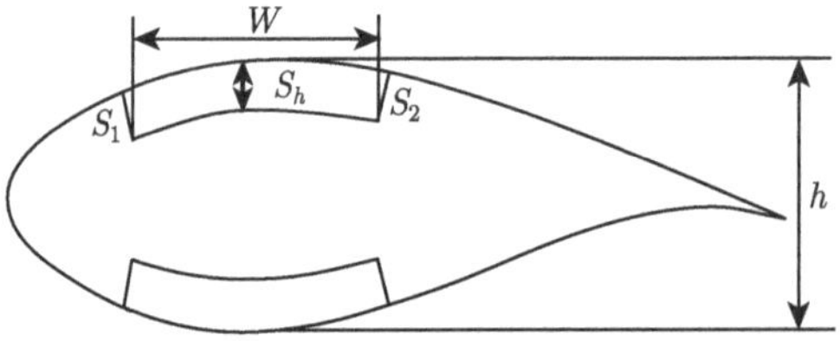

图 7-6　叶片剖面简化成工字梁

根据工字梁理论，叶片剖面拉压弯矩的简化算法为

$$M_y = \sigma_{\rm b} \times W \times S_h \times h \times W \tag{7-8}$$

其中，S_h 为翼型主梁段的等效厚度；h 为翼型的绝对厚度；W 为等效模型折减系数。

$$W = \frac{I_{yy(\text{弧形})}}{I_{yy(\text{矩形})}} \tag{7-9}$$

可知，$W \leqslant 1$。

所以可得

$$\sigma_{\rm b} = \frac{M_y}{W \times S_h \times h \times W} \tag{7-10}$$

通过计算得出叶片该截面处的 σ_b，与材料许用强度比较，可得出叶片该截面的拉压安全系数。W 的计算方法可用查表法得到。

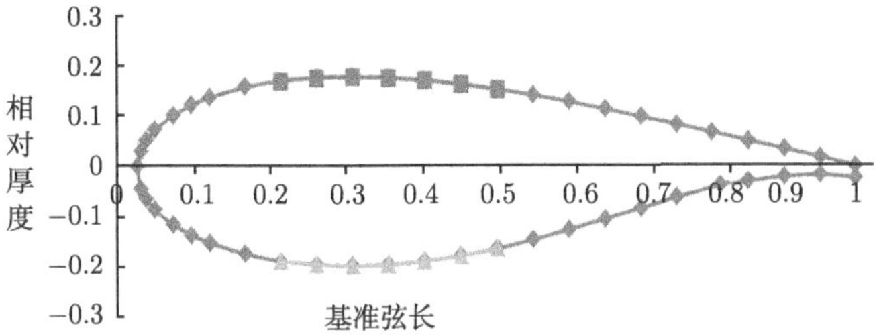

图 7-7 翼型截面取主梁位置

表 7-2 为根据翼型库，取弦长为 1 的标准翼型，翼型的变桨轴为 35%弦长位置。按照如图 7-7 图示取主梁位置，根据弦长百分比由 20%~50%段确定为主梁铺设范围，主梁段厚度为 0.8mm。计算翼型库的翼型族的 W 值。

表 7-2 翼型族的 W 值

NACA 改型	弧线 Iyy	直线 Iyy	误差/%
NACA634_12	1.72×10^{-6}	1.86×10^{-6}	8.20
NACA634_16	3.12×10^{-6}	3.37×10^{-6}	8.08
NACA634_18	3.98×10^{-6}	4.31×10^{-6}	8.30
NACA634_21	5.07×10^{-6}	5.50×10^{-6}	8.50
NACA634_25	6.85×10^{-6}	7.55×10^{-6}	10.17
NACA634_30	9.85×10^{-6}	1.09×10^{-5}	10.79
NACA634_35	1.35×10^{-5}	1.49×10^{-5}	10.25
NACA634_40	1.79×10^{-5}	1.96×10^{-5}	9.17

以 NACA634_21 为例，沿翼型的变桨轴分别向前缘与尾缘等距离扩大 W，计算 $x \sim W$ 的变化，x 为主梁铺设范围，计算结果见表 7-3。

表 7-3 NACA634_21 的 x~W 的变化

x/%	弧线 Iyy	直线 Iyy	误差/%
10	1.80×10^{-6}	1.83×10^{-6}	1.50
20	3.52×10^{-6}	3.66×10^{-6}	4.10
30	5.07×10^{-6}	5.50×10^{-6}	8.50
40	6.41×10^{-6}	7.36×10^{-6}	14.89
50	7.48×10^{-6}	9.24×10^{-6}	23.66
60	8.24×10^{-6}	1.12×10^{-5}	35.51

随着主梁宽度的增加，W 值的误差逐渐增大，如图 7-8 所示。

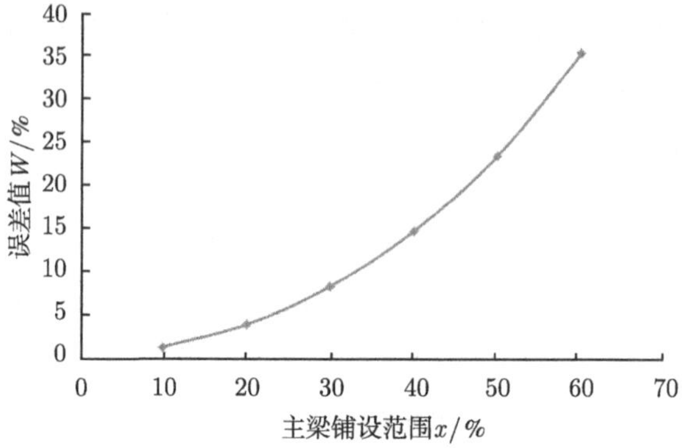

图 7-8 $x \sim W$ 变化曲线

7.4 叶片剖面强度分析

以 WB45.3 叶片为例，根据气动布局，确定弦长分布、扭角分布、绝对厚度分布，见表 7-4。结合复合材料单向布的拉伸及压缩许用应力和纤维方向的模量，在极限载荷作用下，应用一维方法设计叶片主梁厚度，计算叶片各剖面在各极限载荷作用下的强度安全系数和刚度分布。

表 7-4 某 2.0MW 叶片气动布局

叶片外形	气动布局	图示
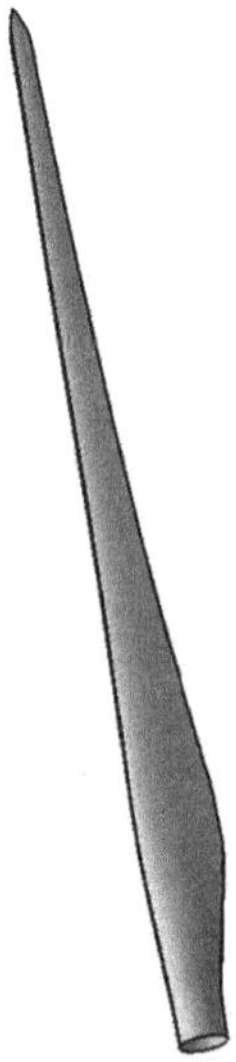	弦长分布	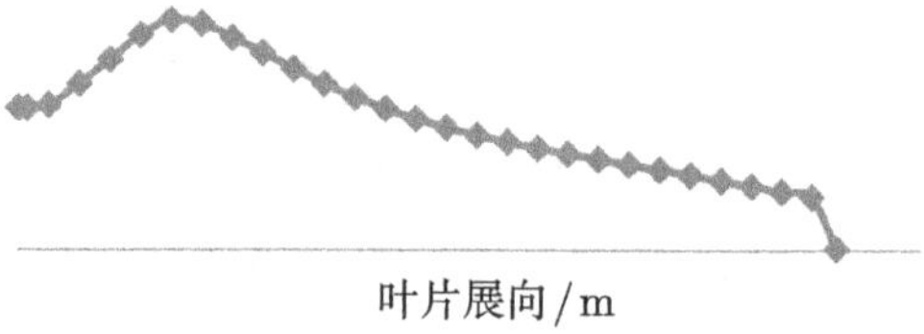
	扭角分布	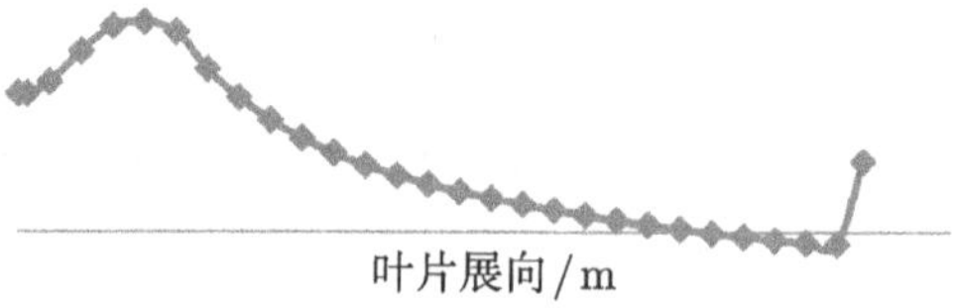
	绝对厚度分布	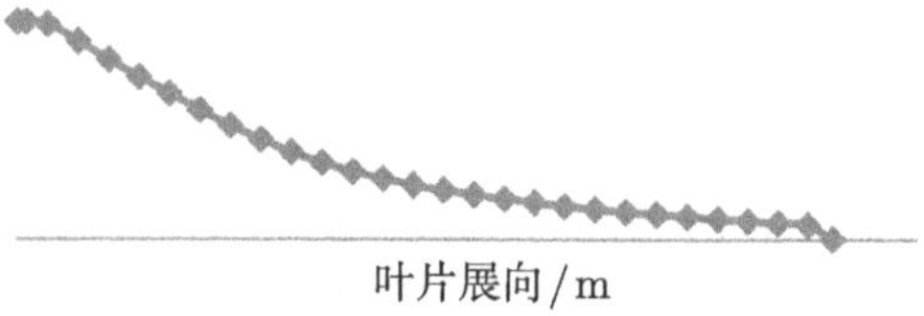

叶片预制主梁采用等宽不等厚的设计，采用一维方法进行结构设计，认为叶片吸力面与压力面主梁铺层形式一致。在极限载荷作用下，按照一维方法计算叶片主梁的拉伸和压缩应力，与复合材料单向布的许用应力比较，确定主梁的拉伸和压缩强度安全系数，如图 7-9 所示。一般情况下，单向纤维的压缩性能低于拉伸性能，因此主梁的压缩安全系数低于拉伸安全系数。同时，根据叶片主梁厚度与工字梁模型高度，结合单向布纤维方向的模量 E，即可确定叶片沿展向的挥舞刚度 EI，如图 7-10 所示。

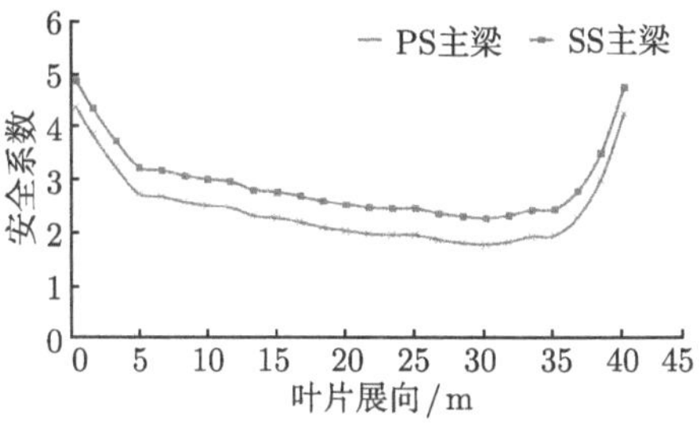

图 7-9　叶片主梁安全系数分布

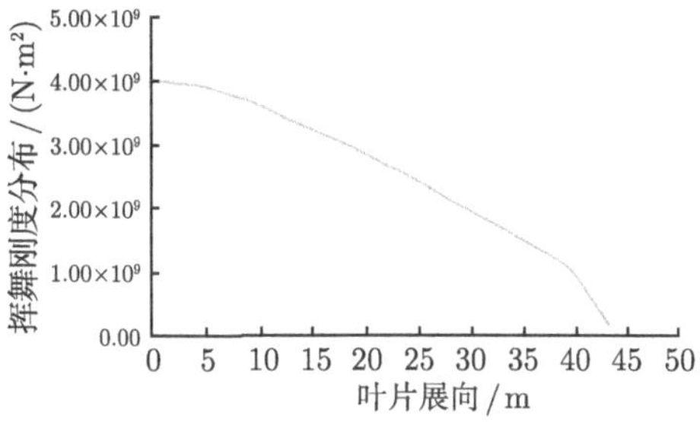

图 7-10　叶片主梁挥舞刚度分布

7.5　叶片弯曲变形计算

一般地，叶片在外载荷作用下，叶片产生弯曲和扭转变形。其中，剪力 F_x 使梁腹板受剪，在弯矩 M_y 作用下，叶片发生弯曲变形。根据叶片空气动力学分析可知，作用在叶片上的气动力包括两个部分：一部分是与气流速度有关的气体动力，另一部分是与叶片截面静压有关的气体静力。对于变截面梁，挠曲线近似微分方程为

$$f^{''}(z) = \frac{\mathrm{d}^2\omega}{\mathrm{d}x^2} = \frac{M(z)}{EI(z)} \tag{7-11}$$

将挠曲线近似微分方程的两边乘以 $\mathrm{d}x$，积分可得转角方程为

$$\theta = f^{'}(z) = \frac{\mathrm{d}\omega}{\mathrm{d}x} = \int \frac{M(z)}{EI(z)}\mathrm{d}z + C_1 \tag{7-12}$$

再乘以 $\mathrm{d}x$，积分可得变截面梁的挠度曲线方程:

$$\omega = f(z) = \int\int\left(\frac{M(z)}{EI(z)}\mathrm{d}z\right)\mathrm{d}z + C_1 z + C_2 \tag{7-13}$$

其中，C_1, C_2 为积分常数，通过边界条件可以确定。等截面梁的 EI 为常数，但是任一截面对中性轴的惯性矩 $I(z)$ 是个变量，弯矩 $M(z)$ 也是个变量，所以积分时

要比等直梁复杂很多，故一维工程梁设计方法中将弯矩和惯性矩的计算模型做了简化，通过数值计算得出变截面梁的挠度。计算 $M=2M_y$ 引起的弯曲变形，即挠度值。

简化过程如下，首先给出设计弯矩 $M=2M_y$ 沿叶片展向的分布，相邻截面的两个弯矩值用一次函数方程描述：

$$M(z)=k_1z+b_1 \tag{7-14}$$

其中，k_1,b_1 为系数，z 为沿着叶片展向的坐标值。

同理，用一次函数描述叶片展向惯性矩 $I(z)$

$$I(z)=k_2z+b_2 \tag{7-15}$$

其中，k_2,b_2 为系数，z 为沿着叶片展向的坐标值。

由以上可得叶片各截面段的转角为

$$\theta_i=\int_{z_1}^{z_2}\frac{M(z)}{EI(z)}\mathrm{d}z=\int_{z_1}^{z_2}\frac{k_1z+b_1}{(k_2z+b_2)\times E}\mathrm{d}z \tag{7-16}$$

可以近似为

$$\theta_i\approx(z_2-z_1)\frac{k_1z_i+b_1}{E(k_2z_i+b_2)} \tag{7-17}$$

其中，$z_i=\dfrac{z_1+z_2}{2}$，E 为材料的弹性模量。

每段的挠度为 $w_i=(z_i-z_{i-1})\theta_i$，将各段挠度叠加得到整个叶片的挠度。

7.6 叶片剖面挠度分析

以本章节 7.4 的叶片为例，在确定了叶片挥舞刚度的情况下，叶片挥舞弯矩最大的一组极限载荷作用下，可初算出叶片的挠度分布，其挠度分布如图 7-11 所示。

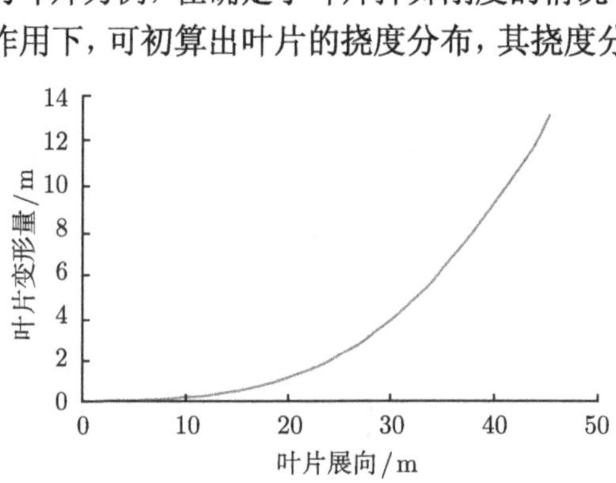

图 7-11 叶片某载荷工况下挠度分布

7.7　一维方法误差分析

采用一维工字梁结构对叶片进行简化，存在以下基本假设：

(1) 叶片 3D 效应简化为 2D 效应，偏乐观。

(2) 叶片工字梁结构相对于真实叶片模型，去掉蒙皮、芯材、前缘梁、尾缘梁等结构件，只考虑主梁和腹板。简化了叶片剖面的刚度，减小了整体刚度特性，整个载荷加载于主梁及腹板结构，使主梁受载大于真实承载大小。

(3) 双腹板结构简化为单腹板，影响整个闭室及腹板剪力流的分布。

(4) 主梁与腹板组成的工字梁，在承受强度特性的时候，如弯矩作用，只考虑主梁受力忽略腹板受力。

(5) 主梁结构不考虑工艺错层，简化梯形铺层形式为矩形，引入一定误差。

(6) 工字梁结构上下对称，惯性轴在中间，而真实的叶片结构受压面和受拉面沿着惯性主轴不对称。

(7) 叶片主梁结构为带有一定曲率的弧形梁，而工字梁为矩形梁结构，由弧形梁转为矩形梁会引入惯性矩的偏差。

(8) 叶片剖面本身是多闭室结构，简化为工字梁结构后，从剪力流分布的角度无尾缘闭室、无前缘闭室。结合单腹板结构，整个工字梁结构不能代表叶片剖面剪力流。

(9) 工字梁结构中不考虑前缘、尾缘等结构件对扭转的影响。

(10) 工字梁基于平面假设，同时满足变形协调条件。

针对叶片剖面逐级简化为工字梁模型的过程，分成 4 个模型来分析，见表 7-5。每种分析模型，在叶片剖面载荷、加载形式、材料属性等都不变更的情况下，四种模型的最外蒙皮层的应力云图见表 7-6。

表 7-5　四种分析模型

模型	描述	图示
A	全模型	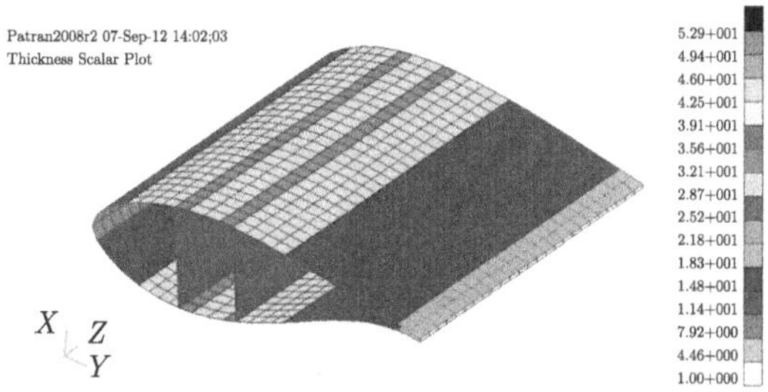

续表

<table>
<tr><th>模型</th><th>描述</th><th>图示</th></tr>
<tr><td>B</td><td>去掉尾缘梁、尾缘夹芯和尾缘闭口</td><td>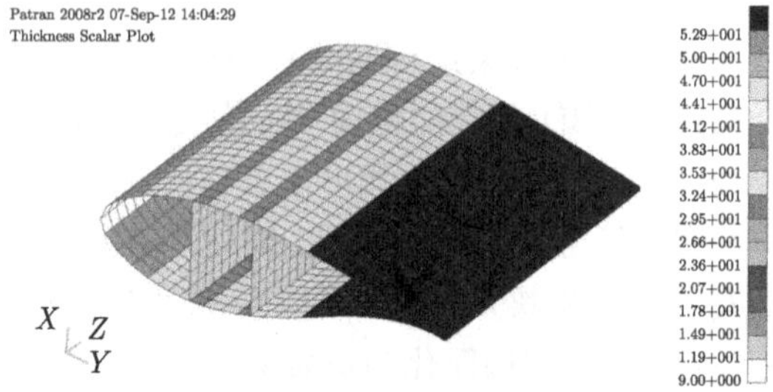
</td></tr>
<tr><td>C</td><td>在B的基础上，去掉前缘夹芯和前缘胶接段</td><td>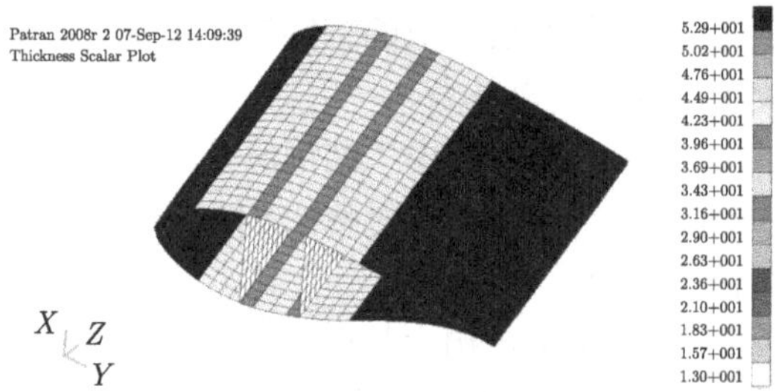
</td></tr>
<tr><td>D</td><td>在C的基础上，双腹板变单腹板，变成只包含主梁、单腹板及单腹板胶接段的工字梁结构</td><td>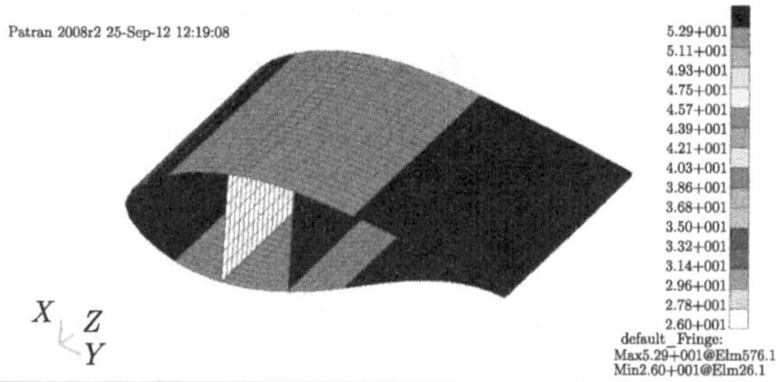
</td></tr>
</table>

表 7-6　各模型计算云图

<table>
<tr><th>模型</th><th>计算云图</th><th>模型</th><th>计算云图</th></tr>
<tr><td>A</td><td>
</td><td>C</td><td>
</td></tr>
<tr><td>B</td><td>
</td><td>D</td><td>
</td></tr>
</table>

每种模型的计算，以主梁中心单元和腹板中段最外层的蒙皮单元作为分析对象，如图 7-12 所示，对比分析不同模型下正应力与剪应力的误差范围。

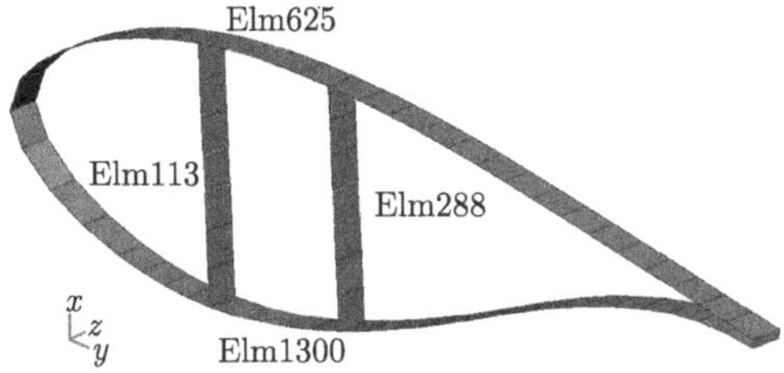

图 7-12　叶片剖面分析单元编号

根据表 7-7 的纤维方向正应力的计算结果，可以看出主梁段的正应力在各模型间变化很小。由于 B、C、D 模型相比 A 模型进行了一定程度的模型简化，因此影响了叶片剖面的总体刚度，引入正应力计算的偏差，但这些偏差的影响很小，因此将叶片剖面简化为工字梁模型进行正应力的计算与分析是可行的。

表 7-7　各模型计算云图结果汇总

单元编号	铺层	纤维方向正应力对比				面内剪切应力			
		A	B	C	D	A	B	C	D
1300	主梁 UD	1.00	1.01	1.02	1.02	—	—	—	—
625	主梁 UD	1.00	1.01	1.00	1.02	—	—	—	—
288	BX+45	—	—	—	—	1.00	2.08	2.11	—
113	BX+45	—	—	—	—	1.00	0.71	0.69	0.70

根据面内剪切应力的计算结果可以看出，腹板段外蒙皮的面内剪切应力在 B、C、D 模型间变化较小，而由 A 模型去掉尾缘闭室，对整个剖面的剪力流影响很大，改变了整个闭室结构的剪力流分布，直接影响叶片剖面的剪应力。因此，叶片剖面简化为工字梁模型后对整个剖面剪力流影响很大，直接影响抗剪腹板的剪应力，需要开发新的方法进行叶片剖面的剪应力计算。

一维方法可以快速地实现叶片主梁的强度验证，同时可以加深工程师对叶片弯矩作用下的正应力校核、刚度分析的理解，针对非叶片结构专业领域的工程师可实现快速入门。尤其在叶片生产现场，需要对叶片主梁进行变更及铺层调整情况下，快速地给出变更前后的强度对比，以便现场工程问题的解决。

7.8　一维方法应用拓展

1. 将叶片结构分析用于气弹分析

针对风力机初步设计阶段，可引入静气动弹性的影响，采用叶素-动量理论计算气动力，叶片结构形式即为一维梁理论计算结构变形，如图 7-13 所示，建立风力机叶片静气动弹性耦合方程，可分析弹性变形对叶片气动设计的影响，以及载荷重新分布对叶片结构设计的影响 [17]。

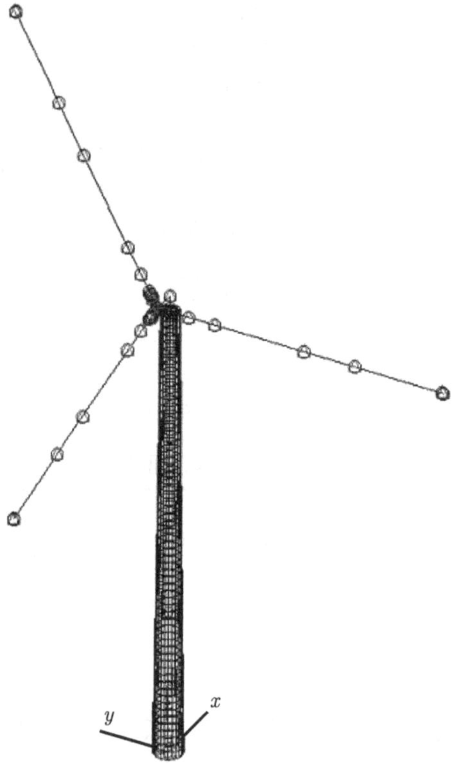

图 7-13　风力机叶片梁结构模型

2. 将叶片结构分析用于传动链动力学分析

在传动链动力学分析的过程中，常常需要对叶片进行建模以了解叶片对整个系统动力学的影响，叶片通常采用梁结构的方法，但在建模的过程中，需要特别注意叶片的扭心和弯心的问题。

第8章　二 维 方 法

叶片二维结构校核方法，主要为薄壁翼型结构校核的工程方法和二维等截面有限元校核，其目的主要是快速给出满足技术要求的铺层形式。叶片二维结构校核的流程如图 8-1 所示。

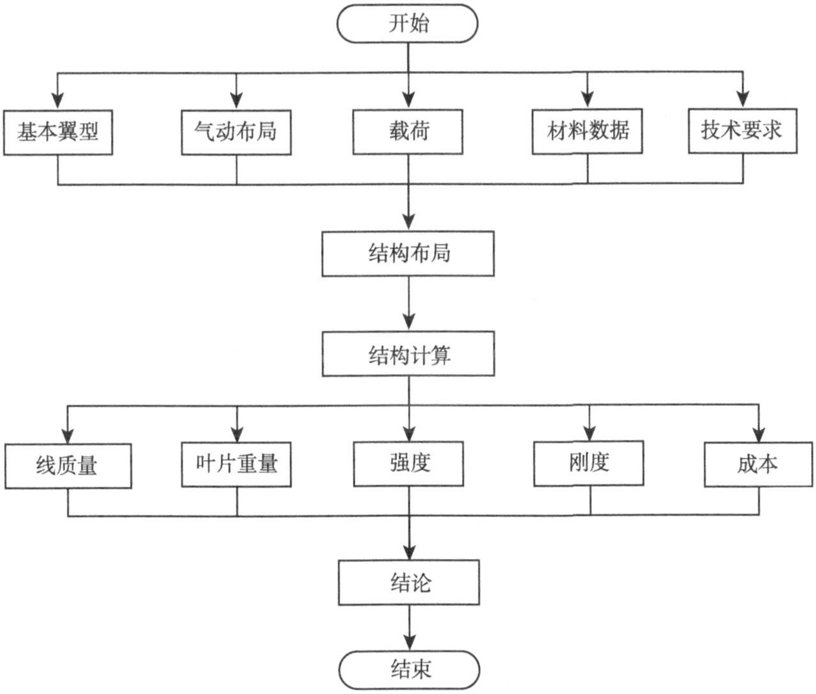

图 8-1　二维结构校核流程

风力机叶片的结构校核大多是在叶片气动设计和结构设计完成之后开始的，它的主要任务是根据叶片铺层设计结果，并结合载荷和材料特性校核叶片强度、刚度、重量和频率等，根据校核的结果判断是否满足叶片技术要求。如不满足，调整叶片铺层设计，直到最终得到符合结构设计要求的铺层形式。由于一维工程梁设计概念是按照经典理论进行计算，所做的简化过多，一定程度上影响叶片的设计质量。本章节主要介绍薄壁翼型的正应力计算原理和多闭室剖面剪力流的计算方法，并根据此方法编译出一套工程算法，实现快速进行叶片的二维结构校核。

8.1 叶片强度计算

8.1.1 薄壁翼型正应力计算

叶片是薄壁结构，蒙皮较厚，但长宽与铺层厚度的比值仍远大于 10，故可采用薄壁杆件结构力学为结构设计理论基础。由于叶片各剖面的铺层相比于翼型厚度很薄，因此可以将叶片各剖面看做薄壁翼型，假设铺层中的正应力和剪应力沿其厚度均匀分布 [18]。

1. 基本假设

(1) 矩形单元假设：叶片各剖面为翼型截面，翼型的样条曲线难以通过函数表达，故无法通过积分算法得到叶片剖面的固有特性，需应用划分单元的方法模拟函数积分算法。本工程算法采用矩形法划分单元，增大了计算面积，如图 8-2 所示，减小叶片各剖面的最大应力，使铺层设计偏于保守。

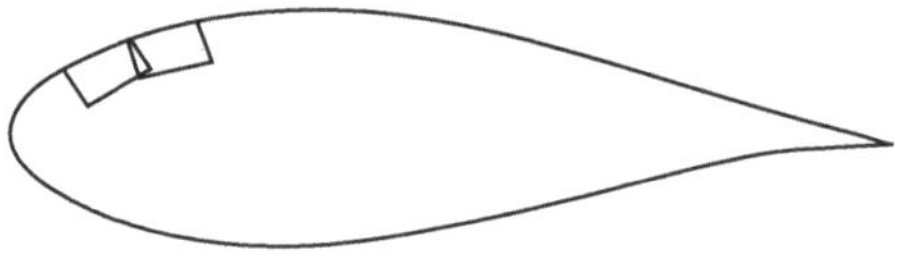

图 8-2　矩形单元计算模型

(2) 剖面无畸变假设：大型风力机叶片结构在受载荷作用发生变形时，横剖面在自身平面上的投影保持不变，但横剖面沿纵轴方向可以自由翘曲。为了保持横剖面的形状，大型风力机叶片在沿叶片展长方向设有腹板加强梁，而该假设在小变形情况下是符合实际情况的。

(3) 材料各向同性假设：复合材料已广泛应用于大型风力机叶片中，但复合材料的各向异性特性和层合特性使得结构分析和强度计算复杂化。为简化计算，该工程算法假定材料是各向同性的。

(4) 线应变假设：假设叶片剖面上线应变符合平面分布规律，则可表示为

$$\varepsilon = ax + by + c \tag{8-1}$$

其中，x，y 为叶片剖面上各点位置的坐标；a，b，c 为待定系数。

综上，综合考虑所有基本假设的影响，该工程算法中的简化模型与风力机叶片真实样片比较存在一定误差，但这可在应用工程算法设计风力机叶片铺层形式时通过模型安全系数对其进行有效的修正。

2. 薄壁杆件正应力计算

1) 叶片铺层矩形单元

翼型蒙皮的铺层计算，采用的矩形单元如图 8-3 所示。矩形单元的两个顶点为翼型的坐标点，其他两个顶点为计算铺层引入的单元的特征点。铺层 2 是在蒙皮铺层以下，矩形单元 $BAMN$ 的特征点中的两个顶点 (B, A) 同为蒙皮铺层的矩形单元 $ABCD$ 的两个特征点 (B, A)。同理，铺层 N 的矩形单元如同铺层 2 矩形单元的方法一致。图中 h_1 为蒙皮铺层的厚度；h_2 为铺层 2 的铺层厚度。

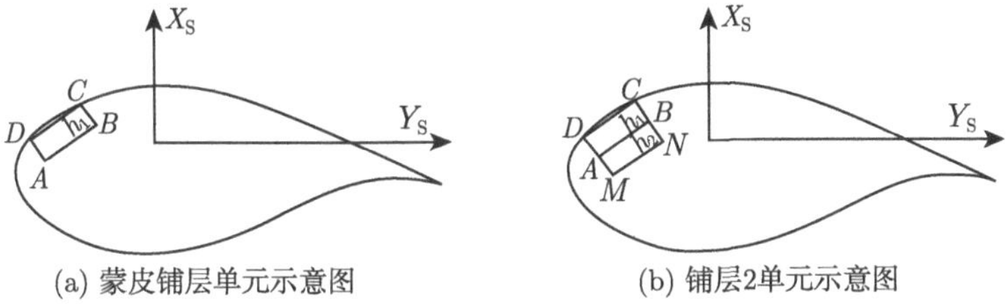

图 8-3　矩形法划分蒙皮单元

2) 矩形单元固有特性计算

由矩形法，如图 8-4 划分蒙皮单元，为方便矩形单元的计算，引入角 θ。

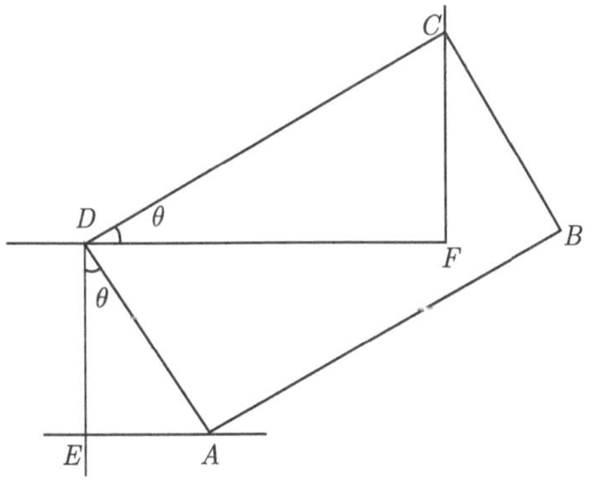

图 8-4　矩形单元示意图

矩形 $ABCD$ 顶点坐标为 $D(X_S[i], Y_S[i])$，$C(X_S[i+1], Y_S[i+1])$，$A(X'[i], Y'[i])$，$B(X'[i+1], Y'[i+1])$，由已知的翼型坐标点 D、C 两点坐标，很容易求出 A、B 两点的坐标。计算矩形单元在翼型坐标系下的固有特性。

矩形单元的面积：

$$A[i] = |\Delta| \times h_1 \tag{8-2}$$

$|\Delta|$ 为矩形单元 DC(或 AB) 的边长。

一阶惯性矩：

$$
\begin{aligned}
S_{Y_{\mathrm{S}}}[i] &= A[i] \times (X_{\mathrm{S}}[i] + X'[i+1])/2 \\
S_{X_{\mathrm{S}}}[i] &= A[i] \times (Y_{\mathrm{S}}[i] + Y'[i+1])/2
\end{aligned}
\tag{8-3}
$$

二阶惯性矩：翼型坐标系 O_{S} 相当于矩形单元在形心坐标系下先绕 OC 原点顺时针旋转 θ，再平移后得到的。由转轴公式和移轴公式得

$$
I_{X_{\mathrm{S}}X_{\mathrm{S}}}[i] = I_{X_1} + A[i]\left(\frac{Y_S[i] + Y'[i+1]}{2}\right)^2 \tag{8-4}
$$

其中

$$
I_{X_1} = \frac{I_{Y_{\mathrm{C}}} + I_{X_{\mathrm{C}}}}{2} - \frac{I_{Y_{\mathrm{C}}} - I_{X_{\mathrm{C}}}}{2}\cos 2(-\theta) + I_{X_{\mathrm{C}}Y_{\mathrm{C}}}\sin 2(-\theta)
$$

$$
I_{Y_{\mathrm{S}}Y_{\mathrm{S}}}[i] = I_{Y_1} + A[i]\left(\frac{X_S[i] + X'[i+1]}{2}\right)^2 \tag{8-5}
$$

其中

$$
I_{Y_1} = \frac{I_{Y_{\mathrm{C}}} + I_{X_{\mathrm{C}}}}{2} + \frac{I_{Y_{\mathrm{C}}} - I_{X_{\mathrm{C}}}}{2}\cos 2(-\theta) - I_{X_{\mathrm{C}}Y_{\mathrm{C}}}\sin 2(-\theta)
$$

$I_{Y_{\mathrm{C}}}, I_{X_{\mathrm{C}}}, I_{X_{\mathrm{C}}Y_{\mathrm{C}}}$ 为矩形单元在形心坐标系下的固有特性。

二阶惯性积：

$$
\begin{aligned}
I_{X_{\mathrm{S}}Y_{\mathrm{S}}}[i] = &\frac{I_{Y_{\mathrm{C}}} - I_{X_{\mathrm{C}}}}{2}\sin 2(-\theta) + I_{X_{\mathrm{C}}Y_{\mathrm{C}}}\cos 2(-\theta) \\
&+ \frac{X_S[i] + X'[i+1]}{2}\,\frac{Y_S[i] + Y'[i+1]}{2}A[i]
\end{aligned}
\tag{8-6}
$$

3) 铺层固有特性

假设各铺层划分为 N 个矩形单元，每个矩形单元加权求和，计算出蒙皮铺层材料的固有特性。

蒙皮铺层面积：

$$
A = \sum_{i=1}^{N} A[i] \tag{8-7}
$$

蒙皮铺层惯性矩：

$$
S_{Y_{\mathrm{S}}} = \sum_{i=1}^{N} S_{Y_{\mathrm{S}}}[i], \quad S_{X_{\mathrm{S}}} = \sum_{i=1}^{N} S_{X_{\mathrm{S}}}[i] \tag{8-8}
$$

蒙皮铺层二阶惯性矩：

$$
I_{X_{\mathrm{S}}X_{\mathrm{S}}} = \sum_{i=1}^{N} I_{X_{\mathrm{S}}X_{\mathrm{S}}}[i], \quad I_{Y_{\mathrm{S}}Y_{\mathrm{S}}} = \sum_{i=1}^{N} I_{Y_{\mathrm{S}}Y_{\mathrm{S}}}[i] \tag{8-9}
$$

蒙皮铺层二阶惯性积：

$$I_{X_\mathrm{S}Y_\mathrm{S}}=\sum_{i=1}^{N}I_{X_\mathrm{S}Y_\mathrm{S}}[i] \tag{8-10}$$

4) 薄壁翼型的固有特性

叶片的每一个截面包含多个铺层，每个铺层对应的材料不同，铺层厚度是也不同的。要想得到每一个薄壁翼型固有特性，需对各个铺层材料加权求和。

薄壁翼型固有特性：

$$EA=\sum(E_jA_j),\quad ES_{X_\mathrm{S}}=\sum(E_jS_{X_\mathrm{S}j}),\quad ES_{Y_\mathrm{S}}=\sum(E_jS_{Y_\mathrm{S}j}) \tag{8-11}$$

其中，j 为不同铺层的材料；E_j 为 j 材料的弹性模量。

薄壁翼型线质量：

$$\rho A=\sum(\rho_jA_j) \tag{8-12}$$

其中，ρ_j 为 j 材料的密度。

薄壁翼型的刚度：

$$EI_{X_\mathrm{S}X_\mathrm{S}}=\sum(E_jI_{X_\mathrm{S}X_\mathrm{S}j}),\quad EI_{Y_\mathrm{S}Y_\mathrm{S}}=\sum(E_jI_{Y_\mathrm{S}Y_\mathrm{S}j}),\quad EI_{X_\mathrm{S}Y_\mathrm{S}}=\sum(E_jI_{X_\mathrm{S}Y_\mathrm{S}j}) \tag{8-13}$$

薄壁翼型的重心：

$$X_M=\rho S_{Y_\mathrm{S}}/\rho A,\quad Y_M=\rho S_{X_\mathrm{S}}/\rho A \tag{8-14}$$

薄壁翼型的形心：

$$X_C=ES_{Y_\mathrm{S}}/EA,\quad Y_C=ES_{X_\mathrm{S}}/EA \tag{8-15}$$

薄壁翼型形心坐标系下的刚度：

$$\begin{aligned}&EI_{X_\mathrm{C}X_\mathrm{C}}=EI_{X_\mathrm{S}X_\mathrm{S}}-EA\times Y_C^2,\quad EI_{Y_\mathrm{C}Y_\mathrm{C}}=EI_{Y_\mathrm{S}Y_\mathrm{S}}-EA\times X_C^2,\\&EI_{X_\mathrm{C}Y_\mathrm{C}}=EI_{X_\mathrm{S}Y_\mathrm{S}}-EA\times X_CY_C\end{aligned} \tag{8-16}$$

5) 薄壁翼型正应力计算方法

根据线应变平面分布规律的假设和叶片剖面无畸变的假设，风力机叶片剖面上任一点的正应力可以表示为

$$\sigma_{Z_\mathrm{S}}=E\varepsilon_{Z_\mathrm{S}}=E\left(\varepsilon_0+Y_S\frac{1}{\rho_{X_\mathrm{S}}}-X_S\frac{1}{\rho_{Y_\mathrm{S}}}\right) \tag{8-17}$$

其中，X_S 和 Y_S 为叶片剖面各点坐标。E 为叶片剖面的弹性模量；ε_0，$\dfrac{1}{\rho_{X_\mathrm{S}}}$，$\dfrac{1}{\rho_{Y_\mathrm{S}}}$ 为待定系数，可由剖面上的静力平衡条件确定。

根据叶片剖面摆振力矩 M_{X_S}、挥舞力矩 M_{Y_S} 和径向力 F_{Z_S} 的合内力关系，沿整个剖面全部承受正应力的面积进行积分，得到 Z 方向的轴向力为

$$\begin{aligned}F_{Z_S}&=\int_A\sigma_{Z_S}\mathrm{d}A=E\int_A\varepsilon_0\mathrm{d}A+E\int_A Y_S\frac{1}{\rho_{X_S}}\mathrm{d}A-E\int_A X_S\frac{1}{\rho_{Y_S}}\mathrm{d}A\\&=\varepsilon_0EA+\frac{1}{\rho_{X_S}}ES_{X_S}-\frac{1}{\rho_{Y_S}}ES_{Y_S}\end{aligned}\tag{8-18}$$

绕 X_S 轴和 Y_S 轴回转的弯矩为

$$\begin{aligned}M_{X_S}&=\int_A\sigma_{Z_S}Y_S\mathrm{d}A=E\int_A\varepsilon_0Y_S\mathrm{d}A+E\int_A Y_S\frac{1}{\rho_{X_S}}Y_S\mathrm{d}A\\&\quad-E\int_A X_S\frac{1}{\rho_{Y_S}}Y_S\mathrm{d}A\\&=\varepsilon_0ES_{X_S}+\frac{1}{\rho_{X_S}}EI_{X_SX_S}-\frac{1}{\rho_{Y_S}}EI_{X_SY_S}\end{aligned}\tag{8-19}$$

$$\begin{aligned}M_{Y_S}&=-\int_A\sigma_{Z_S}X_S\mathrm{d}A=-E\int_A\varepsilon_0X_S\mathrm{d}A-E\int_A Y_S\frac{1}{\rho_{X_S}}X_S\mathrm{d}A\\&\quad+E\int_A X_S\frac{1}{\rho_{Y_S}}X_S\mathrm{d}A\\&=-\varepsilon_0ES_{Y_S}-\frac{1}{\rho_{X_S}}EI_{X_SY_S}+\frac{1}{\rho_{Y_S}}EI_{Y_SY_S}\end{aligned}\tag{8-20}$$

可表示为

$$\begin{aligned}F_{Z_S}&=\varepsilon_0EA+\frac{1}{\rho_{X_S}}ES_{X_S}-\frac{1}{\rho_{Y_S}}ES_{Y_S}\\M_{X_S}&=\varepsilon_0ES_{X_S}+\frac{1}{\rho_{X_S}}EI_{X_SX_S}-\frac{1}{\rho_{Y_S}}EI_{X_SY_S}\\M_{Y_S}&=-\varepsilon_0ES_{Y_S}-\frac{1}{\rho_{X_S}}EI_{X_SY_S}+\frac{1}{\rho_{Y_S}}EI_{Y_SY_S}\end{aligned}\tag{8-21}$$

即

$$\begin{bmatrix}\varepsilon_0\\1/\rho_{X_S}\\1/\rho_{Y_S}\end{bmatrix}=\begin{bmatrix}EA&ES_{X_S}&-ES_{Y_S}\\ES_{X_S}&EI_{X_SX_S}&-EI_{X_SY_S}\\-ES_{Y_S}&-EI_{X_SY_S}&EI_{Y_SY_S}\end{bmatrix}^{-1}\begin{bmatrix}F_Z\\M_{xs}\\M_{ys}\end{bmatrix}\tag{8-22}$$

6) 薄壁翼型拉伸应力和压缩应力

取矩形单元的四个顶点的最大应变作为矩形单元的应变，对于同一种铺层而言，把这种铺层材料的所有矩形单元的最大应变，作为这种铺层材料的应变 ε_j。每个铺层的最大拉应变为 $\max\varepsilon_j$，最大拉应力为 $E_j\max\varepsilon_j$，各铺层最大拉应力的最大值为叶片截面的拉应力 σ_t；每个铺层的最大压应变为 $\min\varepsilon_j$，最大压应力为 $E_j\min\varepsilon_j$，各铺层最大压应力的绝对值的最大值为叶片截面的压应力 σ_c。

7) 薄壁翼型安全系数

每个铺层的拉安全系数为 $[\sigma_\mathrm{t}]/(E_j \max \varepsilon_j)$，叶片截面的拉伸安全系数为各铺层拉安全系数的最小值；每个铺层的压安全系数为 $-[\sigma_\mathrm{c}]/(E_j \min \varepsilon_j)$，叶片截面的压缩安全系数为各铺层压安全系数的最小值。叶片截面的安全系数，为拉伸安全系数与压缩安全系数的最小值。

8.1.2 薄壁翼型剪应力计算

根据多闭室剖面剪力流的理论，薄壁翼型剪应力校核的基本流程如图 8-5 所示。

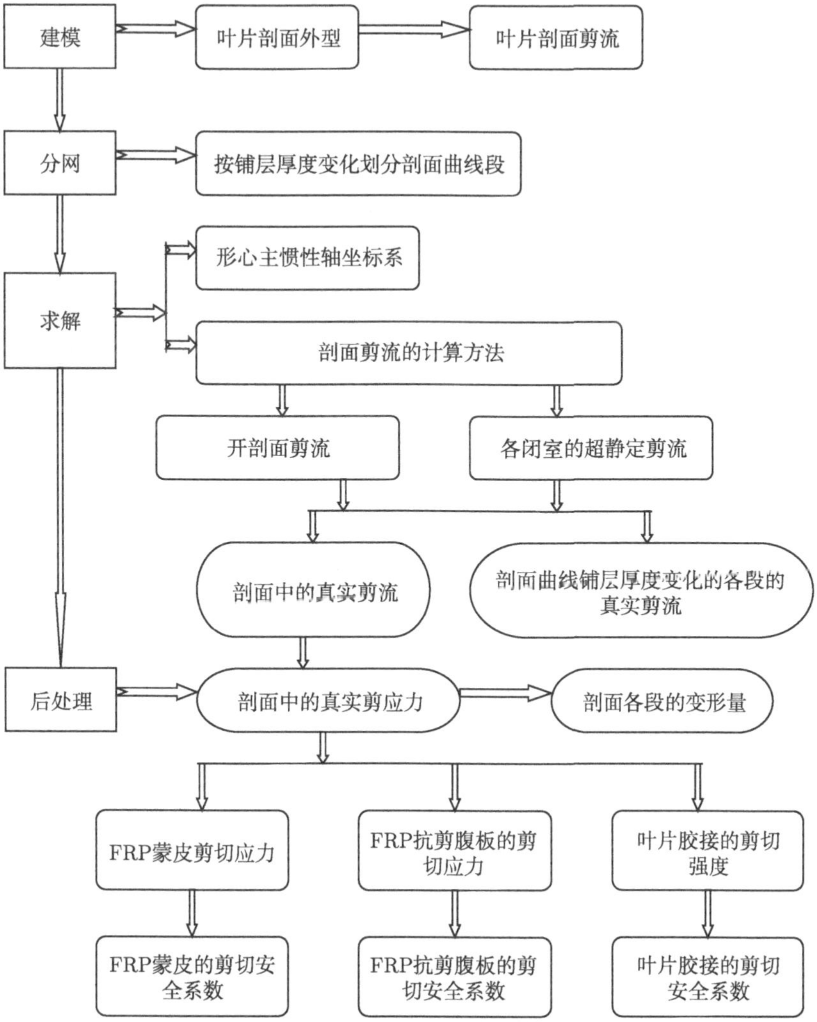

图 8-5　剪应力校核流程

由于薄壁很薄，可以假设薄壁中的剪应力沿其厚度均匀分布 [18]。并用剪力流 q 表示剪应力 τ，且有 $q=\tau t$，t 为薄壁的厚度。由 $(N-1)$ 个腹板组成的 N 个闭室的叶片开剖面剪力流，各闭室剪力流如图 8-6 所示。$(N-1)$ 个腹板的叶片剖面划分为 N 个闭室。每个闭室根据不同材料的铺层厚度的变化点划分曲线段。将叶片剖面分成 M 段曲线段，进行分段求解。求解叶片剖面的剪应力，要在形心主轴坐标系下求解。因为计算开剖面弯曲引起的剪力流时，在形心主轴坐标系下，自由边处的静矩 $S_{X_\mathrm{C}}, S_{Y_\mathrm{C}}$ 必然为 0。故自由边上的剪力流也必然为 0。

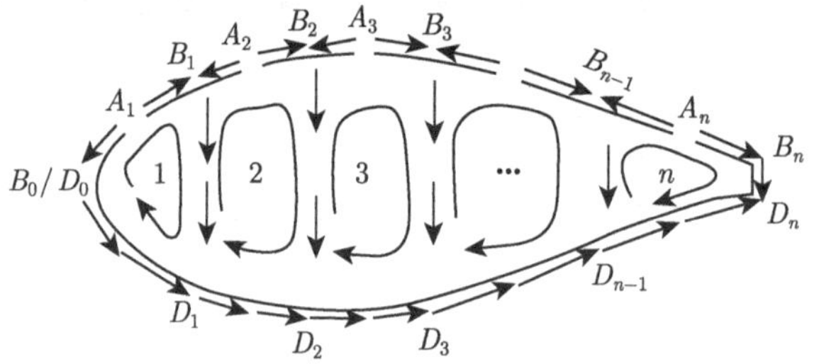

图 8-6　叶片剖面各闭室开剖面剪力流

对于多闭室剖面中的剪力流 q，$N-1(N\geqslant 1)$ 个腹板组成的 N 个闭室的剖面系统有 $(N-1)$ 度静不定。仅用平衡方程是不够的，还必须补充 $(N-1)$ 个变形协调条件。为计算方便，在计算多闭室剖面中的剪力流时，我们把每个闭室同时都沿纵向切开，形成开剖面系统。即将计算多闭室剖面的剪力流，转化为开剖面系统的剪力流 $\tilde{q}$(图 8-7) 和 N 个闭室的未知剪力流 q_{0i}(图 8-8) 的问题。开剖面系统，开口位置可以任意取。不同的开口位置，对开口剖面剪力流 $\tilde{q}$ 和各闭室周线剪力流 q_{0i} 的大小都有影响。但对合成剪力流 q 无影响。设想在各切口处分别是加剪力流 $q_{01}, q_{02}, q_{03}, \cdots, q_{0n}$，为顺时针方向。由剪应力成对定理，剖面上各闭室周线上也将产生相应的剪力流。

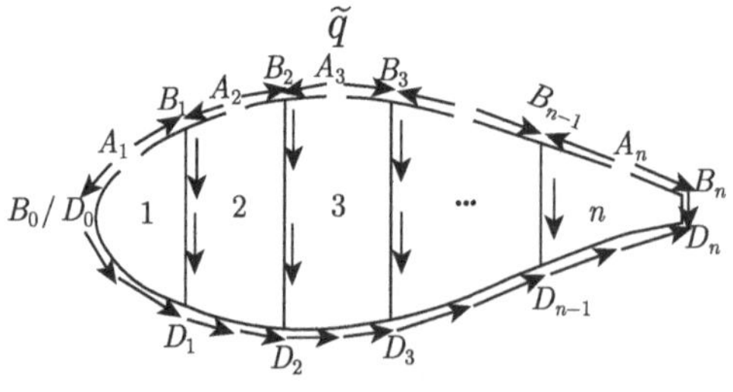

图 8-7　叶片开剖面剪力流

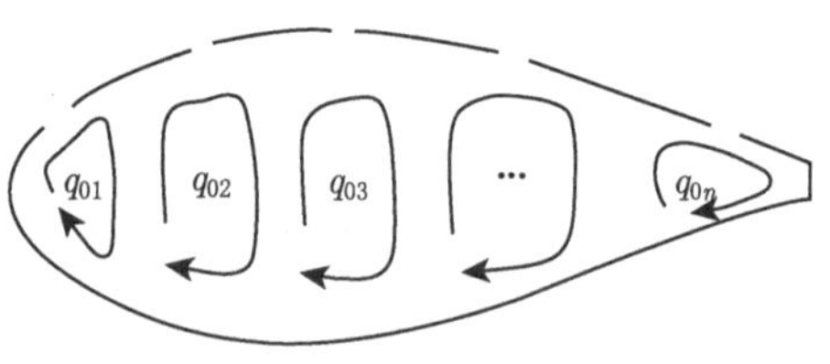

图 8-8　各闭室周线上的剪力流

多闭室剖面中的剪力流 q，等于 $\tilde{q}$, q_{01}, q_{02}, $q_{03}, \cdots, q_{0n}$ 相应叠加。故，剪力流公式可表示：

$$q=\tilde{q}+q_{01}+q_{02}+q_{03}+\cdots+q_{0n} \tag{8-23}$$

其中，认为在闭室 1 中，$q_{02}=q_{03}=\cdots=q_{0n}=0$；在闭室 2 中，$q_{01}=q_{03}=\cdots=q_{0n}=0$；在闭室 N 中，$q_{01}=q_{03}=\cdots=q_{0n-1}=0$。

1. 开剖面剪力流 $\tilde{q}$

叶片截面挥舞摆振坐标系下，作用在叶片剖面上的 F_e, F_f 起剪力的作用。将 N 闭室的每个闭室都沿纵向切开，形成开剖面系统。在形心主惯性轴下，开剖面系统的剪力流 $\tilde{q}$ 为

$$\tilde{q}=\frac{F_e}{I_{XX}}S_X+\frac{F_f}{I_{YY}}S_Y \tag{8-24}$$

其中，$S_X=\int_0^s Yt\mathrm{d}s$，从自由边算起到所求剪力流 s 处为止，受正应力的面积对形心主轴 X 轴的静矩；$S_Y=\int_0^s Xt\mathrm{d}s$，从自由边算起到所求剪力流 s 处为止，受正应力的面积对形心主轴 Y 轴的静矩。

由计算开剖面剪力流的公式可得，剪力流 $\tilde{q}$ 与剪力 F_e, F_f 有关，而与弯矩无关。腹板剪力流，类比工字梁的计算方法。可知，腹板 B_i 点的剪力流，为 A_iB_i 段剪力流在 B_i 点的剪力流值与 $A_{i+1}B_i$ 段剪力流在 B_i 点的剪力流之和，作为腹板 B_iD_i 段剪力流的初值。剖面各闭室曲线段的静定剪力流见表 8-1。

表 8-1　剖面各曲线段静定剪力流

曲线段	默认正方向	静定剪力流
$\widehat{A_iB_i}$	$A_i\to B_i$	$\tilde{q}_{A_iB_i}$
$\widehat{B_iD_i}$	$B_i\to D_i$	$\tilde{q}_{B_iD_i}$
$\widehat{A_iB_{i-1}}$	$A_i\to B_{i-1}$	$\tilde{q}_{A_iB_{i-1}}$
$\widehat{B_{i-1}D_{i-1}}$	$B_{i-1}\to D_{i-1}$	$\tilde{q}_{B_{i-1}D_{i-1}}$
$\widehat{D_{i-1}D_i}$	$D_{i-1}\to D_i$	$\tilde{q}_{D_{i-1}D_i}$

2. 各闭室周线的剪力流 q_{0i}

剪力流 q 应与外载相平衡，而求 $\tilde{q}$ 时只满足了与剪力 F_e, F_f 的平衡方程，所以 q 还应满足力矩平衡方程。取剖面上的叶片截面坐标系的坐标原点 O_S 为力矩中心。因力矩中心取在 O_S 点，即为剪力 F_e, F_f 的作用点。故，剪力对力矩中心产生的附加弯矩为 0，对剖面的力矩即为 M_Z：

$$M_Z=\int_s q\rho\mathrm{d}s \tag{8-25}$$

将多闭室剪力流 q 的公式代入，得

$$M_Z=\int_s \tilde{q}\rho\mathrm{d}s+\Omega_1q_{01}+\Omega_2q_{02}+\Omega_3q_{03}+\cdots+\Omega_nq_{0n} \tag{8-26}$$

其中，ρ 表示剖面周线上的剪力流到力矩中心的垂直距离，如图 8-9 所示；$\int_s$ 表示沿整个剖面周线积分；Ω 即为 $\oint \rho \mathrm{d}s$，正好等于闭合周线所围面积的 2 倍；Ω_i 为闭室 i 周线所围面积的 2 倍。

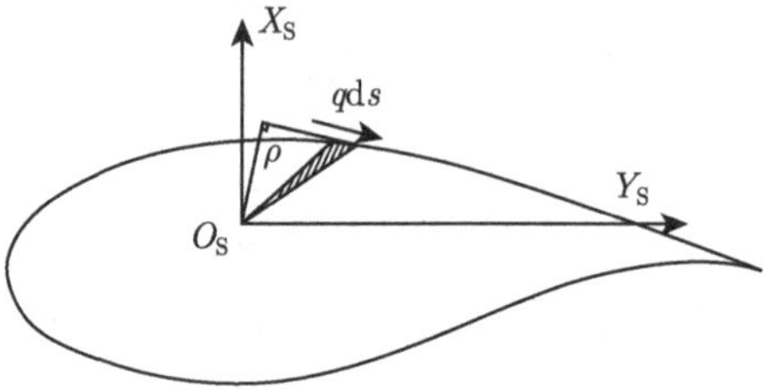

图 8-9　ρ 的示意图

切口处满足变形协调条件。设各闭室的相对扭角为 θ_i，整个剖面的相对扭角为 θ。则各闭室的相对扭角必相等，且都等于整个剖面的相对扭角，此即为变形协调条件：

$$\theta_i = \theta, \quad i = 1, 2, \cdots, n \tag{8-27}$$

具体计算各闭室的相对扭角时，应注意相邻闭室的腹板中的剪力流，为避免发生错误，常将多闭室分解为单闭室，如图 8-10 所示。

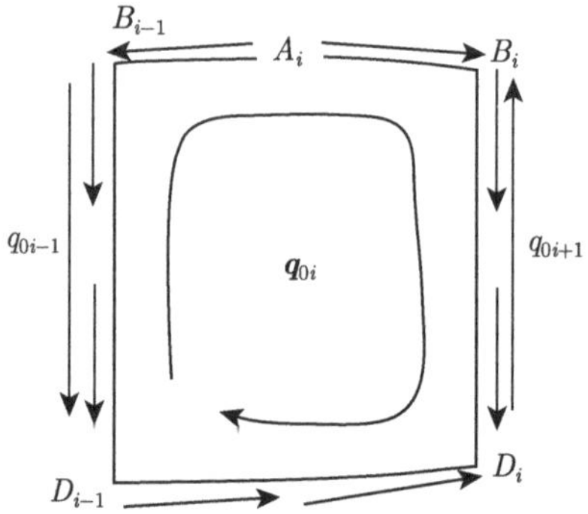

图 8-10　闭室 i 的剪力流形式

各闭室的相对扭角为

$$\theta = \theta_1 = \frac{1}{\Omega_1}\oint_1 \frac{q}{Gt}\mathrm{d}s = \frac{1}{\Omega_1}\left[\oint_1 \frac{\tilde{q}}{Gt}\mathrm{d}s + q_{01}\oint_1 \frac{\mathrm{d}s}{Gt} - q_{02}\oint_{1-2} \frac{\mathrm{d}s}{Gt}\right]$$

$$\theta = \theta_2 = \frac{1}{\Omega_2}\oint_2 \frac{q}{Gt}\mathrm{d}s = \frac{1}{\Omega_2}\left[\oint_2 \frac{\tilde{q}}{Gt}\mathrm{d}s - q_{01}\oint_{1-2} \frac{\mathrm{d}s}{Gt} + q_{02}\oint_2 \frac{\mathrm{d}s}{Gt} - q_{03}\oint_{2-3} \frac{\mathrm{d}s}{Gt}\right]$$

……

$$\theta=\theta_i=\frac{1}{\Omega_i}\oint\limits_{i}\frac{q}{Gt}\mathrm{d}s=\frac{1}{\Omega_i}\left[\oint\limits_{i}\frac{\tilde{q}}{Gt}\mathrm{d}s-q_{0i\text{-}1}\oint\limits_{(i-1)-i}\frac{\mathrm{d}s}{Gt}+q_{0i}\oint\limits_{i}\frac{\mathrm{d}s}{Gt}-q_{0i+1}\oint\limits_{i-(i+1)}\frac{\mathrm{d}s}{Gt}\right]$$

……

$$\theta=\theta_n=\frac{1}{\Omega_n}\oint\limits_{n}\frac{q}{Gt}\mathrm{d}s=\frac{1}{\Omega_n}\left[\oint\limits_{n}\frac{\tilde{q}}{Gt}\mathrm{d}s-q_{0n-1}\oint\limits_{(n-1)-n}\frac{\mathrm{d}s}{Gt}+q_{0n}\oint\limits_{n}\frac{\mathrm{d}s}{Gt}\right]$$

(8-28)

对于每一个闭室求相对扭角时，应沿着各闭室剖面静定剪力流划分的各曲线段进行分段积分。由各闭室的变形协调方程和多闭室剪力流 q 的力矩平衡方程，可求出三个闭室的剪力流 q_{01},q_{02},q_{03}，同时还可以求出剖面的相对扭角 θ。

3. 剖面的剪力流 q

多闭室剖面中的剪力流 q，应等于 $\tilde{q}$, q_{01}, q_{02}, q_{03}, $\cdots$, q_{0n} 相应叠加。故剪力流公式可表示为

$$q=\tilde{q}+q_{01}+q_{02}+q_{03}+\cdots+q_{0n} \tag{8-29}$$

4. 多种材料层合结构的折算剪力流 q

由于薄壁杆件的剖面剪力流计算方法是基于单层材料展开分析和计算的，而大型风力机叶片的薄壳方向均为多种材料的层合结构，因此应针对薄壁厚度 t 采用缩减系数法进行等效，并统一等效为蒙皮材料。在薄壁假设情况下，同一位置不同铺层材料的剪应变是相等的，因此等效系数为

$$\varphi_i=\frac{G_i\gamma_i}{G\gamma_i}=\frac{G_i}{G} \tag{8-30}$$

其中，G 为蒙皮的剪切模量；G_i 为等效层的剪切模量。由此得到每种材料铺层的等效厚度为

$$t_i^{'}=\varphi_i t_i=G_i t_i/G \tag{8-31}$$

其中，t_i 为等效层原始厚度。则多种材料组成的铺层结构的总厚度 t 计算如下：

$$t=\sum t_i^{'}=\sum G_i t_i/G \tag{8-32}$$

经过上述等效之后便得到了仅由蒙皮构成的双闭室，利用 8.1.2 节中理论算法即可求出开剖面剪力流 $\tilde{q}$ 和闭室剪力流 q_1、q_2。最终由 $\tilde{q}$、q_1、q_2 叠加得到剖面各曲线段的剪力流，见表 8-2。

表 8-2　闭室 i 的剪力流形式

曲线段	默认正方向	静定剪力流
$\overset{\frown}{A_iB_i}$	$A_i \to B_i$	$\tilde{q}_{A_iB_i} + q_{0i}$
$\overset{\frown}{B_iD_i}$	$B_i \to D_i$	$\tilde{q}_{B_iD_i} + q_{0i} - q_{0i+1}$
$\overset{\frown}{A_iB_{i-1}}$	$A_i \to B_{i-1}$	$\tilde{q}_{A_iB_{i-1}} - q_{0i}$
$\overset{\frown}{B_{i-1}D_{i-1}}$	$B_{i-1} \to D_{i-1}$	$\tilde{q}_{B_{i-1}D_{i-1}} - q_{0i} + q_{0i-1}$
$\overset{\frown}{D_{i-1}D_i}$	$D_{i-1} \to D_i$	$\tilde{q}_{D_{i-1}D_i} - q_{0i}$

计算得到剖面的剪力流 q 之后，得到第 i 层铺层的剪力流分配：

$$q_i = \frac{t_i^{'}}{t}q = \frac{G_it_i/G}{\sum G_it_i/G}q = \frac{G_it_i}{\sum G_it_i}q \tag{8-33}$$

最后可由剪应力计算公式 $\tau_i = q_i/t_i$，得到各铺层材料的面内剪应力为

$$\tau_i = \frac{q_i}{t_i} = \frac{G_it_i}{\sum G_it_i}q \times \frac{1}{t_i} = \frac{G_iq}{\sum G_it_i} \tag{8-34}$$

5. 叶片剖面的剪切应力

由剖面各曲线段的剪力流，可得剖面的剪应力为

$$\tau = \frac{q}{t} \tag{8-35}$$

不同曲线段，对应不同的剪力流和不同的材料铺层厚度。材料的铺层厚度，视夹层板与夹芯结构而定。由剪应力与应变关系 $\tau = G\gamma$，得出叶片剖面各曲线段的剪应变：

$$\gamma = \frac{\tau}{G} \tag{8-36}$$

为了计算叶片剖面的总扭角，则将叶片剖面看做在 $Z=1$ 为自由端，$Z=0$ 为固定端的结构，则结构自由端的总扭角 φ 为

$$\varphi = \frac{1}{\Omega}\int_0^1 \oint \frac{M_Z \mathrm{d}s}{\Omega Gt}\mathrm{d}z \tag{8-37}$$

8.1.3　叶片挠度计算

叶片二维结构校核方法主要描述了用数值方法计算叶片挠度的过程，计算的过程中是将叶片看成一个悬臂梁。挠度的数值计算参考如图 8-11 所示的截面坐标系。

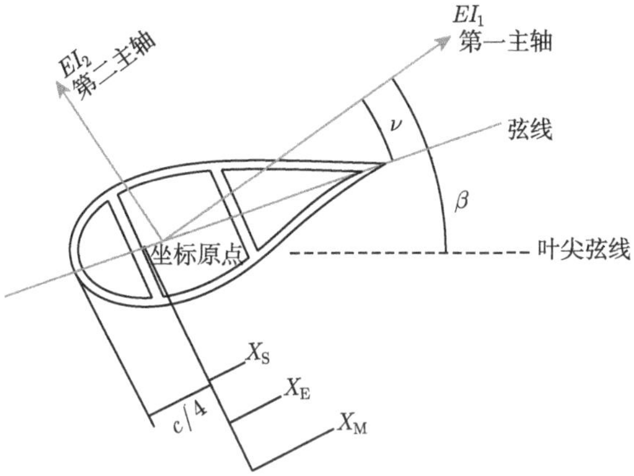

图 8-11　说明主要结构参数的叶片截面

EI_1：绕第一主轴的弯曲刚度；EI_2：绕第二主轴的弯曲刚度；GI_V：扭转刚度；X_E：从坐标原点到弹性变形点的距离；X_M：从坐标原点到质量中心的距离；X_S：从坐标原点到剪切变形中心的距离；β：翼型截面相对叶尖弦长的扭角；ν：弦长与第一主轴的夹角；$\beta+\nu$：叶尖弦长与该截面第一主轴的夹角

对叶片的大多数区域而言，由于角度小，第一主轴的位置与弦线几乎重合，所以 ν 的值近似为 0°。如果已知沿叶片的外力载荷 p_y 和 p_z，那么可以通过式 (8-38)～式 (8-41) 的表达式求得剪力 T_z 和 T_y，弯矩 M_y 和 M_z，图 8-12 给出计算采用的叶根坐标系，图 8-13 为叶片悬臂梁示意图。

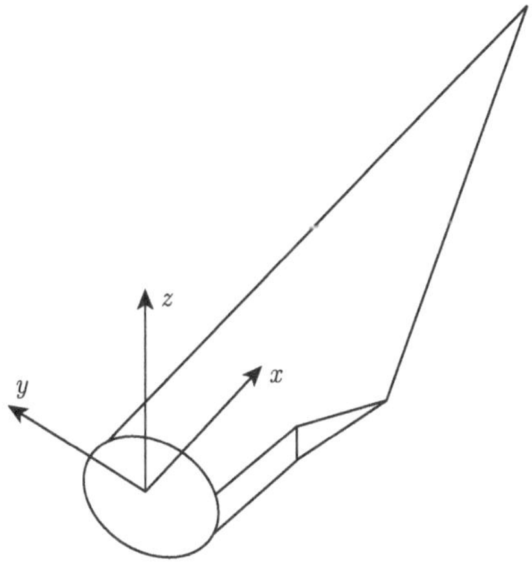

图 8-12　叶片的叶根坐标系

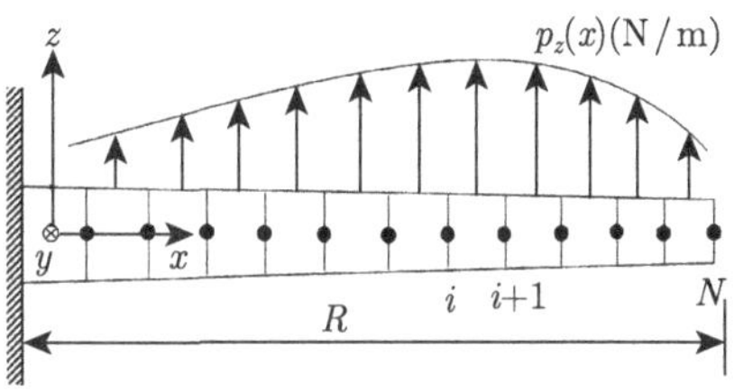

图 8-13　悬臂梁

$$\frac{\mathrm{d}T_z}{\mathrm{d}x}=-p_z(x)+m(x)\ddot{u}_x(x) \tag{8-38}$$

$$\frac{\mathrm{d}T_y}{\mathrm{d}x}=-p_y(x)+m(x)\ddot{u}_y(x) \tag{8-39}$$

$$\frac{\mathrm{d}M_y}{\mathrm{d}x} = T_z \tag{8-40}$$

$$\frac{\mathrm{d}M_z}{\mathrm{d}x} = -T_y \tag{8-41}$$

若叶片处于平衡状态，则惯性项为 0。

将叶根坐标系下的弯矩转到主轴上 (此处 y 轴与叶尖弦长一致)，则弯矩 M_1，M_2 可以表示为

$$M_1 = M_y\cos(\beta+\nu) - M_z\sin(\beta+\nu) \tag{8-42}$$

$$M_2 = M_y\sin(\beta+\nu) - M_z\cos(\beta+\nu) \tag{8-43}$$

从简单的梁理论可以得知关于主轴的曲率为

$$\kappa_1 = \frac{M_1}{EI_1} \tag{8-44}$$

$$\kappa_2 = \frac{M_2}{EI_2} \tag{8-45}$$

然后将这些曲率转换回 y 轴和 z 轴：

$$\kappa_z = \kappa_1\sin(\beta+\nu) + \kappa_2\cos(\beta+\nu) \tag{8-46}$$

$$\kappa_y = -\kappa_1\cos(\beta+\nu) + \kappa_2\sin(\beta+\nu) \tag{8-47}$$

计算悬臂梁的转角和挠度：

$$\frac{\mathrm{d}\theta_y}{\mathrm{d}x} = \kappa_y \tag{8-48}$$

$$\frac{\mathrm{d}\theta_z}{\mathrm{d}x} = \kappa_z \tag{8-49}$$

$$\frac{\mathrm{d}u_z}{\mathrm{d}x} = -\theta_y \tag{8-50}$$

$$\frac{\mathrm{d}u_y}{\mathrm{d}x} = \theta_z \tag{8-51}$$

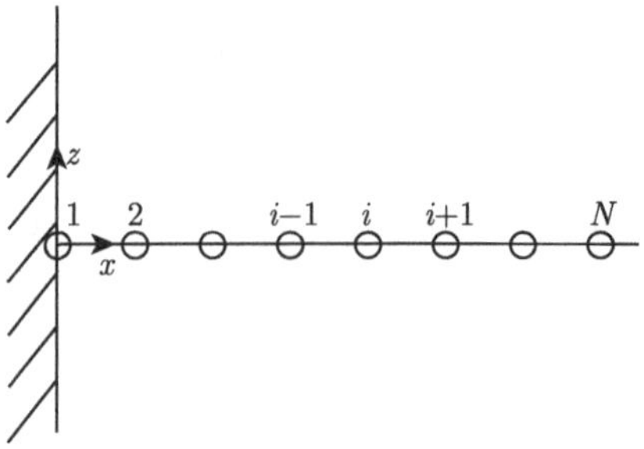

图 8-14　离散化的悬臂梁

如果载荷以离散点的形式给出，如图 8-14 所示，假设载荷在节点 i 和节点 $i+1$ 之间是线性变化，可以根据方程进行积分，则可以得到挠度的数值算法。

边界条件：$\theta_y^i = 0$ 以及 $\theta_z^i = 0$。$i = 1, 2, \cdots, N-1$：

$$\theta_y^{i+1} = \theta_y^i + \frac{1}{2}\left(\kappa_y^{i+1} + \kappa_y^i\right)\left(x^{i+1} - x^i\right) \tag{8-52}$$

$$\theta_z^{i+1} = \theta_z^i + \frac{1}{2}\left(\kappa_z^{i+1} + \kappa_z^i\right)\left(x^{i+1} - x^i\right) \tag{8-53}$$

按下面的算式来计算叶片的挠度。

边界条件：$u_y^i = 0$以及$u_z^i = 0$。　$i = 1, 2, \cdots, N-1$：　(8-54)

叶片在 y 轴方向的挠度：

$$u_y^{i+1} = u_y^i - \theta_z^i\left(x^{i+1} - x^i\right) + \left(\frac{1}{6}\kappa_z^{i+1} + \frac{1}{3}\kappa_z^i\right)\left(x^{i+1} - x^i\right)^2 \tag{8-55}$$

叶片在 z 轴方向的挠度：

$$u_z^{i+1} = u_z^i - \theta_y^i\left(x^{i+1} - x^i\right) - \left(\frac{1}{6}\kappa_y^{i+1} + \frac{1}{3}\kappa_y^i\right)\left(x^{i+1} - x^i\right)^2 \tag{8-56}$$

其中的边界条件是针对悬臂梁的，为了简化，将其中的惯性项已经忽略。

8.2　叶片固有频率与特征模态计算

所谓特征模态就是没有外力作用下的自由振动，这样挠度实现方法中方程组变成

$$\frac{\mathrm{d}T_z}{\mathrm{d}x} = m(x)\ddot{u}_z(x) \tag{8-57}$$

$$\frac{\mathrm{d}T_y}{\mathrm{d}x} = m(x)\ddot{u}_y(x) \tag{8-58}$$

对特征模态而言，位移具有 $u = A\sin(\omega t)$ 的形式，则加速度如式 (8-59) 所示，正比于位移为

$$\ddot{u} = -\omega^2 u \tag{8-59}$$

其中，ω 是有关的特征频率。

$$\frac{\mathrm{d}T_z}{\mathrm{d}x} = -m(x)\omega^2 u_z(x) \tag{8-60}$$

$$\frac{\mathrm{d}T_y}{\mathrm{d}x} = -m(x)\omega^2 u_y(x) \tag{8-61}$$

比较挠度实现方法中的方程可以发现，当外载荷等于式 (8-62) 和式 (8-63)，使用静态梁方程组求得特征模态：

$$p_z = m(x)\omega^2 u_z(x) \tag{8-62}$$

$$p_y = m(x)\omega^2 u_y(x) \tag{8-63}$$

由于式 (8-62)、式 (8-63) 中的位移未知，因此，方程组必须迭代求解，最终将收敛到与最低特征频率相对应的模态，即第一阶挥舞模态。首先可以假定在 y 和 z 方向有一个常值载荷，这样就可以求得初始位移。有了这个位移，就能估算叶片尖部的特征频率：

$$\omega^2 = \frac{p_z^N}{u_z^N m^N} \tag{8-64}$$

这样又可以计算在所有离散点得到新载荷：

$$p_z^i = \frac{\omega^2 m^i u_z^i}{\sqrt{(u_z^N)^2 + (u_y^N)^2}} \tag{8-65}$$

$$p_y^i = \frac{\omega^2 m^i u_y^i}{\sqrt{(u_z^N)^2 + (u_y^N)^2}} \tag{8-66}$$

注意将载荷沿叶尖的位移归一化，这样保证下次迭代时叶尖位移是 1。现在使用式 (8-65) 和式 (8-66) 中的载荷又可以计算新的位移，将步骤重复几次直到特征频率 ω 变成常数。这样就可以求得一阶挥舞模态的位移形状 u_z^{1f} 和 u_y^{1f}，如图 8-15 所示。

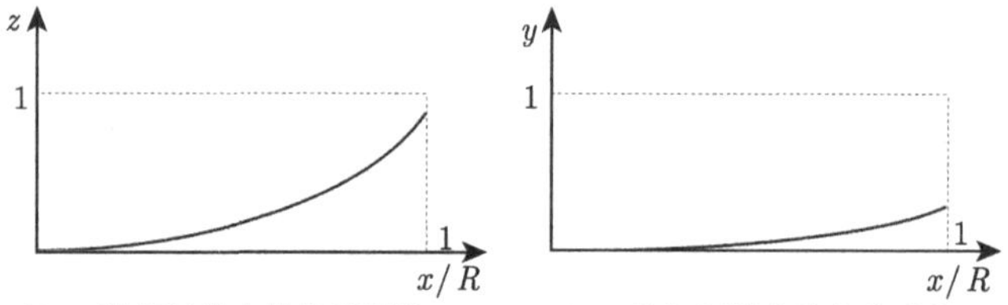

(a) 一阶挥舞模态的位移形状u_z^{1f}　　(b) 一阶挥舞模态的位移形状u_y^{1f}

图 8-15　一阶挥舞模态

为了求得一阶摆振位移，需要再一次使用该步骤。但是需要作一些修正以保证这种方法不会又收敛到一阶挥舞模态。每一次当计算得到新的位移 $u_y(x)$ 和 $u_z(x)$ 后，需要减去包含一阶挥舞模态的部分：

$$u_z^{1e} = u_z - \text{const1} \times u_z^{1f} \tag{8-67}$$

$$u_y^{1e} = u_y - \text{const1} \times u_y^{1f} \tag{8-68}$$

必须满足式 (8-69) 中的正交性限制来确定式 (8-67) 和式 (8-68) 中的常数：

$$\int_0^R u_z^{1f} m u_z^{1e} \mathrm{d}x + \int_0^R u_y^{1f} m u_y^{1e} \mathrm{d}x = 0 \tag{8-69}$$

将式 (8-67)、式 (8-68) 和方程式 (8-69) 联立，便得到该常数的表达式：

$$\text{const1} = \frac{\int_0^R u_z^{1f} m u_z \mathrm{d}x + \int_0^R u_y^{1f} m u_y \mathrm{d}x}{\int_0^R u_z^{1f} m u_z^{1f} \mathrm{d}x + \int_0^R u_y^{1f} m u_y^{1f} \mathrm{d}x} \tag{8-70}$$

这样，为了使该方法最终收敛到一阶摆振模态，将每一次计算得到的新位移减去一阶挥舞模态部分。经过几次迭代后，就可以求得一阶摆振模态的位移形状 u_z^{1e} 和 u_y^{1e}，如图 8-16 所示。

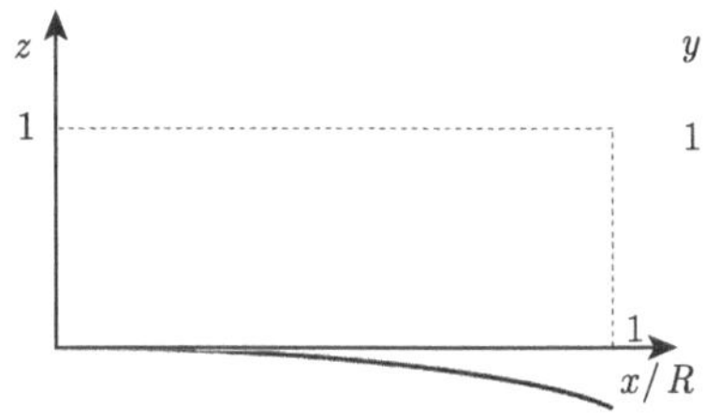

(a) 一阶摆振模态的位移形状u_z^{1e}

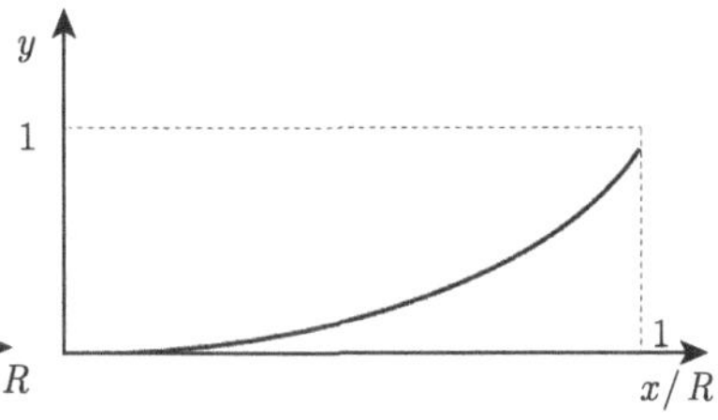

(b) 一阶摆振模态的位移形状u_y^{1e}

图 8-16　一阶摆振模态

最后，可以用类似的方法求得二阶挥舞模态。不但需要减去包含一阶挥舞模态的部分，还需要使用正交性限制来减去一阶摆振模态部分，迭代方法与上述一致，经过几次迭代后就可以得到二阶挥舞模态的位移形状 u_z^{2f} 和 u_y^{2f}。同样，更高阶的模态也可以使用上述方法求得，只是在迭代求解时，需要减去前面所有阶的模态部分才能收敛到需要的结果，当然阶数越高，精度越差。

8.3　等效疲劳载荷法计算疲劳损伤

根据叶片每一个截面的原始载荷，通过给定的载荷组合公式计算出叶片最危险截面的载荷。通过叶片主材的材料疲劳 S-N 曲线，进行雨流计数统计，最后通过一系列的数据处理，得到叶片危险截面处不同铺层材料的疲劳寿命。

1. 载荷重组

叶片各截面的载荷基于叶片挥舞摆振坐标系的极限载荷，根据叶片疲劳危险面的载荷，将挥舞摆振坐标系下的载荷转化为叶根坐标系下。

$$\begin{aligned} M_x &= \sin\theta M_f + \cos\theta M_e \\ M_y &= \cos\theta M_f - \sin\theta M_e \end{aligned} \tag{8-71}$$

将叶片某截面各危险点的纤维方向的应力 σ_x 表达为极限载荷和系数相乘的表达式进行重组，确定叶片某剖面的应力组合系数。

$$\sigma_x = M_y a_1 + M_x a_2 + F_z a_3 \tag{8-72}$$

2. 材料 S-N 曲线

要求材料 S-N 曲线的表达式为 $N = kS^{-m}$。根据等效疲劳载荷法进行疲劳分析时，必须指定 m 和截距 c，其中 $k = c^m$，并且可以增加 Goodman 修正。

3. 风频分布

根据风场等级，设定每个工况的年小时数，确定风频分布信息。

根据载荷重组、材料 S-N 曲线和风频分布，雨流计数计算疲劳损伤因子，判断疲劳损伤因子是否小于 1。

8.4 二维工程算法

根据薄壁杆件结构力学原理，我们自主开发了一款风力机叶片二维结构校核及铺层优化软件，该软件的分析流程如图 8-17 所示。该优化软件可进行叶片强度校核、总重计算、铺层材料总量与成本核算、刚度与挠度计算、固有频率等计算，同时根据强度和总重约束，通过多轮循环与优化确定最优的铺层厚度 [19]。

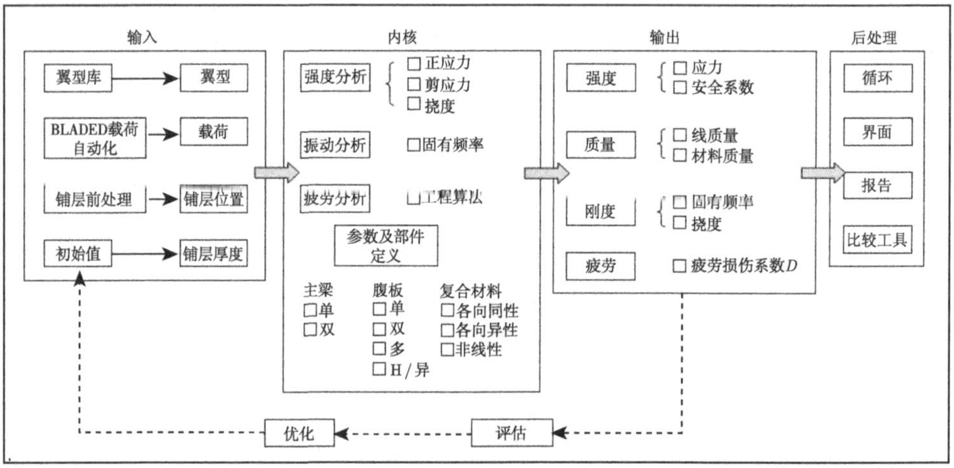

图 8-17 叶片二维强度校核软件

根据薄壁杆件结构力学和多闭室剖面剪力流的理论，基于一定工程假设，该软件可实现 2h 快速叶片二维校核的目标。图 8-18 为叶片二维强度校核软件代码及界面示意图，其叶片剖面闭室剪力流示意图如图 8-19 所示。二维结构校核包括强度、刚度与挠度、总重及各材料重量、频率和振型及疲劳损伤系数。

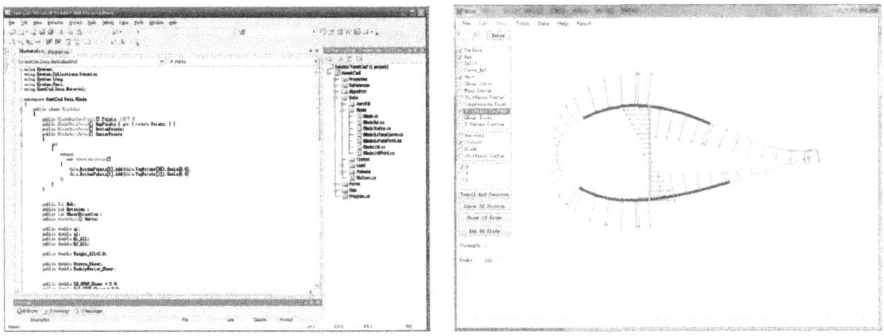

(a) 叶片结构设计软件源代码示意图　　(b) 叶片结构设计软件界面示意图

图 8-18　叶片结构设计软件平台

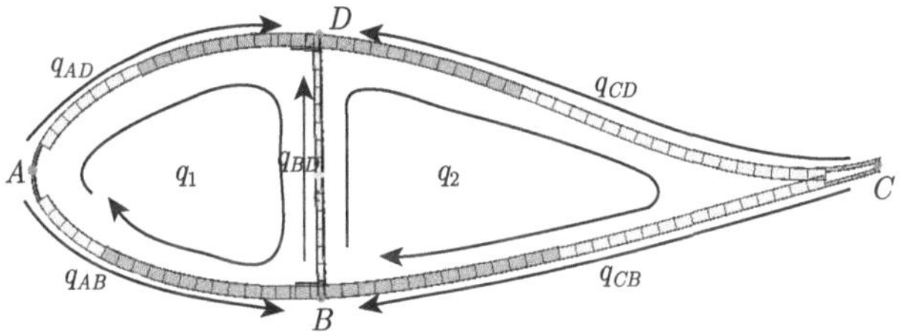

图 8-19　叶片闭室剪力流

通过二维强度和刚度校核，验证铺层设计的合理性，满足叶片技术准则的要求，且能在约束强度和总重的情况下优化铺层。

8.5　二维等截面有限元方法

叶片二维结构校核等截面的有限元方法，包括二维壳模型和体模型的有限元校核，叶片为薄壁杆件的结构体，一般情况下应用壳模型建立叶片有限元模型已比较精确。但由于叶片结构模型划分区域较多，在叶片受力很复杂的尾缘段及尾缘胶接段，则通常采用体单元模拟。

叶片二维结构校核模型既可近似模拟叶片三维的特性，又方便叶片局部模型的拓扑优化与局部分析，还可快速应用成熟的商业有限元软件进行二次开发，因此叶片二维结构校核等截面有限元方法有很高的实用价值。

8.5.1　二维壳模型有限元校核

叶片二维壳模型有限元校核，包括建模、分网、加载与分析。

1. 几何模型

应用有限元软件建立叶片剖面模型，按照铺层位置，通过布尔运算，分割剖面曲线段，分割后的叶片某截面示意图如图 8-20 所示。

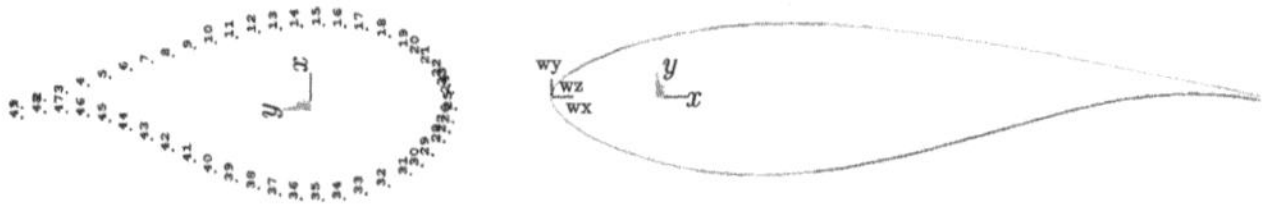

(a) 翼型剖面点云坐标　　(b) 翼型剖面外形

图 8-20　翼型分割曲线段

将叶片剖面沿长度方向等截面拉伸一段，拉伸长度应足够长，避免由于圣维南原理造成提取叶片展向应力数值不正确。图 8-21 为叶片等截面拉伸模型示意图。

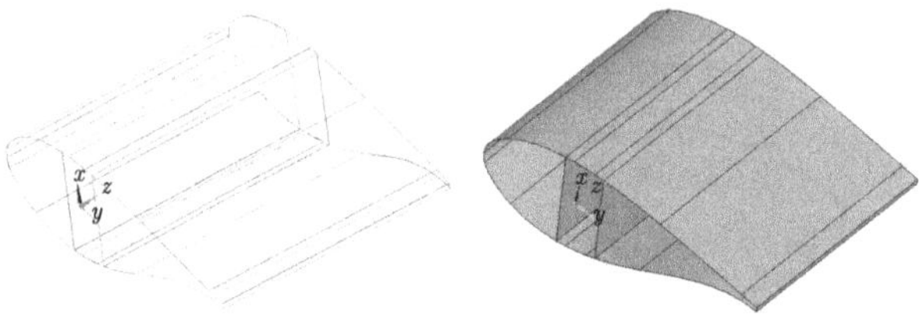

(a) 等截面线性模型　　(b) 等截面曲面模型

图 8-21　拉伸等截面模型

2. 网格与单元属性

定义网格尺寸，合理控制网格密度与网格精度进行网格划分，考虑复合材料坐标系与有限元模型单元坐标系，定义层合板属性附于二维有限元模型。图 8-22 给出叶片等截面模型的网格和属性。

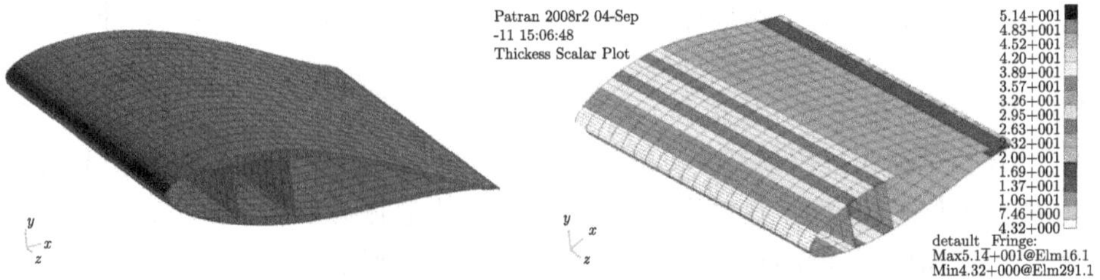

(a) 等截面网格模型　　(b) 等截面铺层厚度分布

图 8-22　网格与单元属性

3. 有限元加载

根据叶片各截面的极限载荷进行二维模型的 MPC 加载：在剖面一端固定约束，使端部截面各节点的自由度为 0；在延伸面的截面设置 MPC 加载，加载点设为叶片截面坐标系中段的变桨轴位置。计算之后直接选取中段截面上的应力值。MPC 有限元加载如图 8-23 所示。

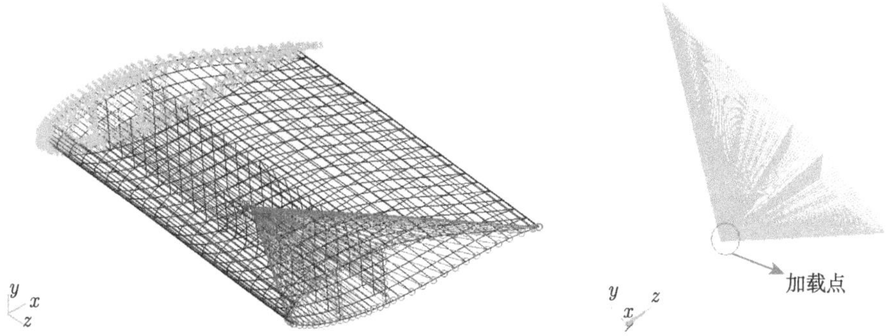

(a) MPC加载示意图　　(b) 加载总示意图

图 8-23　叶片有限元加载

4. 有限元求解

叶片二维壳模型有限元校核，图 8-24 为应力分布示意图，二维有限元方法可以进行叶片截面的静强度、挠度、屈曲与疲劳特性。

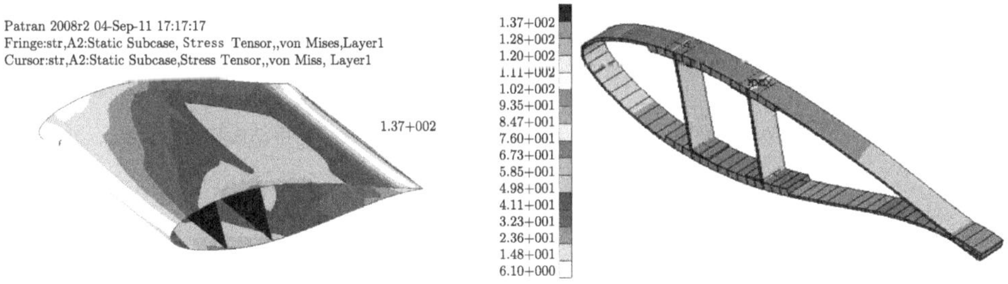

(a) 等截面云图分布　　(b) 特征截面云图分布示意图

图 8-24　截面应力示意图

8.5.2　二维体模型有限元校核

叶片二维等截面模型除采用壳单元形式外，同样可采用体单元模型，如图 8-25 所示。体单元模型可进行叶片拓扑优化、层间分析、铺层细化等细节设计与分析。

叶片本身为复合材料层合结构形式，又为薄壁结构，因此将叶片整体或各截面建立为体模型并不合适，但可进行叶片二维模型的局部细化，进行叶片尾缘铺层与胶接分析时应将叶片尾缘和尾缘胶接建立为体单元，可分析胶接的剥离强度和剪切特性，如图 8-26 所示。

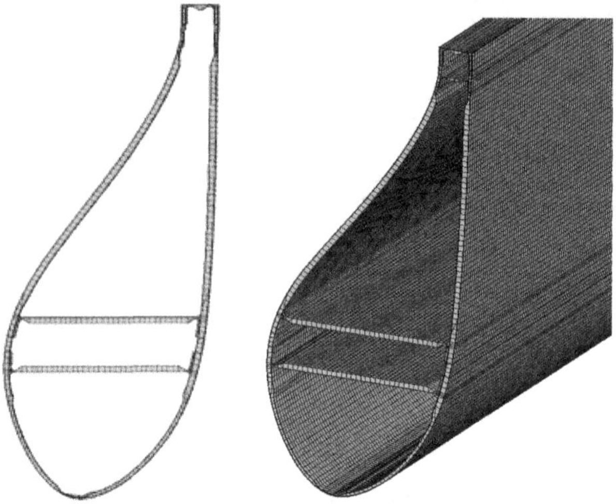

图 8-25　二维体模型

(a) 尾缘局部网格模型　　(b) 尾缘局部结构胶网格模型

图 8-26　尾缘局部体模型

第9章　三维方法

有限单元法 (finite element method) 是在当今工程分析中最广泛应用的数值计算方法。在工程或物理问题的数学模型 (基本变量、基本方程、求解域和边界条件等) 确定以后，有限元法作为对其进行分析的数值计算方法的要点[20] 可归纳为:

(1) 将一个表示结构或者连续体的求解域离散为若干个子域 (单元)，并通过它们边界上的节点相互联结成为组合体;

(2) 用每个单元内所假设的近似函数来分片地表示全求解域内待求的未知场变量，而每个单元内的近似函数由未知场函数在单元各个节点上的数值和与其对应的插值函数来表达;

(3) 通过和原问题数学模型 (基本方程、边界条件) 等效的变分原理或加权余量法，建立求解基本未知量的代数方程组或常微分方程组。

根据有限单元法的上述要点, 可以理解其所固有的如下特征:

(1) 对于复杂几何构形的适应性。由于单元在空间可以是一维、二维或三维的，并且每一种单元可以有不同的形状，同时各单元之间也可以采用不同的连接方式。

(2) 对于各种物理问题的可应用性。可以利用有限元法对不同物理现象相互耦合的问题进行有效的分析。

(3) 基于严格理论基础上的可靠性。只要原问题的数学模型是正确的，同时用来求解有限元方程的算法是稳定、可靠的，则随着单元数目的增加，即单元尺寸的缩小，或者随着单元自由度数目的增加及插值函数阶次的提高，有限元解的近似程度都将不断地被改进。

(4) 适合计算机实现的高效性。

9.1　风力机叶片有限元分析

有限元分析可以使分析结果更为精确，采用软件将一个虚拟三维叶片分割成几千个细小单元，就像瓦片一样。通过计算机的分析，可以得到每一片的受力情况和力传递过程，从而可以模拟整体受到外力时叶片的反应。有限元分析方法主要有 3 个步骤组成：创建有限元模型、施加载荷及边界条件、求解分析及查看结果[21]。

9.2 叶片有限元建模

有限元模型的生成是指狭义上的节点和单元表示空间体域及实际系统连接的生成过程，即模型的节点和单元的几何模型，一般构造有限元模型的方法有以下三种:

(1) 用于小型或简单模型的直接建模法;

(2) 创建点、线、面、体的方式，采用自底向上、自顶向下或者混生成有限元模型;

(3) 适用于形状复杂, 难以在有限元软件中进行建模的构件，通过制图软件构建模型，模型可以精确地传入有限元分析软件中。

9.2.1 几何外形

风力机叶片的几何外形是一个复杂的三维空间结构，由一些特征翼型曲线构成截面，每个截面相对于变桨轴心有一定的扭转角度。这样直接运用有限元软件建模比较困难，本书采用第三种方法引入模型法，通过 CATIA 建叶片外形图导入有限元软件 MSC。

在 CATIA 中导入翼型截面的数据点，建立单位弦长的初始翼型截面，放样生成初始叶片。由初始叶片插值得出真实叶片的翼型截面，根据气动布局的变桨轴、弦长、扭转角对翼型截面移轴、放大、旋转，对翼型截面整体放样生成叶片的外形空间曲壳 (图 9-1)。其中叶根圆柱段和叶片翼型曲面采用桥接，再将各段曲面接合

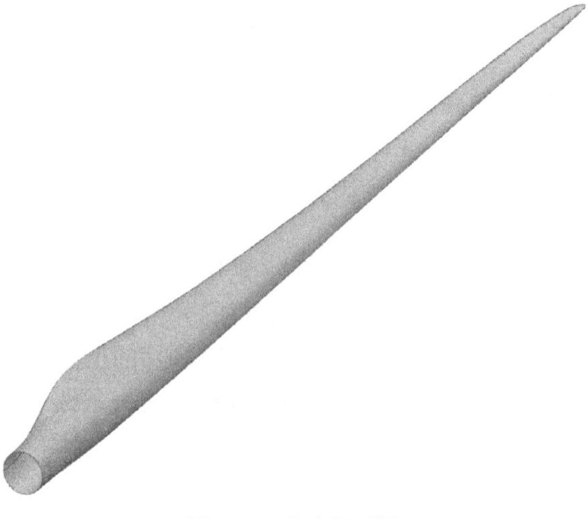

图 9-1　叶片外形图

生成整个叶片外壳。这样就实现其几何外形的模型构建，反映出了叶片的实际几何形状。对这样一个有效的几何模型保存生成格式，利用数据接口，导入 MSC 进行后续的有限元分析。

直接将叶片外形图导入有限元中，容易丢失模型特征，因而分两步由 CATIA 图形导入有限元软件 MSC 中：首先将只有翼型截面曲线的 CATIA 图形导入有限元软件 MSC 中 (图 9-2)，其次将叶片外形曲面导入有限元软件 MSC 中 (图 9-3)，至此完成叶片外形建模。

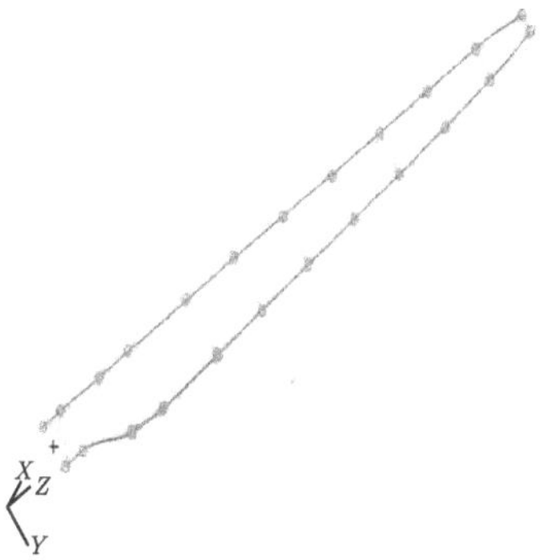

图 9-2 叶片截面翼型线导入 MSC

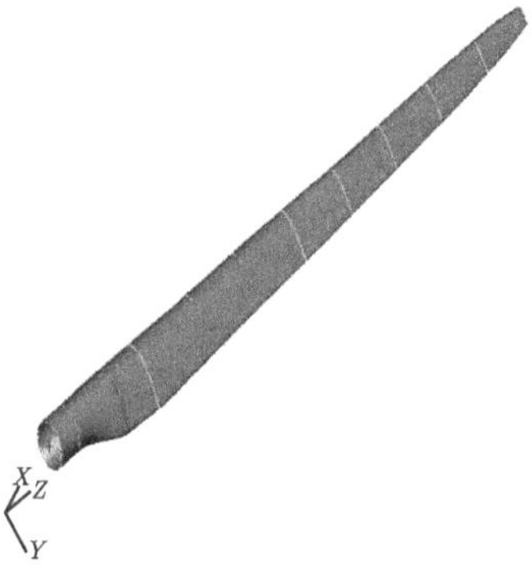

图 9-3 叶片曲面导入 MSC

9.2.2 坐标系

本书将进行结构校核的有限元模型的坐标系分为总体坐标系与局部坐标系。为了获得较好的气动性能，风力机叶片的扭角沿展向连续变化，各截面翼型的扭角均不同。以叶根坐标系作为基准，如图 9-4 所示，以叶根圆面中心作为原点，Z 轴沿叶片的变桨轴方向，X 轴与 Z 轴正交，上风向时指向塔架，下风向时背离塔架。按右手坐标系确定 Y 轴方向。

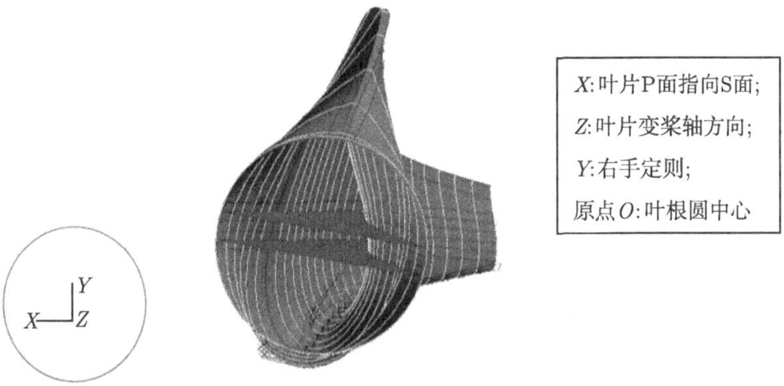

图 9-4 叶片总体坐标系

为了建模和加载方便，在每一个翼型截面上均建立了局部坐标系 (图 9-5)，Y 轴为各截面前缘分模点与尾缘分模点连线，正方向指向尾缘; Z 轴为叶片变桨轴方向，正方向为由叶根指向叶尖; Y 轴方向按右手定则确定。坐标原点 O 为叶片每一个截面前缘分模点。

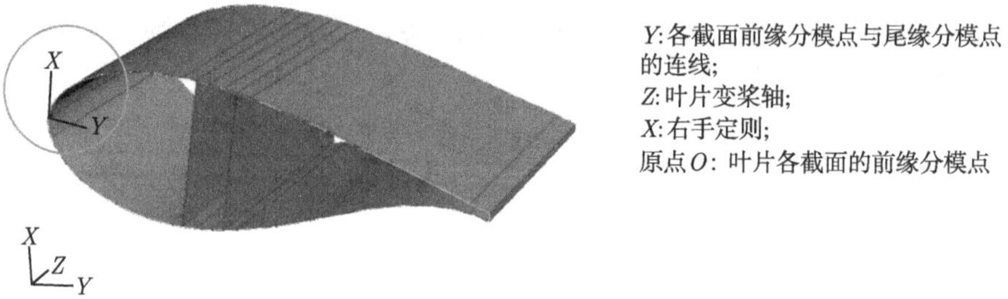

图 9-5　叶片各截面局部坐标系

9.2.3　结构布局型式

应用有限元软件，根据叶片的气动外形，将叶片沿展长方向分成 N 段。根据结构设计的铺层型式，划分叶片各段弦长方向分区，叶片几何模型如图 9-6 所示。

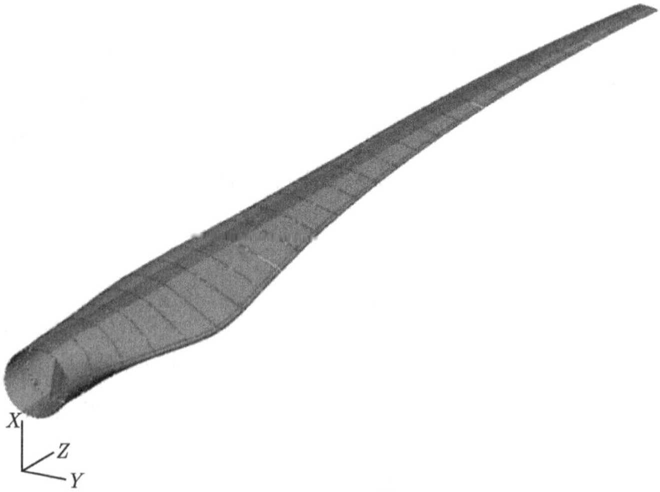

图 9-6　叶片几何模型

由于叶尖结构特性对整体叶片的结构强度影响较小，在有限元整体结构校核中可不考虑最叶尖段。

9.2.4　网格划分

实体模型建好后，就需要将其进行网格划分。有限元网格生成就是将工作环境下的物体离散成简单单元的过程。划分网格是建立有限元模型的一个重要环节，所划分的网格形式和大小直接影响着计算精度和计算规模。为了建立正确、合理的有限元模型，必须考虑网格数量、网格密度、单元属性、网格质量、网格的分界面分界点以及网格布局等众多因素。

针对叶片的形状，考虑其铺层设计，主要从叶片的展向和弦向进行网格划分。展向主要考虑叶片主梁的梯度的变化点为网格划分的控制点；弦向考虑叶片铺层变化段、腹板缘条为其主要的控制点以及从叶片整体考虑一些关键性部位为控制点来进行网格划分。此外，对其需要严格控制的截面区域可以采用加密网格数量的方法来提高整体分析精度，对叶尖这些区域可采用粗网格划分以降低能耗，节约资源空间。

叶片是薄壁结构，长宽与铺层厚度的比值仍远大于 10，故有限元建模中采用壳单元较为合适。叶片上下蒙皮采用 QUAD4 SHELL 单元，QUAD4 单元计算精度较高，在应力场分析中一般要求受集中力或结构刚度突变导致应力变化梯度大的部位网格要求密一些，应力变化平坦的区域网格可以稀一些。网格的长宽比不宜过大，一般控制在 3~5 为宜，相邻曲面上的网格必须保证共节点。

综上所述，对网格进行合理规划，首先计算出各曲面的合适网格密度，再对各曲面边界布种子进行控制。本书根据叶片外形，对叶片展向、弦向各四边形曲面区域进行网格划分，通过共节点的方式使其相连，从而生成了整体与局部均满足分析要求的网格。实践表明：单元数目的选取有一个最佳范围，小于这个范围，求解精度不够，超过这个范围，对结果精度的提高则很有限，反而会影响求解速度。

叶片网格图如图 9-7 所示，腹板网格图如图 9-8 所示。

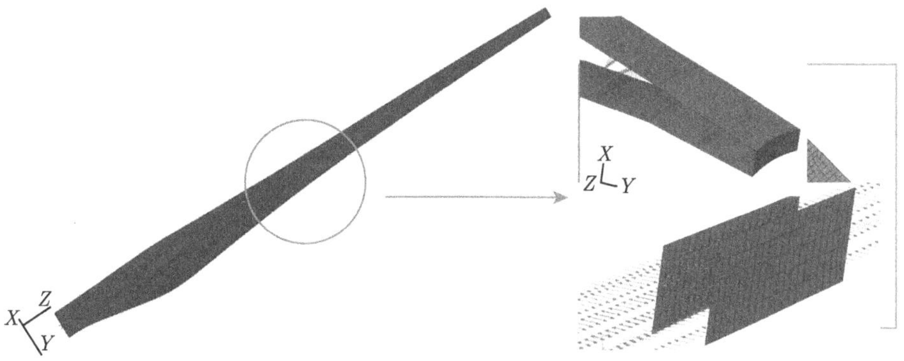

图 9-7　叶片网格

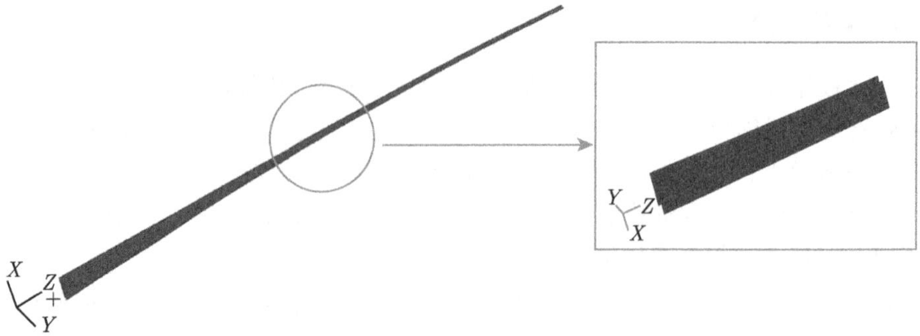

图 9-8　腹板网格

9.2.5　单元法向与单元坐标系

统一叶片的单元法向与单元坐标系。规定叶片和腹板的单元法向朝内，即 Z 方向朝里，图 9-9 为叶片和腹板的单元法向示意图，图 9-10 为叶片和腹板单元坐标系示意图。单元坐标系的 X 轴方向为叶片展向，Y 轴方向通过右手定则确定。

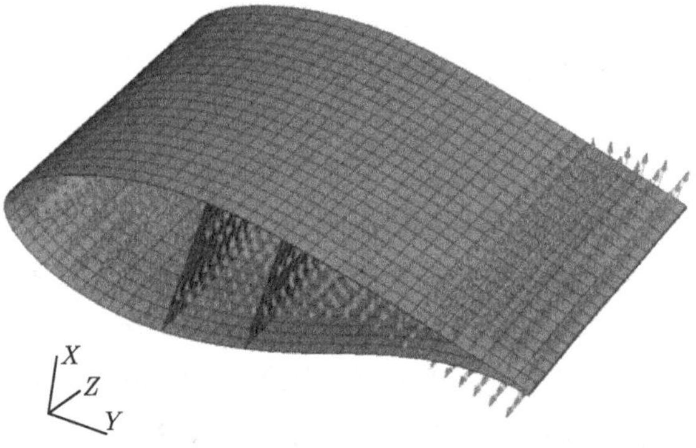

图 9-9　叶片和腹板单元法向

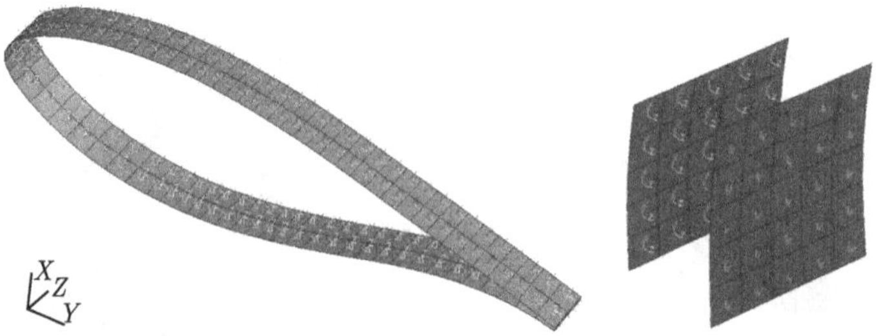

(a) 壳体单元坐标系　　(b) 腹板单元坐标系

图 9-10　叶片与腹板的单元坐标系

9.2.6　材料属性

一般的，一个模型要采用几种不同的材料属性。叶片的主要铺层材料有: 0° 单向布、±45° 双轴布、[±45°/0°] 三轴布、PVC 泡沫、Balsa 木、环氧或不饱和型结构胶黏剂。其中，0° 单向布按正交各向异性材料定义材料属性，铺层角度为 0°；±45° 双轴布按 0° 单向布的材料性能定义材料属性，铺层方向为 +45° 和 −45° 分别建层；三轴布折算为 0° 单向布和 ±45° 双轴布。叶片是由玻璃纤维以不同的铺设角铺设而成，可将叶片主梁、尾缘梁和前缘梁视为层合板模型，即由相同的单向板以不同的角度铺设而成。在有限元软件 MSC 中构建 2D 正交各向异性材料单层板模型，再根据结构设计铺层方案，构建层合板模型，最后将各层合板模型材料属性附到相应的区域。

双轴布为 ±45° 单向布编织而成，可认为双轴布的纤维方向材料性能与单向布相同，而铺层方向为 45° 和 −45°，各单层的铺层厚度为双轴布厚度的一半。三轴布的铺层分为单向布与双轴布，双轴布分为 45° 方向的单向布与 −45° 方向的单向布。既可按照重量相等原则折算三轴布中单向布和双轴布的厚度，也可以按照刚度等价的原则。

考虑到静强度分析的材料安全系数等因素，确定材料许用值。双轴布的材料许用值，可根据单向布的材料许用值，按照转轴公式得到，计算方法如下:

$$
\begin{aligned}
\sigma_{xc} &= \sigma_{1c}\cos^2\theta + \sigma_{2c}\sin^2\theta - 2\tau_{12}\sin\theta\cos\theta \\
\sigma_{xt} &= \sigma_{1t}\cos^2\theta + \sigma_{2t}\sin^2\theta - 2\tau_{12}\sin\theta\cos\theta \\
\sigma_{yc} &= \sigma_{1c}\sin^2\theta + \sigma_{2c}\cos^2\theta + 2\tau_{12}\sin\theta\cos\theta \\
\sigma_{yt} &= \sigma_{1t}\sin^2\theta + \sigma_{2t}\cos^2\theta + 2\tau_{12}\sin\theta\cos\theta \\
\tau_{xy} &= \sigma_{1t}\sin\theta\cos\theta - \sigma_{2t}\sin\theta\cos\theta + \tau_{12}(\cos^2\theta - \sin^2\theta)
\end{aligned}
\tag{9-1}
$$

9.2.7　材料方向

叶片材料轴方向定义为叶片展向，如图 9-11 所示。

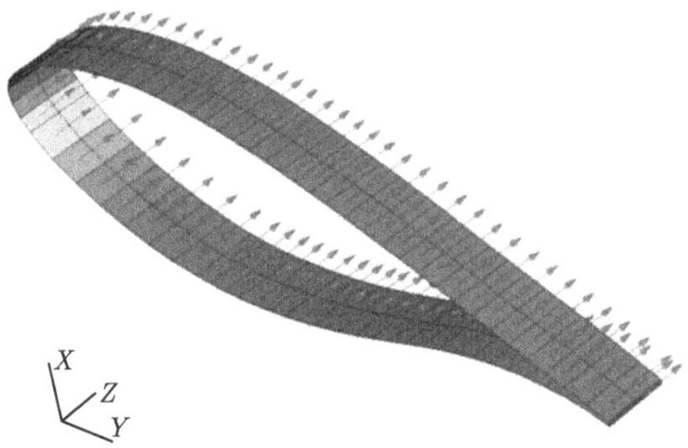

图 9-11　叶片和腹板材料轴方向

9.2.8　叶片展向分区

在叶片展向方向，根据铺层材料、铺层厚度及特殊铺层建模及分析需要，将叶片沿展向划分为 N 段，如图 9-12 所示划分为 26 段。

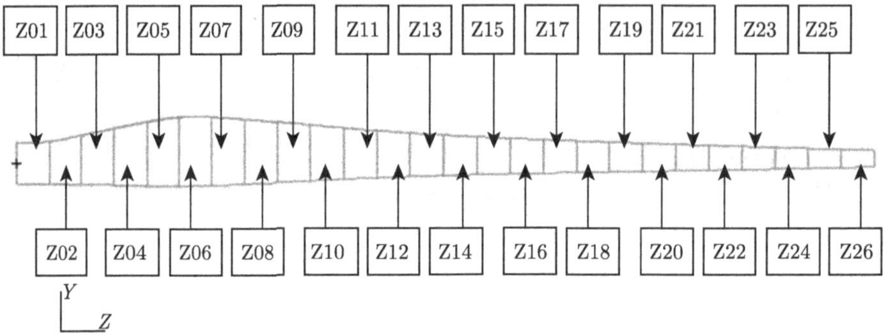

图 9-12　叶片展向分区示意图

9.2.9　单元属性

沿弦向根据结构设计结果按铺层变化位置将展向各分段分为 N 个区，如图 9-13 所示分为 7 个区域，分区说明见表 9-1，带有特殊叶片结构形式的 (如三腹板) 弦向分区会增加。其中，由于叶片 S 面与 P 面的前缘夹芯与尾缘夹芯的厚度不同，且前缘腹板和尾缘腹板的夹芯厚度也可能不同。

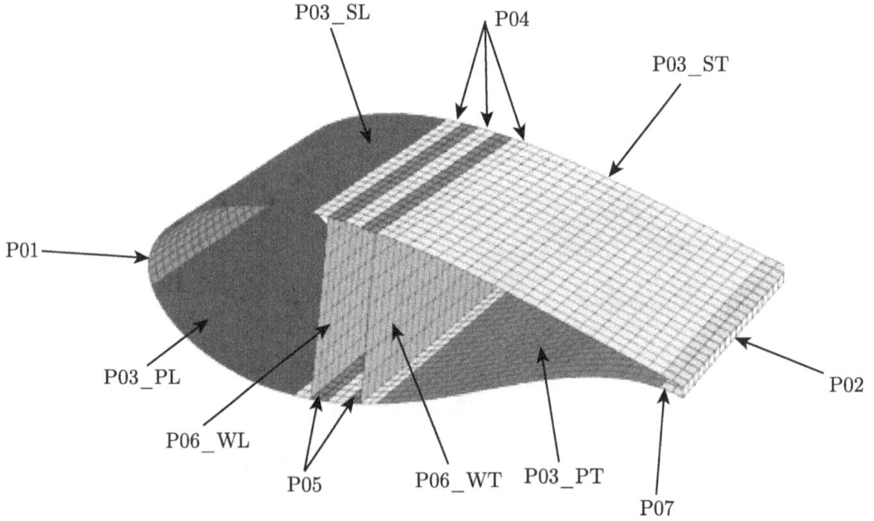

图 9-13　叶片弦向分区示意图

表 9-1　叶片弦向分区说明

项目	弦向分区说明
P01	叶片前缘梁
P02	叶片尾缘厚度铺层
P03_SL	叶片吸力面前缘夹芯结构区域
P03_ST	叶片吸力面尾缘夹芯结构区域
P03_PL	叶片压力面前缘夹芯结构区域
P03_PT	叶片压力面尾缘夹芯结构区域
P04	叶片主梁区域
P05	叶片腹板缘条区域
P06_WL	叶片前缘腹板夹芯结构区域
P06_WT	叶片尾缘腹板夹芯结构区域
P07	叶片尾缘梁区域

对叶片模型定义单元属性，叶片各分区厚度如图 9-14 所示。

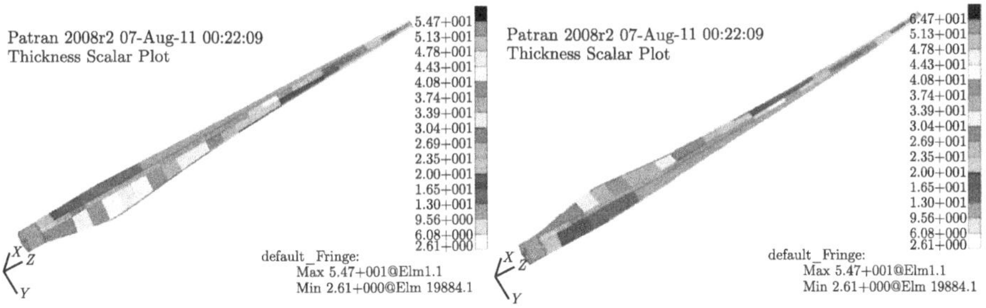

图 9-14　叶片铺层厚度

9.2.10　叶片总重

1. 叶片铺层总重

叶片单元属性定义后，可以统计叶片铺层的重量，如图 9-15 所示，确定叶片铺层总重和叶片重心位置。

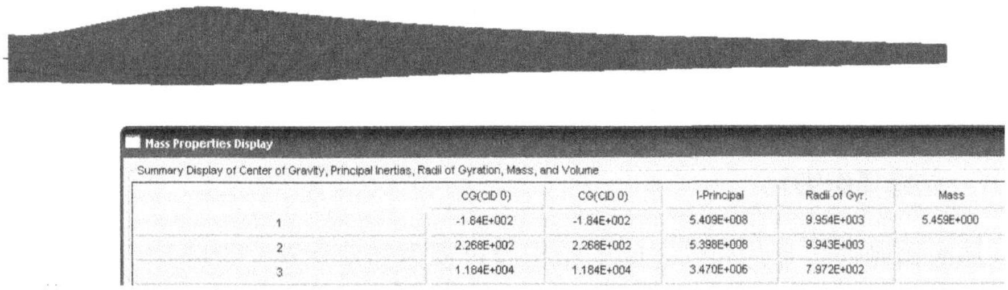

图 9-15　叶片总重

2. 叶片 BOM

如图 9-16 所示，叶片 BOM 应包含主材、PVC、结构胶及其他相关的附加质量。

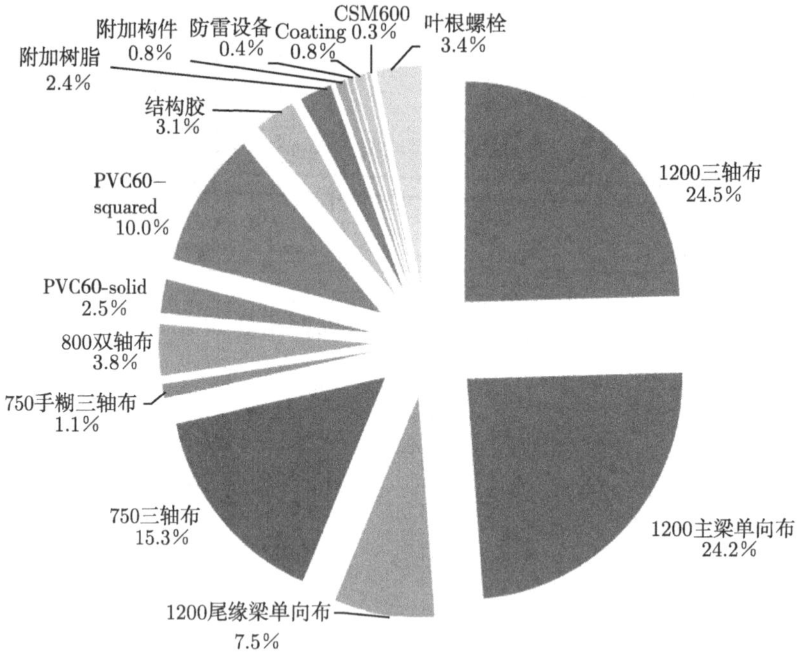

图 9-16　叶片 BOM

9.3　叶片有限元模型局部细化

本书只是举例说明单元属性的基本分区，大型风力机叶片的叶片结构形式很复杂，局部可能有三腹板、尾缘预制件、泡沫倒角、叶根螺栓等特殊的构件，所以在建立叶片有限元模型中，应当充分考虑叶片局部的特殊构件，一方面真实模拟叶片的结构布局；另一方面合理地简化模型，是结构工程师的重要工作。

9.3.1　尾缘模型细化

尾缘预制件与叶片壳体之间的结构胶可视为体单元建立于叶片全局有限元模型中，如图 9-17 所示。

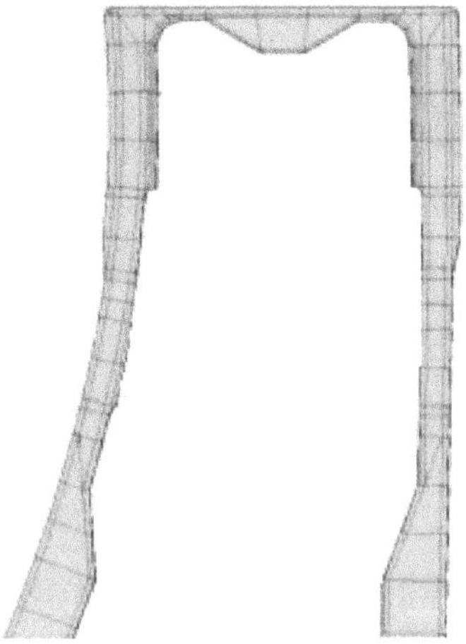

图 9-17　叶片尾缘局部有限元模型

9.3.2　腹板缘条与壳体黏接

腹板与壳体之间通过缘条胶接连接，有限元模拟中可将腹板缘条与壳体黏接局部细化，采用 Glue 单元模拟腹板与壳体之间的连接，如图 9-18 所示。

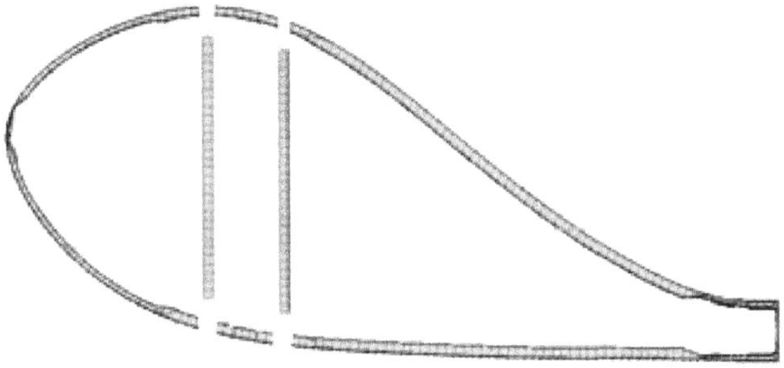

图 9-18　腹板与壳体 Glue 连接

9.3.3　叶根螺栓模型

叶片叶根与变桨轴承之间通过螺栓连接，前面已经介绍叶根有 2 种连接形式，即后打孔工艺和预埋叶根工艺。在叶片有限元模型的局部细化中，可考虑将叶根螺栓以杆单元的形式建立于整体模型中。以预埋螺栓为例，螺栓与螺栓套耦合的螺纹段、螺栓与垫片均采用 MPC 连接，如图 9-19 所示。

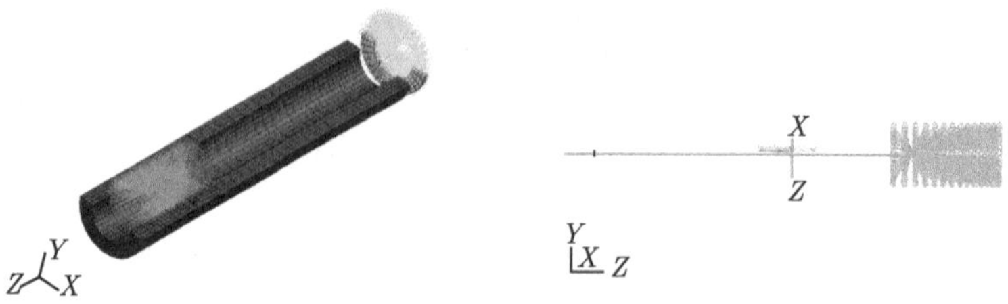

(a) 螺栓与螺栓套、垫片MPC连接　　(b) MPC示意图

图 9-19　螺栓与螺栓套、垫片 MPC 连接

9.3.4　叶根假体模型

叶片叶根应建立叶根假体圆柱段的有限元模型，以考虑假体的刚度，假体主要考虑变桨轴承与轮毂的刚度；若通过叶片有限元模型验证叶片在测试载荷下的强度和挠度特性，还需要考虑测试台的刚度。而在叶片的整体有限元分析中，应约束在叶根假体段，避免约束于叶根段以影响叶片的整体刚度，如图 9-20 所示。

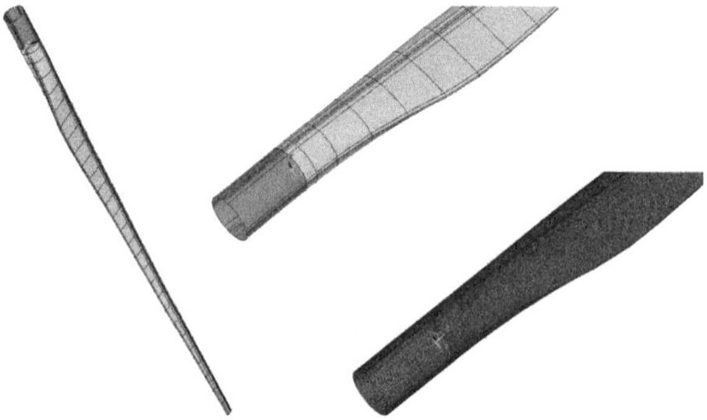

图 9-20　叶根假体模型

9.3.5　叶片集中点质量

叶片的功能件，如配重腔的配置质量、叶尖防雷块等，都应该作为点质量建立于整体有限元模型中。这些质量影响叶片的质量分布与刚度分布，影响叶片的固有频率，因此在叶片全局有限元模型中应尽可能真实地考虑集中质量。

9.4　叶片有限元边界与加载

9.4.1　叶片有限元边界条件

考虑到叶片的实际情况，叶片根部采用预埋金属螺杆，便于与变桨轴承、轮毂连接。此时，叶片根部连接被认为是刚性的，固定根部所在节点的 6 个自由度，则整个叶片简化为悬臂梁模型。叶片根部需要增加假体，而假体的刚度和长度应与实际变桨轴承、轮毂的刚度和形式相当。

9.4.2　叶片有限元极限加载形式

一般有限元分析中的载荷包括边界条件和内外环境对物体的作用，可以分为自由度、集中载荷、面载荷、体载荷和惯性载荷。载荷可以在几何模型上或者有限元模型上直接加载。如果直接在实体模型上加载，独立于有限元网格的划分，重新划分网格或者局部网格修改不影响加载并且加载操作方便，可以在图形中直接拾取。这两种方法的最终结果都是有限元分析程序在求解前都将载荷转化到有限元模型上，因此，加在实体上的载荷将自动转化到节点或单元上。

一般情况下需要验证叶片在极限载荷、测试载荷、疲劳载荷作用下的承载特性。风力机叶片所受的载荷十分复杂，有超过 3000 种工况，因此，从其中合理筛选出多种叶片结构受载最严重的极限工况进行叶片结构校核是必要的。

9.4.3　极限包络载荷

风力机运行环境复杂多变，受各种复杂工况的影响。要想验证所有工况下风力机受到的载荷的承载能力是不可能的，故在计算风力机的各种载荷时，根据风力机标准进行载荷计算得到叶片的极限载荷和包络载荷。

本书给出按照叶片叶根坐标系的载荷计算结果汇总包络载荷得到叶片整体有限元分析中的各套极限载荷的流程。

对于 N 种工况的载荷曲线，根据特定载荷坐标系，给出这些曲线族的包络图，如图 9-21 所示。

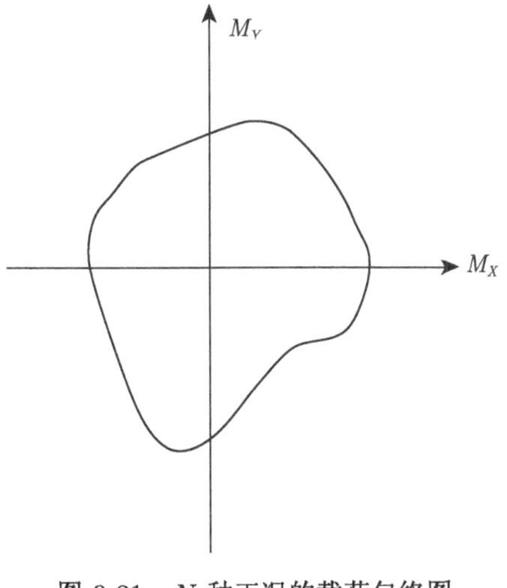

图 9-21　N 种工况的载荷包络图

根据叶片载荷计算统计的包络载荷，按照不同的提取原则提取多套载荷，每一套载荷为某种工况、某一时刻叶片的极限载荷。

1. 放射线法选取工况

由载荷包络图，以 $\Delta\theta$ 角度，由坐标原点做一组放射线，这组放射线与载荷包络图的交点对应不同的工况，每一种工况都需要进行载荷计算。$\Delta\theta$ 取值越小，需要参与计算的工况越多，结果越精确，但耗时也更长，如图 9-22 所示。$\Delta\theta$ 的不同取值对应的模型误差不同。$\Delta\theta$ 越小，模型越精确。

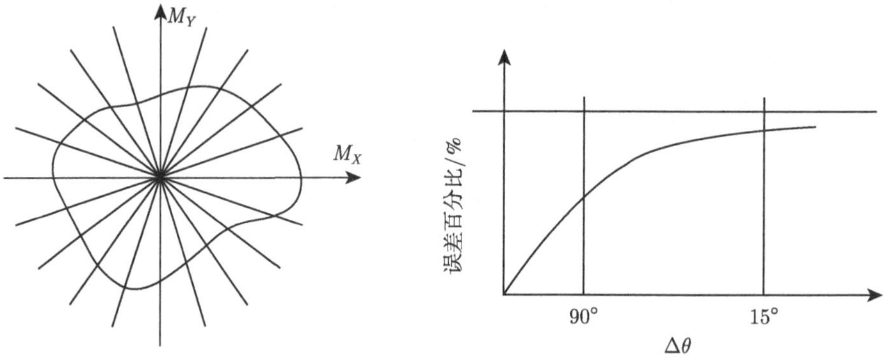

图 9-22　载荷包络图的放射线

2. 经验选择

如图 9-23 所示，可按照弯矩极值来选择工况。

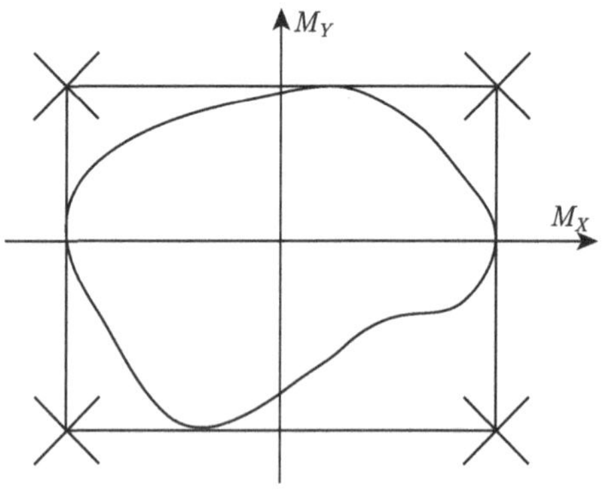

图 9-23　按 M_X 和 M_Y 的极值选择工况

按此方法分别取叶根坐标系的 M_X 和 M_Y 极值作为极限载荷值，这种选取方式过于保守。也可以按照 $M_{XY\max}\left(M_{XY}=\sqrt{M_X^2+M_Y^2}\right)$ 来选取载荷。

如图 9-24 所示，取 $M_{XY\max}$ 对应的载荷值，可能并没有取到 M_X 或者 M_Y 对应的极限载荷的工况。所以这种方法偏乐观。

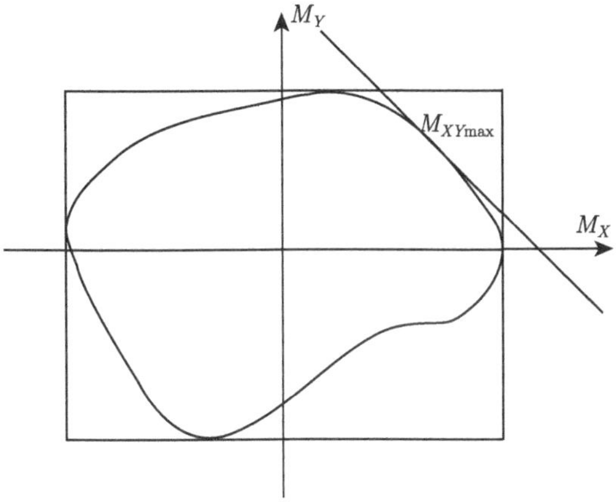

图 9-24　按 $M_{XY\max}$ 选择工况

3. 叶片剖面工况选择

表 9-2 表明叶片剖面位置不同，选择的工况也是不同。叶尖是按照叶尖变形量 ΔX 和 ΔY 的极值载荷选择工况，叶中和叶根是依据不同加载力的极值来选择。

表 9-2　载荷工况选取

极限载荷	叶尖	叶中	叶根
$\Delta X_{\max}$	√		
$\Delta X_{\min}$	√		
$\Delta Y_{\max}$	√		
$\Delta Y_{\min}$	√		
$M_{X\max}$		√	√
$M_{X\min}$		√	√
$M_{Y\max}$		√	√
$M_{Y\min}$		√	√
$M_{Z\max}$		√	√
$M_{Z\min}$		√	√
$F_{X\max}$		√	√
$F_{X\min}$		√	√
$F_{Y\max}$		√	√
$F_{Y\min}$		√	√
$F_{Z\max}$		√	√
$F_{Z\min}$		√	√
$F_{XY\max}$		√	√
$M_{XY\max}$		√	√
合计	4	14	14

9.4.4　集中力极限载荷加载形式

1. 集中力载荷转化

不考虑叶片桨距角的影响，则风力机叶片截面坐标系和叶根坐标系只存在叶片截面扭角的变化。风力机叶片在叶根坐标系下的集中力为 F_{xB}, F_{yB}, F_{zB}，其中，F_{zB} 是由叶片铺层总重和集中点质量引起的离心力和重力；F_{xB}, F_{yB} 为外载荷引起的剪力。采用 MPC 多点约束加载的方法，对于叶片展向每个分区，根据风力机极限载荷，按照力等效的原则，将叶根坐标系下的集中力转化为各截面多点约束的集中力载荷 $\Delta F'_{xB}$, $\Delta F'_{yB}$, $\Delta F'_{zB}$ 加载在有限元模型上。同时，载荷计算软件 Bladed 输出载荷中，扭矩 M_{zB} 是根据俯仰力矩系数计算得到，所以应该将 M_{zB} 转化为各截面的扭矩 M'_{zB} 加载在有限元模型上。以挥舞弯矩最大的极限载荷为例，Bladed 输出为挥舞-摆振坐标系下的载荷，通过坐标变换将挥舞-摆振坐标系下的力转化为叶根坐标系下的力。

$$\begin{cases} F_{xB} = F_f \cos\theta + F_e \sin\theta \\ F_{yB} = -F_f \sin\theta + F_e \cos\theta \\ M_{xB} = M_e \cos\theta + M_f \sin\theta \\ M_{yB} = M_f \cos\theta - M_e \sin\theta \end{cases} \tag{9-2}$$

2. 集中力加载

将 MPC 多点约束的载荷加载在叶片有限元模型上，叶片根部固支约束。加载结果示意图如图 9-25 所示。

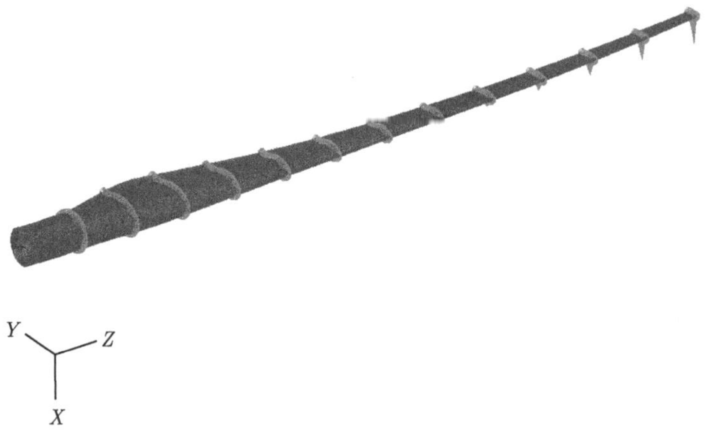

图 9-25　叶片 MPC 加载示意图

多点约束 MPC 加载集中力和扭矩，加载载荷的叶根合力、合力矩与 Bladed

输出叶根载荷相比，见表 9-3，误差小于 5%。

表 9-3　MPC 加载下叶根力和力矩比较

载荷比较	F_{xB}/N	F_{yB}/N	F_{zB}/N	$M_{yB}/(\mathrm{N\cdot m})$	$M_{xB}/(\mathrm{N\cdot m})$	$M_{zB}/(\mathrm{N\cdot m})$
Bladed 输出叶根载荷	1.23×10^5	-1.49×10^4	1.59×10^5	1.87×10^6	2.73×10^5	5.66×10^3
MPC 加载的叶根载荷	1.22×10^5	-1.48×10^4	1.60×10^5	1.92×10^6	2.65×10^5	5.61×10^3
误差	−0.81%	−0.67%	0.63%	2.67%	−2.93%	−0.88%

9.4.5　分布力极限载荷加载形式

传统的加载方式以多点约束的集中力加载在叶片模型上，而叶片主要受到各种工况下的气动载荷，是以分布力的形式作用在叶片表面上的，所以为了更好地模拟叶片的真实受力，本书给出分布力加载的方法。根据最大挥舞弯矩对应的极限载荷，按照力等效的方法转化为分布力载荷。对于分布力载荷，本书在加载的过程中，根据叶根坐标系下的载荷，对于第 N 个展向分区，以 total load 形式将 Z 向剪力 F_{zB} 均匀加载在此分区段；F_{xB},F_{yB} 将转化为沿叶片展向和弦向的分布力的形式，以分布载荷形式加载在整个叶片蒙皮单元上[22]。

1. 叶片展向压力分布

叶根坐标系下所给外载荷为剪力，为将其转化为分布力的形式，考虑用高阶曲线对其进行拟合。假设三次函数分别拟合剪力 F_{xB} 和 F_{yB}，则拟合函数的边界条件为叶尖位置 (R) 剪力为 0。

$$F(x)=(R-x)\left(ax^2+bx+c\right) \tag{9-3}$$

用 Matlab 函数拟合剪力 F_{xB} 和 F_{yB}，其拟合结果分别如图 9-26 和图 9-27 所示。

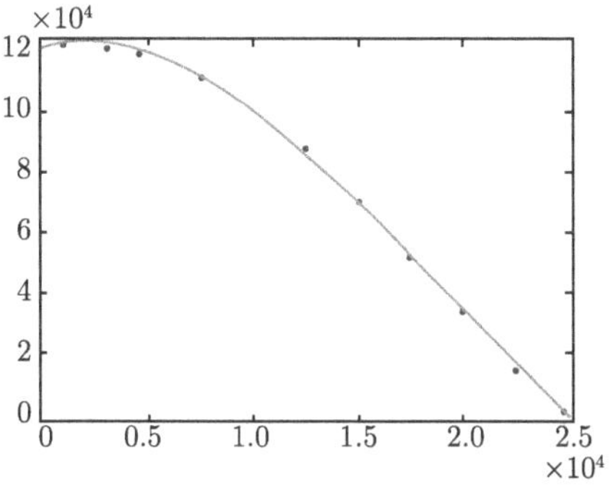

图 9-26　拟合函数 F_{xB}

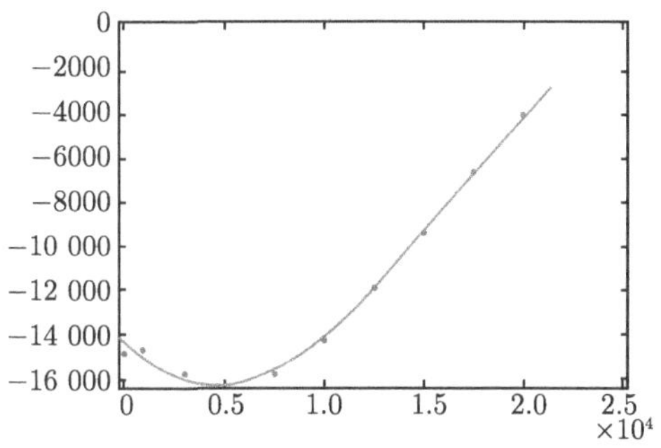

图 9-27　拟合函数 F_{yB}

拟合函数表达式为

$$
\begin{aligned}
F(x) &= (25000-x)\times(-0.000000009x^2+0.0002729x+4.741)\\
F(y) &= (25000-x)\times(0.000000002468x^2-0.00006667x-0.5733)
\end{aligned}
\tag{9-4}
$$

对拟合函数求导，得到 x 方向分布力函数表达式:

$$f(x)=0.000000027x^2-0.0009958x+2.0815 \tag{9-5}$$

同理，可得 y 方向分布力函数表达式:

$$f(y)=-0.000000007404x^2+0.00025674x-1.09345 \tag{9-6}$$

x,y 方向分布力沿叶片展向的曲线分别如图 9-28 和图 9-29 所示。

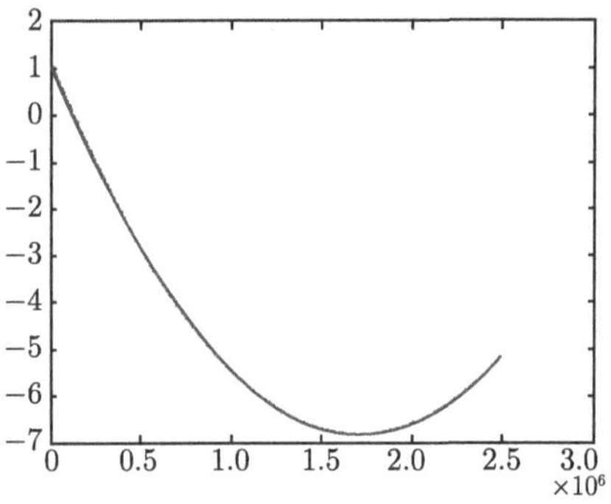

图 9-28　x 方向分布力函数图

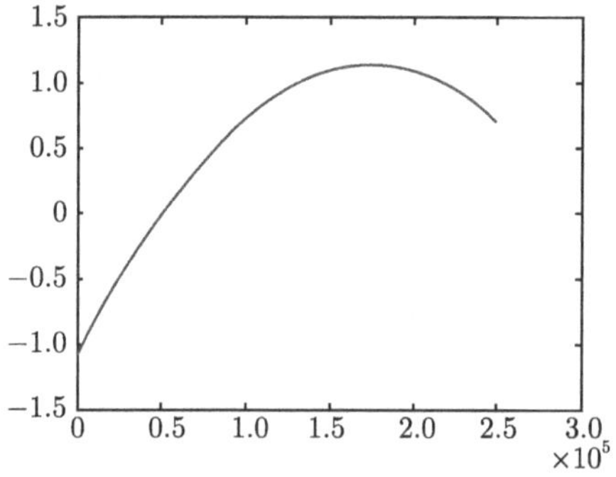

图 9-29　y 方向分布力函数图

为检验分布力的正确性，根据分布力计算叶根坐标系下叶片各截面的剪力和弯矩，分别按式 (9-4) 对叶片展向进行积分:

$$
\begin{aligned}
F(x) &= -\int_R^L f(x)\mathrm{d}x+F(R),\quad F(R)=0\\
M(x) &= -\int_R^L f(x)(x-L)\mathrm{d}x+M(R),\quad M(R)=0
\end{aligned}
\tag{9-7}
$$

通过计算得到分布力计算的叶片截面剪力和弯矩，与 Bladed 输出剪力和弯矩对比, 如图 9-30~图 9-33 所示。

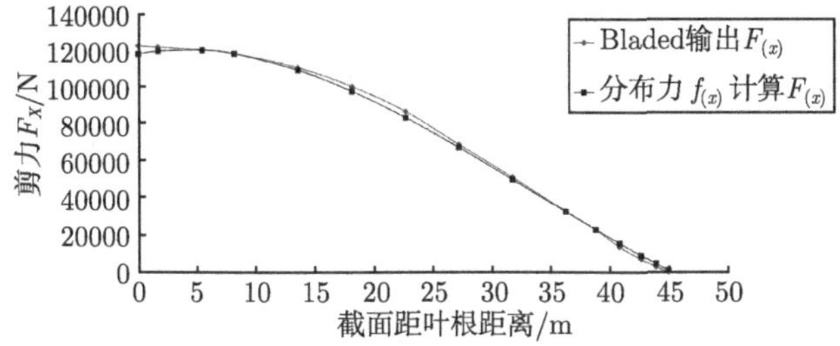

图 9-30　x 方向剪力计算值与给定值比较

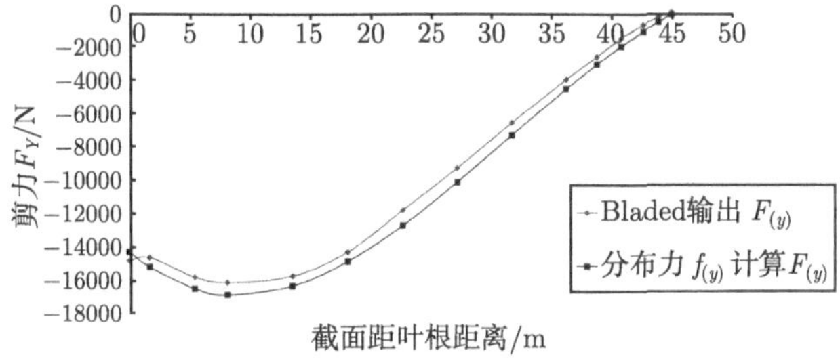

图 9-31　y 方向剪力计算值与给定值比较

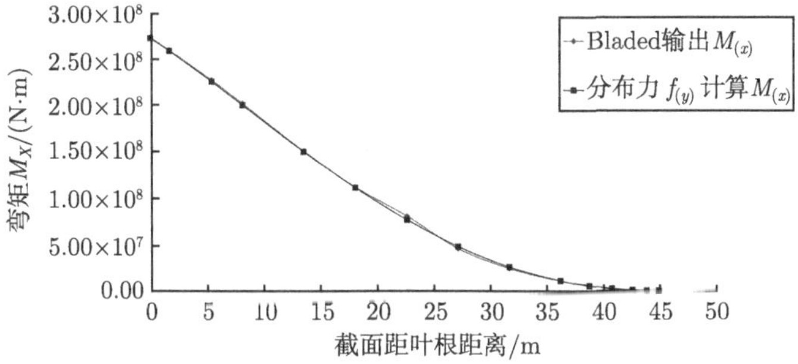

图 9-32　x 方向弯矩计算值与给定值比较

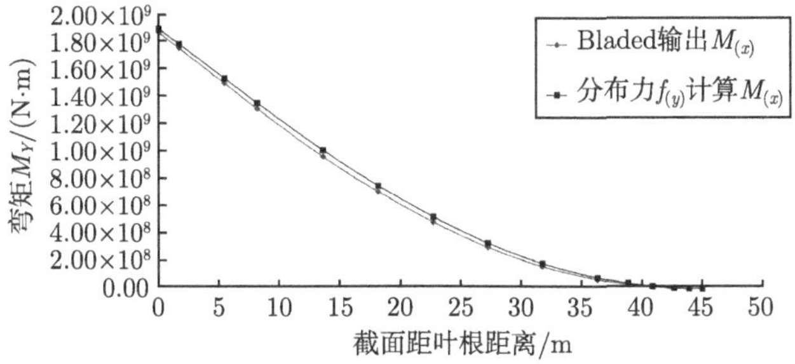

图 9-33　y 方向弯矩计算值与给定值比较

按分布力转化的剪力和弯矩与 Bladed 输出的剪力和弯矩相比较，分布趋势一致且误差较小。叶尖相对误差较大但绝对误差较小，F_y 误差略大，但由于 F_y 为摆振方向，误差绝对值也较小。力的分布处理对整体分析影响较小，证实可以用于加载。

2. 叶片弦向压力分布

对 x, y 方向的剪力 F_x, F_y 沿展向进行分布处理后，还需对其进行弦向分布处理，才能作用于曲面上。弦向应该根据翼型压力分布函数来确定分布力函数。通过 CFD 计算软件 Fluent 计算翼型压力分布 (图 9-34)，可以得到翼型表面压力分布数值，将压力分布数值导入 Excel 中，得出压力分布函数图 (图 9-35)。以某叶片截面在 $C_{p\max}$ 对应的攻角下的翼型表面压力分布为例，说明叶片弦向压力分布形式。

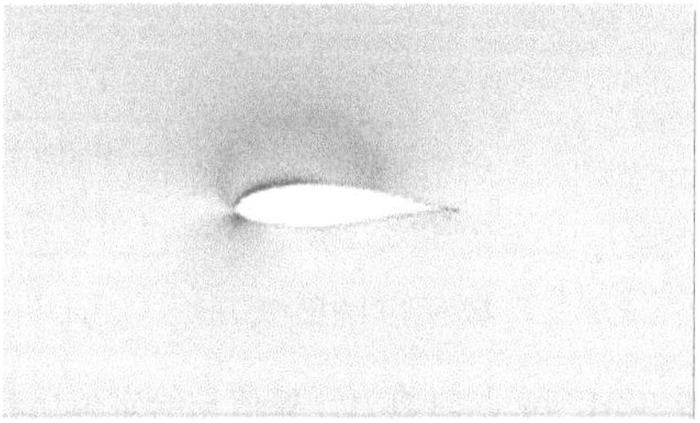

图 9-34　CFD 计算翼型压力分布图

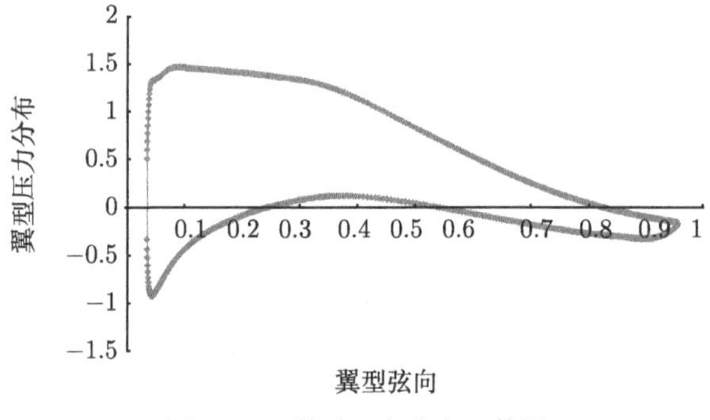

图 9-35　翼型压力分布函数图

在翼型坐标系下，根据翼型压力分布，只考虑压差阻力，不考虑摩擦阻力的前提下，可得翼型表面轴向力系数:

$$
\begin{aligned}
c_n &= \frac{1}{c}\left[\int_0^c (C_{p,l} - C_{p,u})\mathrm{d}x\right] \\
c_a &= \frac{1}{c}\left[\int_0^c \left(C_{p,u}\frac{\mathrm{d}y_u}{\mathrm{d}x} - C_{p,l}\frac{\mathrm{d}y_l}{\mathrm{d}x}\right)\mathrm{d}x\right]
\end{aligned}
\tag{9-8}
$$

其中，y_u 在 x 轴以上为正，y_l 在 x 轴以下为负；$C_{p,l}$ 为翼型上表面的 $C_{p,y}$，$C_{p,u}$ 为

翼型上表面的 $C_{p,y}$; c 为翼型弦长; c_n 为 y 轴向力系数，c_a 为 x 轴向力系数。可得由 CFD 计算的翼型截面的 F_x 和 F_y

$$\begin{aligned} F_y &= c_n \frac{1}{2}\rho v_0^2 c \\ F_x &= c_a \frac{1}{2}\rho v_0^2 c \end{aligned} \tag{9-9}$$

CFD 计算的翼型各截面的剪力与 Bladed 有差别，将 Bladed 输出的各截面的 $(F_x, F_y)_{\text{Bladed}}$ 与通过 CFD 计算的 $(F_x, F_y)_{\text{CFD}}$ 做差值，将此差值均匀分配到翼型弦向分布力上。

$$\Delta = (F_x, F_y)_{\text{Bladed}} - (F_x, F_y)_{\text{CFD}} \tag{9-10}$$

根据翼型压力分布数值，将 Bladed 输出的集中力与 CFD 计算的集中力差值做归一化处理，计算出每个点的 $C_{p,yl} - C_{p,yu}$，得到 $C_{p,yl} - C_{p,yu}$ 随翼型弦向 x/c 变化的函数，再用 Matlab 通过函数拟合离散点 $f(x/c)$，如图 9-36 所示。

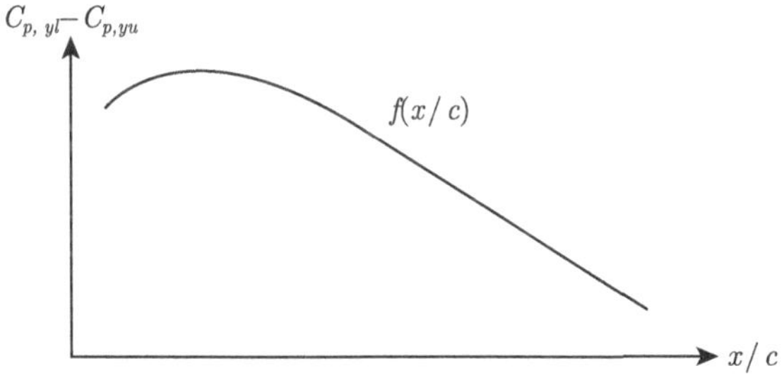

图 9-36　压力分布离散点拟合函数

将 Bladed 输出的剪力与 CFD 计算的剪力的差值归一化处理:

$$C_{p,yl} - C_{p,yu} = f(x/c) + \frac{\Delta}{c_n \frac{1}{2}\rho v_0^2 c} \tag{9-11}$$

在翼型弦向整体积分得到弦向分布函数:

$$\int_0^1 (C_{p,yl} - C_{p,yu})\mathrm{d}\left(\frac{x}{c}\right) = \int_0^1 f(x/c)\mathrm{d}\left(\frac{x}{c}\right) + \Delta \tag{9-12}$$

根据翼型 CFD 计算结果，可以看出翼型弦向的压力分布近似为二次函数的分布，如图 9-37 所示。根据翼型压力分布函数变化趋势，假设弦向分布力函数 $q(t)$ 为二次函数，如图 9-38 所示。

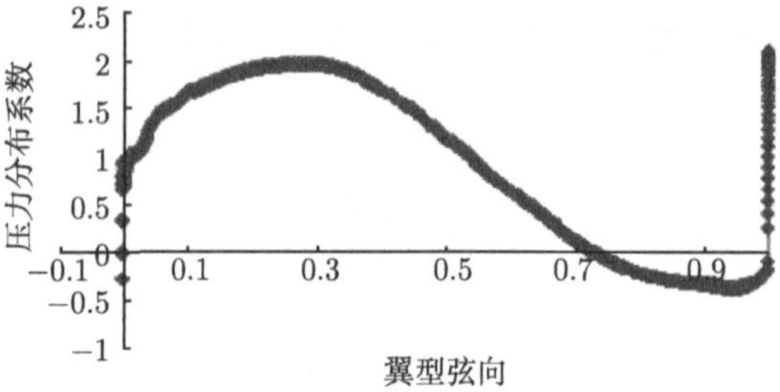

图 9-37　翼型弦向压力分布函数图

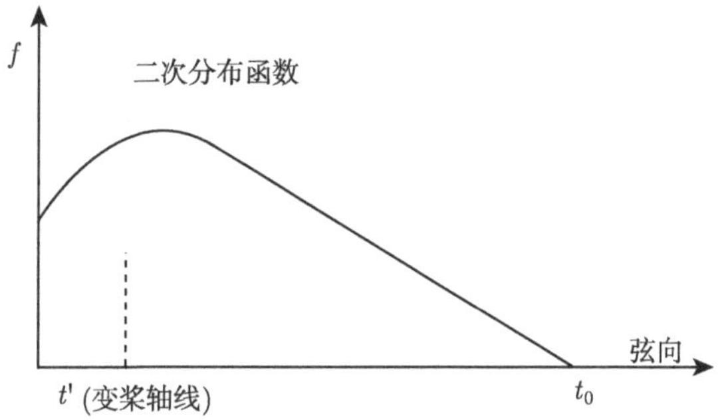

图 9-38　弦向二次分布函数分布图

二次函数 $q(t)$ 满足以下 3 个条件: $q(t)$ 沿弦向积分合力与翼型剪力平衡; $q(t)$ 沿弦向积分取弯矩与翼型剪力到前缘的弯矩平衡; $q(t)$ 沿弦向分布的边界条件为尾缘为 0。

$$\begin{cases} \int_0^c q(t)\mathrm{d}t = f(l) \\ \int_0^c q(t)t\mathrm{d}t = f(l)t' \\ q(t_0) = 0 \end{cases} \tag{9-13}$$

通过计算可得翼型弦向分布力函数。

3. 分布力加载

根据叶片展向和弦向分布力函数表达式，在有限元模型中建场加载。场是 MSC. Nastran/Patran 中一个灵活、强大、易用的工具。场通过简单而直观的方法来定义和操作复杂的数据，表达复杂的变化。通过场可以定义多种多样的随时间、空间、材料属性等变化的标量场和矢量场。这里将风力机叶片受到的多工况下的载荷数据定义为空间场，所谓空间场描述的是一个数据组，它们在实数坐标空间或参数坐标空间中变化。空间场可能是 1D、2D 或者 3D 的。在实坐标空间，场可以在选定的直角坐标系、柱坐标系、球坐标系中变化。

选择最大挥舞弯矩极限载荷加载在有限元模型上，通过建场函数，将叶片各截面剪力 (F_{xB}, F_{yB}) 转化为沿叶片展向的分布力函数 $f(x), f(y)$ 和沿弦向的分布力函数 $q(t)$，以场加载的形式加载在模型表面; 将叶片离心力 F_{zB} 以 total load 形式均匀分布在叶片各截面上。叶片加载和约束的结果如图 9-39 所示。

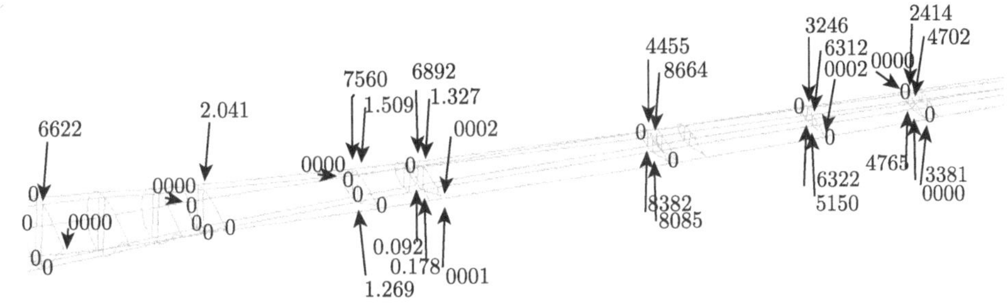

图 9-39 叶片场加载示意图

根据分布力加载的结果，提取叶片叶根的力和力矩，与 Bladed 输出的叶根力和力矩比较，误差结果见表 9-4。

表 9-4 分布力加载下叶根力和力矩误差

载荷比较	F_{xB}/N	F_{yB}/N	F_{zB}/N	$M_{yB}/(\mathrm{N\cdot m})$	$M_{xB}/(\mathrm{N\cdot m})$	$M_{zB}/(\mathrm{N\cdot m})$
Bladed 输出叶根载荷	1.23×10^5	-1.49×10^4	1.59×10^5	1.87×10^6	2.73×10^5	5.66×10^3
分布力加载的叶根载荷	1.27×10^5	-1.44×10^4	1.60×10^5	1.90×10^6	2.79×10^5	-2.34×10^4
误差	3.25%	−3.36%	0.63%	1.60%	2.20%	−513.43%

分布力加载在有限元模型上，力的误差较小，分布力加载过程中，力矩是由分布力计算得到的。弯矩 M_{yB}、M_{xB} 的误差在 10%以内，分布力加载的载荷大于 Bladed 输出的叶根载荷，故分布力计算的结果偏保守。分布力加载得到的扭矩 M_{zB}，由于力的作用点和翼型的压力中心不重合，由 x 和 y 方向的分布力产生附加扭矩 M_{zB}，而 Bladed 得到的扭矩，是由翼型俯仰力矩系数得到的，所以两者差别较大。

9.4.6 测试载荷加载形式

测试载荷应用包络载荷，考虑最大挥舞弯矩、最小挥舞弯矩、最大摆振弯矩和最小摆振弯矩。

1. 测试载荷转化

测试载荷需考虑坐标系、叶片安装角、测试安全系数与测试设备、加载位置等，叶片外载荷转化为测试载荷的流程如图 9-40 所示。

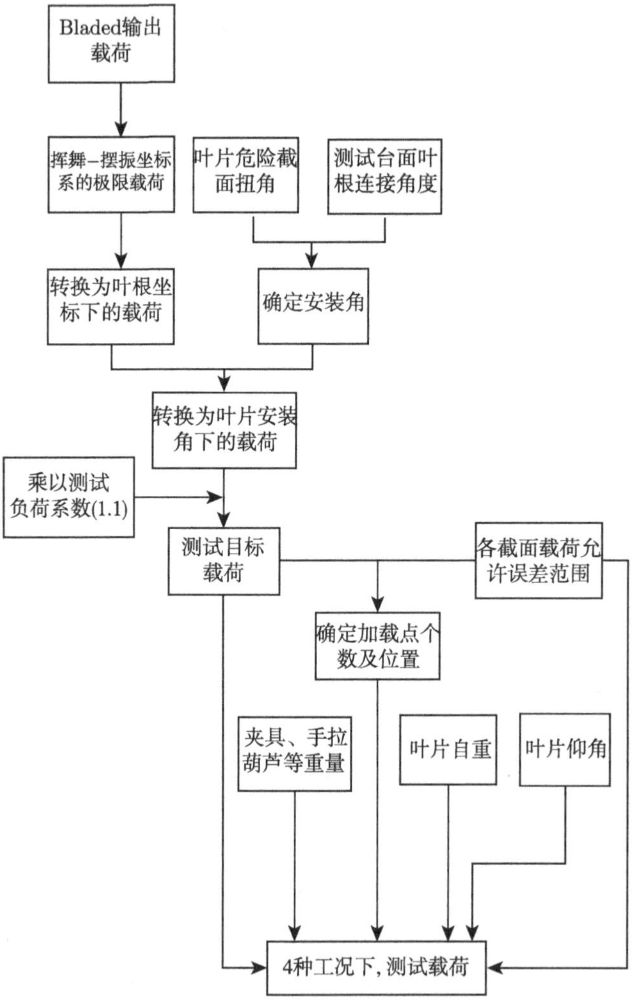

图 9-40 测试载荷流程

2. 测试载荷安全系数

Bladed 输出载荷转换为叶根坐标系下，考虑叶片安装角之后的最大挥舞弯矩、最小挥舞弯矩、最大摆振弯矩和最小摆振弯矩。

3. 考虑叶片安装角的设计载荷

考虑叶片安装角，调整设计载荷的作用方向。

4. 叶片测试载荷

根据 IEC/TS 61400，对于静态试验，叶片测试载荷与叶片设计载荷的关系为

$$F_{t\arg et-u} = F_{du}\gamma_{nu}\gamma_{su} \tag{9-14}$$

其中，$F_{t\arg et-u}$ 是测试载荷；F_{du} 为设计载荷；γ_{nu} 是故障影响准因子；γ_{su} 是叶片间振动准因子。

按照 IEC/TS 61400，对于静态试验，取叶片间振动准因子 $\gamma_{su} = 1.1$。考虑结构的重要性和事故影响的重要性，假设该静载测试取故障影响影子 $\gamma_{nu} = 1.0$。所以，将叶片的设计载荷转化为叶片的测试载荷。

叶片测试载荷为最大挥舞载荷、最小挥舞载荷、最大摆振载荷、最小摆振载荷。设计载荷考虑叶片自身重力的影响，同时考虑叶片仰角和叶片安装角的影响以及测试中夹具的重量。图 9-41 以最大挥舞测试载荷为例，100%测试载荷时叶片各个截面的载荷对比。

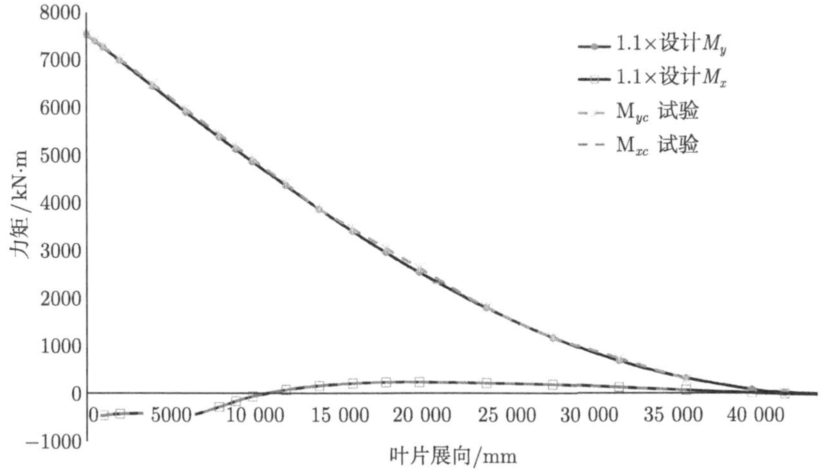

图 9-41　最大挥舞测试载荷对比

5. 测试载荷加载

叶片测试载荷加载，根据测试中实际夹具的大小，确定载荷加载作用范围，如图 9-42 所示。同时考虑叶片自重和各角度影响，在叶片测试的加载位置 (如剪心) 施加集中的设计载荷。一般情况下，不同叶片和测试机构对载荷加载的方案不同，有限元的测试载荷加载应按照叶片测试的方案，模拟真实的加载过程。

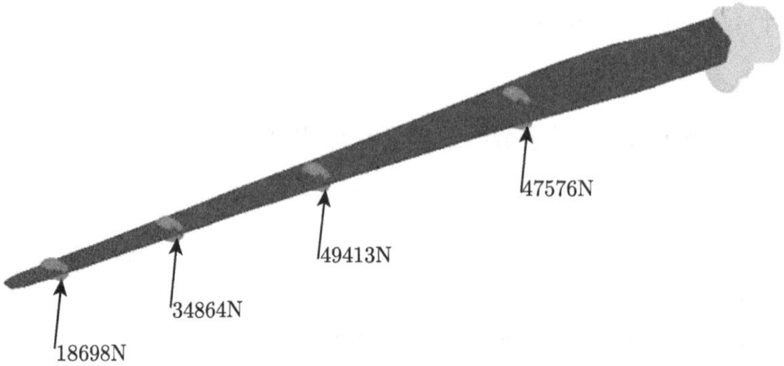

图 9-42　测试载荷加载示意图

9.4.7　重力载荷

考虑重力载荷的方向和安全系数，将重力载荷以重力场的形式作用于叶片重心位置，如图 9-43。

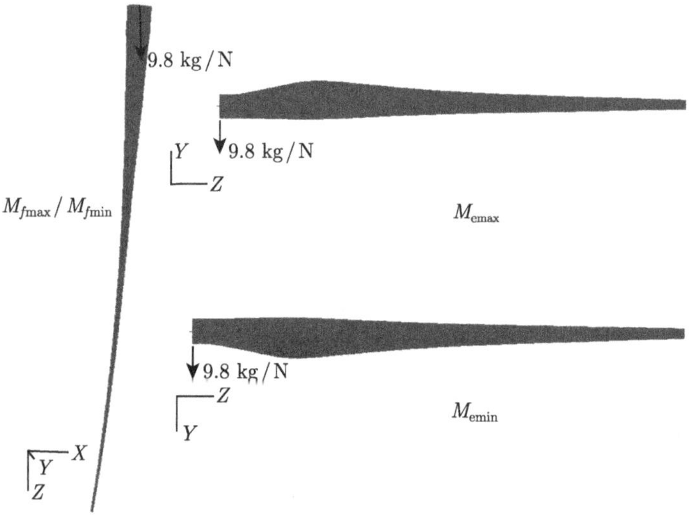

图 9-43　重力载荷

9.4.8　疲劳载荷

叶片疲劳载荷以疲劳载荷谱和时间历程曲线的形式用于叶片的疲劳分析，详见本书第 16 章，这里暂不做介绍。

同时，将在本书第 20 章详细阐述叶片全尺寸测试。

第10章　其 他 方 法

叶片结构校核与分析中，除了有限元方法之外，工程界还通常使用 FOCUS 进行叶片的结构校核。在 FOCUS 软件进行叶片模型建立，并根据叶片的极限设计载荷，对叶片挠度、静强度和屈曲性能进行分析。本章节简述 FOCUS 软件设计叶片的流程和叶片数据库。

10.1　叶片建模流程

应用 FOCUS 软件进行叶片建模流程如图 10-1 所示。

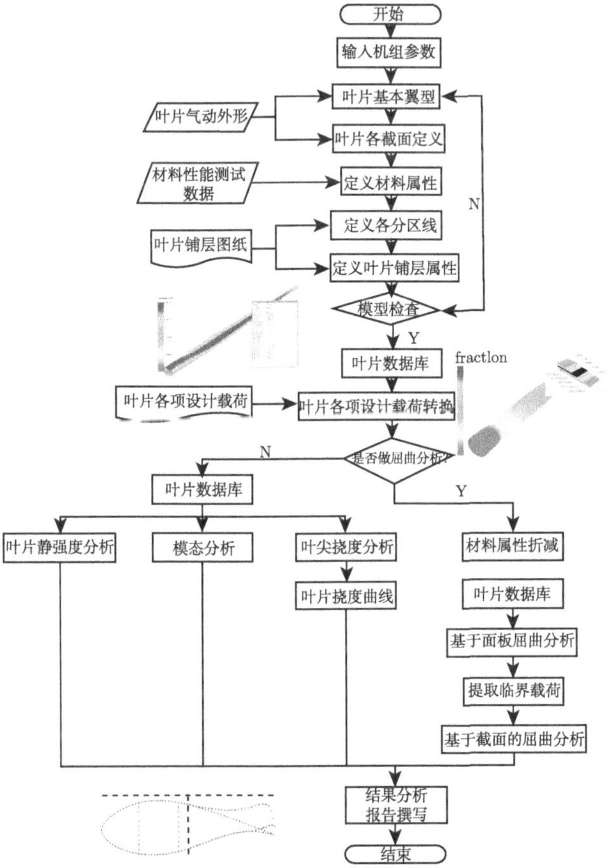

图 10-1　FOCUS 软件叶片建模分析流程图

10.2　叶片数据库

FOCUS 建立叶片数据库包括气动性能、质量分布和结构特性，如图 10-2 和图 10-3 所示。

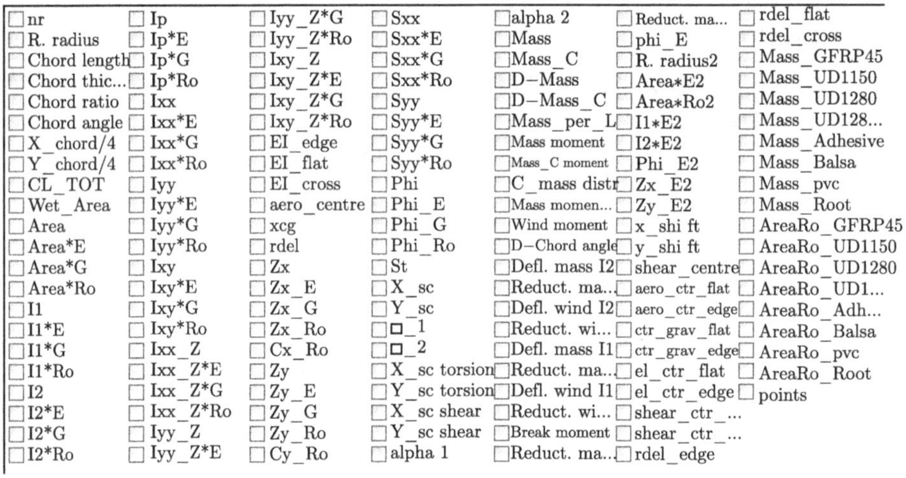

图 10-2　叶片数据库包含结果

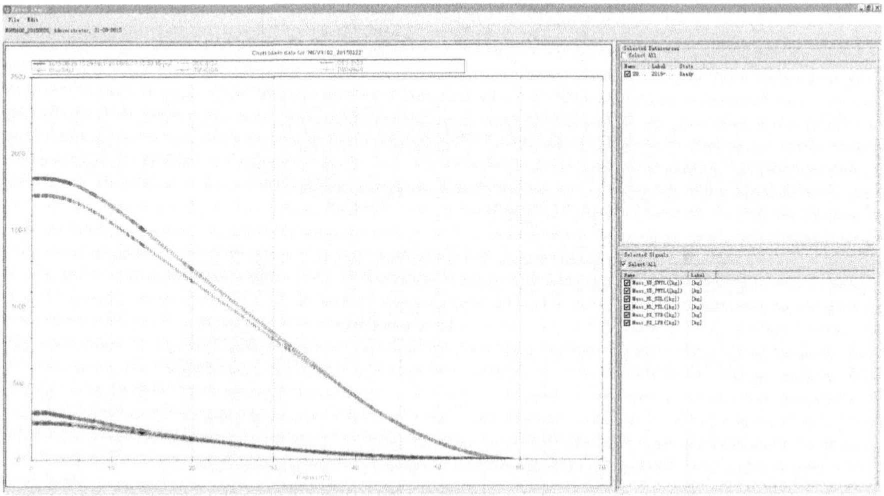

图 10-3　叶片各材料质量统计

第四篇
叶片结构构件设计

第 11 章　基本校核分析

叶片基本校核包括叶片整体的静强度分析，刚度和挠度校核，振动特性分析与叶片整体屈曲分析。

11.1　叶片基本校核

叶片基本校核流程如图 11-1 所示。

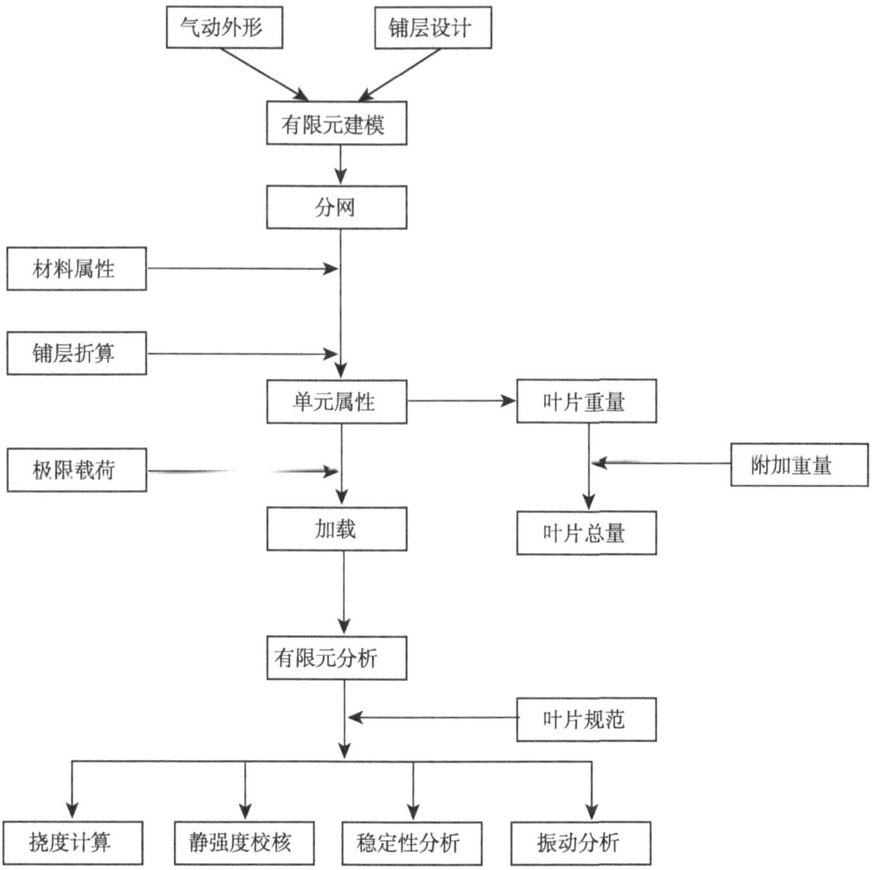

图 11-1　叶片结构基本校核流程

11.2 结构校核安全系数

不同的标准规定的结构校核安全系数的分类和原则也不同，本章节将分别介绍 GL 2010 和 DNV 的结构校核安全系数。

11.2.1 GL 2010 结构校核安全系数

GL 2010 的结构校核安全系数是由载荷局部安全系数 γ_f 和材料局部安全系数 γ_{Mx} 共同确定的[14]。

1. *载荷局部安全系数* γ_f

(1) 对于正常使用极限状态 $\gamma_f = 1.0$。

(2) 极限强度、失稳、失衡的载荷局部安全系数，参见表 11-1。

表 11-1　载荷局部安全系数

载荷来源	不利载荷			有利载荷
	正常和极端 (N)	非正常 (A)	运输和装配 (T)	所有设计工况
空气动力	1.35	1.1	1.5	0.9
运行	1.35	1.1	1.5	0.9
重力	1.1/1.35*	1.1	1.25	0.9
其他惯性力	1.25	1.1	1.3	0.9
热影响	1.35	—	—	—

(3) 疲劳分析，$\gamma_f = 1.0$。

(4) 地震作用，$\gamma_f = 1.0$。

2. *材料局部安全系数* γ_{Mx}

GL 2010 规定的材料安全系数按照式 (11-1) 确定

$$\gamma_{Mx} = \gamma_{M0} \prod_i C_{ix} \tag{11-1}$$

其中，$\gamma_{M0} = 1.35$; C_{ix} 为温度影响，当层合板 50℃时的剪切模量和弯曲模量不大于 23℃的剪切模量和弯曲模量，则 C_{ix} 的影响范围是 $-30 \sim 50$℃。

1) 静强度分析

在叶片进行静强度分析时，需要考虑到材料特性的影响，应用如下的缩减系数。

对于所有分析，局部安全系数 γ_{M0} 为

$$\gamma_{M0} = 1.35$$

而其他缩减系数: ①$C_{1a}=1.35$, 老化影响; ② $C_{2a}=1.1$，温度影响; ③$C_{3a}=1.1$, 用预浸料、弯曲技术、拉挤或树脂浇灌方法成型; (4) $C_{4a}=1.1$, 非后固化成型。

因而，材料安全系数为

$$\gamma_{Ma}=\gamma_{M0}\times C_{1a}\times C_{2a}\times C_{3a}\times C_{4a}=1.35\times 1.35\times 1.1\times 1.1\times 1.1=2.426$$

2) 胶接分析

进行结构胶胶接性能分析时，需要考虑到材料特性的影响，应用如下的缩减系数。

对于所有分析，局部安全系数 γ_{M0} 为

$$\gamma_{M0}=1.35$$

而其他缩减系数: ①$C_{1d}=1.5$，老化影响; ② $C_{2d}=1.0$，温度影响; ③$C_{3d}=1.1$，用预浸料、弯曲技术、拉挤或树脂浇灌方法成型; ④$C_{4d}=1.1$，非后固化成型。

因而，材料安全系数等于

$$\gamma_{Md}=\gamma_{M0}\times C_{1d}\times C_{2d}\times C_{3d}\times C_{4d}=1.35\times 1.5\times 1.0\times 1.1\times 1.1=2.45$$

3) 稳定性分析

在叶片进行线性稳定性分析时，需要考虑到材料特性的影响，应用如下的缩减系数。

对于所有分析，局部安全系数 γ_{M0} 为

$$\gamma_{M0}=1.35$$

而其他缩减系数: ①$C_{1c}=1.1$，适于模量离散; ② $C_{2c}=1.1$，温度影响 (参见 GL 2010–5.5.4(15)); ③ $C_{3c}=1.25$，线性计算。

因而，稳定性分析的材料局部安全系数等于

$$\gamma_{Mc}=\gamma_{M0}\times C_{1c}\times C_{2c}\times C_{3c}=1.35\times 1.1\times 1.1\times 1.25=2.04$$

4) 疲劳分析

在叶片进行疲劳性能分析时，需要考虑到材料特性的影响，应用如下的缩减系数。

对于所有分析，局部安全系数 γ_{M0} 为

$$\gamma_{M0}=1.35$$

而其他缩减系数: ①$C_{1b}=N^{1/10}=5.012$，对应于载荷循环次数 N 和斜率参数 m 的高周疲劳强度曲线；针对环氧树脂基体层板，$m=10$，$N=10^7$。② $C_{2b}=1.1$，温度影响。③ $C_{3b}=1.0$，单向增强制品；$C_{3b}=1.1$，非编织纤维和单向编织粗砂；$C_{3b}=1.2$，编织纤维和毡。④ $C_{4b}=1.1$，非后固化成型。⑤ $C_{5b}=1.0$，叶片后缘的局部安全系数, 针对摆振方向的动态叶片试验; $C_{5b}=1.1$，叶片后缘的局部安全系数, 针有限元方法；$C_{5b}=1.2$，叶片后缘的局部安全系数, 根据伯努利理论计算; $C_{5b}=1.0$ 其他位置。

因而，单向增强制品的有限元方法的尾缘疲劳分析的材料局部安全系数等于

$$\gamma_{Mb}=\gamma_{M0}\times C_{1b}\times C_{2b}\times C_{3b}\times C_{4b}\times C_{5b}=1.35\times 5.012\times 1.1\times 1.0\times 1.1\times 1.1=9.006$$

11.2.2 DNV 结构校核安全系数

DNV 的结构校核安全系数是由载荷安全系数 γ_f、失效安全系数 γ_n 和材料安全系数 γ_m 共同确定的[23]。

1. 载荷安全系数

表 11-2 为载荷安全系数表。

表 11-2 载荷安全系数 γ_f

不利载荷			有利载荷
正常的	异常的	运输和安装	所有设计工况
1.35*	1.1	1.5	0.9

* 如果载荷由外推法得到，那么 1.35 可以降为 1.25。

2. 失效安全系数

表 11-3 为失效安全系数表。

表 11-3 失效安全系数 γ_n

极限状态	
ULS 和净空	FLS
1	1.15

表 11-3 中，ULS 为最大极限状态; FLS 为疲劳极限状态

3. 材料安全系数

材料局部安全系数针对 FRP、层合木和胶黏剂，见表 11-4。

表 11-4 材料安全系数

描述	因子	ULS	FLS
材料的基础材质因子	γ_{m_1}	1.3	1.2
如果强度数据参考 97.5%可靠性代替 95%的修正系数	γ_{m_2}	0.95	0.95

续表

描述	因子	ULS	FLS
交变载荷/低周期疲劳下的强度衰减因子	γ_{m3}	1.1	–
尺寸效应、温度、老化的强度衰减因子和 UV 辐射和湿度的退化			
— 环氧树脂体系		1.1	
— 聚酯、乙烯基酯树脂体系	γ_{m4}	1.2	
— 木与环氧 FRP		1.1	
材料选型和制造方法的强度衰减因子			
纤维增强热树脂		1.0	
— 预浸料或树脂灌输单向带-连续铺层且无厚度突变，制造工艺无褶皱		1.1	
— 预浸料或树脂灌输主要与单向带，包括厚度突变		1.2	
— 任意方向毡和 (或) 手糊工艺			
层合木，厚度方向很多薄木			
— 多于 11 层薄木		1.0	
—6 层薄木		1.1	
—4 层薄木	γ_{m5}	1.2	
—3 层薄木或更少		1.3	
其他中薄木层数用内插法得到			
夹芯材料			
— 塑性聚合泡沫，设计为屈服 (PVC)		1.0	
— 脆性聚合泡沫, 设计为破裂 (PMI)		1.1	
—Balsa		1.3	
胶接连接		1.3	
— 糊状胶黏剂			
后固化的强度衰减因子			
— 按照 DSC 或设备控制后固化		1.0	
— 无控制的后固化	r_{m6}	1.05	
— 仅放热固化		1.1	

11.3　强 度 校 核

叶片有限元极限强度分析，即在极限载荷与重力载荷作用下，叶片的整体静强度、刚度和叶尖挠度的校核与分析，验证极限强度是否满足强度失效准则与初始净空要求。

11.3.1　失效准则

复合材料的失效判定准则较多，包括最大应变失效准则、最大应力失效准则、Tsai-Hill 失效准则、Norris 失效准则、Hoffmann 失效准则、Tsai-Wu 失效准则等。叶片有限元整体极限强度校核，主要分析不同铺设角度的 0° 单层布的失效。如主梁、尾缘梁的各层 0° 单层布，蒙皮与叶根加强层的 $+45°/-45°$ 单层布等。另外，由于叶片芯材 Balsa 木的单方向特性明显优于其他两个方向，也可作为正交各向异性材料判断失效。

1. 正交各向异性复合材料失效判断

2d 正交各向异性材料失效判断，常采用 Tsai-Hill 失效准则，根据失效准则与材料强度许用值，在 MSC 的 Laminate Modeler 模块中，确定材料失效因子和失效安全系数。

Tsai-Hill 失效准则的计算公式:

$$\mathrm{FI}=\frac{\sigma_1^2}{X^2}-\frac{\sigma_1\sigma_2}{X^2}+\frac{\sigma_2^2}{Y^2}+\frac{\tau_{12}^2}{S^2} \tag{11-2}$$

3d 正交各向异性材料失效判断，可使用三方向 Tsai-Hill 失效准则:

$$\begin{aligned}\mathrm{FI}=&(G+H)\sigma_1^2+(F+H)\sigma_2^2+(F+G)\sigma_3^2-2H\sigma_1\sigma_2-2G\sigma_1\sigma_3-2F\sigma_2\sigma_3\\&+2L\tau_{23}^2+2M\tau_{31}^2+2N\tau_{12}^2\end{aligned}$$

式中

$$\begin{aligned}&H=\left(\frac{1}{X^2}+\frac{1}{Y^2}-\frac{1}{Z^2}\right)/2;\quad G=\left(\frac{1}{X^2}-\frac{1}{Y^2}+\frac{1}{Z^2}\right)/2\\&F=\left(-\frac{1}{X^2}+\frac{1}{Y^2}+\frac{1}{Z^2}\right)/2;\quad L=\frac{1}{2S_{YZ}^2}\\&M=\frac{1}{2S_{ZX}^2};\quad N=\frac{1}{2S_{XY}^2}\end{aligned}$$

2. 各向同性复合材料失效判断

叶片复合材料铺层中，芯材 PVC 与树脂可作为各向同性材料。各向同性材料的失效准则通常选用 von Mises 屈服准则。由于树脂受力特性的特点，也可选用面内剪切失效的判断准则。

von Mises 屈服准则可用于评估屈服载荷下各向同性材料，如 FRP 层合板典型的各向同性材料为树脂。von Mises 屈服准则为

$$\sqrt{(\sigma_1-\sigma_2)^2+(\sigma_2-\sigma_3)^2+(\sigma_3-\sigma_1)^2}<\sigma_y \tag{11-3}$$

其中，σ_n 为主应力, 设计载荷对应的 $n=1,2,3$；σ_y 为材料屈服应力的设计值。

树脂面内剪切失效模式可应用面内剪切应力 τ_{12}。对于简化的 2D 面内剪切，设计准则归纳为

$$\tau_{12}<\hat{\tau}_{12}^{\mathrm{matrix}} \tag{11-4}$$

其中，τ_{12} 为面内剪切应力；$\hat{\tau}_{12}^{\mathrm{matrix}}$ 为树脂面内剪切应力设计值。

11.3.2　整体极限强度校核

极限强度校核主要考虑叶片壳体不同铺设方向的 0° 单层布、芯材、结构胶黏剂和腹板蒙皮的强度特性，根据不同的材料特性选择不同的失效判断准则进行叶片各构件强度校核。

单层/层合板中的第一根玻纤破坏则定义为纤维失效。纤维强度或者应变失效主要是基于单层或者层合板的测试结果。而在静态测试中，单层布/层合板的失效的定义是单层布/层合板中的纤维断裂。

考虑了结构校核安全系数后，材料的失效安全系数 =1/失效因子。图 11-2 给出叶片蒙皮的应力云图。

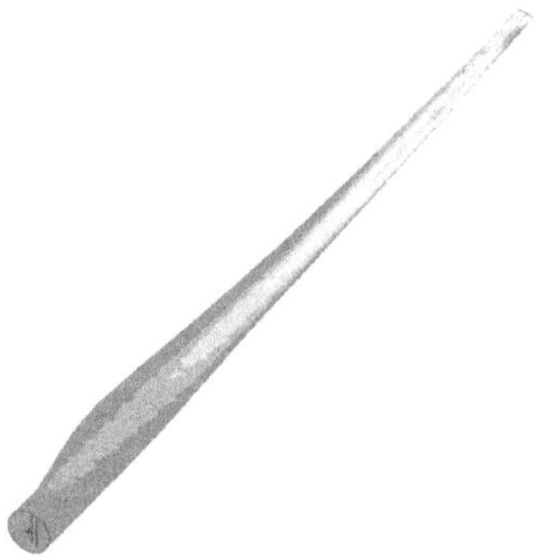

图 11-2　叶片应力云图

11.3.3　吊装工况强度校核

在叶片的运输和吊装过程中，叶片吊装部位会安装上夹具、吊装带之类的，如果不加以保护，叶片会受到一定程度的损坏，因此，叶片设计过程中，在运输加强层处加上绑带宽度的吊装载荷。图 11-3 为有限元模型中，运输加强层网格情况和材料的分布情况。

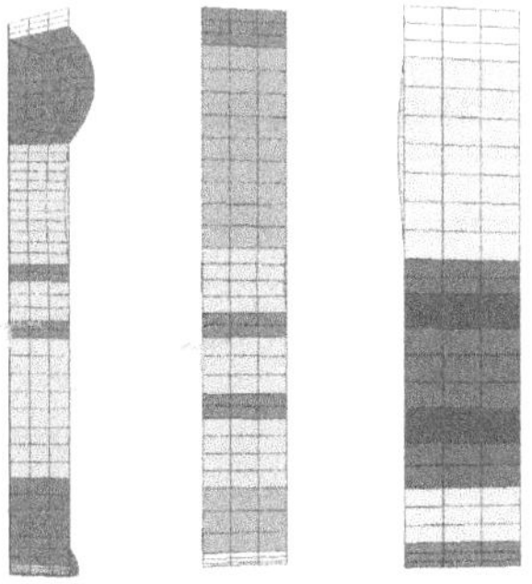

图 11-3　运输加强层的网格划分和材料分布

模拟实际吊装情况，在有限元软件中建立水平吊装和倾斜一定角度下 (如 30°)

吊装的情况。在叶片上方建立一个节点 (全自由度约束)，通过此节点建立多个杆单元与叶片 P 面的节点相连接，以模拟吊装情况。叶片加载约束情况如图 11-4 所示。

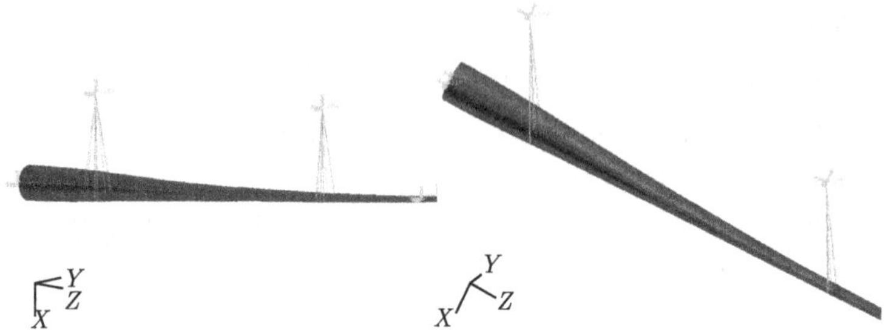

图 11-4 水平吊装和倾斜 30° 吊装的模型建立

在有限元计算时，为避免出现叶片约束不够的情况，在叶片前、尾缘处，建立 4 个弹簧元单元，设定其弹簧刚度常数为 1(避免弹簧元刚度影响叶片的受力情况)，弹簧元位置以及约束情况如图 11-5 所示。

图 11-5 模型辅助弹簧元模型

1. 加载校核

在有限元中进行静强度计算，从结果提取出杆单元上面的拉力信息，并与叶片自重进行比较，得到水平吊装和倾斜 30° 吊装时误差分别为 1.11%和 1.52%，见表 11-5，因而可以认为该分析能够模拟真实情况。

表 11-5 杆单元拉力总和与叶片重力的比较

水平吊装		倾斜 30° 吊装	
杆单元编号	拉力/N	杆单元编号	拉力/N
38039	3275.589	38055	5216.284
38040	1917.129	38056	5292.853
38041	2915.69	38057	4121.54
38042	2519.363	38058	4037.894
38055	2093.653	38059	1994.842
38056	2637.76	38060	1814.921

续表

水平吊装		倾斜 30° 吊装	
杆单元编号	拉力/N	杆单元编号	拉力/N
38057	2505.828	38061	826.6034
38058	2417.607	38062	679.2391
38059	2475.342	38063	422.7888
38060	1838.706	38064	355.1039
38061	1859.198	38065	1062.164
38062	1134.814	38066	4376.944
38063	2310.033	38067	3158.556
38064	4345.039	38068	4441.556
38065	5162.692	38069	4388.313
38066	5019.805	38070	4133.918
38067	4560.015	38071	3558.917
38068	4339.091	38072	3365.631
38069	2914.434	38073	2730.023
38070	2052.111	38074	2550.783
力的总和	58293.9	力的总和	58528.87
叶片自重	57653.4	叶片自重	57653.4
误差	1.11%	误差	1.52%

2. 计算与分析

根据吊装静强度计算结果，提取叶片外蒙皮 +45° 玻纤、主梁铺层的应力结果。叶片外蒙皮 +45° 玻纤布的铺层方向为 +45°，此时应该将 X，Y 方向的应力转化为纤维方向的应力，与 0° 玻纤布的强度比较，不同吊装角度的叶片外蒙皮的应力云图如图 11-6 所示。图 11-7 为不同吊装角度的叶片主梁的应力云图。

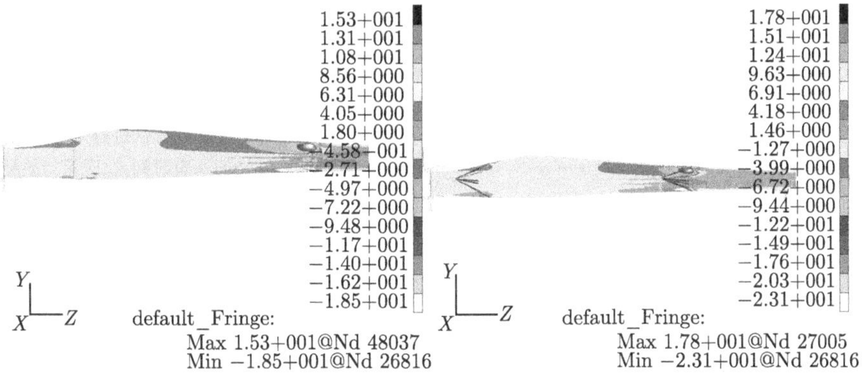

图 11-6　0° 和 30° 吊装，外蒙皮 +45° 玻纤布的 X 方向应力分布情况

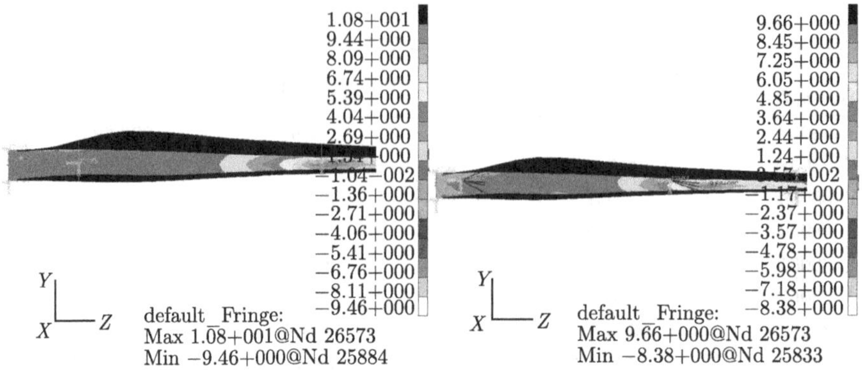

图 11-7　0° 和 30° 吊装, 主复合层 UD 的 X 方向应力分布情况

11.4 刚度校核

风力发电机运行时，叶片受到极限载荷的作用，发生柔性变形。为避免叶尖与塔架发生干涉，参照相关的国际和国家风力发电机组规范[14]，以保证与叶和塔架不会发生干涉，确保风力发电机能够正常运转。挠度分析是风力机典型刚度模型的分析，包括轮毂刚度、变桨轴承刚度以及其他相关组件的刚度。

11.4.1　挠度分析规范

1. GL 2010 的叶尖变形量规定[14]

GL 2010	
To ensure maintenance of a minimum clearance between the rotor blades and other parts of the plant, a deformation analysis shall be performed in the serviceability limit state. If the analysis is performed by static means, a minimum clearance of 50% shall be verified for all load cases with the rotor turning, and 5% for load cases with the rotor standing still, in relation to the clearance in the unloaded state. If the deformation analysis is performed by dynamic and aeroelastic means, at no time may the clearance be less than the minimum of 30% for the rotor turning.	为了确保风轮叶片和其他设备部件之间的最小间隙, 应在使用极限状态下进行变形分析。如用静态方法分析, 风轮旋转时, 在所有载荷情况下, 叶片和其他部件之间的最小间隙应不小于结构未变形时的 50%; 风轮静止时, 在所有载荷情况下, 叶片和其他部件之间的最小间隙应不小于结构未变形时的 5%; 如由动态和气动弹性方法进行变形分析, 在风轮旋转的所有时间内,应保持的最小间隙不小于结构未变形时的 30%。

2. DNV 的挠度计算[10]

叶片挠度应保证小于规定的上限，避免叶片打塔。叶片挠度的设计准则规定如下:

$$D_d(\gamma_f F_k) \leqslant \frac{D_i}{\gamma_n \gamma_m} \tag{11-5}$$

其中，F_k 为载荷特征值；D_d 为经过塔架时叶尖最大挠度；D_i 为叶尖到塔架的最小距离；γ_f 为载荷因子；γ_m 为材料刚度安全系数；γ_n 为失效安全系数。

挠度分析时，$\gamma_m = 1.1$，如确保叶片制造的刚度精度等同于测试叶片的刚度，通过全尺寸试验验证过，则 $\gamma_m = 1.0$。

11.4.2　刚度分布

叶片挥舞刚度、摆振刚度、扭转刚度为叶片的固有特性，影响叶片的整体变形、固有频率、振型和气弹等性能。较好的刚度特性，不但可以降低叶片的挠度，而且可有效控制叶片的气弹响应。叶片的刚度分布，如图 11-8 所示，随着叶片展向距离的增加，挥舞和摆振刚度逐渐减小。在叶根处叶片的刚度最大，在叶尖处叶片的挥舞和摆振刚度同时达到了最小值。由于叶片弦向分布的特性，摆振刚度在最大弦长附件会出现局部极大值。极限载荷工况下，叶尖挠度的计算采用载荷特征值，刚度性能取材料刚度平均值。

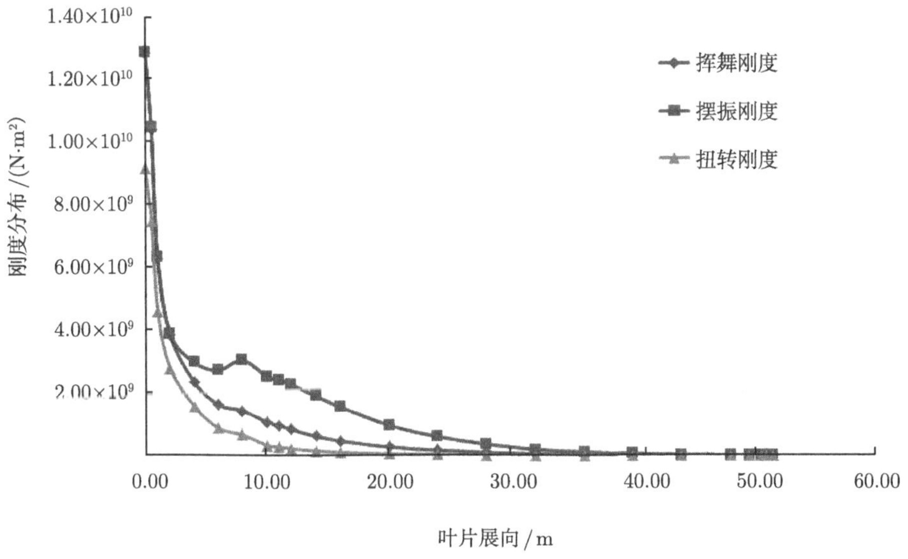

图 11-8　叶片刚度分布

11.4.3　叶尖挠度

叶尖挠度的许用值与初始净空密切相关，避免叶片打塔，应合理控制叶片叶尖变形量。图 11-9 给出初始净空和叶尖变形量的示意图。

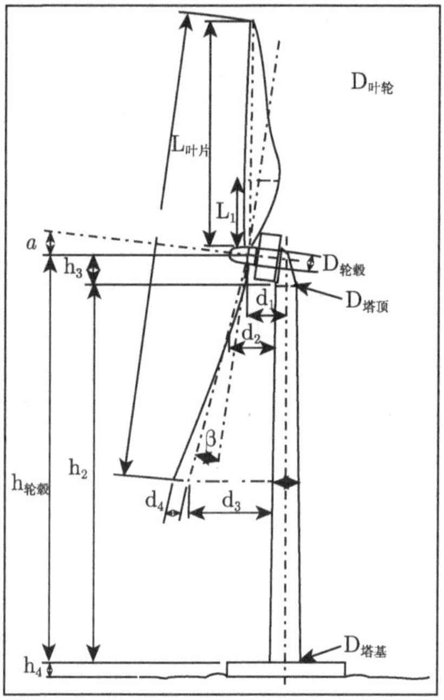

图 11-9　叶片初始净空与叶尖挠度

11.5　振动特性分析

设计风力机时，必须对叶片进行动力特性分析，以便排除叶片各阶固有频率与那些能引起很大交变应力的激振力谐波发生共振。在旋转中，本书认为作用在叶片上的空气动力的谐波分量，直至第八阶谐波，数值都比较大。八阶以上的谐波分量，数值较小，可以不必考虑。在额定转速时，如果叶片固有频率曲线和表示风轮某阶激振频率的直线相交，则表明风力机在该点对应的转速工作时，叶片这一阶固有频率将会发生共振。如果叶片低阶固有频率在工作转速范围内与激振频率相交，叶片就会发生强烈的共振。这是叶片设计时必须要避免的。综上所述，主要关注的是叶片振动的低阶固有频率。

11.5.1　固有频率与振型

1. 固有频率

它是系统本身所具有的一种振动性质。当系统做固有振动时，它的振动频率就是“固有频率”。

(1) 固有模态 (固有振型)。对于一个具备振动必要条件的系统，就存在在振动的固有模态特征，模态是系统振动的固有特征，而描述方法有很多，比如使用位移、应力等。

(2) 阻尼比。阻尼比用于表达结构阻尼的大小，是结构的动力特性之一，用以描述结构在振动过程中某种能量耗散。引起结构能量耗散的因素 (或称之为影响结构阻尼比的因素) 有很多，主要有：①材料阻尼，它是能量耗散的主要原因；②周围介质对振动的阻尼；③节点、支座连接处的阻尼；④通过支座基础消散一部分能量。

2. 激振频率

激振频率是在外界条件下引发的，即工作频率。

3. 共振

共振是由于一种振动引起的其他振动，它们具有频率相同、相近或有相似规律的特点。在某一个特定的频率范围内发生，离开这个频率区，共振就消失。如系统受外界激励，做强迫振动时，若外界激励的频率接近于系统固有频率时，强迫振动的振幅可能达到非常大的值，这种现象叫共振。

4. 临界阻尼

任何一个振动系统，当阻尼增加到一定程度时，物体的运动是非周期性的，物体振动连一次都不能完成，只是慢慢地回到平衡位置而停止。当阻力使振动物体刚能不做周期性振动而又是最快地回到平衡位置的情况，称为“临界阻尼”，如图 11-10 所示。

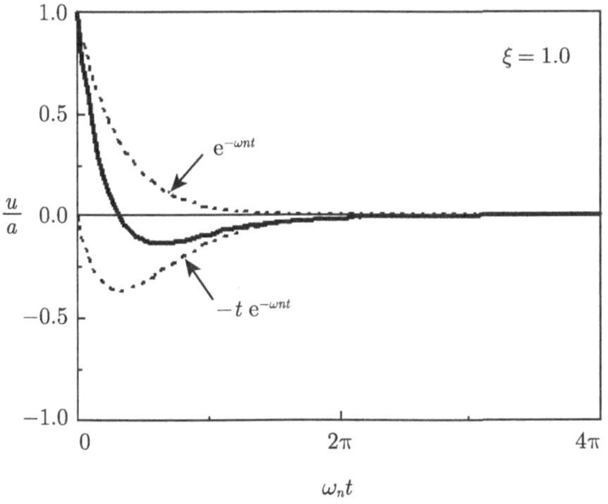

图 11-10　阻尼比为 1.0 时的临界阻尼示意图

5. 叶片的固有频率

(1) 叶片的 Flapwise 的固有频率：叶片在挥舞方向的固有频率；

(2) 叶片的 Edgewise 的固有频率：叶片在摆振方向的固有频率。

6. 风轮的固有频率

(1) 风轮的 In-Plane 的固有频率：在风轮旋转平面内的风轮固有频率；

(2) 风轮的 Out-of-Plane 的固有频率：垂直于风轮旋转平面的风轮固有频率。

7. 旋转风轮的固有频率

(1) 旋转风轮的 In-Plane 的固有频率；

(2) 旋转风轮的 Out-of-Plane 的固有频率。

8. 塔架的固有频率

(1) FA(Fore-Aft) 的固有频率；

(2) SS(Side-Side) 的固有频率。

9. 风轮塔架系统的固有频率

如机舱的 Nodding 的固有频率，偏航的 Yawing 的固有频率。

10. 风的激振频率

风的激振频率：风是一个连续频率的激振源。其激振频率可以按照 von Karman 模型等生成。

11. 风轮的激振频率

风轮的 1P，2P，3P，6P，9P，12P 频率。

12. 其他激振频率

风力机叶片动力特性分析即叶片模态分析，包括确定叶片固有频率、阻尼和模态形状，主要是确定第 1 阶、第 2 阶挥舞频率和第 1 阶摆振频率以及第 1 阶扭振频率。世界各国多年来开展了一系列的相关研究方法，主要为两大类：实验方法和计算方法[24]。一般分为有限元等数值模态分析分法和试验测试方法[25]，而试验测试方法由于其可行性和可靠性较高，得到了风力机设计和生产厂家的高度重视。

考虑到作用在风机叶片上载荷的交变形和随机性，其本身又是弹性结构，因此叶片的振动是不可避免的。当叶片运行的旋转频率接近其固有频率时就会产生较大的动应力，会发生共振。另外，振动带来的疲劳会降低材料的强度，缩短叶片的使用寿命，因此非常有必要分析叶片的结构动力特征。模态分析是近年来进行结构动力学研究的主要手段，本书通过有限元法来实现模态分析和固有频率的计算。

叶片运动可表示为内力、外力和惯性力的微分方程:

$$[M]\{\ddot{a}\}+[C]\{\dot{a}\}+[K]\{a\}=\{P(t)\}+\{N\}+\{Q\} \tag{11-6}$$

其中，$[M]$ 为质量矩阵; $[C]$ 为阻尼矩阵; $[K]$ 为刚度矩阵。$\{\ddot{a}\}$、$\{\dot{a}\}$、$\{a\}$ 分别表示有限元节点加速度、速度、位移。$\{P(t)\}$ 为外力函数矢量; $\{N\}$ 为非线性外力项矢量。$\{Q\}$ 为边界约束反力矢量。

式 (11-6) 是结构动力性分析的基本方程。若其右端 $\{P(t)\}+\{N\}+\{Q\}=0$，在非零的初始条件下，方程 (11-6) 有非零解，这时叶片处于自由振动状态。由于没有外载作用，该方程的解反映了结构本身固有的特性，即频率与振型。

在工程上，一般在讨论叶片的这种固有动力特性时，不考虑阻尼作用，假设系统在无阻尼及无外载荷状态下求解自由振动的模态矢量，于是方程 (11-6) 可变为

$$[K]\{\Phi\}=\lambda[M]\{\Phi\} \tag{11-7}$$

式 (11-7) 就是叶片结构动力问题的广义特征值方程。式中求解的未知量 $\lambda=\omega^2$ 和 $\{\Phi\}$ 分别为叶片结构的特征值和特征矢量。

叶片模型的固有频率分析，计算叶片前五阶固有频率及振型，验证叶片的振动特性。图 11-11 和图 11-12 分别给出了叶片挥舞 1 阶和摆振 1 阶振型示意图。

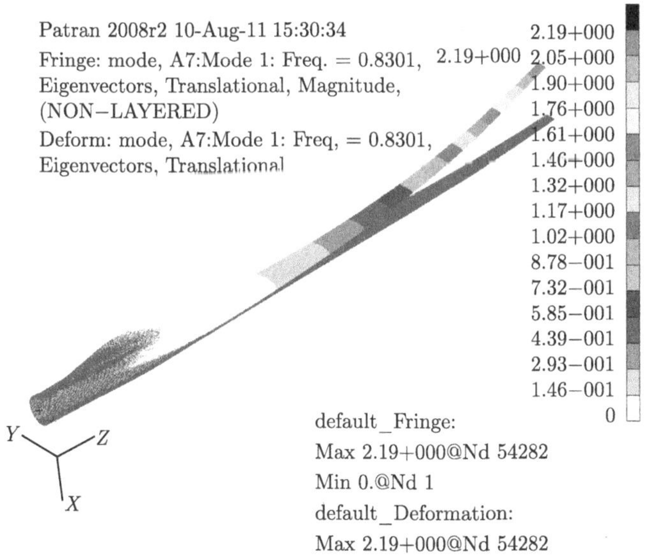

图 11-11　叶片挥舞 1 阶振型

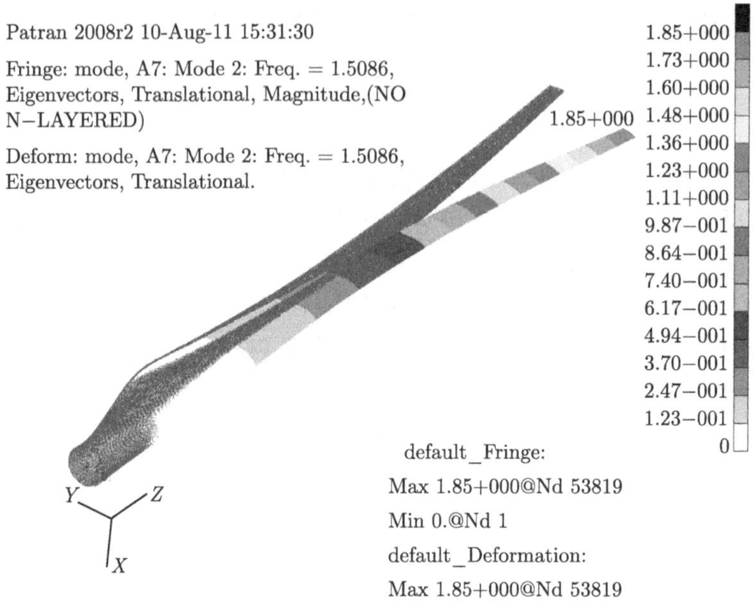

图 11-12　叶片摆振 1 阶振型

11.5.2　叶片振动坎贝尔图

在许多情况下，监测系统需要监测转子速度变化时频谱中若干分量的动态变化过程，以确定转子在整个转速范围内的工作特性。坎贝尔图就是达到这一目的有效分析方法之一。

所谓的坎贝尔图就是监测点的振动幅值作为转速和振动频率的函数，将整个转速范围内转子振动的全部分量的变化特征表示出来。坎贝尔图是瞬态信号分析中最基本的方法，从中可以得到整个转速范围内转子振动全部频率分量的变化特征，转子某部分发生故障，可根据发生故障时的坎贝尔图得到其振动的转速、频率和振动幅值的大小，对进一步分析异常故障的原因以及允许极限振幅的设定有着十分重要的价值。如图 11-13 所示，通过坎贝尔图可以大致掌握每个叶片的振动性能。

1. 坎贝尔图的意义

坎贝尔图是在三维谱图的基础上，以谐波阶次为特征的振动旋转信号三维谱图。图 11-14 为汽轮发电机组振动的坎贝尔图，图中右侧的序数 1-13 为转速的谐波次数，每一条斜线代表转速在变化过程中该次谐波的谱线变化情况。

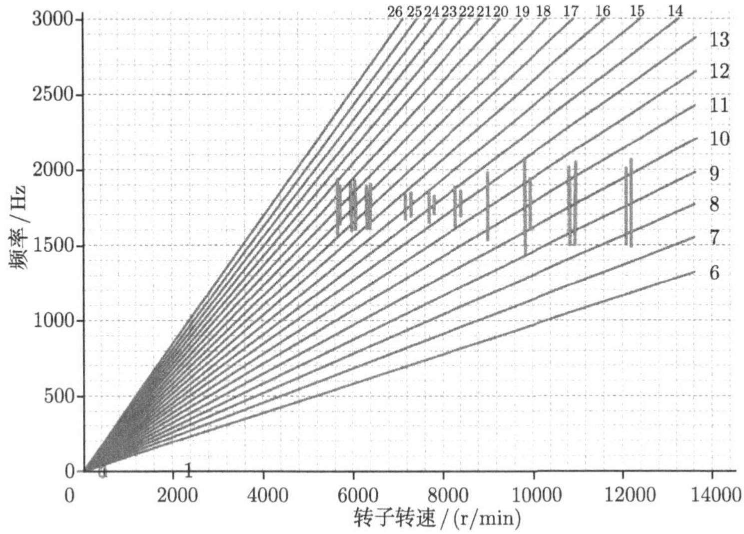

图 11-13　叶片振动的坎贝尔图

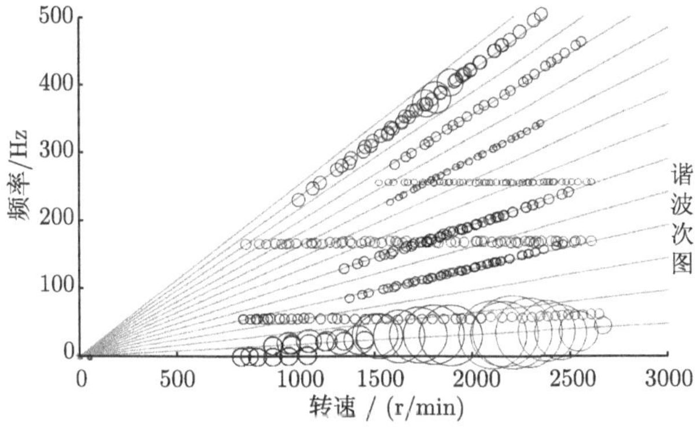

图 11-14　振动的坎贝尔图

2. 坎贝尔图的使用

(1) 定转速风力机的旋转速度为定值，不同的标准约束的避免共振的范围不同。一般要求 $|\Delta f|/f_0 \geqslant 20\%$。

(2) 多转速风力机的旋转速度为多个定值，一般要求 $|\Delta f|/f_0 \geqslant 20\%$。

(3) 变转速风力机的旋转速度为连续变化的数值: ①无法避免共振的出现；②一般要求，在启动转速和额定转速，$|\Delta f|/f_0 \geqslant 20\%$; ③在中间位置，要根据坎贝尔图计算出共振对应的转速，采用快速通过等办法实现避共振。

对于变桨距的风力机，固有频率还会与当前的桨距角、当前的转速、轮毂是否抱闸有关。

3. 坎贝尔图的生成

坎贝尔图的绘制方法是: 先在旋转过程中在各转速点上取振动信号，然后作出各转速点上振动的自谱，以各条谱线的高度为半径，以该条谱线在频率轴上的点为圆心作圆，形成一个以圆大小表达的自谱图，将各转速上振动信号的圆自谱图组合起来，绘出各次谐波斜线就成为最后的坎贝尔图，这种谱图可更为直观地看出随着转速的增加，各次谐波频率成分的变化，如图 11-15 所示。

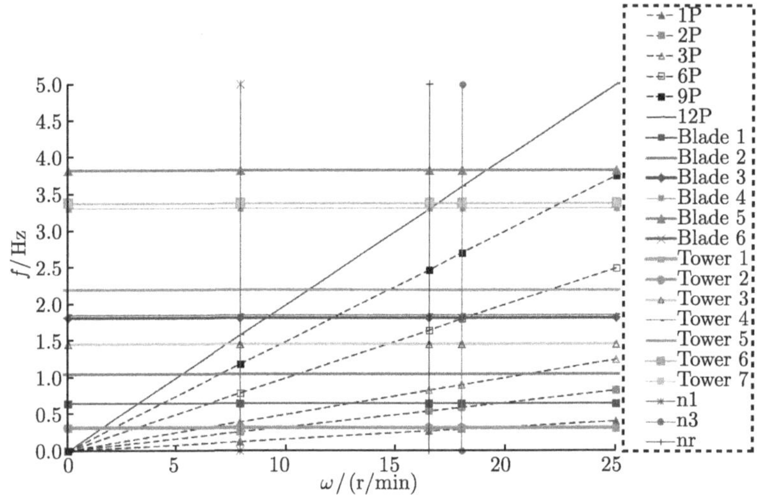

图 11-15　叶片振动坎贝尔图

叶片挥舞振动和摆振振动的自振频率较低，而叶片扭转振动的自振频率较高。根据振动理论，叶片振动过程中的能量主要集中于一、二阶频率处，所以挥舞振动和摆振振动是风力机叶片的主要振动。鉴于扭转振动发生在高阶，不是主要振动。叶片共振图中的从原点出发的射线表示在不同转速下叶片的激振力频率，八阶以下为低阶频率，低阶频率在叶片共振分析中显得更加重要。各个垂直线表示叶片的额定转速。根据叶片振动的坎贝尔图，检查叶片 NP 激振力频率与额定转速相交点处是否存在共振的危险。

由于风力机叶片的叶根部分与轮毂之间的连接并不是完全等价于固定连接, 所以有限元计算的叶片自振频率可能比实际值偏高。一般可以改变叶片的质量分布和刚度分布来改变叶片的固有频率。这通常在叶片设计中称为 “调频”。增加叶片刚度可以提高叶片的固有频率。但是，由于一般叶片受剖面形状和重量的限制，改变弯曲刚度有困难，所以只能通过改变质量分布来改变固有频率。只要在对应的振型的最大振幅处加集中质量，就可以降低其固有频率。

11.6　叶片整体屈曲

叶片整体屈曲，需综合考虑屈曲分析的材料安全系数、载荷安全系数与模型安全系数，计算叶片的全尺寸有限元分析验证屈曲因子是否满足叶片的稳定性要求，如图 11-16 所示。

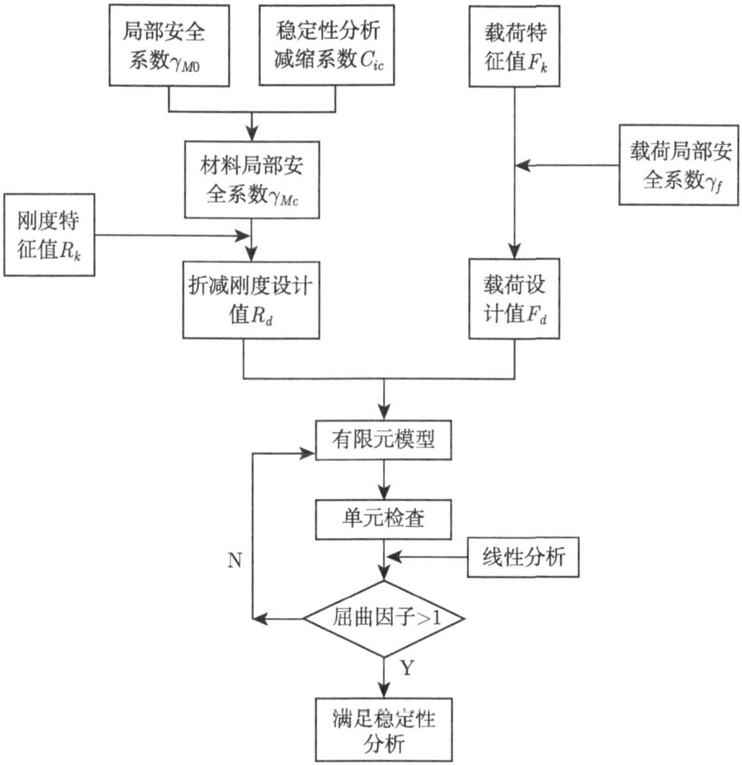

图 11-16　叶片整体屈曲分析流程

折减刚度后的有限元模型，在考虑载荷安全系数的极限载荷作用下得到的屈曲因子和屈曲云图，如图 11-17 所示，屈曲因子应直接与 1 比较。若屈曲因子小于 1，则需要修改结构设计以满足稳定性分析要求。

图 11-17　某工况下叶片的一阶屈曲

第 12 章　层合板分析

通常将用多层单层板黏合在一起组成整体的结构板，称为层合板。当层合板铺层多于一层时，层合板坐标系按照图 12-1 标识 “X”“Y” 和 “Z”。X 轴沿着层合板的主方向，通常沿着玻纤布的 0° 方向，Y 轴位于层压平面内，并垂直于 X 轴，Z 轴指向层合板的厚度方向。

定义单层中间的纤维方向和层合板的主方向 (X 方向) 之间的夹角为 “α”，表示玻纤铺放角度。

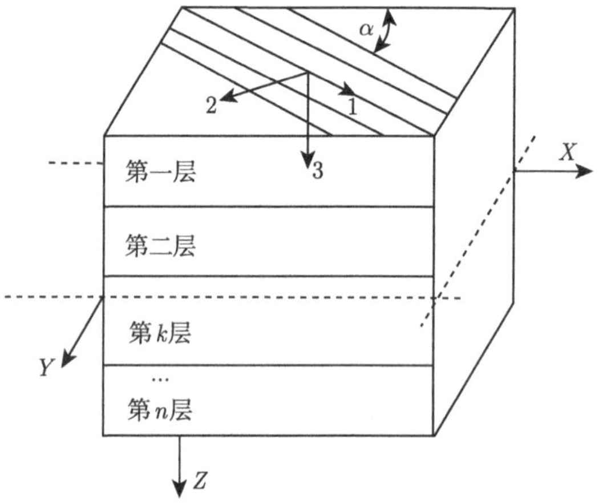

图 12-1　复合材料层合板坐标系

12.1　层合板理论

层合板的理论基于一般的薄板理论的经典假设，体现为:

(1) 板厚比板的平面尺寸小得多;

(2) 忽略板表面形状的改变;

(3) 在板弯曲变形中，原板中面法线上各点仍保持在挠曲线的法线上;

(4) 板的法向挠度沿板厚不变;

(5) 忽略垂直于板面方向的应力。

12.1.1　复合材料板壳理论

1. 非线性经典板壳理论

由于复合材料具有比强度高、比刚度高的优异性能，所以在实际应用中，叠层的厚度往往较小。当板的挠度与厚度相比较大时，就需要按几何非线性理论进行计算 [26,27]。

1) 几何方程

$$\varepsilon_{ij}=\frac{1}{2}(u_{i,j}+u_{j,i}+u_{k,ij}) \tag{12-1}$$

其位移可表示成

$$\begin{cases} u=u^0(x,y)-z\dfrac{\partial w}{\partial x} \\ v=v^0(x,y)-z\dfrac{\partial w}{\partial y} \\ w=w^0(x,y) \end{cases} \tag{12-2}$$

2) 物理方程

$$\{\sigma\}^{(k)}=\{\bar{Q}\}^{(k)}\{\varepsilon\} \tag{12-3}$$

3) 运动方程

$$(\sigma_{kl}u_{j,l})_{,k}+(\sigma_{kl}u_{j,j})_{,k}+f_j=\rho_0 w_{,tt} \tag{12-4}$$

2. 一阶剪切理论

经典板壳理论基于忽略横向剪切变形的直法线假设。对于复合材料层合板，经典理论虽然有一定的精度，但不及各向同性材料薄板。总体而言，对于均匀各向同性板，跨高比 $l/h \geqslant 20$ 就可以采用经典理论计算，而对于复合材料层合板，则要求 $l/h \geqslant 40$。

一些计算结果表明，一阶剪切理论所得的横向剪力已有足够的精度，横向位移也比经典理论的计算结果好，但面内应力与经典理论相当，改进不大，所以一阶剪切理论主要还是用来研究层合板的总体力学响应。

1) 几何方程

$$\varepsilon_{ij}=\frac{1}{2}(u_{i,j}+u_{j,i}) \tag{12-5}$$

考虑剪切效应，变形前垂直于中面的直线变形后仍为直线，但不垂直于变形后的中面。引入变形后 xz 和 yz 平面内的角位移分别为 φ_x 和 φ_y，则位移可表示为

$$\begin{cases} u=u^0(x,y)+z\varphi_x(x,y) \\ v=v^0(x,y)+z\varphi_y(x,y) \\ w=w^0(x,y) \end{cases} \tag{12-6}$$

2) 物理方程

$$\{\sigma\}^{(k)} = \{\bar{Q}\}^{(k)} \{\varepsilon\} \tag{12-7}$$

3) 运动方程

$$\begin{cases} \sigma_{x,x} + \sigma_{xy,y} + \sigma_{xz,z} + f_x = \rho_0 u_{,tt} \\ \sigma_{xy,x} + \sigma_{y,y} + \sigma_{yz,z} + f_y = \rho_0 v_{,tt} \\ (\sigma_x w_{,x} + \sigma_{xy} w_{,y} + \sigma_{xz})_{,x} + (\sigma_{xy} w_{,x} + \sigma_y w_{,y} + \sigma_{yz})_{,y} \\ +(\sigma_{xz} w_{,x} + \sigma_{yz} w_{,y} + \sigma_z)_{,z} + f_z = \rho_0 w_{,tt} \end{cases} \tag{12-8}$$

3. 高阶剪切理论

为了既考虑剪切变形的影响，又比较精确地得到层合板的应力分布，可采用高阶剪切理论。

1) 几何方程

几何方程同一阶剪切理论

$$\varepsilon_{ij} = \frac{1}{2}(u_{i,j} + u_{j,i}) \tag{12-9}$$

位移表达式表示为 z 的幂级数:

$$\begin{cases} u = u^0(x,y) + z\phi_x(x,y) + z^2\xi_x(x,y) + \cdots \\ v = v^0(x,y) + z\phi_y(x,y) + z^2\xi_y(x,y) + \cdots \\ w = w^0(x,y) + z\phi_z(x,y) + z^2\xi_z(x,y) + \cdots \end{cases} \tag{12-10}$$

需要说明的是，其计算精度与复杂程度取决于 z 的幂次的高低。

2) 物理方程

$$\{\sigma\}^{(k)} = \{\bar{Q}\}^{(k)} \{\varepsilon\} \tag{12-11}$$

3) 运动方程

运动方程的数量取决于广义位移函数的数量。

12.1.2　层合板特性

层合板的性能既与各层单层布的材料性能有关，又与各层单层板的铺设方式有关，而单层板的性能则与其材料以及材料主方向有关。相比于单层板相，层合板有下列特性:

(1) 一般单层板以纤维方向为材料主方向，而层合板的各单层板的材料主方向一般按不同角度排列，导致层合板不一定有确定的材料主方向。如主梁的各单层材料主方向一致，层合板模型的材料主方向为展向。但是叶根加强层的各单层材料主方向不一致，具有叶片展向和弦向的差别，因此叶根加强层无确切的材料主方向。

(2) 层合板的结构刚度取决于各单层板性能和铺设方式，若层合板中各单层板的性能和铺设顺序已确定，则可推算出层合板的结构刚度。

(3) 一般层合板有耦合效应，体现为在面内拉 (压)、剪切载荷作用下引起弯、扭变形，在弯、扭载荷作用下引起拉 (压)、剪变形。

(4) 单层板受载破坏时就会全部失效，而层合板由各单层板组成，当某一层或数层破坏时，其余各层可能继续承受载荷，不一定全部失效，因此层合板的强度分析要比单层板复杂得多。

(5) 层合板在成型时要加热固化，冷却后由于各单层板的热胀冷缩不一致，存在温度应力，在强度计算时也就需要考虑这个因素。

(6) 层合板由不同的单层板固化成型在一起，在变形时为满足变形协调条件，各层之间会有层间应力存在。

12.1.3　层合板的性能与刚度

结构分析中，通常要计算层合板的弯曲和拉伸刚度，用来表示中面应变和曲率与薄膜合力、合力矩之间的关系[28]。

层合板应力系数沿厚度不连续，而应变为参考面的应变及曲率的函数:

$$\begin{Bmatrix} \varepsilon_1 \\ \varepsilon_2 \\ \gamma_{12} \end{Bmatrix} = \begin{Bmatrix} \varepsilon_1^0 \\ \varepsilon_2^0 \\ \gamma_{12}^0 \end{Bmatrix} + z \begin{Bmatrix} \chi_1 \\ \chi_2 \\ \chi_{12} \end{Bmatrix} \tag{12-12}$$

第 k 层应力-应变关系

$$\begin{Bmatrix} \varepsilon_1 \\ \varepsilon_2 \\ \gamma_{12} \end{Bmatrix}_k = \begin{bmatrix} Q_{11} & Q_{12} & Q_{13} \\ Q_{21} & Q_{22} & Q_{23} \\ Q_{31} & Q_{32} & Q_{33} \end{bmatrix}_k \left(\begin{Bmatrix} \varepsilon_1^0 \\ \varepsilon_2^0 \\ \gamma_{12}^0 \end{Bmatrix} + z \begin{Bmatrix} \chi_1 \\ \chi_2 \\ \chi_{12} \end{Bmatrix} \right)_k + \Delta T \begin{Bmatrix} \alpha_1 \\ \alpha_2 \\ \alpha_3 \end{Bmatrix}_k \tag{12-13}$$

层合材料的排列次序如图 12-2 所示。

沿厚度分段积分，即可以得到微元体边界上的拉力、平面剪力及弯矩、扭矩等参数

$$\begin{aligned} [N] &= \begin{Bmatrix} N_x \\ N_y \\ N_{xy} \end{Bmatrix} = \sum_{k=1}^{N} [Q]_k \left(\int_{Z_{k-1}}^{Z_k} \{\varepsilon\} \mathrm{d}z + \int_{Z_{k-1}}^{Z_k} \{\chi\} z \mathrm{d}z \right) \\ [M] &= \begin{Bmatrix} M_x \\ M_y \\ M_{xy} \end{Bmatrix} = \sum_{k=1}^{N} [Q]_k \left(\int_{Z_{k-1}}^{Z_k} \{\varepsilon\} z \mathrm{d}z + \int_{Z_{k-1}}^{Z_k} \{\chi\} z^2 \mathrm{d}z \right) \end{aligned} \tag{12-14}$$

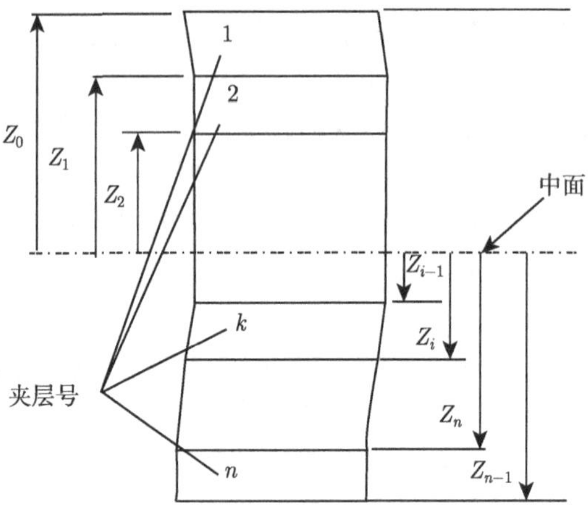

图 12-2　层合板叠加次序

因为参考面的应变和曲率不是 Z 的函数，所以以上的合力和合力矩可以写成

$$\begin{aligned}[N] &= [A]\left\{\varepsilon^0\right\} + [B]\{\chi\} \\ [M] &= [B]\left\{\varepsilon^0\right\} + [D]\{\chi\}\end{aligned} \tag{12-15}$$

这里刚度矩阵系数为

$$\begin{aligned}A_{ij} &= \sum_{k=1}^{N}(Q_{ij})_k(z_k - z_{k-1}) \\ B_{ij} &= \frac{1}{2}\sum_{k=1}^{N}(Q_{ij})_k(z_k^2 - z_{k-1}^2) \\ D_{ij} &= \frac{1}{3}\sum_{k=1}^{N}(Q_{ij})_k(z_k^3 - z_{k-1}^3)\end{aligned} \tag{12-16}$$

弹性矩阵 $[A]$ 和 $[D]$ 分别称为拉伸和弯曲刚度; $[B]$ 矩阵为耦合矩阵。因为耦合矩阵为偶函数，所以对称夹层板的耦合矩阵为零矩阵。其中，A_{ij} 与铺层次序无关，仅与各铺层的模量 Q_{ij} 有关；B_{ij} 和 D_{ij} 均与铺层次序有关。耦合刚度矩阵 B_{ij} 的存在，使得表面层合板在受到面内力时将引起弯曲或扭转变形，受到弯曲力矩时会引起面内轴向或剪切变形，如图 12-3 所示。

层合板是由各个夹层黏合而成，本书认为各层间的黏合厚度无限小，并且没有剪切变形。以 4 层单层板组成的层合板为例，表达应变-应力关系。

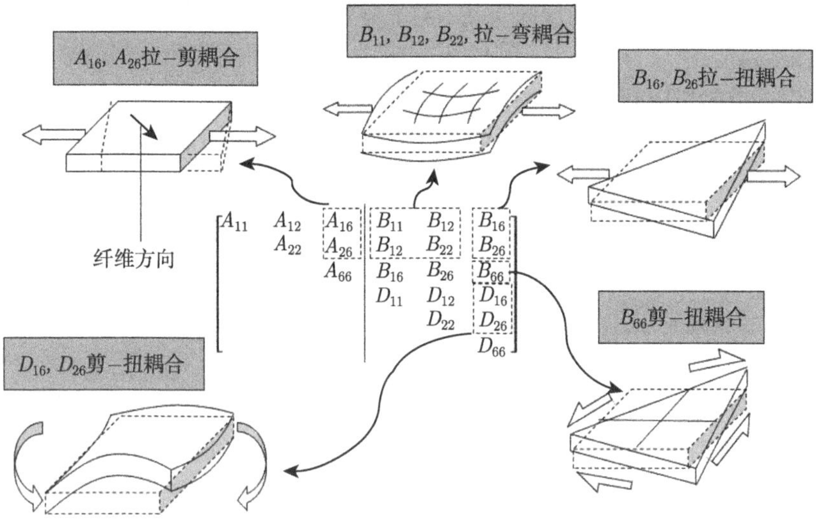

图 12-3　刚度矩阵系数对变形的影响

图 12-4 显示层合板应变由中面应变和中面曲率两部分组成，并沿厚度线性分布，而层合板应力除与应变有关外，还与单层刚度特性有关。若各层刚度不相同，则各层应力也会不连续分布，但在同一层内，应力是线性分布的。

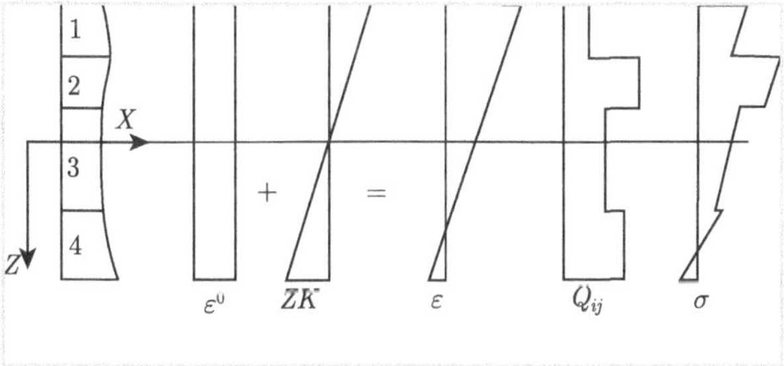

图 12-4　层合板沿厚度的应力和应变变化

ε^0 为层合板中面应变; ZK 为层合板中面弯曲挠曲率; ε 为层合板应变;

Q_{ij} 为层合板刚度; σ 为层合板应力

12.1.4　层合板的强度分析

与刚度一样，层合板由基本元件单层板组成，因此主要根据单层板的强度来预测层合板的强度。该方法的基础是计算每一层单层板的应力状态。由于复合材料的各向异性和不均匀性，加上破坏形式复杂，对于层压复合材料板，某一单层板的破坏不一定等同于整个层合板的破坏。尽管由于某个或某几个单层板破坏会降低层合板的刚度，但层合板仍有可能承受更大的载荷，继续加载直到层合板全部破坏，此时的外载荷称为层合板的极限载荷。综上分析，层合板强度分析的主要目的是确定其极限载荷。

当层合板的极限载荷较为复杂时，其计算步骤大致如下:

(1) 先设定各外载荷之间的比例，即按各载荷分量比例加载;

(2) 根据各单层性能，计算层合板刚度 A_{ij}，B_{ij} 和 D_{ij};

(3) 求各单层在材料主方向上应力与外载荷之间的关系;

(4) 将各单层应力分别代入强度准则关系式进行比较，确定哪一层单层先破坏;

(5) 将已破坏单层板从层合板中排除，但仍保持其余单层板的几何位置，重新计算层合板刚度;

(6) 重复以上过程，计算各层应力，再用强度理论比较，检查其他单层是否破坏。然后计算和检查其他单层的刚度，直到剩下的层合板能继续承受增加的载荷为止。当所有单层板破坏，此时的载荷即为层合板极限载荷，如图 12-5 所示。

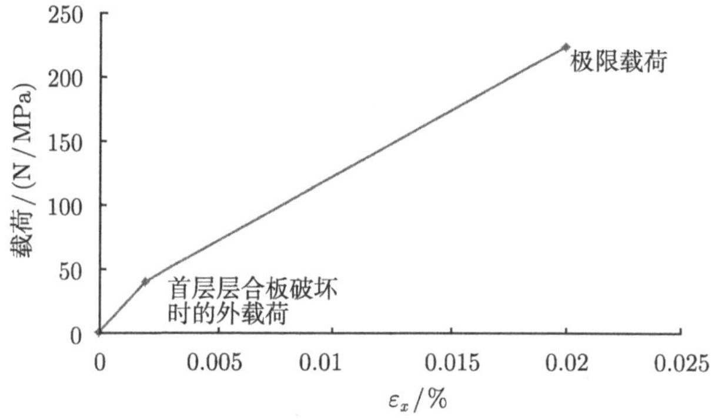

图 12-5 层合板载荷-应变特征曲线

12.1.5 结构设计许用值

一般情况下，复合材料力学性能应该从能代表层合组件的层合板试验中得到，而每个独立的材料特性则可通过不同的方法来描述。结构设计中，单向的层板强度值并不是非常重要的，因为大多数结构都要面临复杂的受力状态，需要铺设各种方向的层板来共同承受这些载荷，这往往需要通过试样和元件试验来得到一组结构设计许用值，用微应变加以表示，包括拉伸许用值、压缩许用值、剪切许用值。

特征值为表示随机变量特征的名义值，是假设无数次试验而得到的基本不被超过的值 (极小值)。强度特性特征值，如果任意强度分布的最低值为 2.5%，则等同于 97.5%的公差。刚度和泊松比的特征值一般取平均值。所有结果应当满足 97.5%的公差和 95%的可靠度，特别是当只有有限个试验结果满足要求时，可靠度尤为重要。

试验数据按照数理统计方法进行处理，Weibull 分布提供了最保守的基准值，许用值一般采用 Weibull 分布处理。

为保证整个结构的完整性且具有高置信度，由试验数据确定结构元件和结构细节所需要的材料性能。这些值通常基于未考虑实际结构状态而经过修正的许用值，一般用于分析计算安全裕度。复合材料测试的静态试验结果需给出平均值、标准方程、离散系数和试件个数。疲劳试验的结果需给出平均回归线，与时间或周期相关的标准方差、试件个数、试验时间或试验周期，这些试验点可相对平均地散布于 log 试件周期内。叶片结构设计与强度校核时，应根据具体结构部位或结构细节选用合适的设计值，以满足该部位或结构细节需要的结构完整性要求。

12.2　层合板设计

12.2.1　层合板的刚度预测与设计

对主要设计参数 (如铺层方向、铺层顺序等) 的工艺过程进行控制是所有预测层合板性能的先决条件。通过分析证明预测的准确性 (如层合板刚度、结构变形、传力路径、稳定性等)。层合板的设计参数如图 12-6 所示。

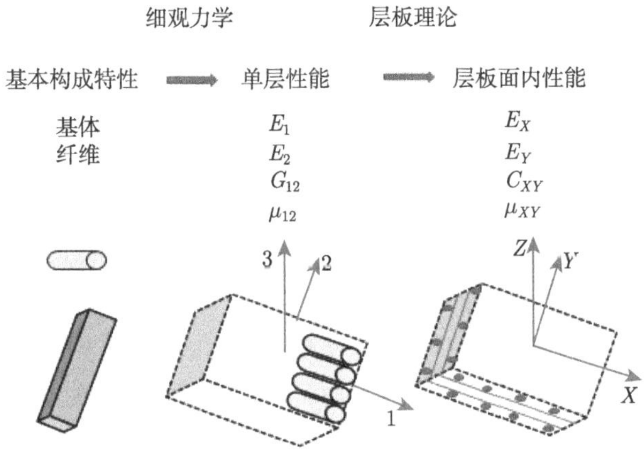

图 12-6　层合板设计参数

12.2.2　层合板初步设计

在初步设计阶段，常采用 Carpet 曲线对结构的刚度进行预测，这样可以快速进行复合材料结构件的初步设计。举例来说，如要设计一层合板，使其拉伸刚度 $E_A \geqslant a$，弯曲刚度 $E_I \geqslant b$，那么利用 Carpet 曲线可迅速得到符合这两个要求的层合板 E 的刚度值，进而可得知达到 E 要求值的可能的铺层比例[5]。

玻璃纤维环氧 (fiberglass-epoxy)，E-Glass/934，$V_f = 0.63$ 模量的 Carpet 曲线如图 12-7 所示。

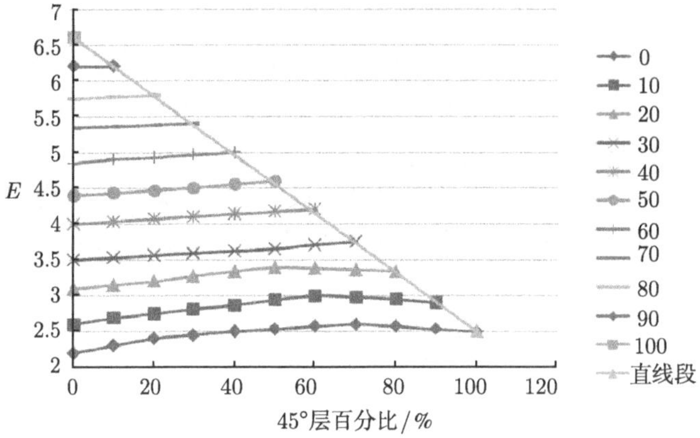

图 12-7　弹性模量的 Carpet 曲线

12.2.3　环境影响的考虑

温度和湿度沿板厚的分布会影响层合板的性能，在不受约束的单层中，温度变化或吸湿膨胀会引起不产生应力的变形。在层合板中，一个单层的无应力变形会受到相邻单层的限制而产生内应力。除了引起内应力外，温度和吸湿量也会影响材料的性能，这些效应主要与基体控制的强度性能有关[29]。

强度退化主要与基体材料的玻璃化转变温度有关。吸湿时，基体从玻璃态变为黏稠态时温度下降，于是，其高温强度性能随吸湿量的增加而下降。

设计中采用的典型方法是假设一种最坏的情况，如假设材料处于全饱和状态，则这样可以计算其减缩许用强度。

层合板的弯曲和扭转刚度不仅受铺层顺序的影响，还受到环境的影响，对于具有对称温度和吸湿量分布的对称层合板而言，其耦合刚度分量为零，而对于具有非对称温度和吸湿量分布的对称层合板，其耦合刚度分量并不为零。

一般而言，非对称层合板都会受环境影响而发生翘曲。非对称层合板的翘曲与铺层顺序有关，鉴于其变形大小受到温度和吸湿量的影响，所以在工程结构中，一般避免使用非对称层合板。

由于复合材料纤维和树脂的化学特性不同，加上环境对其表现不同的作用方式，纤维和树脂界面特性受纤维类型、规格、树脂与工艺特性等方面影响较大。此外，不同孔隙率和树脂裂纹也会影响复合材料的抗环境性。

12.3　层合平板的屈曲

这里采用非线性经典理论，将位移表达式代入非线性几何方程，然后引入应力函数，再将挠度表示的非线性几何方程和应力函数分别代入本构方程，最后代入运动方程中，就可以得到位移和应力函数所表示的运动方程。

在边界面内外力作用的几何非线性的基本方程式，可由一般非线性基本方程式中去掉横向载荷 q 和横向惯性力 $\rho\omega_{,ii}$ 而得到，即

$$\begin{aligned} L_1(\omega)+L_3(\phi)&=\phi_{,xx}\,\omega_{,yy}+\phi_{,yy}\,\omega_{,xx}-2\phi_{,xy}\,\omega_{,xy}\\ L_3(\omega)+L_2(\phi)&=\omega_{,xx}\,\omega_{,yy}-\omega_{,xy}^2 \end{aligned}\tag{12-17}$$

其中，微分算子 $L_i(i=1,2,3)$ 为

$$L_1=d_{11}\frac{\partial^4}{\partial x^4}+4d_{16}\frac{\partial^4}{\partial x^3\partial y}+2(d_{12}+2d_{66})\frac{\partial^4}{\partial x^2\partial y^2}+4d_{26}\frac{\partial^4}{\partial x\partial y^3}+d_{22}\frac{\partial^4}{\partial y^4}\tag{12-18}$$

$$L_2=-a_{22}\frac{\partial^4}{\partial x^4}+2a_{26}\frac{\partial^4}{\partial x^3\partial y}-(2a_{12}+a_{66})\frac{\partial^4}{\partial x^2\partial y^2}+2a_{16}\frac{\partial^4}{\partial x\partial y^3}-a_{11}\frac{\partial^4}{\partial y^4}\tag{12-19}$$

$$L_3=b_{21}\frac{\partial^4}{\partial x^4}+2(b_{26}-b_{61})\frac{\partial^4}{\partial x^3\partial y}+(b_{11}+b_{22}-2b_{66})\frac{\partial^4}{\partial x^2\partial y^2}+2(b_{16}-b_{62})\frac{\partial^4 y}{\partial x\partial y^3}+b_{12}\frac{\partial^4}{\partial y^4}\tag{12-20}$$

$$a=A^{-1},\quad b=-aB,\quad c=-Ba=-b^{\mathrm{T}},\quad d=D-BaB$$

A、B、D 分别为经典层合板本构方程的刚度矩阵中的拉剪刚度，拉剪-弯扭耦合刚度和弯扭刚度。根据面内边界载荷及边界支承情况，求解此非线性方程组并作出载荷-挠度曲线。稳定性问题可以根据面内边界载荷及边界支承情况对以上方程的特征值问题进行求解。

12.3.1　屈曲计算算法

1. 理论解

由于一般的层合板具有拉剪、弯扭和拉剪-弯扭耦合效应，所以除了一些简单的情形外，都难以求得解析解，这时可以采用能量原理求得近似解。

2. 应变能公式

弹性体的应变能可表示为

$$U=\frac{1}{2}\iiint\limits_V(\sigma_x\varepsilon_x+\sigma_y\varepsilon_y+\sigma_z\varepsilon_z+\sigma_{xy}\gamma_{xy}+\sigma_{yz}\gamma_{yz}+\sigma_{xz}\gamma_{xz})\mathrm{d}x\mathrm{d}y\mathrm{d}z\tag{12-21}$$

采用平面应力的基本假设后，应变能可以表示为

$$U=\frac{1}{2}\iiint\limits_{V}(\sigma_x\varepsilon_x+\sigma_y\varepsilon_y+\sigma_{xy}\gamma_{xy})\mathrm{d}x\mathrm{d}y\mathrm{d}z \tag{12-22}$$

将内力-应力关系代入式 (12-22)，可得

$$\begin{aligned}U&=\frac{1}{2}\iint\limits_{S}(N_x\varepsilon_x^0+N_y\varepsilon_y^0+N_{xy}\gamma_{xy}^0+M_x\kappa_x+M_y\kappa_y+M_{xy}\kappa_{xy})\mathrm{d}x\mathrm{d}y\\&=\frac{1}{2}\iint\limits_{S}(\{N\}^{\mathrm{T}}\{\varepsilon^0\}+\{M\}^{\mathrm{T}}\{\kappa\})\mathrm{d}x\mathrm{d}y\end{aligned} \tag{12-23}$$

利用本构关系后:

$$U=\frac{1}{2}\iint\limits_{S}(\{\varepsilon^0\}^{\mathrm{T}}\{A\}\{\varepsilon^0\}+2\{\varepsilon^0\}^{\mathrm{T}}\{B\}\{\kappa\}+\{\kappa\}^{\mathrm{T}}\{D\}\{\kappa\})\mathrm{d}x\mathrm{d}y \tag{12-24}$$

将线性几何方程代入式 (12-24) 便可以得到用中面位移 u^0，v^0 和 w 表示的小挠度层合板应变能公式。若将非线性的几何方程代入式 (12-24)，同样可以得到 u^0，v^0 和 w 表示的大挠度层合板应变能公式。

对于对称层合板，由于耦合刚度矩阵 B_{ij} 全为零，则层合板的应变能可以表示为平面应变能 U_1 和弯曲应变能 U_2 两个独立的部分:

$$U=U_1+U_2=\frac{1}{2}\iint\limits_{S}\{\varepsilon^0\}^{\mathrm{T}}\{A\}\{\varepsilon^0\}\mathrm{d}x\mathrm{d}y+\frac{1}{2}\iint\limits_{S}\{\kappa\}^{\mathrm{T}}\{D\}\{\kappa\}\mathrm{d}x\mathrm{d}y \tag{12-25}$$

3. 最小势能原理

对于层合板在横向分布载荷 $q(x,y)$ 作用下的静力弯曲问题，不计体力的情况下，其最小势能原理可以表示成:

$$\delta\Pi=0 \tag{12-26}$$

其中，Π 为总势能:

$$\Pi=U-\iint\limits_{S}qw\mathrm{d}x\mathrm{d}y \tag{12-27}$$

4. 里茨法

假设层合板的位移分量可以用下列适当的函数的线性组合表示:

$$u^0=\sum_{m=1}^{M_1}\sum_{n=1}^{N_1}A_{mn}^0U_{mn}(x,y)$$

$$
\begin{aligned}
v^0 &= \sum_{m=1}^{M_2}\sum_{n=1}^{N_2} B_{mn}^0 V_{mn}(x,y) \\
w &= \sum_{m=1}^{M_3}\sum_{n=1}^{N_3} C_{mn}^0 W_{mn}(x,y)
\end{aligned} \tag{12-28}
$$

其中，A_0, B_0, C_0 是待定常数; U_{mn}, V_{mn}, W_{mn} 分别是彼此线性无关的已知函数。

式 (12-28) 需满足位移边界条件及连续可微条件。将式 (12-28) 代入系统的总势能中，可以得到参数 A_0, B_0, C_0 表示的层合板总势能 F_d。通过以下等价于 $\partial\Pi = 0$ 的条件:

$$
\begin{aligned}
&\frac{\partial\Pi}{\partial A_{mn}^0} = 0\ m = 1,2,\cdots,M_1;\ n = 1,2,\cdots,N_1 \\
&\frac{\partial\Pi}{\partial B_{mn}^0} = 0\ m = 1,2,\cdots,M_2;\ n = 1,2,\cdots,N_2 \\
&\frac{\partial\Pi}{\partial C_{mn}^0} = 0\ m = 1,2,\cdots,M_3;\ n = 1,2,\cdots,N_3
\end{aligned} \tag{12-29}
$$

可以求解出这些参数，从而求得中面位移的近似解。所得近似解的近似程度取决于 U_{mn} 等的选择和所取级数的项数。

12.3.2　边界条件

对控制方程进行求解时，需要根据具体情况给定位移和外力的边界条件，三种常用的边界条件见表 12-1。

表 12-1　边界条件

序号	边界	说明	
1	简支边界条件	边界上挠度等于 0，弯矩等于 0	w=0; M_n=0
2	固支边界条件	边界上挠度等于 0，转角等于 0	w=0; $w_{,n}$=0
3	自由边边界条件	边界上弯矩等于 0，剪力等于 0	$Q=0$; M_n=0

12.3.3　理论解算例

1. 各向同性薄板面内压曲

微分方程为

$$
D\nabla^4 w - \left(N_x\frac{\partial^2 w}{\partial x^2} + 2N_{xy}\frac{\partial^2 w}{\partial x\partial y} + N_y\frac{\partial^2 w}{\partial y^2}\right) = 0 \tag{12-30}
$$

1) 矩形板四边简支，对边均匀受压

如图 12-8 所示，$\sigma_x = -\dfrac{P_x}{t}, \sigma_y = 0, \tau_{xy} = 0$，则有 $N_x = -P_x, N_y = 0, N_{xy} = 0$,

代入微分方程中则有

$$D\nabla^4 w + P_x \frac{\partial^2 w}{\partial x^2} = 0 \tag{12-31}$$

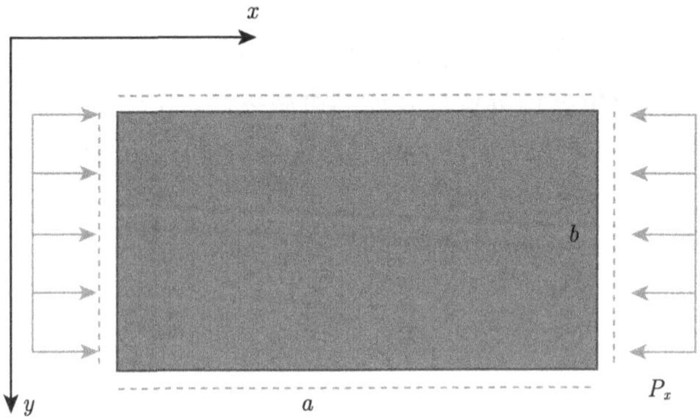

图 12-8　矩形板四边简支对边受压

引入薄板小挠度弯曲问题中的挠度表达式为

$$w = \sum_{m=1}^{\infty}\sum_{n=1}^{\infty} A_{mn}\sin\left(\frac{m\pi x}{a}\right)\sin\left(\frac{n\pi y}{b}\right) \tag{12-32}$$

此位移形式满足四边简支的边界条件:

$$x = 0 \text{ 及 } x = a \text{ 时}, \quad w = 0$$
$$y = 0 \text{ 及 } y = b \text{ 时}, \quad w = 0$$

将位移表达式代入压曲微分方程中，得出

$$\sum_{m=1}^{\infty}\sum_{n=1}^{\infty} A_{mn}\left[D\left(\frac{m^2}{a^2}+\frac{n^2}{b^2}\right)^2 - P_x\frac{m^2}{\pi^2 a^2}\right]\sin\left(\frac{m\pi x}{a}\right)\sin\left(\frac{n\pi y}{b}\right) = 0 \tag{12-33}$$

当载荷 P_x 从 0 增大到临界载荷时，对于任意的 m, n, A_{mn} 总为 0，当达到临界载荷时，A_{mn} 不等于 0，w 不等于 0，而上式仍然成立，则有

$$D\left(\frac{m^2}{a^2}+\frac{n^2}{b^2}\right)^2 - P_x\frac{m^2}{\pi^2 a^2} = 0 \tag{12-34}$$

因此，可以得到

$$P_{\mathrm{cr}} = P_x = \frac{\pi^2 a^2 D\left(\dfrac{m^2}{a^2}+\dfrac{n^2}{b^2}\right)^2}{m^2} \tag{12-35}$$

2) 矩形板四边简支，四边均匀受压

如图 12-9 所示，可以得到

$$P_{\rm cr}=P_x=\frac{\pi^2 D}{a^2}\frac{\left(m^2+n^2\dfrac{a^2}{b^2}\right)^2}{m^2+\alpha n^2\dfrac{a^2}{b^2}} \tag{12-36}$$

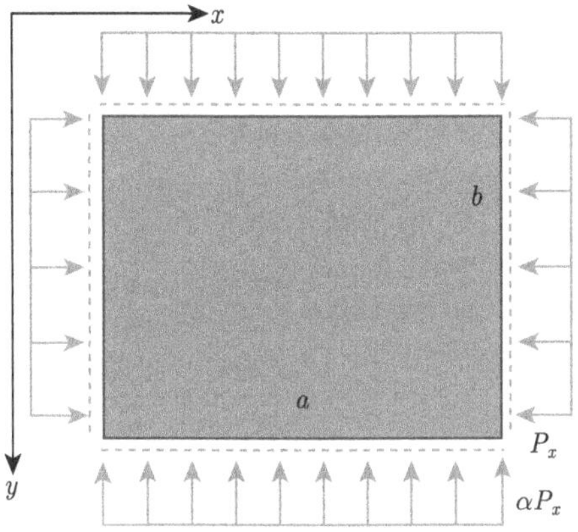

图 12-9　矩形板四边简支四边受压

2. 正交各向异性层合板面内压曲

正交各向异性层合板受压形式如图 12-10 所示。

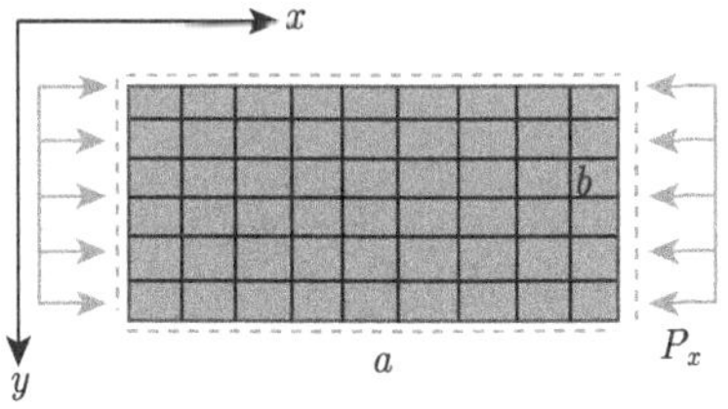

图 12-10　正交各向异性层合板受压

1) 矩形板四边简支，$[0/90]_{N/2}$(N 为偶数)

根据铺层可对刚度矩阵的系数进行简化

$$\begin{aligned}&A_{16}=A_{26}=0\quad D_{16}=D_{26}=0\quad A_{11}=A_{22}\\&B_{11}=-B_{22}\quad D_{11}=D_{22},\quad \text{其余}B_{ij}=0\end{aligned} \tag{12-37}$$

压曲稳定性基本方程

$$\begin{cases} L_{11}(\Delta u^0)+L_{12}(\Delta v^0)+L_{13}(\Delta w)=0 \\ L_{12}(\Delta u^0)+L_{22}(\Delta v^0)+L_{23}(\Delta w)=0 \\ L_{13}(\Delta u^0)+L_{23}(\Delta v^0)+L_{33}(\Delta w)=N_x\Delta w_{,xx}+N_y\Delta w_{,yy}+2N_{xy}\Delta w_{,xy} \end{cases} \tag{12-38}$$

其中，L_{ij} 与层合板本构方程中的刚度矩阵系数相关，则控制方程可写为

$$\begin{cases} A_{11}(\Delta u)_{,xx}+A_{66}(\Delta u)_{,yy}+A_{16}(\Delta v)_{,xx}+(A_{12}+A_{66})(\Delta v)_{,xy}-B_{11}(\Delta w)_{,xxx}=0 \\ (A_{12}+A_{66})(\Delta u)_{,xy}+A_{66}(\Delta v)_{,xx}+A_{11}(\Delta v)_{,yy}+B_{11}(\Delta w)_{,yyy}=0 \\ D_{11}[(\Delta w)_{,xxxx}+(\Delta w)_{,yyyy}]+2(D_{12}+2D_{26})(\Delta w)_{,xxyy}+4D_{26}(\Delta u)_{,xyyy} \\ -B_{11}[(\Delta u)_{,xxx}-(\Delta v)_{,yyy}]+N_x\Delta w_{,xx}=0 \end{cases} \tag{12-39}$$

为满足四边简支边界条件，取位移形式为

$$\begin{aligned} \Delta u^0 &= U\cos\frac{m\pi x}{a}\sin\frac{n\pi y}{b} \\ \Delta v^0 &= V\sin\frac{m\pi x}{a}\cos\frac{n\pi y}{b} \\ \Delta w^0 &= W\sin\frac{m\pi x}{a}\sin\frac{n\pi y}{b} \end{aligned} \tag{12-40}$$

代入方程中得到关于 U,V,W 的方程组，令方程组的系数矩阵行列式为零，可得临界力 N_x

$$N_x=\left(\frac{a}{m\pi}\right)^2\left(T_{33}+\frac{2T_{12}T_{23}T_{13}-T_{22}T_{13}^2-T_{11}T_{23}^2}{T_{11}T_{22}-T_{12}^2}\right) \tag{12-41}$$

其中，T_{ij} 与层合板本构方程中的刚度矩阵系数相关。

2) 特殊正交各向异性层合板

方法同上，可得

$$N_x=\pi^2\left[D_{11}\left(\frac{m}{a}\right)^2+2(D_{12}+2D_{66})\left(\frac{n}{b}\right)^2+D_{22}\left(\frac{n}{b}\right)^4\left(\frac{a}{m}\right)^2\right] \tag{12-42}$$

12.3.4 工程算法

1. 四边简支矩形层合板的轴压屈曲载荷

$$N_x=\frac{\pi^2\sqrt{D_{11}D_{22}}}{b^2}\left[K-2\left(1-\frac{D_{12}+2D_{66}}{\sqrt{D_{11}D_{22}}}\right)\right] \tag{12-43}$$

其中，$\lambda=(a/b)(D_{22}/D_{11})^{1/4}$。

$$N_x=\frac{\pi^2\sqrt{D_{11}D_{22}}}{b^2}\left[K-2.46\left(1-\frac{D_{12}+2D_{66}}{\sqrt{D_{11}D_{22}}}\right)\right] \tag{12-44}$$

2. 加载边简支，侧边固支矩形层合板的屈曲

$$N_x = \frac{\pi^2\sqrt{D_{11}D_{22}}}{b^2}\left[K - 2.40\left(1 - \frac{D_{12}+2D_{66}}{\sqrt{D_{11}D_{22}}}\right)\right] \tag{12-45}$$

3. 加载边固支，侧边简支矩形层合板的屈曲

$$N_x = \frac{\pi^2\sqrt{D_{11}D_{22}}}{b^2}\left[K - 2.0\left(1 - \frac{D_{12}+2D_{66}}{\sqrt{D_{11}D_{22}}}\right)\right] \tag{12-46}$$

图 12-11 给出不同边界条件下，对称层合板的 K 系数分布。

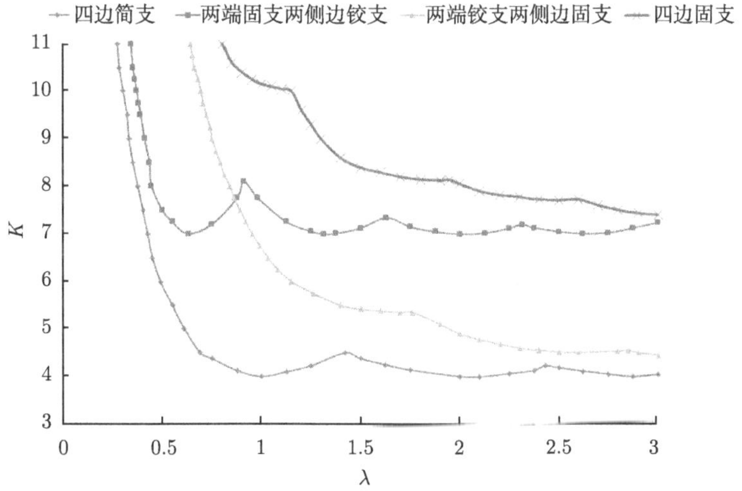

图 12-11　对称层合板的 K 系数

4. 正交各向异性矩形层压平板的剪切屈曲分析

剪切屈曲载荷的计算公式为

$$N_{xycr} = K_s\frac{\pi^2\sqrt[4]{D_{11}D_{22}^3}}{b^2} \tag{12-47}$$

K_s 通过查 α-K 和 β-K 曲线得到，这两个曲线分别见图 12-12 和图 12-13。

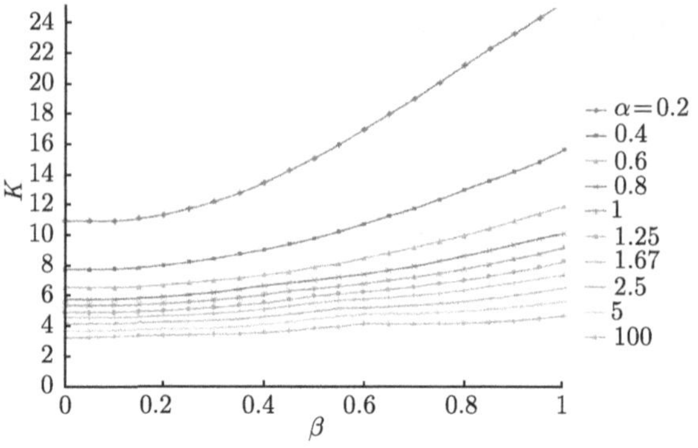

图 12-12　四边简支对应的 K_s

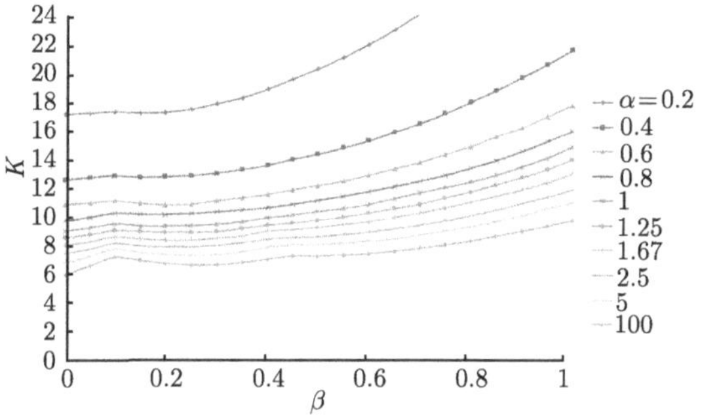

图 12-13　四边固支对应的 K_s

12.3.5　有限元算例

矩形板的尺寸为: $a = 2000\text{mm}$，$b = 1000\text{mm}$，[0、90、0]3s，每层 0.5mm，$E_1 = 130\,000\text{MPa}$，$E_2 = 9500\text{MPa}$，$\nu_1 = 0.33$，$C = 0.024\text{GPa}$，四边简支，x 方向均匀轴压，分别用 ANSYS 有限元和 MSC 有限元软件模拟计算如图 12-14 和图 12-15 所示。

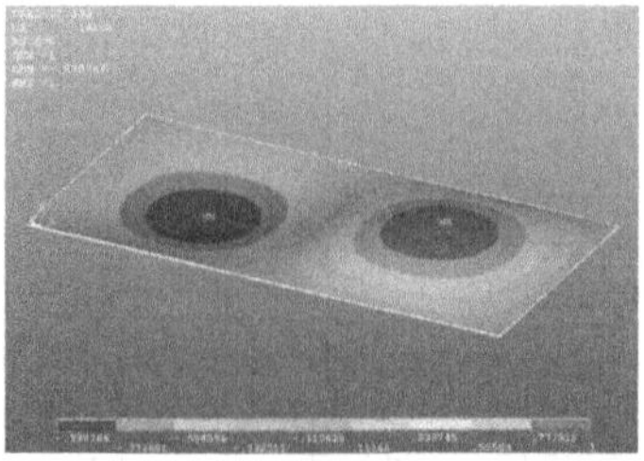

图 12-14　ANSYS 矩形板屈曲云图

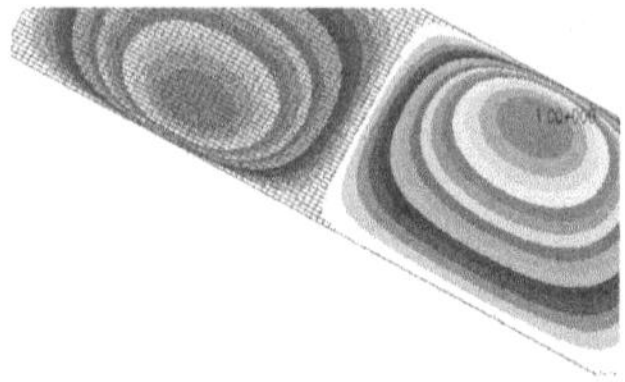

图 12-15　MSC 矩形板屈曲云图

表 12-2　矩形板四边简支临界载荷　(单位: N)

序号	ANSYS	MSC	理论	工程算法	误差
一阶	12.333	12.342	12.35	12.74	3.3%
二阶	18.548	18.562	17.4	—	
三阶	18.696	18.712	19.29	—	

表 12-3　矩形板四边固支临界载荷　(单位: N)

序号	ANSYS	工程算法	误差
一阶	30.918	30.76	0.5%
二阶	32.820	—	
三阶	49.029	—	

从表 12-2 和表 12-3 可以看出，工程算法在矩形层合板的稳定性的计算中拥有较高的精度，一方面对于相同问题可以更快地得到结果，另一方面在对有限元分析结果的评估上具有良好的工程指导意义。

12.3.6　层合板的有限元分析

1. 建模

屈曲分析中根据基本假设将空间问题转化为平面应力问题来求解，采用有限元方法对层合板和夹芯板进行屈曲分析时，应当选择适当的单元类型，例如，在 ANSYS 中选用 shell281 单元类型; 然后根据具体的情况选择是否考虑剪切效应，目前在 ANSYS 中 shell281 单元可以考虑到一阶剪切效应，需要用户输入横向剪切刚度矩阵，如图 12-16 所示。划分有限元网格时，网格的数量应能合理反映失稳模态。

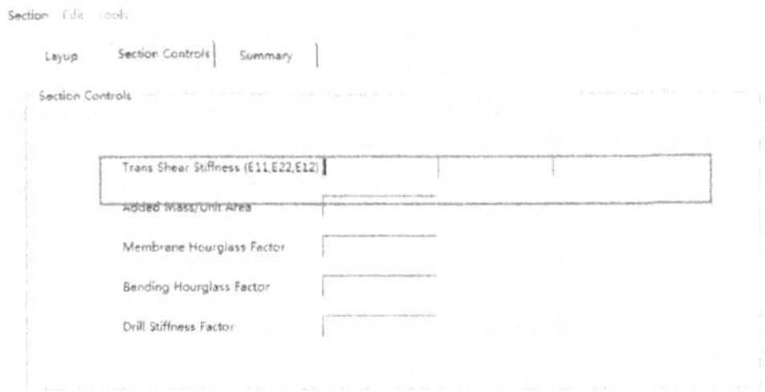

图 12-16　剪切刚度输入界面

2. 边界条件模拟

1) 四边简支

(1) 边界。$x = 0, a$; $y = 0, b$ 时, $w = 0$。

(2) 点。$x = 0; y = 0$ 时，$u = v = 0$。

(3) 点。$x = a; y = 0, b$ 时，$v = 0$。

2) 四边固支

(1) 边界。$x=0,a$ 时，$w=\theta,y=0$。

(2) 边界。$y=0,b$ 时，$w=\theta,x=0$。

(3) 点。$x=0$；$y=0$ 时，$u=v=0$。

(4) 点。$x=a$；$y=0$ 时，$v=0$。

3) 其他边界条件

如边界不同时为固支或简支，类似处理。

4) 弹性支持

在面板各边界点上加弹簧元表示弹性支持。

3. 临界载荷

利用有限元软件自带的屈曲模块进行屈曲分析，所得结果为各阶的稳定特征值，若利用最小的特征值 λ_1 进行简单的运算便可得到该构件在相应边界条件下的屈曲临界载荷。

当施加线载荷 P 时，$N_{cr}=\lambda_1\times P$。

当在节点上施加节点力 F 时，$N_{cr}=\lambda_1\times F/\left(\dfrac{\text{边长}}{\text{节点数}-1}\right)$。

12.4 纤维失效分析

单层/层合板中的第一根玻纤破坏定义为纤维失效，而纤维强度或者应变失效主要是基于单层或者层合板的测试结果。静态测试中，单层布/层合板的失效的定义则是单层布/层合板中的纤维断裂。

1. 最大应变失效准则

独立载荷作用下，最大应变的设计准则为

$$\varepsilon_{nk}<\hat{\varepsilon}_k^{\text{fiber}} \tag{12-48}$$

其中，ε_{nk} 为设计载荷下, 在纤维方向的应变响应；$\hat{\varepsilon}_k^{\text{fiber}}$ 为纤维失效的轴向应变设计值。

对于层合板各纤维方向的局部分析系数按照式 (12-49) 获得

$$\gamma=E_{\text{lin}}/E_{\text{nonlin}} \tag{12-49}$$

其中，E_{lin} 和 E_{nonlin} 是层合板的模量 (刚度)，与考虑纤维方向后的加载有关。E_{lin} 是层合板的刚度，是基于初始层的属性；E_{nonlin} 是减弱的层合板刚度，是由于基体破坏而得到的减弱的层的属性，它们之间的关系如图 12-17 所示。

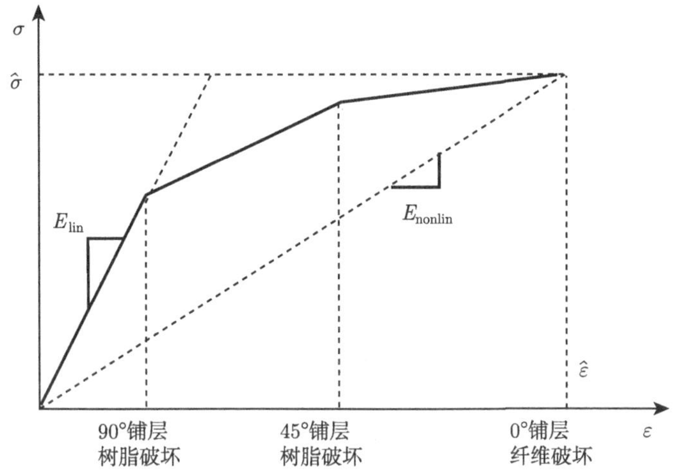

图 12-17　含 0°、45° 和 90° 层合板的典型应力-应变关系

对于拉伸和压缩应变，最大应变失效准则可用于验证平行于纤维的所有方向。

2. Tsai-Hill 失效准则

当两个或者更多的面内应力被应用到一个层合板/单层布，一个有用的失效准则是 Tsai-Hill 准则最大畸变能理论。这个理论考虑了应力的相互作用，可以表示为 2D 形式

$$\left(\frac{\sigma_1}{X}\right)^2+\left(\frac{\sigma_2}{Y}\right)^2-\frac{\sigma_1\sigma_2}{X^2}+\left(\frac{\tau_{12}}{S}\right)^2=1 \tag{12-50}$$

其中，X 和 Y 为拉伸和压缩强度。不同的材料，对于拉伸应力用拉伸强度，而对于压缩应力则用压缩强度。Tsai-Hill 理论中，破坏强度 X，Y，S 之间存在重要的相互联系，而其他理论假定 3 种破坏是单独发生的。Tsai-Hill 失效准则适用于 E-玻璃纤维/环氧树脂制成的单向层合板在偏轴向方向单独拉伸或压缩的判断。

3. Hoffmann 失效准则

Tsai-Hill 理论未考虑拉伸、压缩性能不同的复合材料，Hoffmann 提出如下新理论:

$$\frac{\sigma_1^2}{X_tX_c}-\frac{\sigma_1\sigma_2}{X_tX_c}+\frac{\sigma_2^2}{Y_tY_c}+\frac{X_c-X_t}{X_tX_c}\sigma_1+\frac{Y_c-Y_t}{Y_tY_c}\sigma_2+\frac{\tau_{12}^2}{S^2}=1 \tag{12-51}$$

当 $X_t=X_c$, $Y_t=Y_c$ 时 (这里 X_c,Y_c 均取正值)，式 (12-51) 即为 Tsai-Hill 失效准则。

4. Tsai-Wu **失效准则**

$$
\begin{cases}
F_{11}\sigma_1^2 + 2F_{12}\sigma_1\sigma_2 + F_{22}\sigma_2^2 + F_{66}\sigma_6^2 + F_1\sigma_1 + F_2\sigma_2 = 1 \\
F_{11} = \dfrac{1}{X_t X_c}, F_1 = \dfrac{1}{X_t} - \dfrac{1}{X_c}, F_{22} = \dfrac{1}{Y_t Y_c} \\
F_2 = \dfrac{1}{Y_t} - \dfrac{1}{Y_c}, F_{66} = \dfrac{1}{S^2}, \sigma_6 = \tau_{12}
\end{cases}
\tag{12-52}
$$

其中，$-1 < F_{12}^* < 1, F_{12}^* = F_{12}/\sqrt{F_{11}F_{22}}$。一般 $F_{12}^* = -0.5$。

12.5　树脂失效分析

树脂破裂被定义为树脂的初始破裂。本章所阐述的树脂破裂准则不包含高应力或应变下树脂破裂的增长。一般而言，有两种设计准则可供选择: 最大应力失效准则和 Puck 准则。例如，在压缩载荷作用下楔形树脂破裂导致结构失效，Puck 准则可用于获得失效面的方向。另外，树脂失效不是在层合板范围内分析，而通常是根据单层进行审核。

树脂破裂最初只是个简单的概念，但其实细节非常复杂。很多层合板结构在制造期间已存在树脂破裂，这些裂纹在固化期内通过热应力或树脂收缩而扩展。无树脂破裂的层合板，在最初形成破裂时即存在初始层应力，一旦形成裂纹，则在高应力下，裂纹开始生长且开始形成附加裂纹，这种裂纹构造最终将导致刚度的变化，此处称为树脂破裂点或第一层失效。层合板最终体现为破裂饱和，且在载荷作用下不会再破裂。在很多文献里指出这种情况下的模量改变与树脂破裂密度相关。

1. **最大应力失效准则**

最大应力准则应用于单方向的应力相比其他方向起主导作用。在这种情况下，简化的最大应力失效准则中，主导应力为

$$
\sigma_{nk} < \hat{\sigma}_{nk}^{\text{matrix}} \tag{12-53}
$$

其中，n 为主导应力方向；σ_{nk} 为设计载荷下 n 方向，结构局部载荷效应 (应力)；$\hat{\sigma}_{nk}^{\text{matrix}}$ 为树脂破裂方向的应力分量设计值。

树脂最大应力存在方向性，主要源于纤维的应力集中，纤维纵向的树脂应力通常比横向大很多。

当没有主导应力的情况下，简化的最大应力失效准则不再适用，此时需要评估应力分量的组合效应，复杂应力的最大应力失效准则为

$$
\sqrt{\sum_n \left(\frac{\sigma_{nk}}{\hat{\sigma}_{nk}^{\text{matrix}}}\right)^2} < 1 \tag{12-54}
$$

其中，n 为铺层坐标系；σ_{nk} 为设计载荷下 n 方向，结构局部载荷效应 (应力)；$\hat{\sigma}_{nk}^{\mathrm{matrix}}$ 为方向 n 下树脂破裂的应力分量设计值。

2. Puck 准则

Puck 强度理论是基于库仑-莫尔脆性破坏假设，由于该理论符合实际并且使用方便，被广泛使用[30]。

Puck 理论涉及 4 个基本内容:

(1) 纤维间失效前的非线性应力应变分析;

(2) 关于作用面的纤维失效和纤维间失效的破坏准则;

(3) 纤维间失效开始后的连续性退化;

(4) 层合板弯曲失效的注意事项。

实验所得，单向复合材料的破坏属于脆性破坏。因此，用于分析塑性金属材料的 “von Mises 屈服准则” 和类似的一些屈服准则就不再适用。

对于一个单向复合材料单元，有 6 种不同形式的应力会造成材料破坏，如图 12-18 所示。

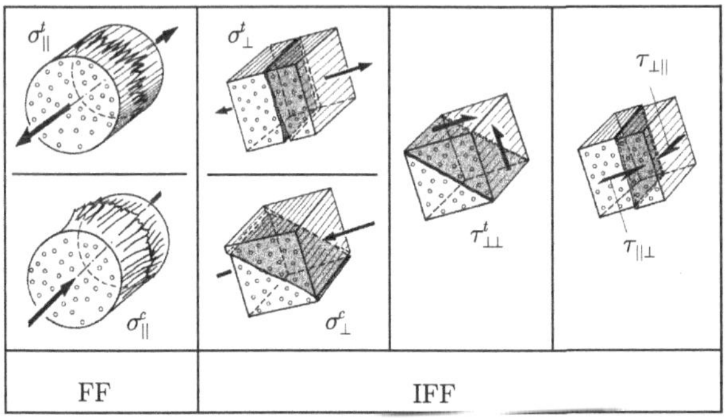

图 12-18　复合材料破坏

与 6 种形式的应力对应的有 6 种强度:

$$R_{\|}^{t}, R_{\|}^{c}, R_{\perp}^{t}, R_{\perp}^{c}, R_{\perp\perp}, R_{\perp\|}$$

破坏面上的法向应力 σ_{n} 和切向应力 $\sigma_{\mathrm{nt}}, \sigma_{\mathrm{nl}}$ 是导致纤维间破坏的主要原因。法向拉应力 σ_n 促使材料破坏，而法向压应力能减缓材料发生破坏。Puck 准则的坐标系与应力分量如图 12-19 所示。

纤维破坏-FF:

$$\begin{cases} \dfrac{\sigma_1}{R_{\|}^{t}} = 1, & \sigma_1 > 0 \\ \dfrac{\sigma_1}{(-R_{\|}^{c})} = 1, & \sigma_1 < 0 \end{cases} \tag{12-55}$$

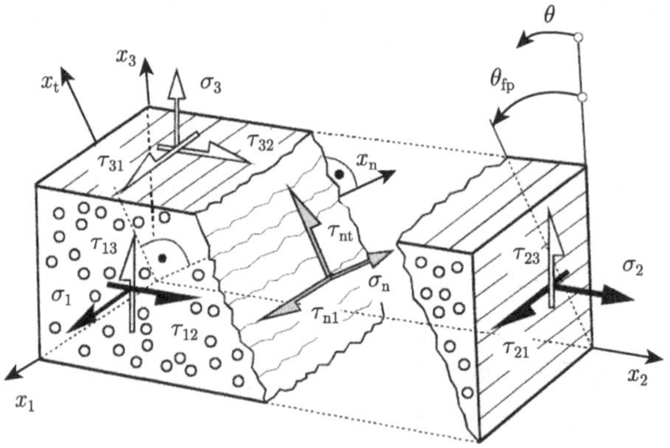

图 12-19 Puck 准则的坐标系与应力分量

纤维间破坏-IFF:

$$\begin{cases} \left(\dfrac{\tau_{\text{nt}}}{R_{\perp\perp}^A}\right)^2+\left(\dfrac{\tau_{\text{nl}}}{R_{\perp||}^A}\right)^2+(1-c)\left(\dfrac{\sigma_{\text{n}}}{R_{\perp}^{tA}}\right)^2+c\left(\dfrac{\sigma_{\text{n}}}{R_{\perp}^{tA}}\right)=1, & \sigma_{\text{n}}\geqslant 0 \\ \left(\dfrac{\tau_{\text{nt}}}{R_{\perp\perp}^A-p_{\perp\perp}^c\times\sigma_{\text{n}}}\right)^2+\left(\dfrac{\tau_{\text{nl}}}{R_{\perp||}^A-p_{\perp||}^c\times\sigma_{\text{n}}}\right)^2=1, & \sigma_{\text{n}}<0 \end{cases} \tag{12-56}$$

其中，常数 c 表示纤维间破坏描述的曲线上，$(\tau_{\text{nt}},\tau_{\text{nl}})$ 平面内 $\sigma_{\text{n}}=0$ 所在点的斜率。$\sigma_{\text{n}},\tau_{\text{nt}},\tau_{\text{nl}}$ 是由 5 个应力分量转换得到, 公式如下:

$$\begin{Bmatrix} \sigma_{\text{n}}(\theta_{fp}) \\ \tau_{\text{nt}}(\theta_{fp}) \\ \tau_{\text{nl}}(\theta_{fp}) \end{Bmatrix}=\begin{bmatrix} c^2 & s^2 & 2sc & 0 & 0 \\ -sc & sc & (c^2-s^2) & 0 & 0 \\ 0 & 0 & 0 & s & c \end{bmatrix}\begin{Bmatrix} \sigma_2 \\ \sigma_3 \\ \tau_{23} \\ \tau_{31} \\ \tau_{21} \end{Bmatrix} \tag{12-57}$$

其中，$c=\cos\theta_{fp}$；$s=\sin\theta_{fp}$。

$R_{\perp}^{tA},R_{\perp\perp}^{A},R_{\perp||}^{A}$ 中的 A 表示作用面。不能混淆作用面上的抗力 $R_{\perp\perp}^{A}$ 和强度 $R_{\perp\perp}$，$R_{\perp\perp}^{A}$ 的值不能通过纯剪切试验得到，只能通过横向压缩试验的结果再经过计算得到。

根据 GL 2010[14]，确定 Puck 准则的参数 $p_{\perp\perp}^c=0.25, p_{\perp||}^c=0.3$。

3. 面内剪切失效

潜在的树脂面内剪切失效模式可通过最大应力失效准则校核，仅需应用面内剪切应力 τ_{12} 来判断。对于简化的 2D 面内剪切，设计准则归纳为

$$\tau_{12}<\hat{\tau}_{12}^{\text{matrix}} \tag{12-58}$$

其中，τ_{12} 为面内剪切应力；$\hat{\tau}_{12}^{\mathrm{matrix}}$ 为树脂面内剪切应力设计值。

4. von Mises 屈服准则

von Mises 屈服准则可用于评估屈服载荷下各向同性材料，如树脂可看作 FRP 层合板典型的各向同性材料。von Mises 屈服准则为

$$\sqrt{(\sigma_1-\sigma_2)^2+(\sigma_2-\sigma_3)^2+(\sigma_3-\sigma_1)^2}<\sigma_y \tag{12-59}$$

其中，σ_n 为主应力, 设计载荷对应的 $n=1,2,3$；σ_y 为材料屈服应力的设计值。

当两种或更多载荷出现，每个应力分量 σ_n 是由组合载荷引起的。在这种情况下，对于每个应力分量 σ_{nj} 单独考虑，即载荷 j 作用下的方向 n 的结构局部响应。除非可以充分地证明结构能允许大变形，否则任何树脂材料的屈服都是不可接受的。

12.6　层合板在叶片上的应用

叶片的承力梁结构相当于复合材料层合板模型，将多层单层黏合在一起组成整体的单向带，如图 12-20 所示。叶片主梁、前缘梁和尾缘梁的单向带主要是沿叶片展向的单向布黏接而成。

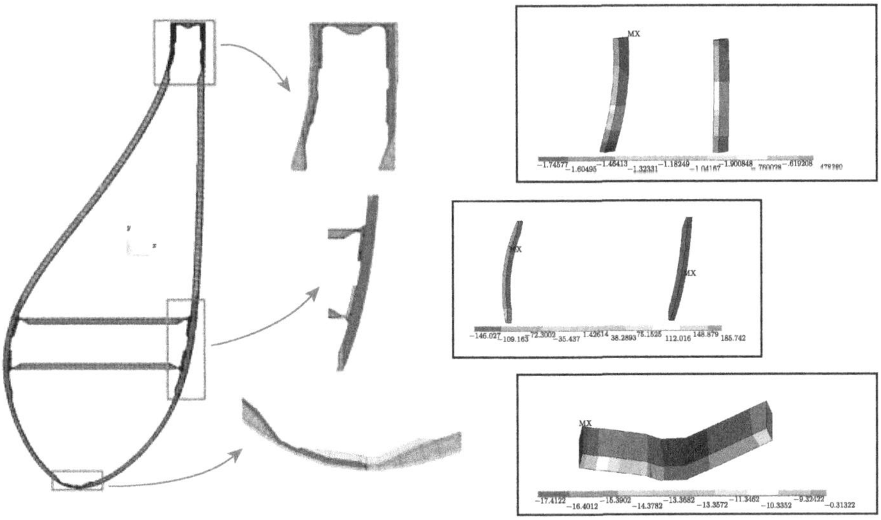

图 12-20　叶片前缘梁、主梁和尾缘梁的层合板结构

叶片铺层为层合板形式，如图 12-21 所示，根据层合板理论中沿层板厚度方向的应力与应变，可知叶片主梁段最外层的应变应大于叶片最内层，因此在叶片主梁

设计与校核中应着重验证主梁最外层的应力与应变。

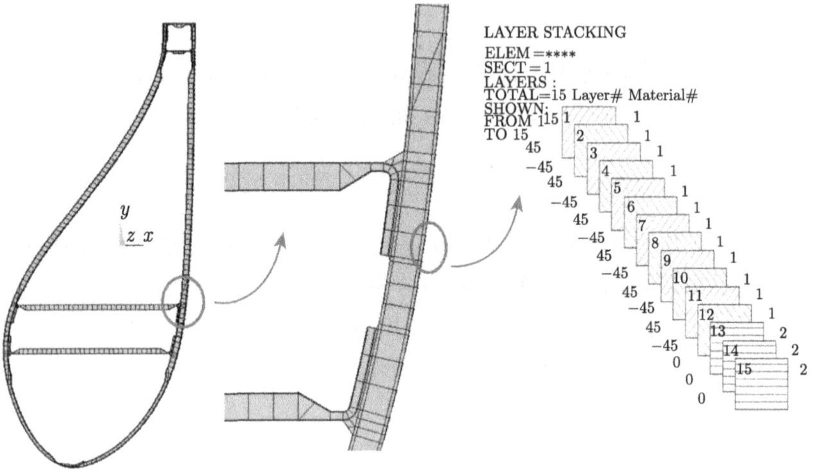

图 12-21　叶片铺层的层合板结构示意图

第 13 章　夹芯结构分析

13.1　夹芯结构基础

夹芯结构，由两块高强度面板与两面板间的夹芯所组成, 如图 13-1 所示。芯材刚度较小，故通常在平行面板平面内刚度甚微，故可认为夹芯只承受横向剪切内力。夹芯结构设计的目的是减少重量、增加刚度和减少总的产品成本。对结构设计来说，主要的问题是在规定的变形、外形、重量和成本的情况下，使设计的夹芯结构能合理地承受载荷与传递载荷。夹芯结构厚度示意图如图 13-2 所示。图中，t_1 和 t_2 为面板厚度，h 为夹芯厚度。

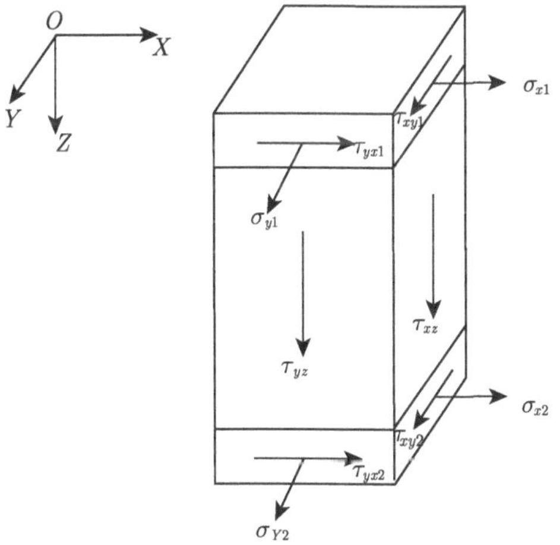

图 13-1　夹芯结构示意图

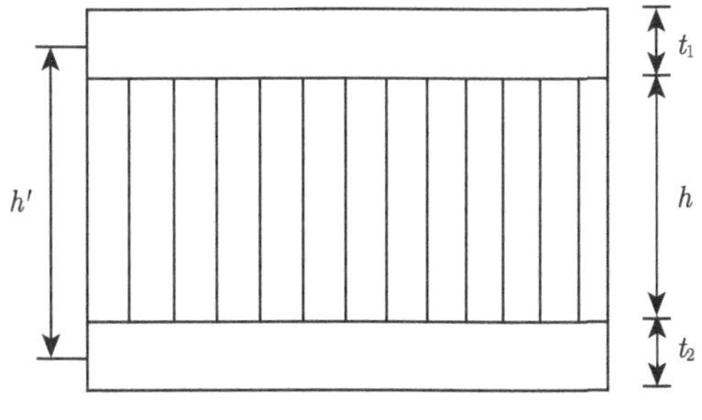

图 13-2　夹芯结构厚度示意图

夹芯结构具有下列特点[28]：

(1) 具有大的弯曲刚度/重量比及弯曲强度/重量比；

(2) 具有良好的吸声、隔声和隔热性能；

(3) 具有大的临界屈曲载荷；

(4) 对湿热环境敏感，设计时要防潮密封；

(5) 面板薄时对低能冲击敏感；

(6) 修补较困难。

13.2　夹芯结构设计

夹芯结构适用于次级传力结构，风力机叶片中抗屈曲的结构件主要为夹芯结构形式。

13.2.1　夹芯结构设计准则

夹芯结构设计应满足下列设计准则[28]：

(1) 在“设计外加载荷”下，面板的面内应力应小于材料强度，或在设计载荷下，面板应变小于考虑损伤容限的许用应变；

(2) 芯材应有足够的厚度、强度和刚度，以保证在“设计外加载荷”作用下，夹层板不发生总体屈曲、剪切破坏以及过大的挠度；

(3) 芯材应有足够的弹性模量，以及夹芯结构在垂直方向上应有足够的拉、压强度，以保证在“设计外加载荷”下，面板不发生皱曲；

(4) 面板应足够厚，以防止在“设计外加载荷”作用下发生格内面板失稳；

(5) 应尽量避免夹芯结构承受垂直于平面方向的局部集中载荷，以防止局部芯子压塌或拉脱，当集中载荷不可避免时，应采取结构保护措施，将传到芯材的集中载荷分散到其他承力构件上。

13.2.2　设计要点

目前较常用的夹芯结构有蜂窝板和泡沫夹芯，从类型上可分全高度夹层和等高度夹层板。

一般对于翼型较薄的结构采用全高度夹层，由于此时夹层上下的面板都是气动外形面，因此对其要求较高，需要在工艺上采取一定的措施来加以保证，否则会产生很多制造缺陷，如脱胶、弱胶、芯子压塌等。

对于翼型较高的结构采用等高度的夹层板，此时夹层的一面位于气动外形面，而另一面则属于内部结构，对外形要求较低，这样只需采取一定的措施充分保证外形面的胶接质量即可。

风力机叶片的夹芯结构分为壳体夹芯和腹板夹芯，壳体夹芯的一面面板属于气动外形面，应当做等高度夹层板设计，而芯材与其他部件连接处，则需做圆角或斜角进行过渡; 此外，腹板夹芯的两面面板都不属于气动外形面。

13.3　夹芯结构分析

13.3.1　基本参数

如图 13-3 所示，夹芯结构由面板和芯子组成，上、下面板厚度分别为 t_1、t_2，芯子高度为 c，芯子边长为 b，芯格间距为 S。对于夹芯结构在设计中首先关注的是夹层板弯曲刚度、拉压刚度和剪切刚度。

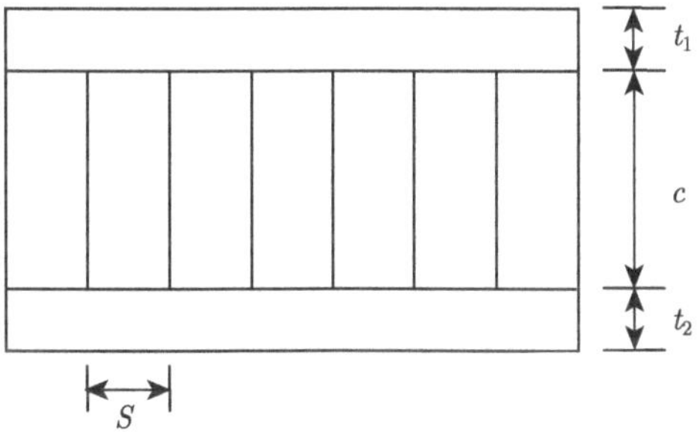

图 13-3　夹芯结构参数定义

夹层板弯曲刚度:

$$D_i = \frac{E_{fi} t_f (t_f + c)^2}{2} + \frac{E_{fi} t_f^3}{6} \quad (i = x, y) \tag{13-1}$$

夹层板拉压刚度:

$$H_i = 2E_{fi} t_f \quad (i = x, y) \tag{13-2}$$

夹层板剪切刚度:

$$U_{LT} = \frac{(t_f + c)^2}{c} G_{\mathrm{CLT}} \approx (t_f + c) G_{\mathrm{CLT}} \tag{13-3}$$

$$U_{WT} = \frac{(t_f + c)^2}{c} G_{\mathrm{CWT}} \approx (t_f + c) G_{\mathrm{CWT}} \tag{13-4}$$

其中，E_{fi} 为面板的弹性模量；t_f 为面板的总厚度，$t_f = t_1 + t_2$；G_{CLT}、G_{CWT} 分别为芯材纵、横向剪切模量。

13.3.2 局部失效分析

1. 夹芯结构典型失效机理

由于层板与夹芯之间的相互作用，夹芯结构存在附加的失效机理。典型的夹芯失效模式如图 13-4 所示，失效模式的解释见表 13-1。

表 13-1 失效模式

序号	失效模式	序号	失效模式
a	层板/芯材失效	e	总体屈曲
b	芯材剪切	f	剪切压皱屈曲
c	层板起皱屈曲	g	层板表面微凸屈曲
d	分层	h	芯材凹陷

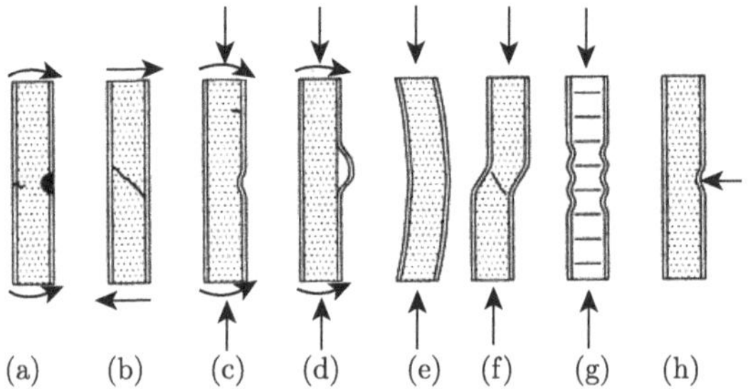

图 13-4 典型夹芯结构失效模式

多种情况下，芯材主导应力为剪切，包括剪切屈服、极限剪切失效或全厚度方向的 45° 拉伸破坏。同时，由于局部压缩应力导致的芯材凹陷也应校核，若压缩强度超过芯材许用强度则会出现芯材凹陷。

2. 夹芯结构界面

夹芯结构的面板可用层合板方法来分析，两边面板都需进行失效校核，因为它们在弯矩作用下会呈现不同的应力状态。

夹芯结构的面板和芯材间的界面破坏应分析层间应力，根据设计准则分析代表材料的特性。界面特性通常不同于芯材或面板特性，理应通过试验确定。

叶片里常用的芯材为 PVC 和 Balsa 木，PVC 芯材的夹芯结构中，界面典型地表现出无方向性破坏，而界面以下的破坏往往发生在 PVC 芯材内。另外，Balsa 木芯材的夹芯结构的破坏典型发生在界面。

3. 夹芯结构屈曲

夹芯结构表现出一些经典的屈曲模式，但同时也应评估一定的附加模式，如层板起皱、剪切皱纹和层板表面微凸。

面板起皱发生于层板法向压缩应力将达到局部不稳定 (或起皱) 应力的情况下:

$$\bar{\sigma}_{\text{face}} \geqslant \hat{\sigma}_{\text{wrinkling}} \tag{13-5}$$

剪切皱纹发生于法向应力将达到起皱应力的情况下:

$$\bar{\sigma}_{\text{face}} \geqslant \hat{\sigma}_{\text{crimping}} \tag{13-6}$$

层板表面微凸或屈曲仅发生于蜂窝和波纹状芯材的夹芯结构中。层板表面微凸发生于压缩应力达到蜂窝单元或波纹状单元的屈曲应力的情况下:

$$\bar{\sigma}_{\text{core}} \geqslant \hat{\sigma}_{\text{dinpling}} \tag{13-7}$$

13.4　夹芯结构分析方法

13.4.1　各向同性材料面板夹芯板

如图 13-5 所示，如果面板的弹性模量 E 对平行于面板方向的夹芯弹性模量 $\bar{E}_x$、$\bar{E}_y$ 之比很大，而面板厚度 t 与夹芯厚度 h 之比为 $\bar{E}_x h/E(t_1+t_2)<0.1$，$\bar{E}_y h/E(t_1+t_2)<0.1$，这样的夹芯可以视为软夹芯。软夹芯的刚性较小，尤其在平行面板平面内刚性甚微，因而可以认为软夹芯只承受横向剪切内力，而平行面板的内力与内力矩由面板来承受。

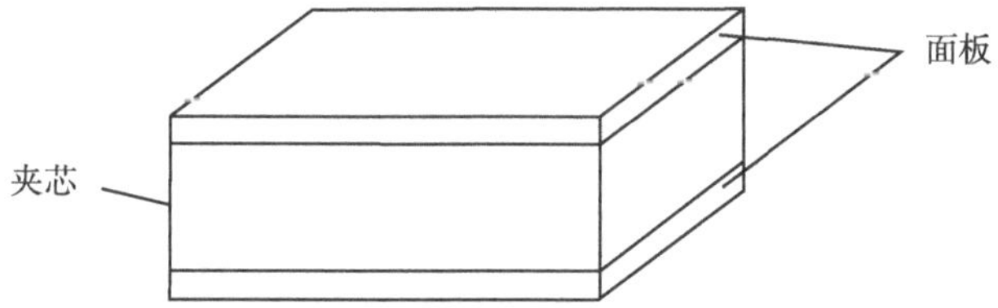

图 13-5　夹芯结构面板与芯材

1. 基本假设

这里的夹芯结构主要是由两块各向同性的薄面板与各向同性或正交各向异性软夹芯构成的夹层板。

整体稳定性分析中，采用以下基本假设:

(1) 忽略夹芯在平行面板方向的刚度，即 $\bar{E}_x=\bar{E}_y=\bar{G}_{xy}=0$;

(2) 夹芯横向不可压缩，即 $\bar{E}_z=\infty$;

(3) 面板很薄 ($t_1 \ll h, t_2 \ll h$)，面板自身弯曲刚度 $\bar{D}$ 可以忽略不计 (但在受载荷的夹芯板弯曲问题中不可忽略 $\bar{D}$);

(4) 夹芯结构的总厚度远比板的长宽小;

(5) 采用线性理论。

特别说明，在局部稳定性分析中，$\bar{D}$ 和 $\bar{E}_z$ 都取有限值。

这里给出的夹芯板是由各向同性面板与正交各向异性 (或各向同性) 夹芯所组成的夹芯板，计算在各种载荷及边界条件下的弹性失稳的临界力。根据相关曲线，可以用插值法求得具有各种参数值的矩形夹芯板的临界应力。

2. 均匀轴压

面板临界应力按式 (13-8) 计算[26]:

$$\sigma_{x,cri} = K\pi^2 \frac{E_1 t_1 E_2 t_2}{(E_1 t_1 + E_2 t_2)^2} \frac{\left(h + \dfrac{t_1 + t_2}{2}\right)^2}{b^2} \frac{E_i}{1 - \mu^2} \tag{13-8}$$

其中，$K = K_h + K_f$。

K_f 根据 $a/b, k, g$ 的值及边界条件可由图 13-6~图 13-17 查出。

$$k = \frac{\pi^2 h E_1 t_1 E_2 t_2}{(1 - \mu^2) b^2 G_{xz} (E_1 t_1 + E_2 t_2)} \tag{13-9}$$

$$g = \frac{G_{yz}}{G_{xz}} \tag{13-10}$$

$$K_h = \frac{(E_1 t_1^3 + E_2 t_2^3)(E_1 t_1 + E_2 t_2)}{12 E_1 t_1 E_2 t_2 \left(h + \dfrac{t_1 + t_2}{2}\right)^2} K_{f0} \tag{13-11}$$

其中，K_{f0} 是 $k = 0$ 时的 K_f 值。

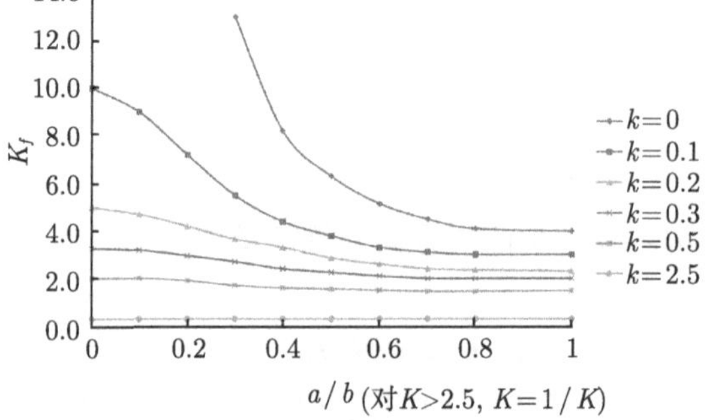

图 13-6 四边简支 $g = 0.4$

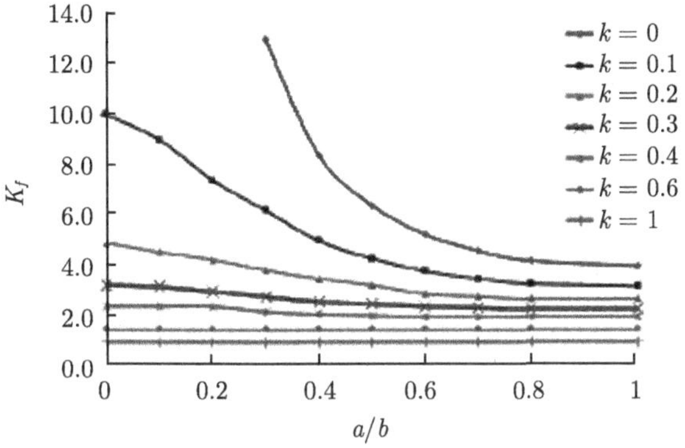

图 13-7　四边简支 $g = 1$

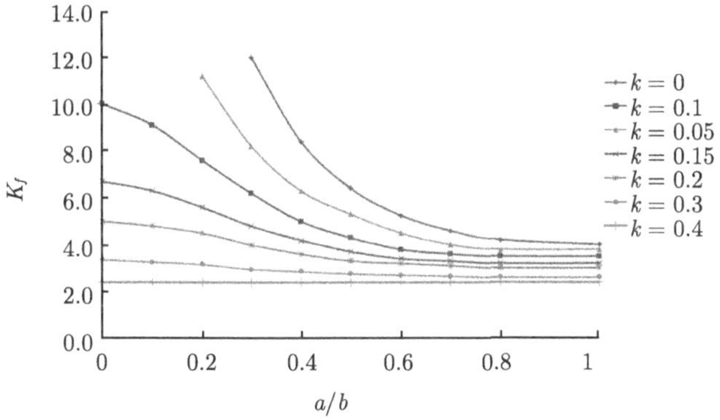

图 13-8　四边简支 $g = 2.5$

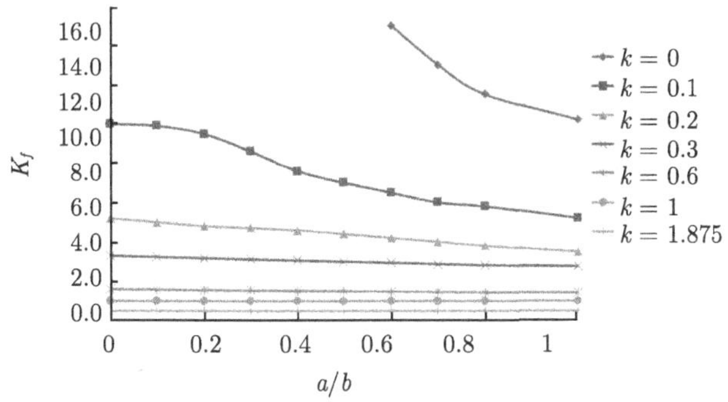

图 13-9　四边固支 $g = 0.4$

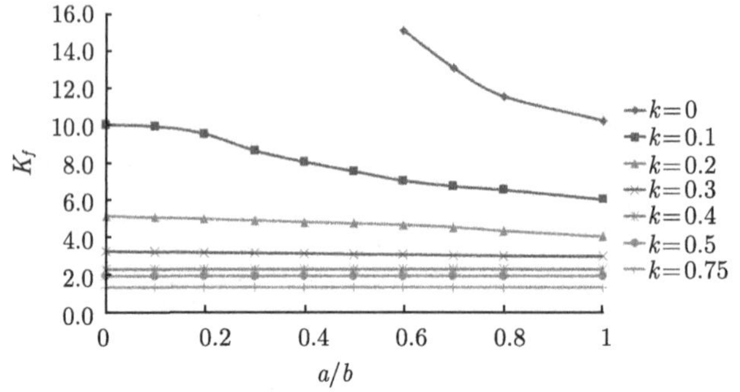

图 13-10　四边固支 $g=1$

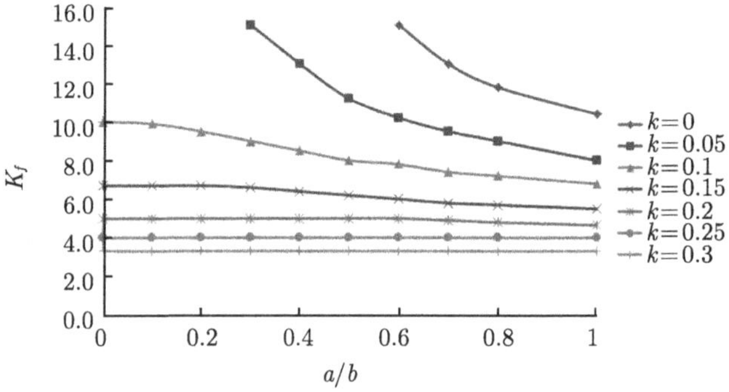

图 13-11　四边固支 $g=2.5$

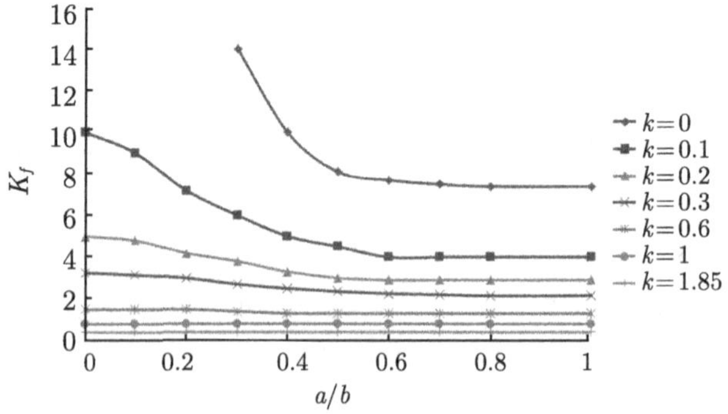

图 13-12　加载边简支侧边固支 $g=0.4$

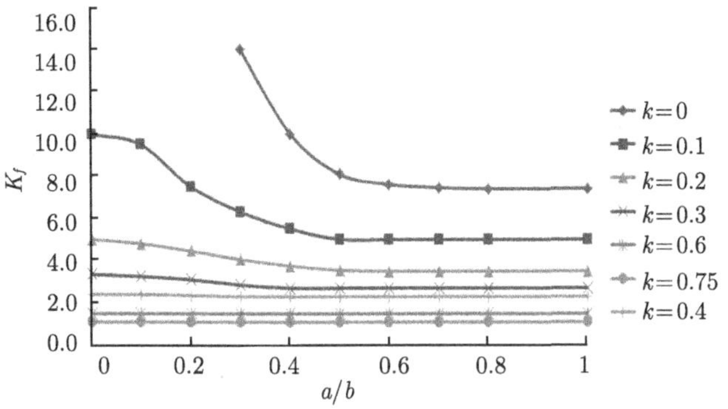

图 13-13　加载边简支侧边固支 $g = 1$

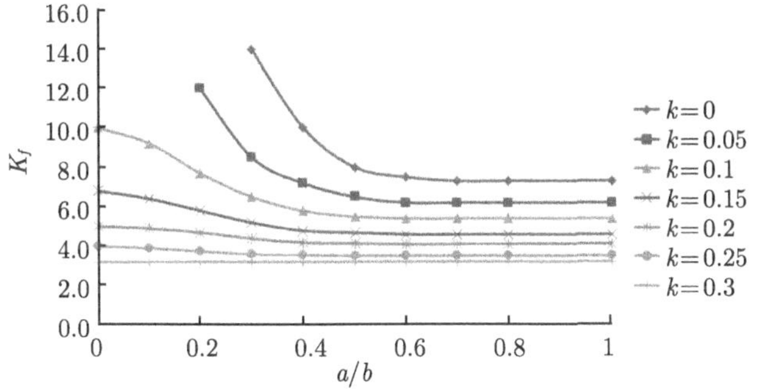

图 13-14　加载边简支侧边固支 $g = 2.5$

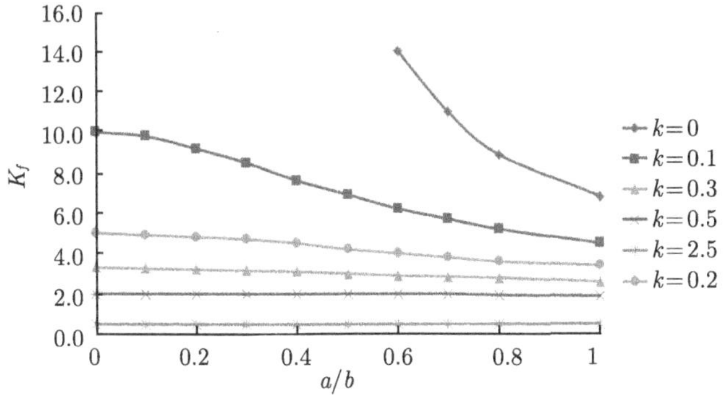

图 13-15　加载边固支侧边简支 $g = 0.4$

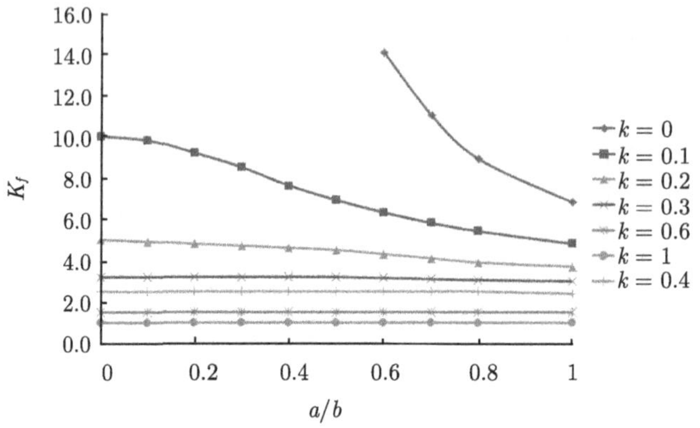

图 13-16　加载边固支侧边简支 $g = 1$

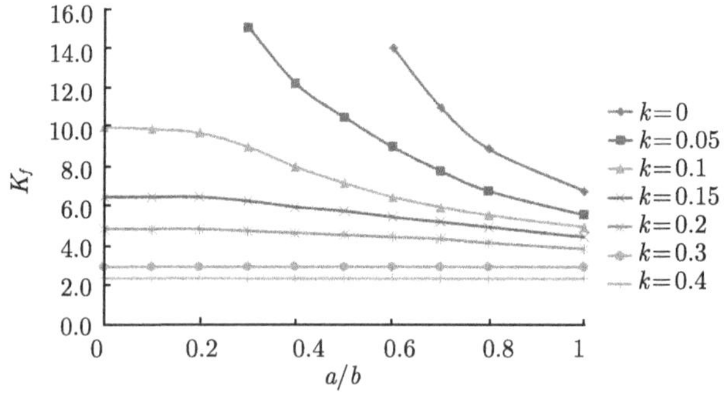

图 13-17　加载边固支侧边简支 $g = 2.5$

3. 均匀剪切

面板均匀剪切示意图如图 13-18 所示，其临界剪应力按下式确定:

$$\tau_{xy,cri} = K\pi^2 \frac{E_1 t_1 E_2 t_2}{(E_1 t_1 + E_2 t_2)^2} \frac{\left(h + \dfrac{t_1 + t_2}{2}\right)^2}{b^2} \frac{E_i}{1 - \mu^2} \quad (i = 1, 2) \tag{13-12}$$

对于相同面板，则有

$$\tau_{xy,cr} = K \frac{\pi^2 E (h + t)^2}{4b^2 (1 - \mu^2)} \tag{13-13}$$

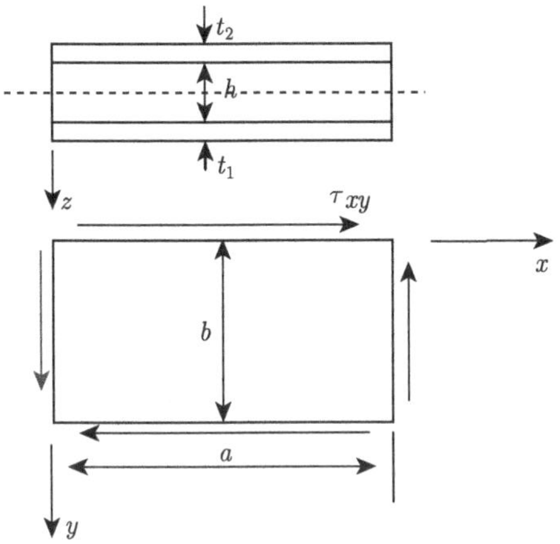

图 13-18　剪切示意图

式中

$$K = K_f + K_h \tag{13-14}$$

K_f 根据 $b/a, k, g$ 值及边界条件确定。

$$k = \begin{cases} \dfrac{\pi^2 h E_1 t_1 E_2 t_2}{(1-\mu^2) b^2 \bar{G}_{xz}(E_1 t_1 + E_2 t_2)} & (\text{两面板不同}) \\ \dfrac{\pi^2 h E t}{2(1-\mu^2) b^2 \bar{G}_{xz}} & (\text{两面板相同}) \end{cases} \tag{13-15}$$

$$g = \frac{\bar{G}_{yz}}{\bar{G}_{xz}} \tag{13-16}$$

K_h 值由式 (13-17) 确定

$$K_h = \frac{(E_1 t_1^3 + E_2 t_2^3)(E_1 t_1 + E_2 t_2)}{12 E_1 t_1 E_2 t_2 \left(h + \dfrac{t_1 + t_2}{2}\right)^2} K_{f0} \tag{13-17}$$

对于相同的面板，有

$$K_h = \frac{t^2 K_{f0}}{3(h+t)^2} \tag{13-18}$$

K_{f0} 是 $k=0$ 时的 K_f 值，根据 a/b 或 $b/a, g$ 值及边界条件由相应的图中 $k=0$ 的曲线查得。

4. 弯矩

面板弯矩作用示意图如图 13-19 所示，最大应力处的临界值按下式确定:

$$\sigma_{0,cri} = K\pi^2 \frac{E_1 t_1 E_2 t_2}{(E_1 t_1 + E_2 t_2)^2} \frac{\left(h + \dfrac{t_1 + t_2}{2}\right)^2}{b^2} \frac{E_i}{1-\mu^2} \quad (i = 1, 2) \tag{13-19}$$

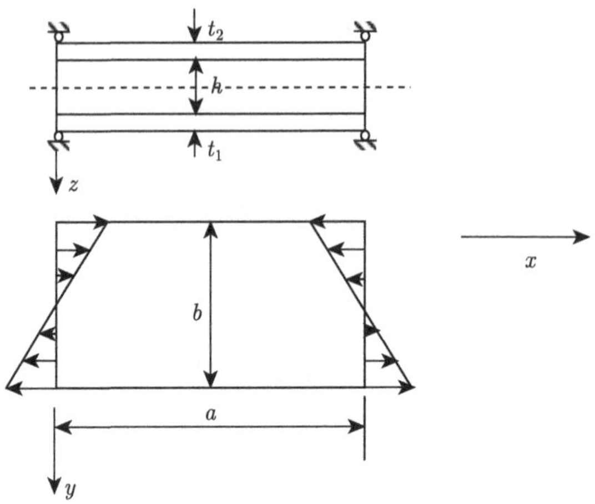

图 13-19　受弯示意图

对于相同面板，有

$$\sigma_{0,\mathrm{cr}} = K\frac{\pi^2 E(h+t)^2}{4b^2(1-\mu^2)} \tag{13-20}$$

式中临界应力系数为

$$K = K_f + K_h \tag{13-21}$$

K_f 根据 $b/a, k, g$ 值及边界条件而确定。

$$k = \begin{cases} \dfrac{\pi^2 h E_1 t_1 E_2 t_2}{(1-\mu^2)b^2\bar{G}_{xz}(E_1 t_1 + E_2 t_2)} & (\text{两面板不同}) \\ \dfrac{\pi^2 h E t}{2(1-\mu^2)b^2\bar{G}_{xz}} & (\text{两面板相同}) \end{cases} \tag{13-22}$$

$$g = \frac{\bar{G}_{yz}}{\bar{G}_{xz}} \tag{13-23}$$

K_h 值由下式确定:

$$K_h = \frac{(E_1 t_1^3 + E_2 t_2^3)(E_1 t_1 + E_2 t_2)}{12 E_1 t_1 E_2 t_2 \left(h + \dfrac{t_1+t_2}{2}\right)^2} K_{f0} \tag{13-24}$$

对于相同面板，有

$$K_h = \frac{t^2 K_{f0}}{3(h+t)^2} \tag{13-25}$$

13.4.2　正交各向异性面板夹芯板

1. 均匀轴压

夹芯板在均匀轴压下的屈曲载荷为

$$N_{x,cr}=\frac{\pi^2(DD_{11}DD_{22})^{1/2}}{b^2}K \tag{13-26}$$

其中，$N_{x,cr}$ 为单位宽度上的屈曲轴压力; a,b 分别为板的长度和宽度; DD_{11},DD_{22} 为折算弯曲刚度系数; K 为屈曲系数，是边界条件、刚度与半波数的函数，计算公式为

$$K=\min(K(m))=\min\left(\frac{A_1+A_2}{1+A_3+A_4}\right)\quad (m=1,2,3,\cdots) \tag{13-27}$$

其中，A_1,A_2,A_3,A_4 为由边界条件、刚度等确定的系数。

2. 剪切

夹芯板在剪切载荷 N_{xy} 下的剪切屈曲载荷为

$$N_{xy,cr}=\frac{4(DD_{11}DD_{22}^3)^{1/4}}{b^2\left[1+4\left(\dfrac{K'}{K}-1\right)\right]}K_s \tag{13-28}$$

其中，$N_{xy,cr}$ 为单位宽度上的屈曲剪力; K 为屈曲系数，$K'=A_1$; K_s 为剪切屈曲系数。

13.4.3　局部失稳工程算法

1. 面板局部失稳

如图 13-20 所示的面板轴压屈曲，当面板出现局部屈曲时，面板会起皱，其临界载荷小于经典理论 (假定初始波纹度 $\delta=0$) 的计算值。在面板起皱现象中，初始波纹起着重要作用，它引起面板横向挠度的发展，致使夹芯横向拉伸或压缩破坏，或是拉脱夹芯与面板的连接处。

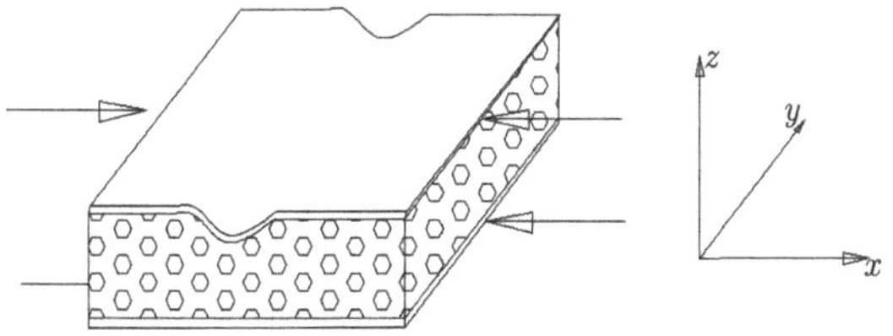

图 13-20　轴压屈曲示意图

面板起皱的临界应力按下列步骤确定。

1) 计算参数 q

$$q = \frac{h}{t}\left(\frac{1-\mu^2}{\eta E \bar{E}_z \bar{G}}\right)^{1/3} \bar{G} \tag{13-29}$$

其中，h 为夹芯厚度; $\bar{G}$ 为垂直面板且平行于加载方向的平面内的夹芯剪切模量; $\bar{E}_z$ 为夹芯法向弹性模量; t 为面板厚度; E 为面板弹性模量; μ 为面板泊松系数; η 为塑性减缩系数, 面板为弹性时 $\eta = 1$。

2) 计算参数 K_δ

$$K_\delta = \frac{\bar{E}_z \delta}{\sigma_z^0 h} \tag{13-30}$$

其中，δ 为面板初始波纹的波幅; σ_z^0 为夹芯的平面破坏强度, 取夹芯在 z 方向的抗拉强度、抗压强度及夹芯与面板连接强度三者的最小值。

3) 确定 Q

根据 q 和 K_δ，由图 13-21 确定 Q。

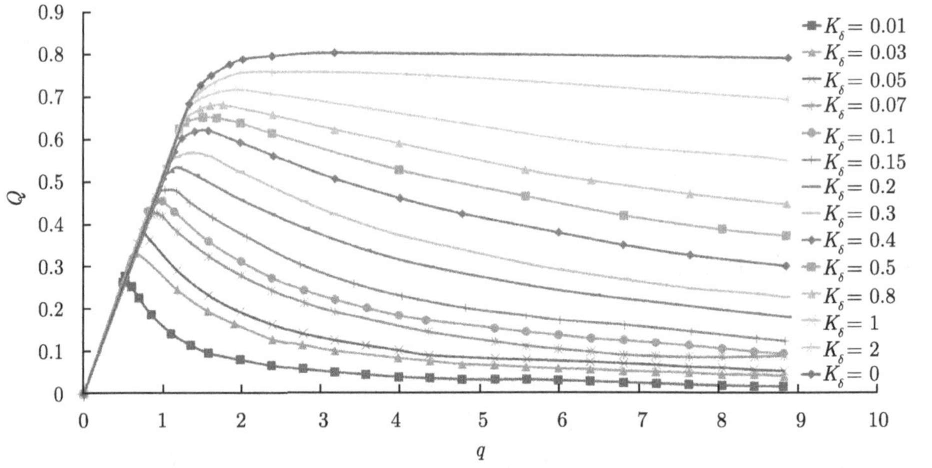

图 13-21　Q 曲线分布

4) 计算面板起皱的临界力

$$\sigma_{cw} = Q\left(\frac{1-\mu^2}{\eta E \bar{E}_z \bar{G}}\right)^{-1/3} \tag{13-31}$$

在面板初始波纹度不确定时，建议取 $Q = 0.5$ 估算面板起皱的临界应力。

当面板双向受压时，在弹性范围内，可采用下列相关方程:

$$R_x^3 + R_y = 1 \tag{13-32}$$

其中，$R_x = \dfrac{\sigma_x}{\sigma_{x,cr}}$；$R_y = \dfrac{\sigma_y}{\sigma_{y,cr}}$；$\sigma_x$，$\sigma_y$ 分别为作用在 x 与 y 方向的应力；$\sigma_{x,cr}$，$\sigma_{y,cr}$ 分别为作用在 x 与 y 方向单独均匀压缩的面板起皱临界应力，而 y 方向对应于最大压缩应力的作用方向。

2. 剪切褶皱

剪切褶皱是总体失稳的一种特殊情况，对于具有低剪切模量夹芯的夹芯结构进行总体失稳分析，即能得到剪切褶皱的面板临界应力公式。图 13-22 为剪切褶皱示意图。

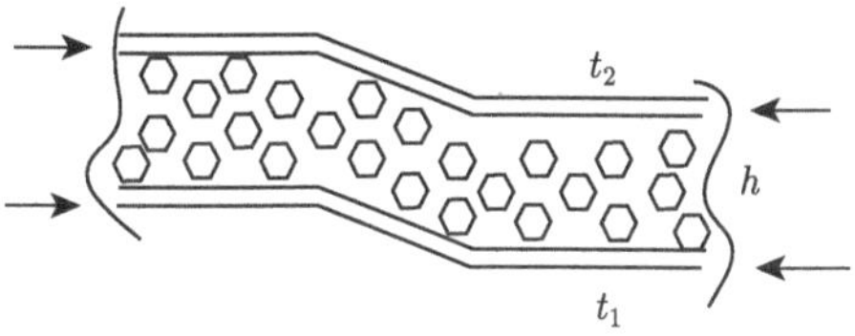

图 13-22　剪切褶皱示意图

1) 面板承受一个方向的均匀压缩

$$\sigma_{wr1} = \frac{\left(h + \dfrac{t_1 + t_2}{2}\right)^2}{\left(t_1 + \dfrac{E_2}{E_1} t_2\right) h} \bar{G}_{ij}; \quad \sigma_{wr2} = \frac{\left(h + \dfrac{t_1 + t_2}{2}\right)^2}{\left(t_2 + \dfrac{E_1}{E_2} t_1\right) h} \bar{G}_{ij} \tag{13-33}$$

其中，$\bar{G}_{ij} = \begin{cases} \bar{G}_{xy} & (\text{载荷平行于}x\text{轴}) \\ \bar{G}_{yz} & (\text{载荷平行于}y\text{轴}) \end{cases}$。

2) 面板承受纯剪

$$\tau_{wr1} = \frac{\left(h + \dfrac{t_1 + t_2}{2}\right)^2}{\left(t_1 + \dfrac{E_2}{E_1} t_2\right) h} \sqrt{\bar{G}_{xz} \bar{G}_{yz}}; \quad \tau_{wr2} = \frac{\left(h + \dfrac{t_1 + t_2}{2}\right)^2}{\left(t_2 + \dfrac{E_1}{E_2} t_1\right) h} \sqrt{\bar{G}_{xz} \bar{G}_{yz}} \tag{13-34}$$

其中，$\bar{G}_{xz}, \bar{G}_{yz}$ 为夹芯在 xz 平面、yz 平面内的剪切模量。

因剪切褶皱对初始挠度不敏感，因而公式中无需引用缩减系数。但是，由于在以上的公式推导过程中，忽略了面板本身的弯曲刚度，而使计算略偏保守。

13.4.4　有限元分析

正方形各向同性夹芯结构，四边简支，如图 13-23 所示，$a = b = 228\text{mm}$，面板为铝板，厚 0.65mm，弹性模量 $E = 67.6\text{GPa}$，泊松比 $\mu = 0.33$; 夹芯的材料性能剪切强度 $G_{xz} = 0.06\text{GPa}$，$G_{yz} = 0.0352\text{GPa}$，$E_z = 0.298\text{GPa}$。

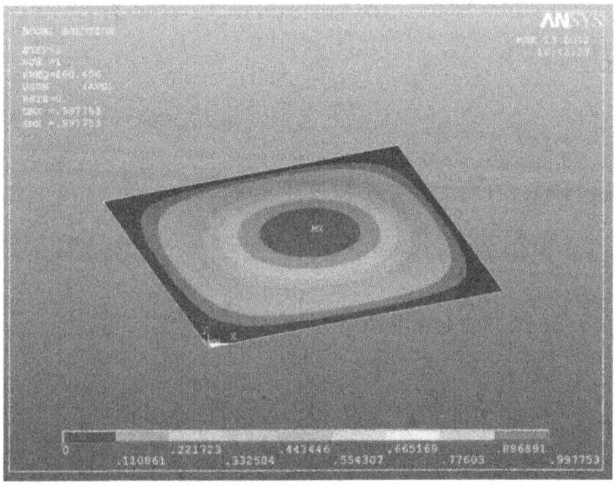

图 13-23　正方形板屈曲分析

表 13-2　临界载荷　(单位: N/mm)

实测	有限元算例	有限元	工程算法
234	238.4	260	219

从表 13-2 的计算结果可以看出，工程算法在矩形层合板的稳定性的计算中拥有较高的精度，一方面对于相同问题可以更快地得到结果；另一方面在对有限元分析结果的评估上面具有比较好的指导意义。

13.4.5　局部二次分析法

总体思路是: 在总体应力分析的基础上，取出可能出现失稳破坏的部位，建立“局部分析模型”，并对该“分析模型” 的边界弹性支撑刚度进行模拟，然后对该“局部分析模型” 进行有限元稳定性分析。分析步骤如下:

(1) 对结构进行总体应力分析;

(2) 取出可能出现失稳破坏的部位建立 “局部分析模型”;

(3) 根据总体应力分析结果，模拟 “局部分析模型” 的弹性支撑边界，即由结构总体应力分析得到的边界位移或力换算其边界支撑刚度;

(4) 对局部模型进行稳定性有限元分析。

13.5　夹芯结构在叶片上的应用

叶片总重是决定风力机叶片结构设计好坏的关键控制因素，在满足静强度、刚度、稳定性、振动特性等力学性能的基础上，应严格控制风力机叶片的重量。在主梁两侧，沿叶片展向铺设夹芯层，在防止叶片发生整体失稳破坏的同时能有效限制叶片的总重。此外，腹板作为叶片结构的主要抗剪构件，为防止发生局部失稳破坏，腹板的结构形式也同为夹芯结构。

13.6　腹板屈曲分析

夹芯结构的腹板需承受不同面内载荷，在面内压缩、剪切、弯曲及其联合作用下的初始屈曲应力，容易造成腹板屈曲破坏，特别是腹板根部。腹板将载荷传递至腹板根部，再通过腹板根部的开口传递到叶片壳体，继而再传给叶片根部。因此，腹板根部的局部设计对腹板整体的屈曲分析尤为重要。本节简略讨论腹板屈曲的影响因素，为提高腹板根部的抗屈曲能力提供依据。

腹板的全尺寸有限元中，鉴于叶尖段腹板对整个腹板的屈曲分析影响很小，因此重点关注腹板从叶根到最大弦长附近段的屈曲。腹板采用夹芯结构，下文为加单位载荷进行腹板抗屈曲分析的定性分析。

1. 无开口腹板分析

由图 13-24 腹板根部的静强度应力云图可以看出，腹板根部应力集中发生在两个尖角处，而根部中间段的应力很小。腹板主要传递剪应力，所以应该重点关注腹板叶根的剪应力如何均匀地传递到叶片蒙皮上，同时不在尖端出现应力集中，故腹板根部多做成开口的形式，以改善腹板根部的应力集中，这样还可以降低腹板重量。由梯形腹板一阶屈曲可以看出，屈曲分析中的最危险点与静强度分析的应力集中点密切相关。

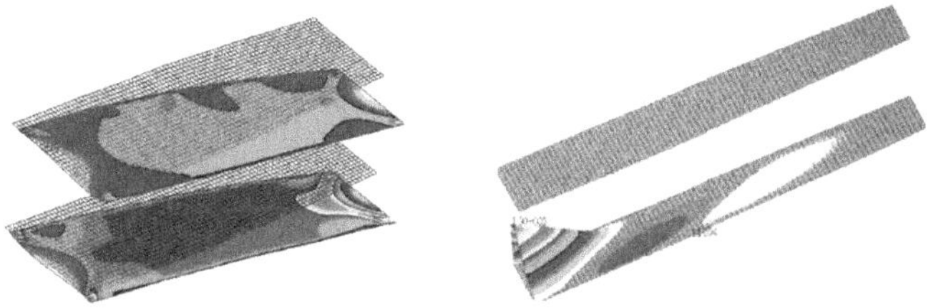

(a) 梯形腹板的静强度应力云图　　(b) 梯形腹板的一阶屈曲云图

图 13-24　梯形腹板的静强度应力云图和一阶屈曲

2. 梯形开口腹板分析

梯形腹板的根部开梯形口，此时腹板根部的静强度应力云图与一阶屈曲云图如图 13-25 所示。

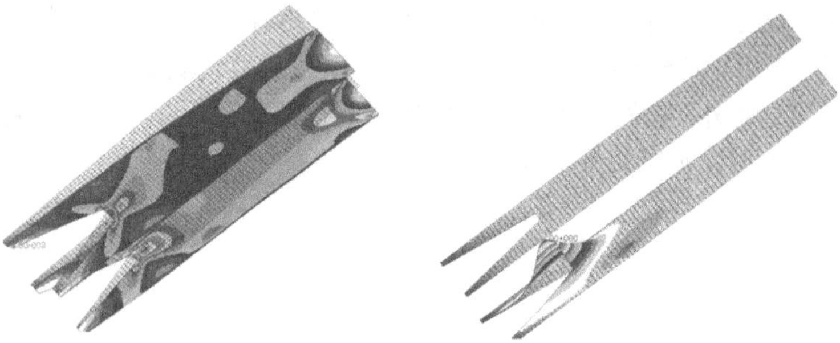

(a) 梯形腹板开梯形口的静强度应力云图　(b) 梯形腹板开梯形口的一阶屈曲云图

图 13-25　梯形腹板开梯形口的静强度应力云图与一阶屈曲

由静强度的应力云图可以看出，此时应力集中发生在梯形口处，而腹板根部尖角的应力集中得到明显改善。故开口后，腹板根部的应力能够均匀地传到叶片蒙皮上。腹板开口处出现应力集中，说明开口的尺寸不合适，存在合理的开口尺寸使腹板开口处的应力集中值最小。

开梯形口容易造成梯形口处应力集中，也容易造成腹板根部失稳，但便于腹板根部的剪应力传递。

3. 梯形腹板加筋分析

针对梯形腹板开梯形口后造成的应力集中和屈曲分析结果，选择在腹板局部加筋的改进方案。加筋梁的尺寸为高 30mm，宽 40mm，加筋位置和断面形式如图 13-26 所示。

图 13-26　梯形开口腹板加筋

梯形开口腹板加筋后的分析，包括静强度分析和屈曲分析。加筋只是将较长的腹板分割成一个个单元，提高腹板的整体抗失稳能力，并不能改善腹板的应力水平，结果表明加筋后可明显提高腹板的抗屈曲能力。

由图 13-27 梯形腹板开梯形口的屈曲分析可以看出，相对于未开口的梯形腹板，此方案可显著改善腹板根部的剪应力传递。通过比较梯形腹板开梯形口后局部加玻纤布的屈曲分析、梯形腹板开梯形口后加筋的屈曲分析，加筋对提高腹板稳定性有非常显著的效果。在腹板屈曲最危险点，局部加双轴玻纤布，不但可以提高腹板的抗屈曲能力，还可以明显改善腹板开口处的应力集中。

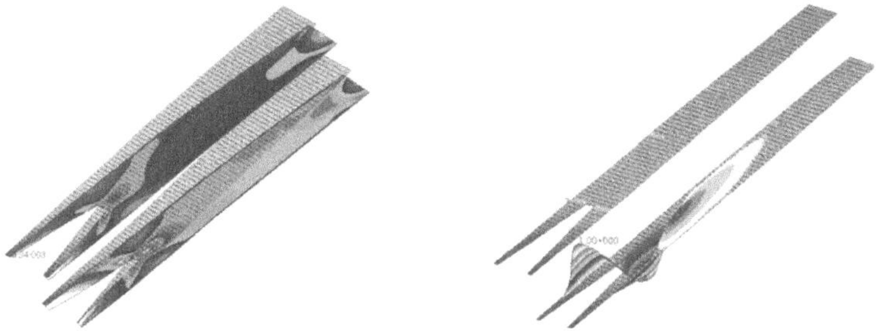

(a) 梯形腹板开梯形口加筋的静强度应力云图　(b) 梯形腹板开梯形口加筋的一阶屈曲云图

图 13-27　梯形腹板开梯形口后加筋的静强度应力云图与一阶屈曲

4. 弧形腹板开口分析

由于腹板根部开梯形口，容易造成腹板根部梯形口处的应力集中，所以改用开弧形口，同样可以改善腹板根部的剪应力传递，还可以减小腹板根部的应力集中水平。

由图 13-28 静强度的应力云图可以看出，此时应力集中发生在腹板根部弧型口处，但腹板根部尖角的应力集中得到明显改善，故开口后，腹板根部的应力能够

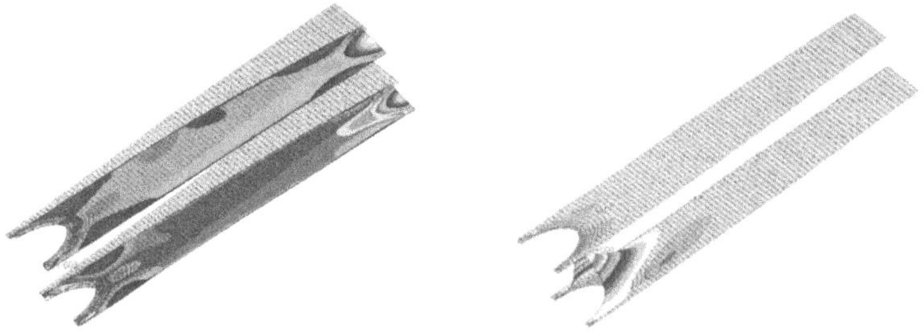

(a) 梯形腹板开弧形口的静强度应力云图　(b) 梯形腹板开弧形口的一阶屈曲云图

图 13-28　梯形腹板开弧形口的静强度应力云图与一阶屈曲

均匀地传到叶片蒙皮上。腹板开口处出现应力集中，说明开口的尺寸不合适，存在合理的开口尺寸，使腹板开口处的应力集中值最小。由于腹板开口处最大应力小于梯形开口处的应力集中值，所以弧形开口更有效地减小腹板根部的应力集中，利于剪应力的传递。因此，腹板根部开弧形口比开梯形口更有益于提高腹板的抗失稳能力。

5. 弧形开口后根部翻边

腹板根部做翻边结构，如图 13-29 所示，翻边为 40mm 宽，铺层与腹板铺层一致。翻边后，并不改变腹板的铺层和受力形式。

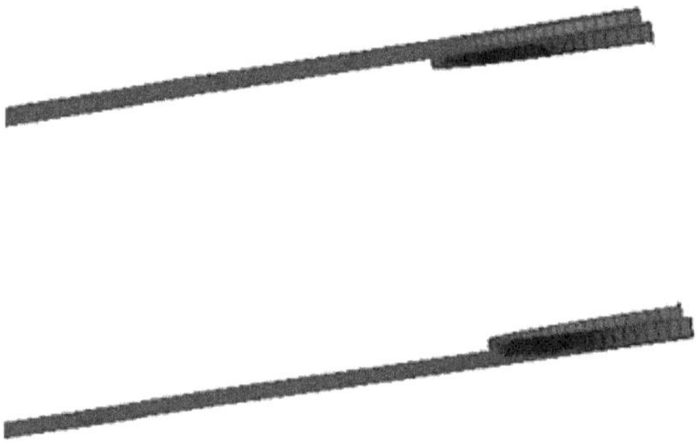

图 13-29　腹板根部翻边结构

由图 13-30 腹板翻边的静强度云图分析，翻边不能改变腹板根部的应力集中，对剪应力的传递效果基本无影响。但是，腹板根部翻边，可以显著提高腹板的抗失稳能力。

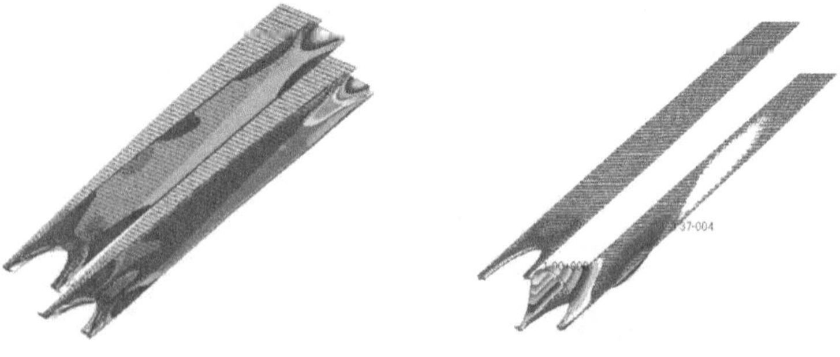

(a) 梯形腹板开弧形口根部翻边的静强度应力云图　　(b) 梯形腹板开弧形口根部翻边的一阶屈曲云图

图 13-30　弧形开口腹板根部翻边的分析

13.7 叶片局部屈曲分析

在叶片全尺寸有限元分析中，验证叶片整体抗屈曲能力，根据整体分析的危险位置，确定局部屈曲分析的区域。而局部屈曲分析中，应细化局部模型，网格应适当加密，确保网格精度。当包含局部加密网格，对此部位应单独分析，进行一定的修正，此时局部模型应使用位移边界[31]。

由于复合材料所具有的许多独特的优点，如比强度和比刚度高、抗疲劳性能和抗震性能好、结构的可设计性和工艺性好等，现今风力机叶片结构上主要采用先进复合材料构件作为主承力构件。但同时这种材料所具有的显著各向异性，加上叶片结构的基本形式为薄壁结构，所以在叶片结构的稳定性分析方面，也为人们带来了很多新的且特殊的难题。根据大量试验和计算证明，结构的失效除少数是由局部强度破坏引起的外，其余的多是因局部屈曲而引起的后屈曲破坏所导致的。

线性屈曲理论认为结构总是在受载的初始构型上达到了平衡。当屈曲产生时，结构的构型从一种平衡状态突然到达另一种平衡状态，进而发展为一种随遇平衡。图 13-31(a) 为面内单向受压方板的线性屈曲示意图，其中 λ 和 q 分别为载荷因子和位移向量。a 点为由线性理论得到的分支屈曲点 (也称为初始屈曲点)，相应的屈曲载荷因子为 λ_{cr1}，其值由线性特征方程确定。此时，板的压缩刚度突然下降，从平板突然跳到曲板 (壳) 的平衡状态，随之板的挠曲率无限增大而最终破坏。

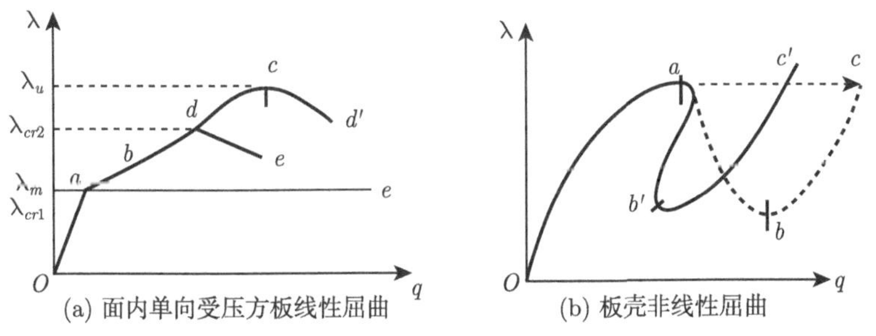

(a) 面内单向受压方板线性屈曲　　(b) 板壳非线性屈曲

图 13-31　一般板 (壳) 非线性屈曲和后屈曲

如果采用几何非线性理论，一开始只需给予平板一个法向的微小干扰，随着单向压力的增加，就能够得到一条极为逼近于 Oa 的非线性平衡路径。经过 a 点后，发现由线性理论得出的随遇平衡路径 aE 是不存在的。实际存在的后屈曲路径 ab 由非线性弯曲方程控制，ab 呈稳态平衡阶段，在这一阶段，随 $abcd$ 载荷增加，板的挠曲率、抗弯刚度也随之增大，体现出明显的后屈曲强度问题。当然，后屈曲强度不是无限的，随着结构内部应力水平的提高，或者是由于材料内部逐渐出现破坏，在 c 点附近时结构发生强度破坏；又或者是由于结构变形增大的原因，c 点成为刚度极值点而呈现极值型屈曲，致使结构从稳态平衡路径 $abcd$ 转变为非稳态平衡路径 cd'。值得一提的是，结构还可能发生二次分支屈曲 λ_{cr2}，即结构在达到强度破坏之前的某一点 d 处突然出现波形突变，而跳到另一个更高阶的平衡状态，如图 13-31(a) 中的路径 $abcd$。但是，二次分支屈曲只发生在极少数特定载荷下的理想板结构中。

按照非线性屈曲理论，分析一般板、壳结构的非线性屈曲示意图如图 13-31(b)，随着载荷的增加，非线性平衡路径逐渐延伸，达到并通过极值点 a，这个极值点就是非线性屈曲点 (通常称极值型屈曲)，通过极值点后的平衡路径称为后屈曲路径。通过极值点 a 后，结构出现软化而卸载，又在经过 b 点后，结构开始转为强化。在有些曲板 (壳) 结构中，这种从强化到软化的反复可多次发生，反复中有可能出现位移极值点 b。经过非线性路径 $Oabc$ 中第一、二个载荷极值点 a、b 后到达 c 点的情况称为跳跃，而经过第二个位移极值点 b' 达到 c' 点的情况可称为回弹。

从上述分析可以看出，按照非线性屈曲理论，结构的稳定性问题和强度问题是紧密联系在一起的。非线性平衡路径可以准确地把结构的强度、稳定性以及刚度的整个变化历程表达得很清楚。由于受载结构实际上是在变形后的位置上处于平衡状态的，从加载一开始就呈几何非线性特性，从这层意义上说，非线性理论相对更接近于实际情况。

13.8 叶片截面屈曲分析

叶片截面屈曲分析的基本方法如下:

(1) 在叶片全尺寸模型中，定义叶片展向和弦向曲壳板区域，对叶片进行基于面板的屈曲分析，用于快速判断各个工况下载荷对叶片屈曲敏感的截面位置;

(2) 根据叶片分割成 N 个夹芯结构后的分析结果，提取叶片全局的最危险屈曲位置的临界载荷;

(3) 根据截面的属性信息和载荷情况，进行截面屈曲分析的计算，得到该屈曲危险截面的最小模态值。

图 13-32 为叶片截面前缘夹芯结构屈曲和腹板夹芯结构屈曲的示意图。

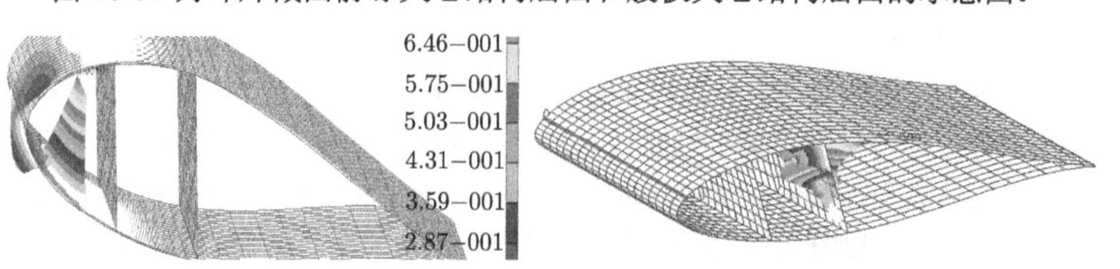

(a) 叶片前缘屈曲云图　　(b) 腹板屈曲云图

图 13-32　截面屈曲分析

第 14 章　胶接连接分析

14.1　胶接理论

胶接是复合材料结构主要连接方法之一，它是借助胶黏剂将零件连接成不可拆卸的整体 [32]。胶接的优缺点列于表 14-1 中。

表 14-1　胶接优缺点

胶接的优点	胶接的缺点
无钻孔引起的应力集中，连接效率高，结构轻；	缺少可靠的无损检测方法，胶接质量控制比较困难；
抗疲劳、密封、减震及绝缘性能好；	胶接强度分散性大，剥离强度低，不能传递大的载荷；
有阻止裂纹扩展作用，破损安全性好；	胶接性能受胶层厚度、胶接宽度和胶接工艺性影响较大；
能获得光滑气动外形；	胶接性能受湿、热、腐蚀介质等环境影响大，存在一定的老化问题；
不同材料连接无电偶腐蚀问题	胶接表面在胶接前需作特殊的表面处理，工艺要求严格；
	被胶接件间配合公差要求严格，需加温加压固化设备，修补较困难；
	胶接后不可拆卸

14.1.1　胶黏剂性能

作为胶接连接的主要材料，胶黏剂其本身应具有如下性能：

(1) 与被胶接件的相容性好，即黏接强度要高，不致在胶接件截面发生破坏；

(2) 在尽量低的温度下固化；

(3) 与被胶接件的热膨胀系数较接近；

(4) 湿度影响应尽可能小；

(5) 具有较好的综合力学性能；

(6) 工艺性好，使用方便；

(7) 胶接的耐久性应高于结构所预期的寿命。

如图 14-1 所示，胶黏剂按应力-应变特性，可分为韧性胶黏剂和脆性胶黏剂，一般脆性胶黏剂的剪切强度高于韧性胶黏剂，而在胶层剥离应力可忽略的情况下，由于胶接连接静剪切强度并不只取决于某个特征参数，而是由剪切应变能 (曲线下的面积) 所决定的，使得韧性胶黏剂的连接强度较脆性胶黏剂的高。从疲劳特性来看，脆性胶黏剂在拐点附近即决裂，疲劳寿命较短，而韧性胶黏剂极限应变较大，由于降低了胶层的应力峰值，即应力集中小，可承受较高的疲劳极限应力，疲劳寿命较长。

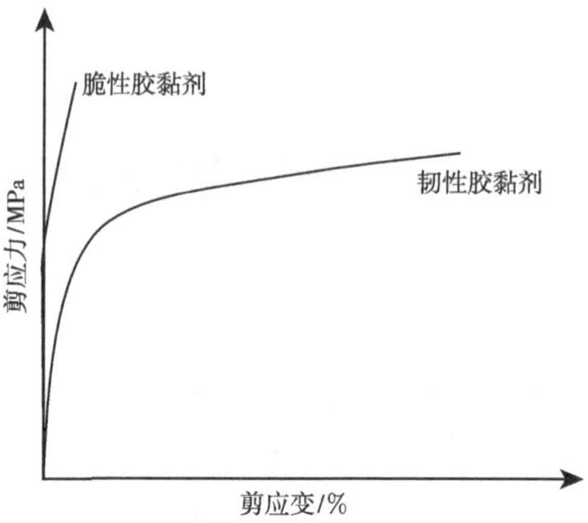

图 14-1　胶黏剂的剪应变与剪应力的关系

14.1.2　复合材料胶接缺陷与原因

1. 胶接厚度过大

胶接厚度对胶层剪切性能和抗剥离性能影响较大，胶接过厚会显著降低复合材料的黏接特性，造成胶接结构破坏。

(1) 合模尺寸控制。合模中由于叶片上下模合模干涉、合模缝隙等由模具、翻转机构等造成的合模尺寸偏差，影响腹板与叶片上下壳体的黏接厚度。

(2) 腹板高度偏低。腹板高度偏低，造成腹板与叶片壳体合模的黏接厚度过厚。

(3) 模具形状偏差。包括腹板模具或叶片模具的变形造成的黏接偏差。

(4) 铺层厚度偏差。由于生产制造、公差控制等原因造成实际铺层厚度与设计厚度有偏差，影响叶片空腔的整体高度。

2. 缺胶

叶片上下壳体与腹板黏接段局部缺胶，影响叶片整体特性与局部性能。

(1) 工艺涂胶不均匀。腹板与叶片壳体黏接段应使用刮胶工装，因刮胶工装造成涂胶不均匀而引起局部黏接缺胶。

(2) 胶接面积过小。因胶层过薄、胶接宽度不够而造成腹板与叶片壳体黏接的整体胶接面积过小。

3. 胶黏剂未硬化

胶黏剂需要固化，在固化不充分的情况下会降低胶层的力学特性。

(1) 结构胶与固化剂配比错误。结构胶与固化剂应按照确定的比例混合，因配比错误而造成结构胶在叶片固化过程中始终不固化。

(2) 固化时间偏差。因胶黏剂的固化时间偏差而造成腹板与壳体黏接的胶层未固化。

(3) 固化温度不够。因环境温度、固化温度、模具温度等原因造成胶黏剂固化不充分。

4. 局部积胶

叶片合模中，叶片上下壳体与腹板黏接胶黏剂过多易造成胶接堆积形成胶块，在叶片运行过程中胶块易脱落，损坏叶片内部结构件。

(1) 腹板缘条几何尺寸偏差。缘条刚度过大或缘条几何尺寸偏差，而引起合模过程中造成腹板缘条与叶片壳体呈现点接触状态，而非面接触，造成腹板与叶片壳体黏接局部积胶。

(2) 胶黏剂用量过多。若胶黏剂涂胶过多，合模中过多的胶黏剂挤出而堆积于腹板缘条与叶片壳体黏接边缘。

5. 胶黏剂气泡

胶黏剂自身带气泡，降低胶层的力学特性。

(1) 混胶时带入气泡。因混胶流程、设备、工具错误而混入气泡。

(2) 涂胶不均而混入气泡。因工艺涂胶过程中操作不当而引入气泡。

6. 胶黏剂裂痕

胶黏剂黏接存在胶层裂痕，易造成胶层的裂纹生长直至胶层破坏。

(1) 涂胶不均匀造成初始裂纹。涂胶过程中腹板与叶片壳体黏接局部胶接不均匀而引起固化后胶层的初始裂纹，裂纹后续生长造成胶层破坏。

(2) 胶层潜在缺陷。由于以上提到的各种胶接缺陷而造成胶层的潜在缺陷，在周期载荷和变形下，胶层逐渐出现裂纹。

14.2　胶接连接设计

14.2.1　胶接设计一般原则

从强度观点考虑，胶接连接设计的基本原则是:

(1) 选择合理连接形式，使胶层在最大强度方向受剪力，同时尽可能避免胶层受到法向力，以防止发生剥离破坏；

(2) 尽可能减小应力集中；

(3) 力求避免连接端部层合板发生层间剥离破坏；

(4) 承受动载荷时，应选低模量韧性胶黏剂。

这些原则目的是尽可能使胶接连接强度高于被胶接件强度或者与之相近。对此，需从连接形式、几何参数选择等方面考虑，以满足上述要求。

14.2.2　胶接基本破坏模式

胶接的破坏模式主要有三种：

(1) 被胶接件拉伸 (或拉弯) 破坏，如图 14-2 所示；

(2) 胶层剪切破坏，如图 14-3 所示；

(3) 剥离破坏，如图 14-4 和图 14-5 所示；

除这三种基本破坏模式外，还会发生组合破坏。胶接连接发生何种模式的破坏，与连接形式、连接几何参数、邻近胶层的纤维方向及载荷性质密切有关。在连接几何参数中，被胶接件厚度起着极为重要的作用。当被胶接件很薄，连接强度足够时，被胶接件发生拉伸 (或拉弯) 破坏；当被胶接件较厚，但偏心力矩尚小时，易在胶层发生剪切破坏；当被胶接件厚到一定程度，胶接连接长度不够长时，在偏心力矩作用下，将发生剥离破坏。而对于双搭接层合板，由于层间拉伸强度低，剥离破坏通常发生在层间。

胶接接头通过胶层受剪来传递载荷，并且大部分对胶接接头的分析都是按此假设进行的[33]。剥离破坏将使胶接连接的承载能力显著下降，应力求避免。

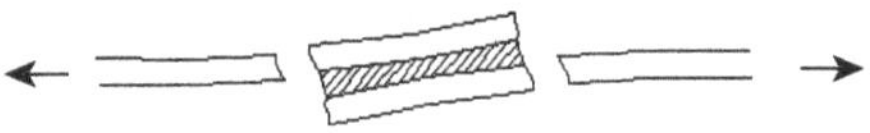

图 14-2　被胶接件拉伸 (或拉弯) 破坏

图 14-3　胶层剪切破坏

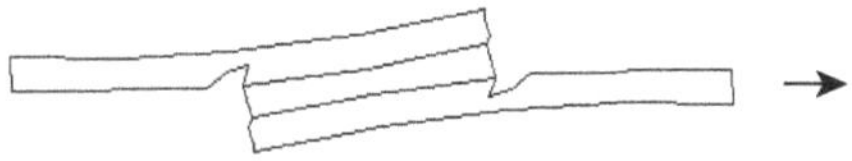

图 14-4　被胶接件剥离破坏

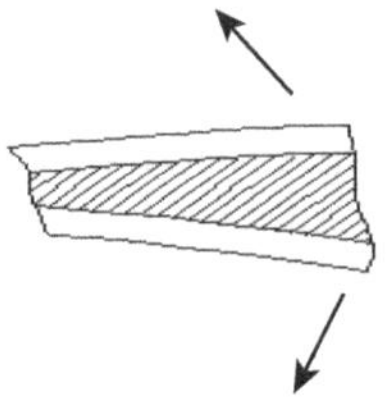

图 14-5　胶层剥离 (劈裂) 破坏

14.2.3　胶接基本连接形式

胶接连接的基本构型主要有图 14-6~图 14-9 等几种形式，分别为单搭接、双搭接、斜面搭接和阶梯形搭接。当被胶接件比较薄 (小于 1.8mm)，可采用单搭接；对于中等厚度层板 ($l/t \approx 30$)，采用双搭接比较适宜。但是，对于无支撑单搭接连接，由于载荷偏心产生的附加弯矩，胶接连接的两端出现很高的剥离应力而使连接强度降低，则需要增大搭接长度与厚度之比，使 $l/t = 50 \sim 100$，以减轻这种偏心效应。当两个被胶接件刚度不等时，偏心效应会更明显，应尽量避免选用单搭接。倘若单搭接有支撑 (如梁、肋、框等)，变形受到限制，由于偏心效应减轻，可将其视作双搭接来分析。当被搭接件很厚时，宜选用斜面搭接，其搭接角度在 6°~8° 范围内可获得较高的连接效率，但是由于所需角度非常小，工艺上比较难实现，因此对于厚的被胶接件，通常采用阶梯形搭接。阶梯形搭接具有双搭接和斜面搭接两种连接的特性，通过增加台阶数，使之接近于斜面搭接角，每一阶梯胶层接近于纯剪状态，同样可获得较高的连接效率。

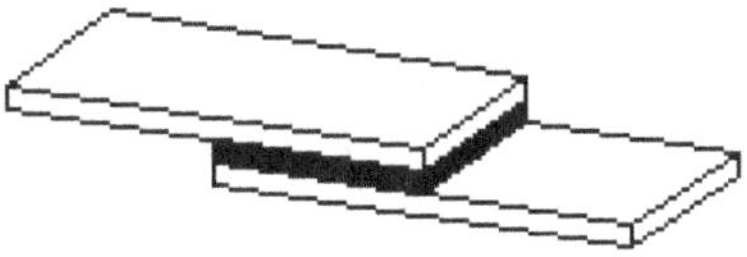

图 14-6　胶接单搭接示意图

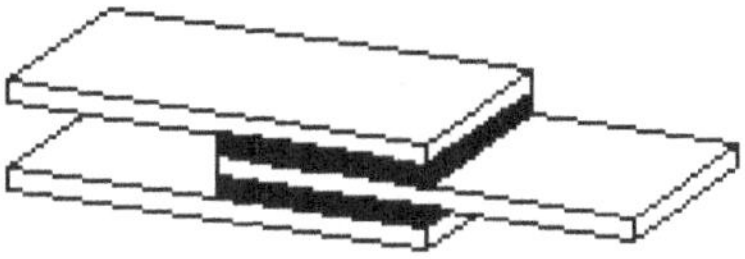

图 14-7　胶接双搭接示意图

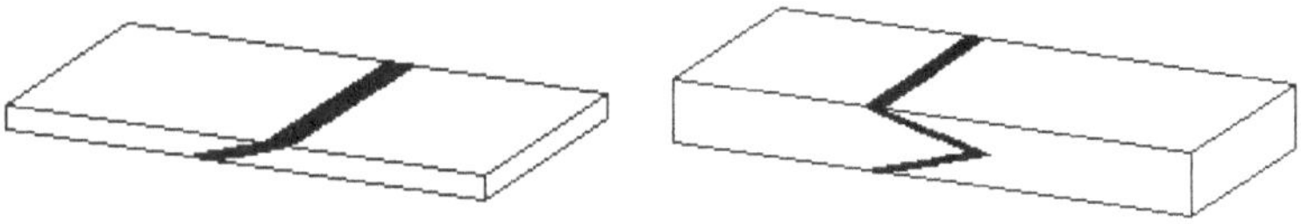

图 14-8　胶接斜面搭接示意图

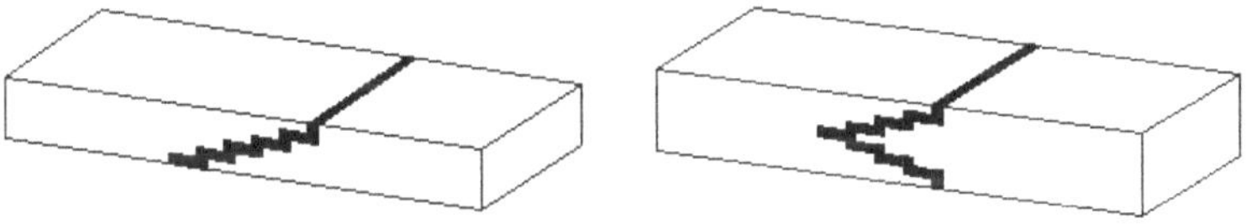

图 14-9　胶接阶梯型搭接示意图

14.2.4　胶接几何参数选取

图 14-10 给出胶接连接的几何参数，主要为被胶接件厚度 t，胶层厚度为 h，搭接长度 L。被胶接件厚度 t 通常由需传递的载荷 P 来确定，胶层厚度 h 对连接强度有一定影响。增加胶层厚度，可以减小应力集中，提高连接强度，但厚度过大易产生气泡等缺陷，反使强度下降，胶层薄则要求被胶接件间贴合度高，但是也不宜过薄。

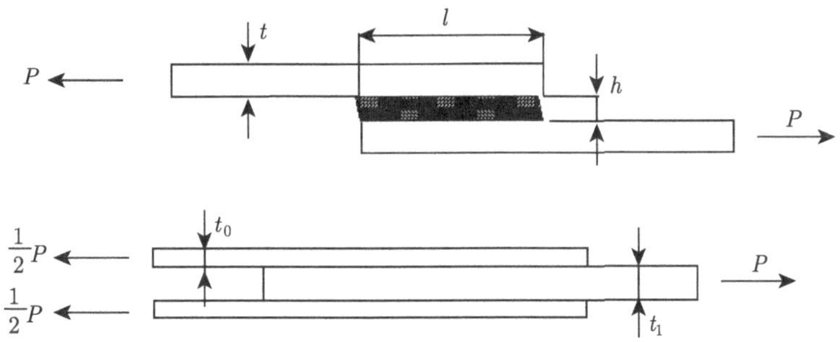

图 14-10　胶接连接的几何参数

胶黏剂厚度较薄的试件，采用如图 14-11 所示的单搭接试件型式进行胶接试验。

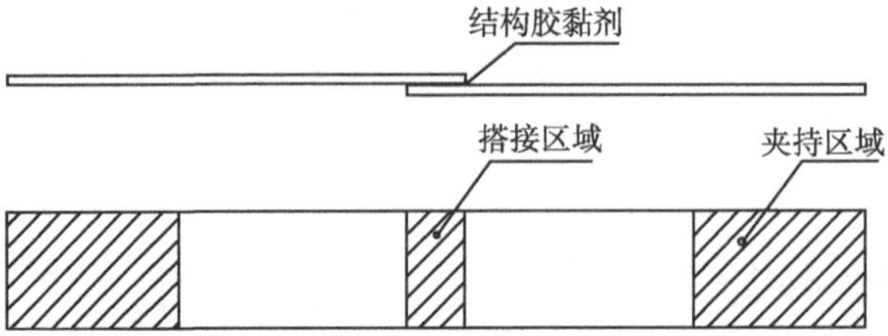

图 14-11　单搭接试件型式

当胶层厚度较厚以及大于此厚度时，采用双搭接试件型式进行胶接试验，具体尺寸如图 14-12 所示。

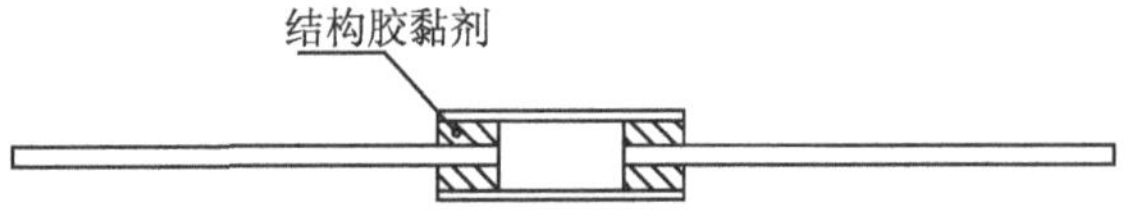

图 14-12　双搭接试件型式

分析及试验结果表明，在载荷作用下，如图 14-13 所示，胶层中剪应力沿搭接长度方向的分布是不均匀的，主要集中在两端，中间最低应力弹性槽。由于弹性槽的存在，开始时，随着搭接长度的增加，胶接件承载能力逐渐提高，但当搭接长度达到一定值时，只是弹性槽的宽度和深度继续增加，而承载能力并无明显提高。从静强度观点分析，继续增加搭接长度似无必要，但从使用寿命，结构耐久性考虑，在可能范围内，仍希望将搭接长度 (或搭接长度与厚度之比 l/t) 取得尽可能大些。因为搭接长度很短而传递较大载荷时，搭接长度中间部分最小剪应力和剪应变几乎与两端的值相等，整个胶层进入塑性状态，卸去载荷后，中间没有可能恢复到原来状态，接头就会很快破坏。当搭接长度足够大时，弹性槽最小剪应力和剪应变可低到所希望的程度，即使卸载后，由于被胶接件的作用，将使胶层恢复到原来状态，蠕变不会积累。图 14-14 为胶层剪应变分布。

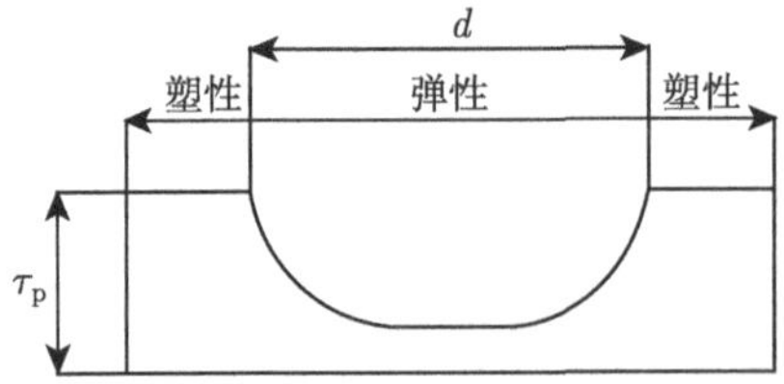

图 14-13　胶层剪应力

图 14-14　胶层剪应变分布

14.2.5　胶接纤维取向

复合材料层合板待胶接表面纤维最好与载荷方向一致 (或者纤维方向与载荷方向成 45°)，不得与载荷方向垂直，以免被胶接件过早产生层间剥离破坏，详见表 14-2。

表 14-2　胶接面纤维取向

作用	胶接面纤维取向	
	正确	不正确
横向剪切	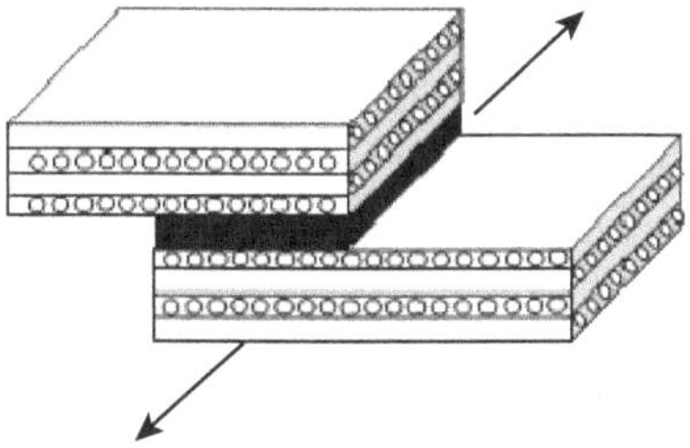	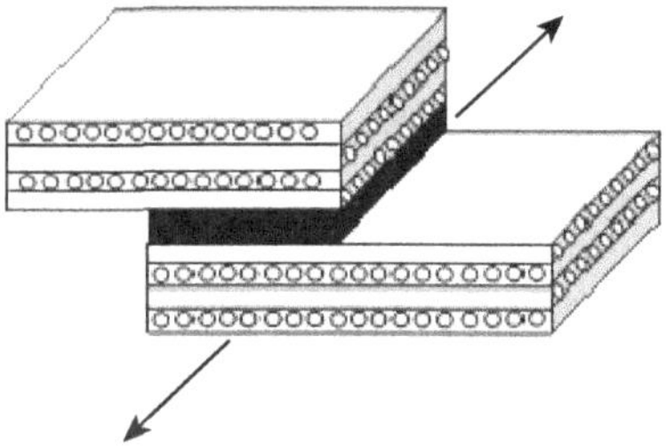
拉伸剪切	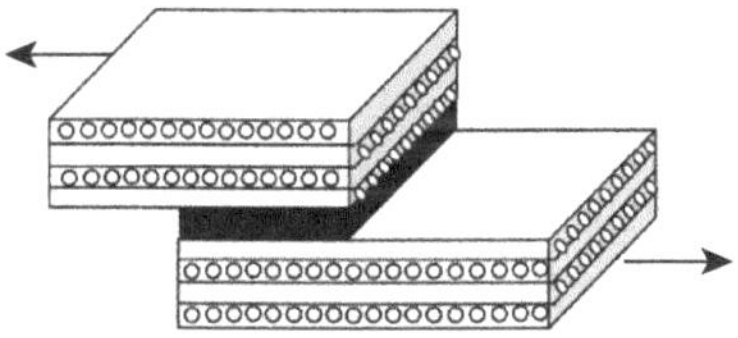	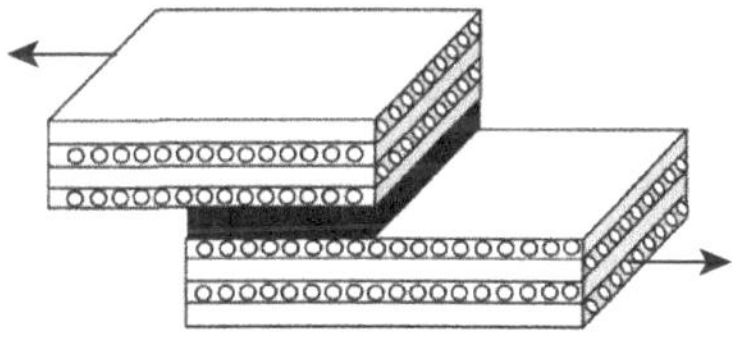

14.2.6　胶接连接细节设计

复合材料胶接结构细节设计，不仅影响胶接结构的静强度，而且直接关系到胶接结构的耐久性、胶接工艺及成本。

1. 基本要求

设计复合材料胶接结构应使胶层在剪切状态下工作，尽量避免胶层受拉力和剥离力。

胶接强度必须高于被胶接件本身的强度，否则，胶接连接将成为薄弱环节，使胶接结构过早破坏。

2. 应力水平

根据 GL 2010 的要求，胶黏剂在拉伸搭接-剪切强度最小为 12MPa。

3. 胶接连接形式选择

胶接连接形式的选择是胶接连接设计的关键。设计的目标应使制造工艺尽可能简单，成本尽可能低，同时连接强度不低于连接区外边被胶接件的强度。胶接连接承剪能力很强，但抗剥离能力很差。因此，优良的设计应根据最大载荷的作用方向，使所设计的连接以剪切的方式传递最大载荷，而其他方向载荷很小，就不致引起较大的剥离应力。

4. 蒙皮 (腹板) 的加强方法

当蒙皮 (腹板) 需加强时，推荐采用 “T” 形件，不用角形件。因为若有拉力存在，极易在角形加强件的转角处产生剥离，当然在转角处加填料有助于防止过早剥离。当采用 “T” 形件加强时，如有拉力作用，也需要注意防止剥离。

14.3 胶接工程算法

复合材料的胶接连接，一般分为四种形式，包括单搭接、双搭接、斜面搭接和阶梯形搭接。当两个被胶接件刚度不等时，偏心效应很大，应尽量避免选用单搭接。倘若单搭接有支撑 (如梁、框、肋等)，变形受到了限制，偏心效应减轻，可将其视作双搭接来分析。每一种胶接形式都可以应用工程算法计算胶接性能，也可通过有限元分析胶层特性。

14.3.1 静强度计算

实践表明，胶接连接的线弹性分析是比较保守的。对于每种胶接连接形式，都存在静强度分析的工程方法。用这些方法进行分析前，需针对实际被胶接件和所选胶黏剂，预先测试得到胶层剪应力-应变曲线及其他特征参数。应指出的是，静强度分析的工程算法给出的设计参数是仅考虑静强度的结果，工程应用时，应综合考虑其他因素，特别是环境的长期影响。应通过必要的试验验证确定设计参数。

1. 概述

叶片腹板与壳体之间通过腹板缘条胶接连接，连接形式为单搭接，但由于腹板缘条黏接端有腹板支撑，因此整个胶接连接可视为考虑热不匹配性的不等刚度双搭接来分析[34]，如图 14-15 所示。

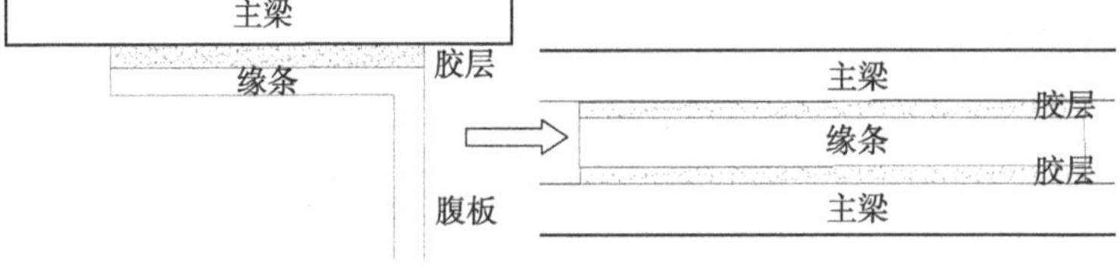

图 14-15 双搭接模型

2. 计算模型

计算模型采用沿叶片展向，叶片壳体与腹板胶接局部模型，如图 14-16 所示。

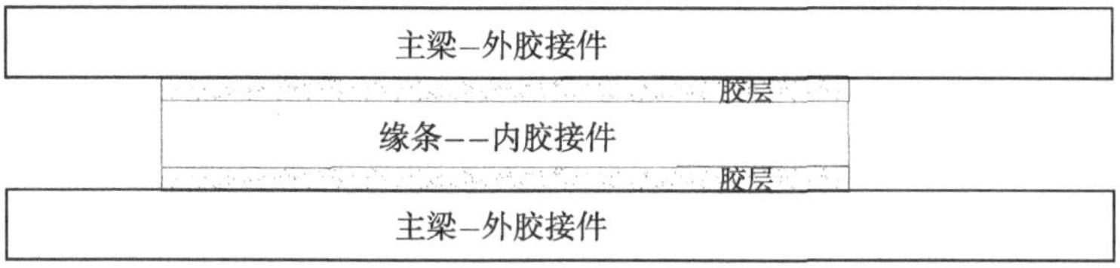

图 14-16　双搭接参数

3. 输入信息

对于不等刚度的双搭接胶接连接，$E_0(t_{01}+t_{02}) \neq E_1 t_1$，需给出内胶接件、外胶接件和胶层特性用于工程算法计算胶接性能，被胶接件的性能见表 14-3，胶层性能见表 14-4。

表 14-3　被胶接件性能

特性	内胶接件特性			外胶接件特性		
	物理量符号	单位	数值	物理量符号	单位	数值
模量	E_1	Pa	4.00×10^{10}	E_0	Pa	4.00×10^{10}
厚度	t_1	m	5.00×10^{-3}	$t_{01}=t_{02}$	m	0.02
剪切模量	G_1	Pa	1.29×10^{10}	G_0	Pa	1.29×10^{10}
泊松比	μ_1	—	0.285	μ_0	—	0.285
许用应力	$[\sigma]_1$	Pa	3.18×10^{8}	$[\sigma]_0$	Pa	3.18×10^{8}
剪切应力	$[\tau]_1$	Pa	2.25×10^{8}	$[\tau]_0$	Pa	2.25×10^{8}
抗剥离应力	$[\sigma_{pe}]_1$	Pa	4.88×10^{7}	$[\sigma_{pe}]_0$	Pa	4.88×10^{7}
温度系数	α_1	/℃	1.80×10^{-6}	α_0	/℃	2.00×10^{-6}

4. 确定搭接长度

$$\lambda^2=\frac{G}{h}\left[\frac{2}{E_0(t_{01}+t_{02})}+\frac{2}{E_1 t_1}\right] \tag{14-1}$$

$$l_t=\frac{2}{\lambda}\sqrt{\frac{2\gamma_p}{\gamma_e}} \tag{14-2}$$

$$l=l_t+\frac{6}{\lambda} \tag{14-3}$$

表 14-4　胶层性能

特性	胶层特性		
	符号	单位	数值
模量	E_c	Pa	3.45×10^{9}
剪切模量	G	Pa	3.45×10^{8}
厚度	h	m	3.00×10^{-3}
最大剪应力	τ_p	Pa	3.45×10^{7}
弹性应变	γ_e	—	0.10
塑性应变	γ_p	—	1.00
抗剥离应力	$[\sigma_{\rm pe}]$	Pa	6.90×10^{7}

式中，l_t 是胶层剪应力的弹性槽宽度为零，即胶层全部进入塑性时的搭接长度。$6/\lambda$ 是为了充分保证胶层槽分布的剪应力最小值不大于最大剪应力的 10%。若不考虑耐久性，只保证连接强度不变，可取短的搭接长度 $l=l_t+2/\lambda$。

值得注意的是，制造公差应附加到搭接长度中。

根据本节输入信息，按照搭接长度的工程算法，计算得到搭接长度为 0.416m，考虑制造公差，可取 0.5m，即沿着叶片展向，至少在 0.5m 范围内保证叶片壳体与腹板缘条的搭接长度无缺陷，否则将影响叶片壳体与腹板缘条胶接的整体性能。

5. *确定拉伸载荷条件下的胶层破坏载荷*

P 为下述公式中的较小值：

$$(\alpha_0-\alpha_1)\Delta TE_1t_1+\left[2\tau_ph\left(\frac{\gamma_e}{2}+\gamma_p\right)2E_1t_1\left(1+\frac{E_1t_1}{E_0(t_{01}+t_{02})}\right)\right]^{1/2} \tag{14-4}$$

$$(\alpha_0-\alpha_1)\Delta TE_0(t_{01}+t_{02})+\left[2\tau_ph\left(\frac{\gamma_e}{2}+\gamma_p\right)2E_0(t_{01}+t_{02})\left(1+\frac{E_0(t_{01}+t_{02})}{E_1t_1}\right)\right]^{1/2}$$

需要指出的是：

(1) 需要上述方程来决定连接的危险端；

(2) 对压缩加载，需改变上述方程中带温度项的符号；

(3) 对剪切加载，E_1 和 E_0 用 G_1 和 G_0 代替，λ 用 λ_t 代替，其中，不计热不匹配效应时：

$$\lambda_t^2=\frac{G}{h}\left[\frac{2}{G_0(t_{01}+t_{02})}+\frac{2}{G_1t_1}\right] \tag{14-5}$$

按照拉伸载荷条件下的胶层强度分析，确定胶层的破坏载荷为 9.89×10^{6}Pa。考虑热不匹配性，确定热不匹配系数：

$$\begin{aligned}C_1&=(\alpha_0-\alpha_1)\Delta T(E_1t_1)\\C_2&=(\alpha_1-\alpha_0)\Delta T(E_0t_0)\end{aligned} \tag{14-6}$$

(4) 对于拉伸加载，考虑热不匹配性，连接端部内被胶接件胶接强度：

$$P_1 = C_1 + P_1 \tag{14-7}$$

外被胶接件胶接强度：

$$P_0 = C_2 + P_2 \tag{14-8}$$

(5) 对于压缩加载，考虑热不匹配性，连接端部内被胶接件胶接强度：

$$P_1 = P_1 - C_1 \tag{14-9}$$

外被胶接件胶接强度：

$$P_0 = P_2 - C_2 \tag{14-10}$$

热效应影响危险端面的位置及破坏载荷值，且温度也影响被胶接件的特性和许用值。

根据以上工程算法，计算得到拉伸加载，考虑热不匹配性，连接端部内被胶接件胶接强度为

$$P_1 = (9.88 \times 10^6) + 4320 \times \Delta T \tag{14-11}$$

外被胶接件胶接强度：

$$P_0 = (7.90 \times 10^7) - 34560 \times \Delta T \tag{14-12}$$

由于叶片壳体与腹板缘条的厚度差别较大，整体刚度 Et 差别大，因此这种胶接结构的内外被胶接件的连接强度差别较大。

6. 确定剥离应力

$$\sigma_p = \tau_p \left[\frac{3E_0(1-\mu_0^2)t_0}{E_0 h} \right]^{1/4} \tag{14-13}$$

根据工程算法确定此种胶接连接的剥离应力为 3.87×10^7Pa，与胶层的抗剥离性能 ($[\sigma_{\rm pe}]1=4.88\times10^7$ Pa，取被胶接件的抗剥离性能与胶层抗剥离性能的较小值作为界面特性) 进行比较，确定此种双搭接胶层连接的抗剥离性能与材料特性相接近，安全裕度为 $0.9957 < 1$。

7. 被胶接件破坏载荷

对于轴向加载，被胶接件的破坏载荷为

$$\begin{aligned} P_1 &= [\sigma]_1 t_1 = 1.59 \times 10^6 \mathrm{Pa} \\ P_0 &= 2[\sigma]_0 t_0 = 1.27 \times 10^7 \mathrm{Pa} \end{aligned} \tag{14-14}$$

14.3.2　耐久性分析

复合材料胶接结构耐久性指在循环载荷和环境条件下结构的疲劳特性，与金属胶接结构一样，现在还没有可靠的复合材料胶接结构寿命的估算方法，一般通过实验验证。

胶接结构的耐久性取决于胶黏剂性能、被胶接件的表面制备、载荷及环境条件、被胶接件的结构特征和细节设计等因素。

国外根据胶接与螺栓连接的对比试验研究的结果提出：在耐久性条件下，控制胶接设计的是耐久性而不是静强度。

14.4　胶接连接分析

胶接连接中，被胶接件的层合结构对胶接特性影响较大，其通过层间强度较低。目前在计算搭接长度中，这些胶接危险区域已经采用 3D 应力场方法，胶黏剂层作为线弹性材料考虑而被胶接件材料为正交各向异性考虑。因此，应选择精确的合适的失效准则来预算 3D 局部应力场的胶接连接强度和判断初始破坏及生长[35]。图 14-17 为三维胶接连接模型，其胶接分析包括 4 个步骤：

(1) 三维应力分析与计算，验证剥离应力的重要性；

(2) 计算不同分析面的失效因子；

(3) 基于失效因子值确定初始破坏的位置；

(4) 应用断裂力学方法分析损伤扩展，即计算应变能释放率 (SERR) 的虚拟裂纹闭合法 (VCCT)。

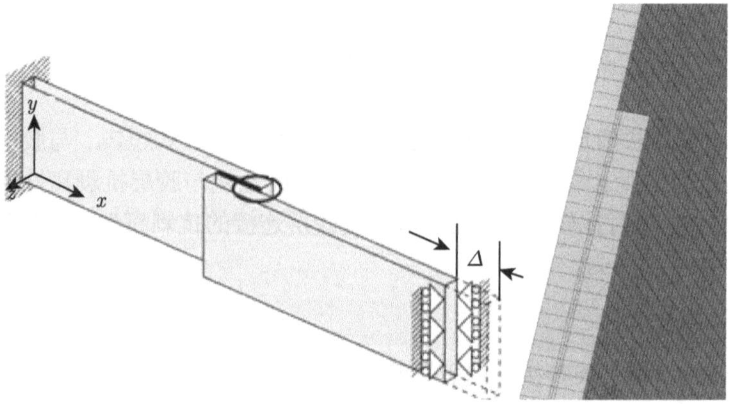

(a)　(b)

图 14-17　三维胶接连接分析

有限元分析中，三个分析面对于胶接分析是关键区域，常用的三个面为：

(1) 在搭接区域，底部被胶接件与胶黏剂的界面；

(2) 胶黏剂的中间层；

(3) 在搭接区域，上部被胶接件与胶黏剂的界面；

胶接连接的胶层剥离应力分布如图 14-18 所示，同样可以显示胶层的剪切应力分布。

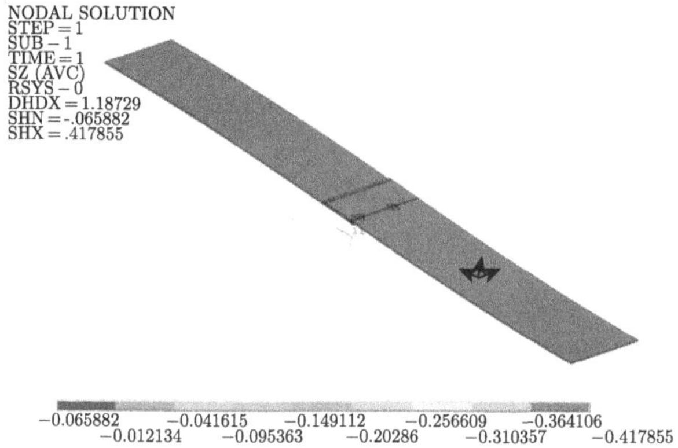

图 14-18　胶接连接的胶层剥离应力分布

如图 14-19 所示，胶接应力分析显示了每个分析层的剥离应力和面外剪切应力的分布，连接中间的剥离应力最大而在边缘骤增，并且除边缘外，搭接区域的应力分布为常数。造成这种分布的原因为弹性性能的不协调及被胶接件的非弹性弯曲。胶层的剥离应力相比于胶层-被胶接件的界面层较大，剪切应力也体现出重要的三维效应。通过应力分析，相比于其他应力分量，远离自由面，在搭接区域的末端存在很大的拉伸剥离应力，故在远离自由面而不是边界的点，剥离应力引起胶接分层。

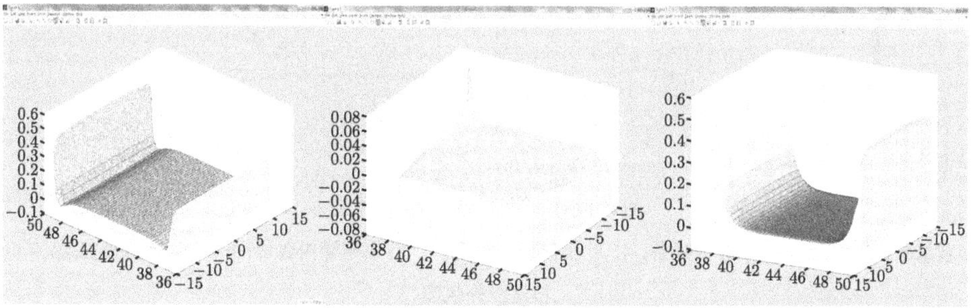

图 14-19　胶接应力分布

胶接连接的裂纹扩展分析，基于虚拟裂纹闭合法，将在第 18 章详述断裂力学分析。

14.5 胶接连接在叶片上的应用

胶接连接的设计尤其复杂，因为其复合材料被胶接件的复杂特性，如双材料界面效应表现出较低的层间应力。在胶接件中，层间应力是导致胶接前缘分层的本质因素，也是黏结和胶接失效时胶接件的主要威胁。应用有限元软件，建立一种新型的实体单元用于建模胶层和被胶接件。并且考虑了搭接区域与被胶接件的自由旋转，此时会忽略了二阶弯曲力矩。胶接分析的目标：

(1) 在偏心载荷加载形式下，确定三维单搭接或双搭接模型的层间应力及剥离应力分布；

(2) 基于力学，被胶接件的各向异性与胶黏剂的各向同性特性，确定初始损伤的位置；

(3) 讨论胶接连接中被胶接件和胶黏剂的各种失效/损伤类型；

(4) 应用断裂力学的方法确定损伤扩展的应变能释放率。

叶片前缘与尾缘合模黏接区域、腹板缘条与壳体黏接区域都需要胶接设计，因此胶接设计与分析在叶片结构设计中占有举足轻重的地位。黏接区域应保持清洁、无油和粗糙表面处理，以保证黏接性能。

叶片上下壳体，需要在叶片前缘、尾缘、腹板缘条处黏接结构胶，将叶片上下壳体黏接到一起。为保证叶片的黏接特性，需要满足黏接段的剪切强度与疲劳特性，而这不仅仅与结构胶的自身性能相关，还与气动前缘和尾缘设计、结构前缘和尾缘的铺层设计、腹板缘条的宽度设计、工艺胶接特性、工艺温度控制等密切相关。图 14-20 为叶片合模黏接区域。

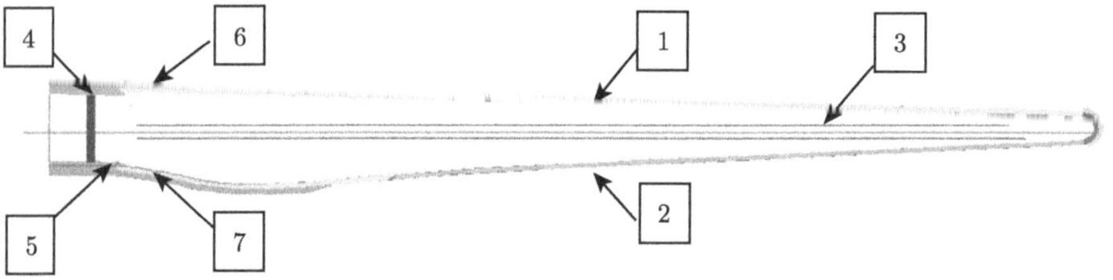

图 14-20 叶片合膜黏接区域

1. 前缘条；2. 尾缘条；3. 腹板缘条；4. 叶根前缘内包边；5. 叶根尾缘内包边；6. 叶根前缘外包边；7. 叶根尾缘外包边

叶片合模黏接、合模时，应确保夹芯区域和尾缘梁区域不会发生干涉。

前缘条与尾缘条黏接时，考虑黏接厚度后应确保黏接缘条尺寸合适。尾缘条黏接较复杂，沿叶片展向不同位置黏接型式不同。前缘与尾缘黏接，保证前缘与尾缘黏接面积与黏接厚度。叶片前缘与尾缘黏接的宽度，随着叶片展长递减。一般情况为沿叶片弦向黏接宽度最小为 60mm。另外，胶接厚度需要满足叶片结构设计要求。

14.5.1　腹板缘条与壳体黏接

叶片腹板与壳体之间通过胶接连接在一起，由于叶片壳体曲率及胶接工艺控制差等原因，常常发生腹板缘条与壳体黏接不良的情况，如局部缺胶、断胶等，因此应针对叶片腹板缘条与壳体黏接的局部进行分析，而且腹板与壳体黏接的缺陷分析时应从全局模型走入局部，建立缺陷的局部模型，进行细节的分析，包括胶接件和被胶接件的静强度分析，如图 14-21 所示。

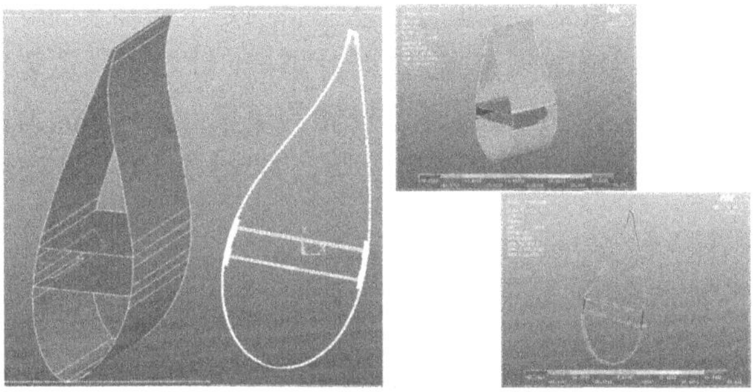

图 14-21　缺胶模型示意图

14.5.2　尾缘胶接

叶片尾缘胶接结构中尾缘胶应采用体单元建立于叶片尾缘局部的有限元模型中，如图 14-22 所示。进行尾缘局部的模型细化，进行尾缘胶接结构的胶层与被胶接件的强度分析，如图 14-23 所示。

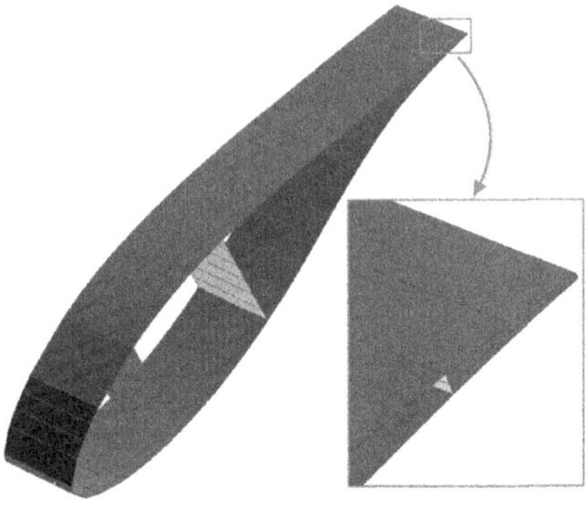

图 14-22　叶片尾缘体单元模型

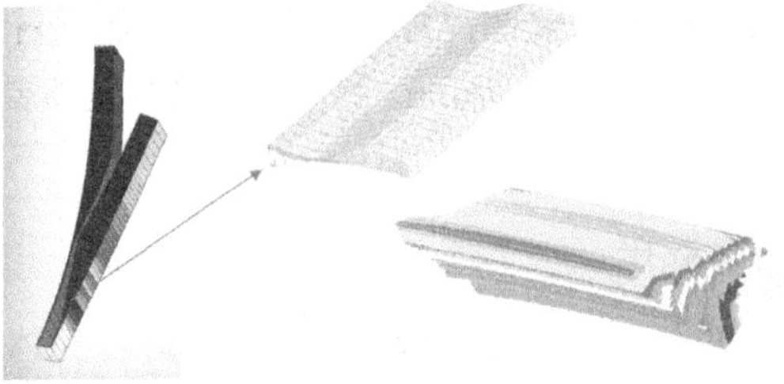

图 14-23 尾缘胶接的局部模型

14.5.3 胶接工艺控制

胶接性能的影响因素主要有胶层厚度、胶接宽度以及被胶接件的厚度。胶接厚度的控制，除考虑合模间隙外，合理的工艺控制也是至关重要的。目前工艺上主要采用制作刮胶工具和合模测试来完成。沿叶片展向，针对不同位置制作不同的刮胶工具，以确保胶接的厚度不要出现过厚或过薄的现象，也不能因为刮胶之后胶层形状的缺陷引起合模过程中挤压胶层产生胶块。图 14-24 为工艺刮胶后胶黏剂的效果图。

图 14-24 工艺刮胶

第 15 章　螺栓连接分析

叶片叶根与变桨轴承通过螺栓连接，再通过变桨轴承与轮毂连接。叶片根部涉及复合材料与金属的连接，图 15-1 为叶根螺栓连接的示意图。

图 15-1　叶根螺栓连接示意图

螺栓连接的静力分析包括以下内容：

(1) 从总体结构分析确定螺栓连接所受的外力；

(2) 由螺栓连接所受的外力确定各个连接孔处的挤压载荷；

(3) 进行细节分析，得到连接区域的应力，利用材料的失效准则和特征曲线评定螺栓连接的强度。

15.1　叶根预埋工艺的结构校核

15.1.1　叶根端面形式

预埋螺栓的结构形式设计中，需采用合理的叶根端面形式，使得叶根总体受力特性最优。

这里主要针对叶根预埋螺栓模型端面的不同形式，分析叶根模型在轴向拉力、螺栓预紧力、组合力下的受力情况，为选择叶根端面形式提供理论依据。

三种叶根预埋螺栓模型的端面形式见表 15-1，图 15-2 为 B 形式叶根端面，图 15-3 为 C 形式叶根端面。

表 15-1 叶根模型端面形式

叶根端面形式	说明
A	螺栓套、玻纤丝、树脂、玻纤层、玻纤棒、复合层都与叶根法兰平齐
B	螺栓套与法兰连接，复合层、玻纤棒、玻纤丝、玻纤层、树脂等都与法兰端面存在一定的空隙
C	复合层、玻纤棒与法兰连接，螺栓套、玻纤丝、树脂都与法兰端面存在一定的空隙

图 15-2 叶根端面形式 B

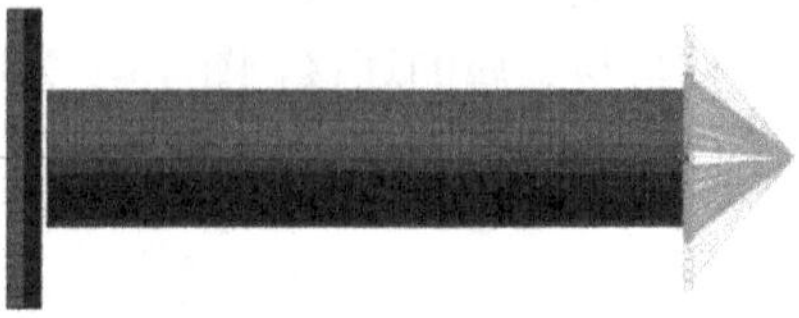

图 15-3 叶根端面形式 C

本章节中，几何模型与有限元模型都采用 MSC 的总体坐标系。复合材料的纤维方向，本章节应用局部坐标系定义。坐标系说明如图 15-4 所示。

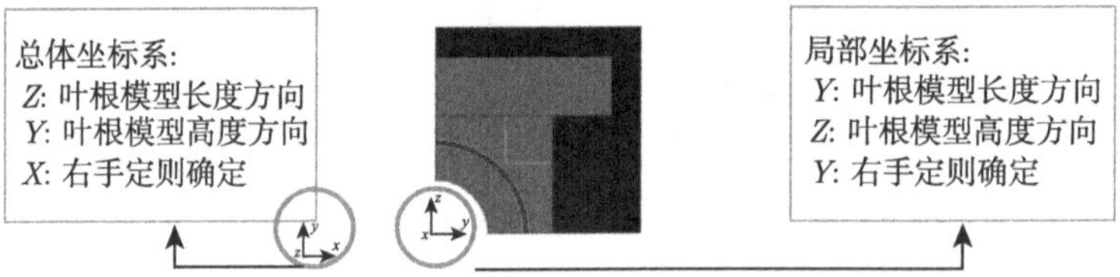

图 15-4 坐标系说明

1. 几何模型

本章节中，叶根预埋螺栓端面形式的几何模型由以下部件组成：垫片、变桨轴承、法兰、复合层、玻纤棒、玻纤层、树脂、玻纤丝、螺栓套与螺栓。各部件的几何模型如图 15-5 所示。

2. 载荷条件

假设四种载荷工况，见表 15-2，分别根据各种载荷工况进行有限元分析。

表 15-2 载荷工况

载荷工况	工况说明	分析形式
Case_01	MPC 加载轴向拉力	静力分析
Case_02	螺栓预紧力	非线性 SOL600 分析
Case_03	MPC 轴向拉力 + 螺栓预紧位移	非线性 SOL600 分析
Case_04	MPC 轴向压力 + 螺栓预紧位移	非线性 SOL600 分析

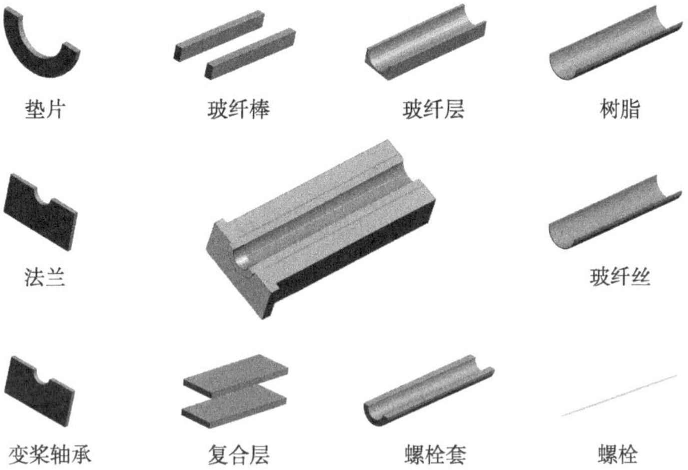

图 15-5　叶根预埋螺栓端面形式几何模型

3. 网格

预埋工艺的叶根端面形式的网格划分如图 15-6 所示。

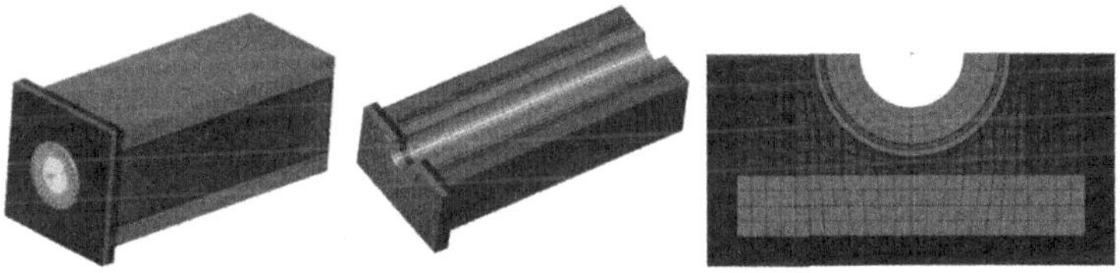

图 15-6　叶根预埋螺栓端面形式网络模型

取叶根预埋螺栓有限元分析的一半模型，示意网格尺寸与细节，如图 15 7 所示。

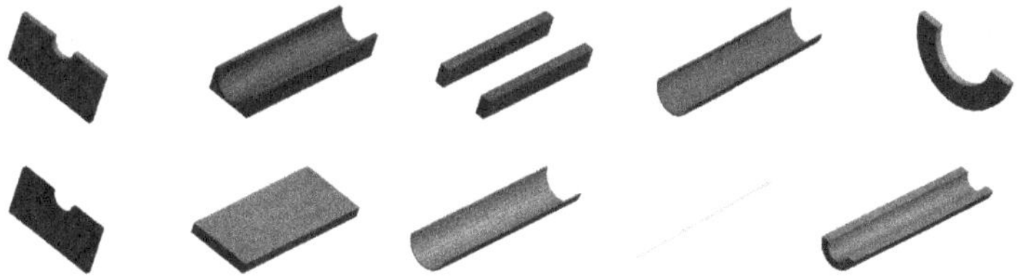

图 15-7　叶根各部件一半模型的网络示意图

4. 材料方向

复合材料的材料轴方向很重要，玻纤丝是缠绕于螺栓套表面，因此玻纤丝的材料轴方向为环绕方向，如图 15-8 所示。玻纤层与玻纤棒和复合层的材料轴方向均为叶根模型长度方向，如图 15-9 所示。

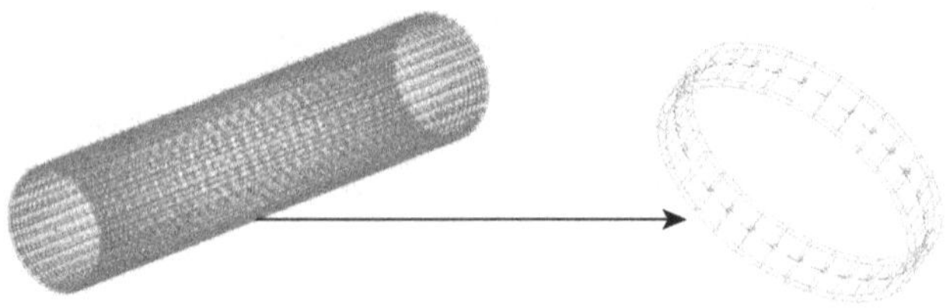

图 15-8　玻纤丝的材料轴方向

5. 载荷边界条件

(1) 载荷工况 Case_01，螺栓轴向拉力为叶根螺栓载荷的单位近似载荷。

(2) 载荷工况 Case_02，根据螺栓等级确定预紧力范围。

(3) 载荷工况 Case_03，预紧载荷工况 Case_02 得到螺栓在预紧力作用下的位移，Case_03 工况下选择加载预紧位移与轴向拉力共同作用。

(4) 载荷工况 Case_04，预紧载荷工况 Case_02 得到螺栓在预紧力作用下的位移，Case_04 工况下选择加载预紧位移与轴向压力共同作用。

6. 有限元分析

各工况下分析各模型的应力，提取应力分析对象的单元最大应力和平均应力，本节仅以 Case_02 工况为例，示例螺栓套的应力分析结果，如图 15-9 所示。

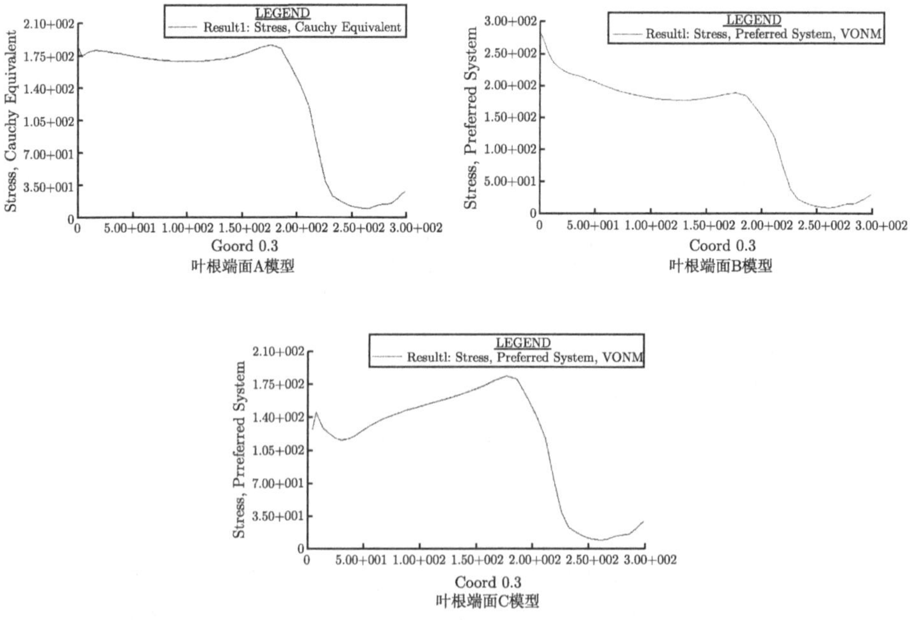

图 15-9　Case_02 工况下，A、B、C 模型对应的螺栓套 Z 向 von Mises 应力分布

15.1.2　整体有限元分析

针对风力机叶片预埋螺栓的形式，取叶根螺栓局部作为研究对象，对其进行网格细化、有限元加载与结构分析，得到其在叶根螺栓的极限载荷作用下各构件的应力分布，分析风力机叶片叶根预埋螺栓周围构件的受力特性。

1. 几何模型

图 15-10 为叶根螺栓套与角条的整体几何模型，图 15-11 为叶根螺栓的几何模型。叶根螺栓与螺栓套过盈配合，而螺栓套外侧需要缠绕玻纤丝与复合毡，目的是为了减小叶根各构件之间的缝隙，避免积胶；螺栓套四周三角条用于保证螺栓套与左右玻纤棒、上下复合层之间的平面度。叶片叶根需要与法兰相接，通过螺栓及密封圈等将法兰与叶片根部连接到一起。

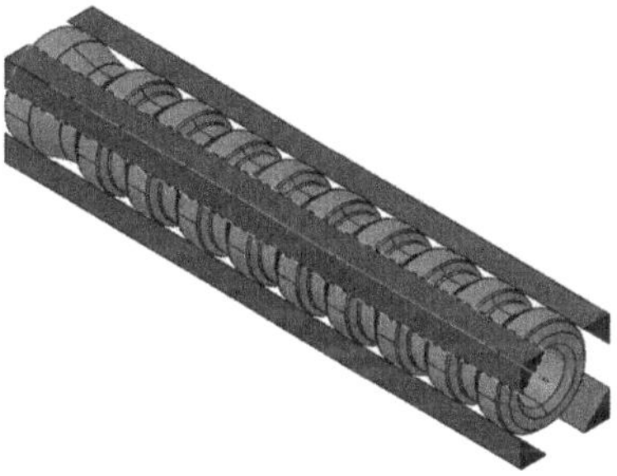

图 15-10　叶根螺栓套与角条

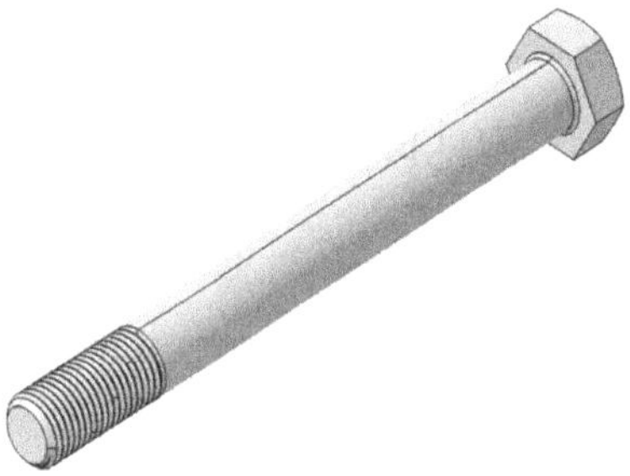

图 15-11　叶根螺栓

叶片叶根预埋螺栓的构件整体形式如图 15-12 所示。

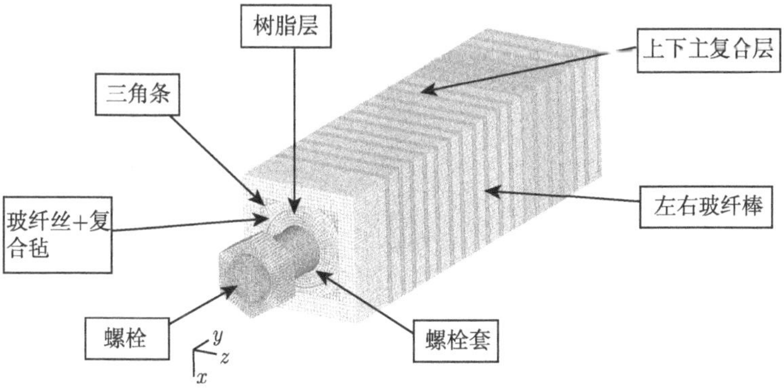

图 15-12　叶根螺栓各构件示意图

2. 叶根模型剖面网格图

图 15-13~图 15-15 分别从正视图和剖视图的角度来表征叶根预埋螺栓整体和

局部的网格划分。

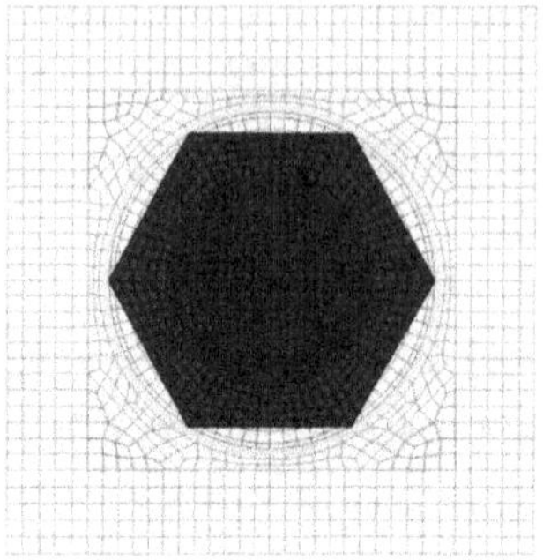

图 15-13　模型网络正视图 (叶根-叶尖)

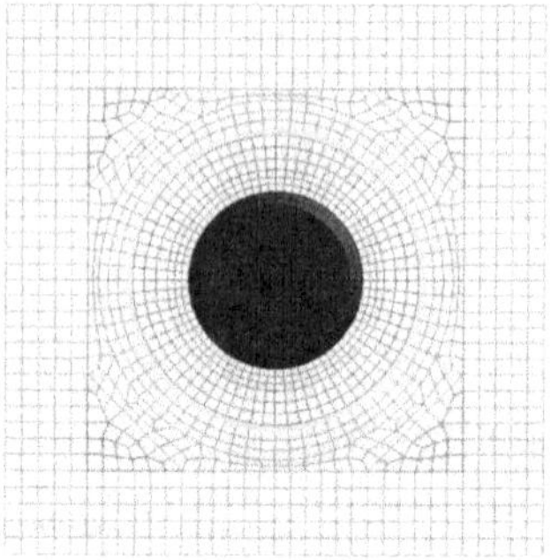

图 15-14　模型网络正视图 (叶尖-叶根)

3. 叶根螺栓载荷

根据风力机载荷计算软件 Bladed，输出叶片叶根载荷，载荷坐标系基于叶根坐标系，因此 Bladed 输出叶片的叶根载荷为剪力、弯矩、轴向力和扭矩的形式，即 $[F_x, F_y, F_z, M_x, M_y, M_z]$。将 Bladed 输出的力矩转化为叶根坐标系下的剪力，则可将 Bladed 输出叶根载荷转化为剪力、轴向力和扭矩的形式，即 $[F_x, F_y, F_z, M_z]$。

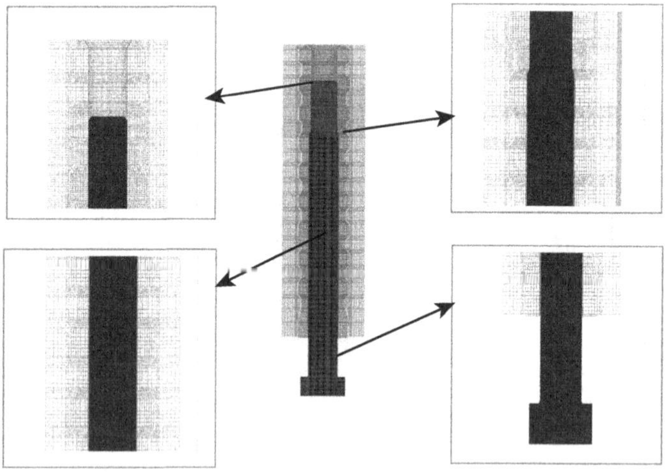

图 15-15　模型剖视图

由于叶根螺栓的分布是均匀的，所以默认为叶根每颗螺栓的载荷相同，均匀承受叶片叶根的总载荷。通过坐标变化、力的平移等，得到叶根螺栓载荷的几种工况形式，取一种叶根螺栓载荷形式加载于叶根有限元模型上，取叶根螺栓的载荷坐标系为 $x_iy_iz_i$，图 15-16 为叶根螺栓坐标系。

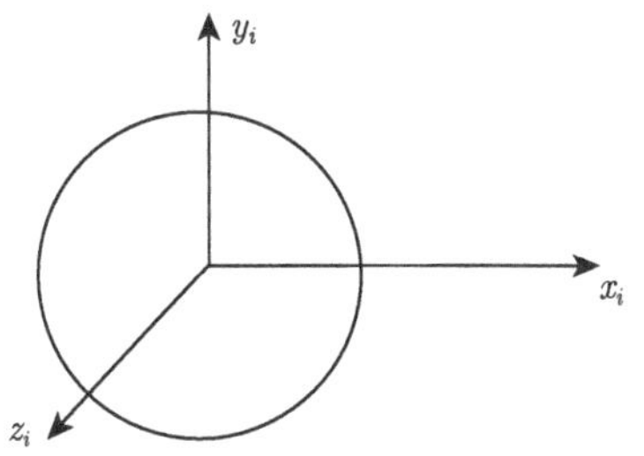

图 15-16　叶根螺栓坐标系

4. 有限元加载

1) 边界条件

根据叶根模型的真实边界条件，固支约束选择在法兰盘的两侧节点上，如图 15-17 所示。

2) 有限元加载

根据叶根螺栓的极限载荷，结合叶片叶根模型的传力路径，将叶根螺栓的载荷加载于叶根有限元模型上。加载形式列于表 15-3 中。

图 15-17　叶根法兰固支

表 15-3　有限元载荷

载荷形式	有限元坐标系	叶根螺栓载荷	加载位置	载荷形式
剪力	x-z 平面	f_{xi}与f_{yi}	叶根模型远断面	Total load
轴向力	y 正方向	f_{zi}	叶根模型最外层	Total load
扭矩	y 轴	m_{zi}	叶根模型远断面	MPC

5. 整体静力分析

叶片在运转过程中受离心力等作用，轴向载荷由叶根螺栓承受，其分析云图和应力分布如图 15-18 所示。

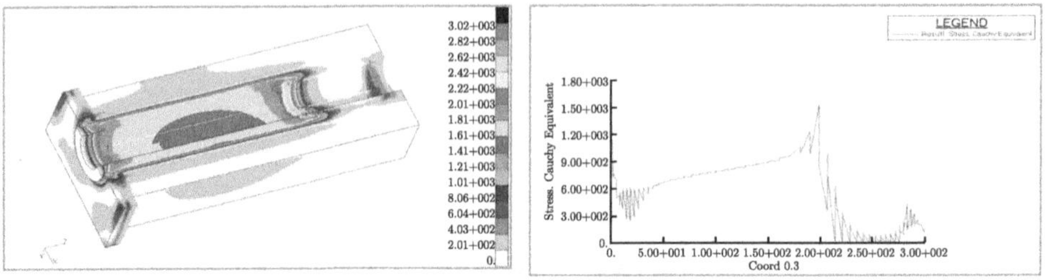

(a) 螺栓构件整体有限元分析的应力云图　　(b) 螺栓长度方向应力分布

图 15-18　整体分析云图和螺栓长度方向应力分布

由于篇幅限制，未列举所有计算结果，通过分析叶根螺栓在各种极限载荷工况下的受力情况，可得到如下结论：

(1) 由于螺栓套等几何模型形状不规则，倒圆角较多，避免由于几何或网格引起应力集中，将叶根整体模型进行网格细化；

(2) 主要考虑叶根模型在轴向拉力、面内剪力、扭矩以及以上极限载荷组合作用下的静力分析；

(3) 通过静力分析，可以看出螺栓与螺栓套承受且传递主要载荷，应力值较高；

(4) 螺栓套与复合材料间的胶接层强度较低，应力值较高，应重点分析；

(5) 法兰在接触面等位置应力水平较高；

(6) 复合材料的受压性能低于受拉性能，应重点关注复合材料在受压情形下的应力应变情况。

本节分析中有诸多不足，主要体现在：

(1) 对接触面采用共节点处理，不能较好模拟某些工况下的传力情况；

(2) 未考虑螺栓预紧力的情况；

(3) 材料性能较简单，需要将玻纤棒、主复合层、三角条、玻纤丝等分别给予材料性能；

基于以上不足之处，将在下一步工作中将法兰面与叶根模型作为接触分析，同时考虑螺栓预紧力，结合较全面的材料属性，进一步进行叶根模型的有限元分析。

15.1.3　接触面局部分析

采用二维有限元模型，针对叶根预埋螺栓在轴向拉力与压力、螺栓预紧力以及组合力作用下的螺纹连接及法兰端面的受力情况进行分析，为更详细进行叶根预埋螺栓模型建模的合理简化与分析提供依据。

1. 主要内容

应用有限元软件 MSC. Nastran 对叶根预埋螺栓的 2D 有限元模型进行了接触分析，不同的分析模型和加载方式选择不同的分析方法，见表 15-4。

表 15-4　叶根预埋螺栓 2D 接触分析

分析名称	工况说明	载荷工况
A_01	拉力	Case_01
A_02	压力	Case_02
A_03	预紧力	Case_03
A_04	拉力 + 预紧力	Case_04
A_05	压力 + 预紧力	Case_05

2. 几何模型

叶根预埋螺栓的几何模型采用三维 CAD 模型的轴向剖面，并作适当简化，由以下部件组成：螺栓套、螺栓，法兰。各部件的几何模型如图 15-19 和图 15-20 所示，此处法兰未提供实际模型。

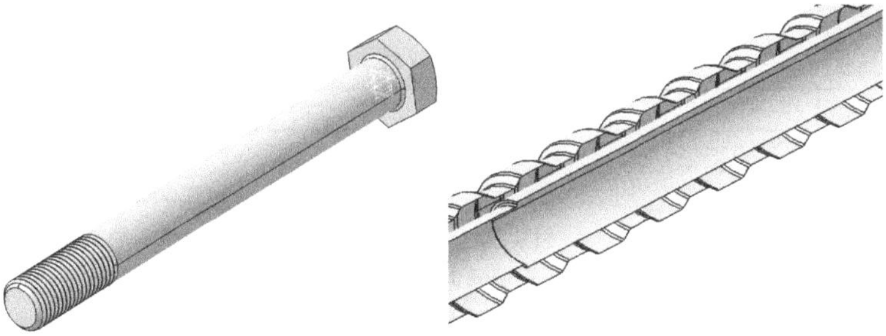

图 15-19　叶根预埋螺栓 3D 几何模型

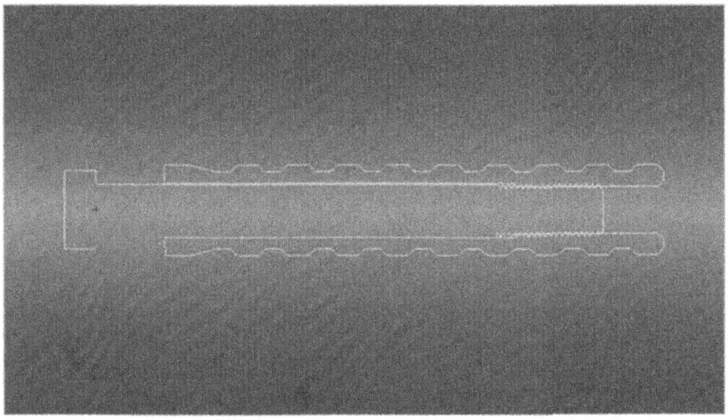

图 15-20　叶根预埋螺栓 2D 剖面几何模型

对称模型的几何模型如图 15-21 所示。

图 15-21　叶根预埋螺栓 2D 剖面构件示意

3. 载荷条件

建立了 5 种载荷工况，分别根据各种载荷工况进行有限元分析，列于表 15-5。

表 15-5　载荷工况

载荷工况	工况说明	分析形式
Case_01	拉力	SOL600 隐式非线性分析
Case_02	压力	SOL600 隐式非线性分析
Case_03	预紧力	SOL600 隐式非线性分析
Case_04	拉力 + 预紧力	SOL600 隐式非线性分析
Case_05	压力 + 预紧力	SOL600 隐式非线性分析

4. 各部件网格模型

由于接触计算需要反复迭代，计算时间长，接触区域需要细化网格，螺栓部件为近似轴对称结构，且侧重于机理分析，不涉及具体工况计算，因此采用叶根预埋螺栓的 2D 模型进行建模。应用有限元软件 MSC. Patran 创建模型，对接触部位局部细化网格。采用接触非线性的方法进行叶根预埋螺栓接触面的有限元分析。

根据叶根预埋螺栓的 2D 剖面几何模型，划分有限元单元。模型分为螺栓、螺栓套、法兰三个组，针对接触区域进行了网格细化。避免由于网格质量引起应力集中，采用一分二的拓扑结构细化网格，如图 15-22 所示，单元采用 2D solid 体单元，以便合理简化结构，同时提高计算速度。非传力部位，网格数目较少。

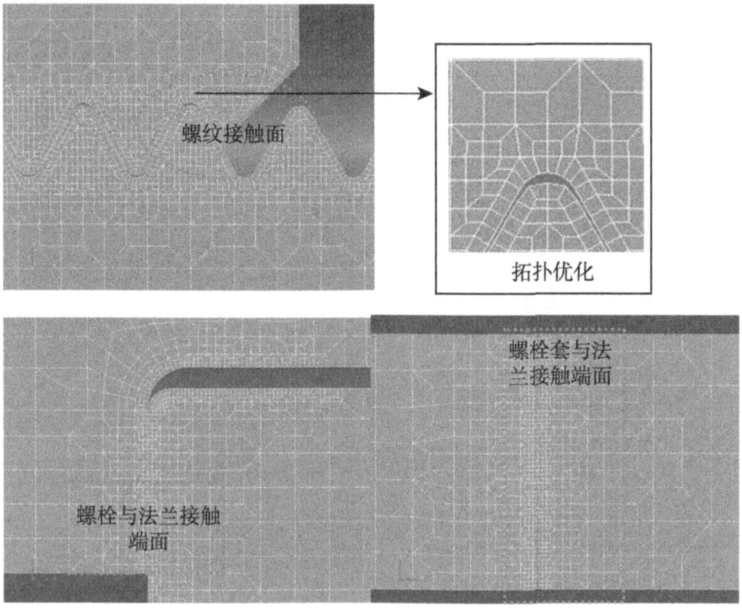

图 15-22　局部细化网格模型

5. 位移边界条件

根据对称条件，叶根预埋螺栓模型设置了两个方向的边界条件，其中 X 方向约束于法兰，Y 方向为对称边界条件约束各部件，如图 15-23 所示。

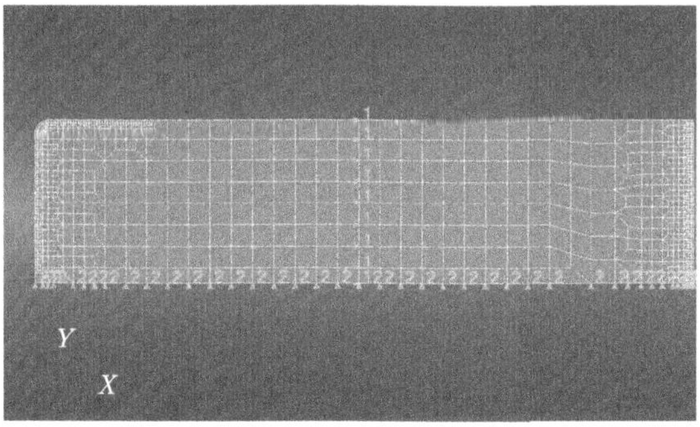

图 15-23　法兰位移边界条件

6. 接触边界条件

根据螺栓连接实际情况，分别针对螺栓与螺栓套螺纹连接段、螺栓与法兰连接端面、螺栓套与法兰连接端面设置接触分析，确定接触边界条件为 Touch 还是 Glue，列于表 15-6 中。

表 15-6　接触边界条件

部件	螺栓	螺栓套	法兰
螺栓		T	T
螺栓套	T		T
法兰	T	T	

1) Case_01 与 Case_02 加载形式

拉伸外力与压缩外力的加载形式为 MPC 加载与沿螺栓套外侧节点，如图 15-24 所示，加载方向为 X 方向。

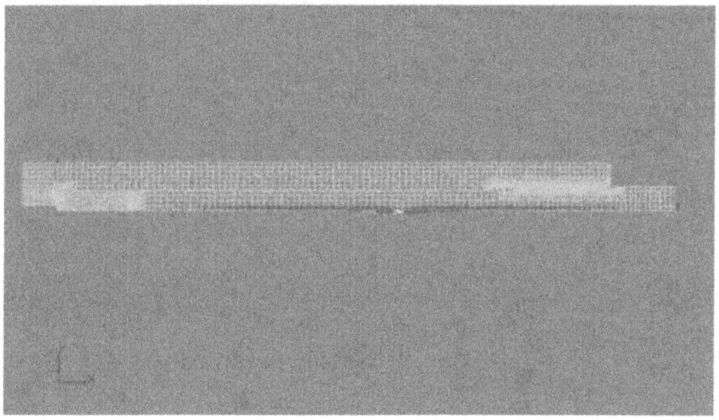

图 15-24　外力 MPC 加载示意图

2) Case_03 加载形式

预紧力的加载形式的加载方向为螺栓轴向，如图 15-25 所示，即 X 方向。

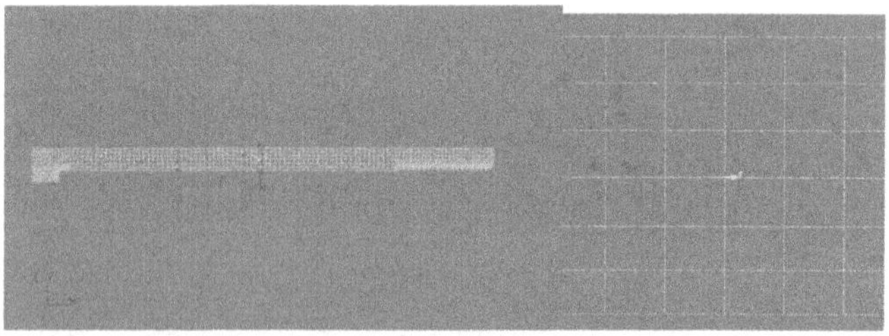

图 15-25　螺栓预紧力加载示意图

3) Case_04、Case_05 加载形式

Case_04 与 Case_05 为外力和预紧力的组合工况，载荷作用形式为 MPC 外力和预紧力共同作用。

7. 有限元分析

以 Case_03 加载预紧力情形工况为例，各接触面均受载。预紧力分别从螺栓头传至法兰，同时从螺纹经螺栓套传至法兰，螺栓头与螺杆过渡处应力集中明显，如

图 15-26 所示。

1) 应力分析

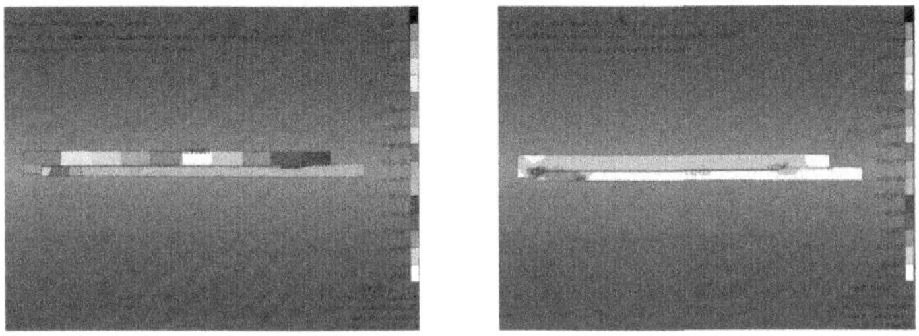

图 15-26　Case_03 轴向位移云图和应力云图

靠近螺杆方向的前 5 个螺纹承载远大于其余螺纹，如图 15-27 所示。螺栓与法兰接触面的应力集中较明显，如图 15-28 所示。

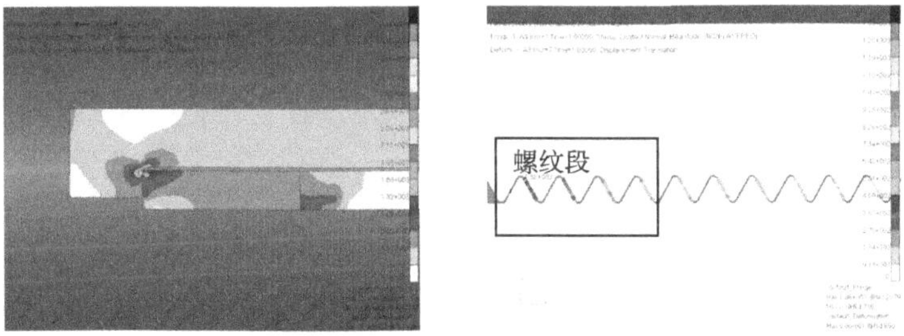

图 15-27　Case_03 局部应力云图

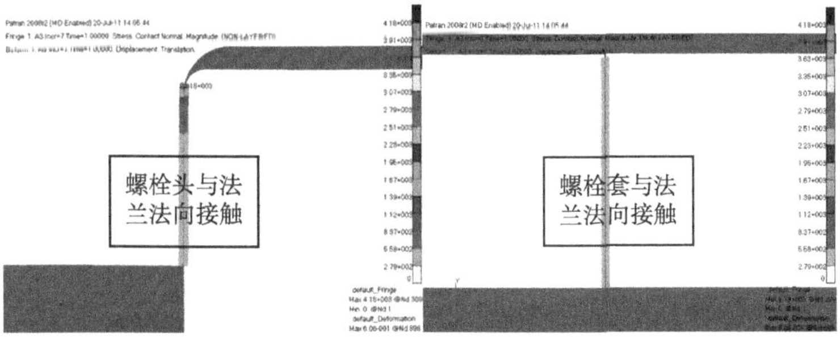

图 15-28　接触面应力

2) 法兰接触面应力分析

法兰分别与螺栓头及螺栓套端面相接触，提取了法兰端面接触单元的应力，进行分析，如图 15-29 所示。

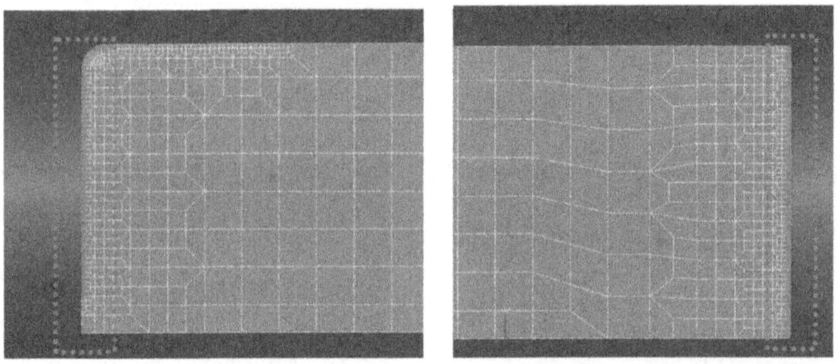

(a) 螺栓-法兰接触端面　　(b) 螺栓套-法兰接触端面

图 15-29　法兰端面接触区域

图 15-30 显示了预紧力作用下的后三个工况下，法兰与螺栓接触端面单元 Cauchy 应力分布曲线，横坐标与单元的对应关系为从上至下，可见由于外力由螺栓套从法兰与螺栓套接触端面传走，转角处存在较大应力集中。将金属材料设置为弹塑性材料重新计算，得到新的应力分布，如图 15-31 所示，接触面 Cauchy 应力水平明显下降，接触面法向应力分布也有明显不同。

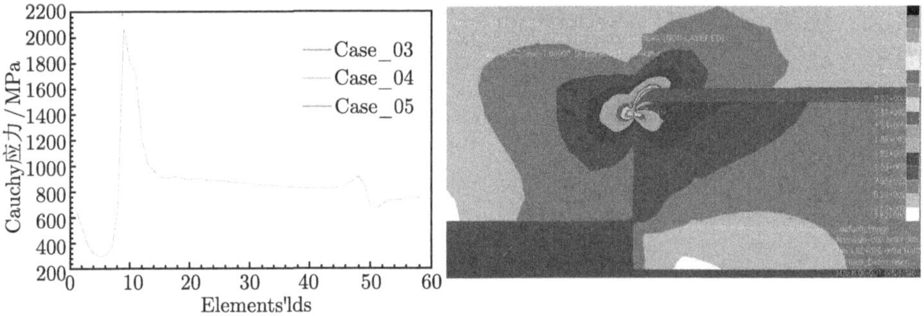

(a) 螺栓-法兰接触端面单元的Cauchy应力分布　　(b) 螺栓-法兰接触端面的应力云图(弹性)

图 15-30　螺栓-法兰接触端面单元 Cauchy 应力云图 (弹性)

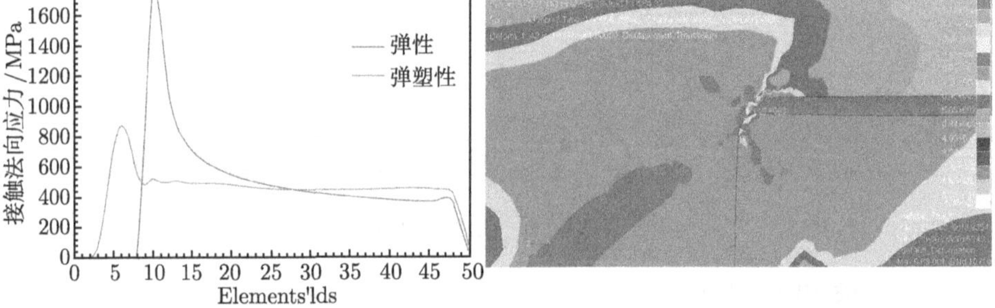

(a) 螺栓-法兰接触端面的弹性-弹塑性 Cauchy应力对比　　(b) 螺栓-法兰接触端面的应力云图 (弹塑性)

图 15-31　螺栓-法兰接触端面单元 Cauchy 应力云图 (弹塑性)

图 15-32 和图 15-33 分别显示了后三个工况下，法兰与螺栓套接触端面单元 Cauchy 应力与接触法向应力分布曲线。可见接触面区域 Cauchy 应力与法向应力分布趋势由内向外增大。由于外力由螺栓套从法兰与螺栓套接触端面传走，因此拉力对螺栓套起卸载作用，压力起加载作用，三个工况下的应力曲线验证了这一分析。

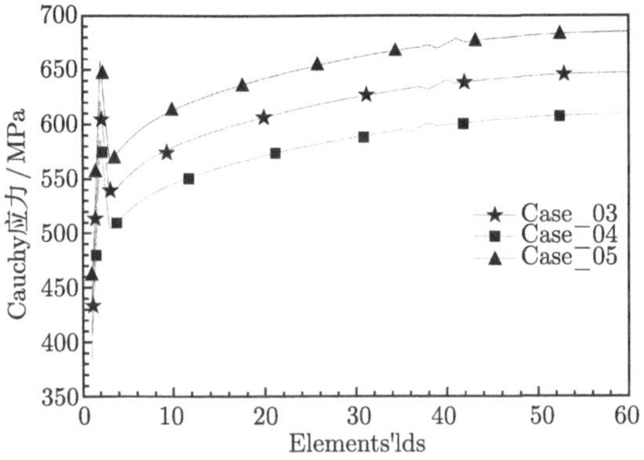

图 15-32　法兰与螺栓套接触端面单元 Cauchy 应力分布和云图

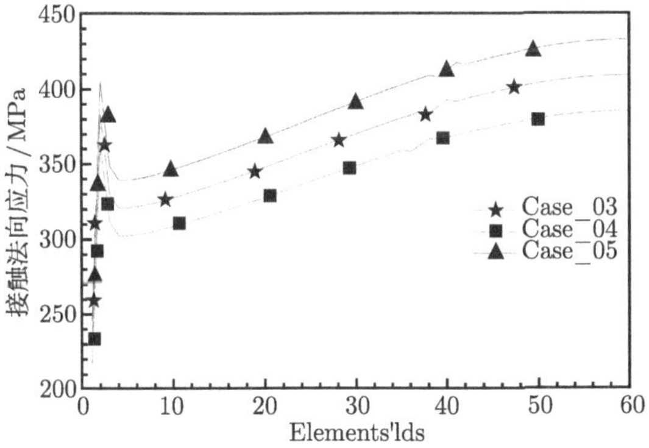

图 15-33　法兰与螺栓套接触端面单元和接触法向应力分布

3) 螺纹段应力分析

螺纹连接段是本节重点关注的对象，提取了三组单元的应力数值，如图 15-34 所示。可见三组单元的应力分布趋势较为一致，靠近螺纹面的单元应力分布受螺纹影响较大，呈现明显波动，而另两组单元应力分布较平滑。三组曲线应力分布由左至右逐渐减小，体现出传力路径最短的特点。值得一提的是，螺栓应力高于螺栓套应力。

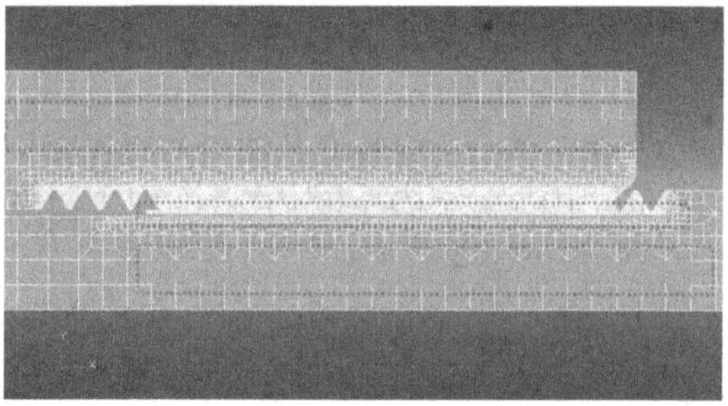

图 15-34　螺纹段选取单元

图 15-35 和图 15-36 显示了前五个螺纹面法向应力分布，可见第一个螺纹应力

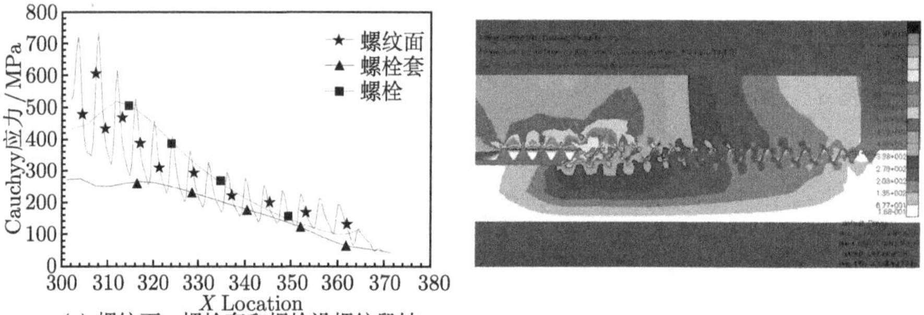

(a) 螺纹面、螺栓套和螺栓沿螺纹段轴向的Cauchy应力分布　　(b) 螺纹段应力云图

图 15-35　螺纹段沿轴向 Cauchy 应力分布

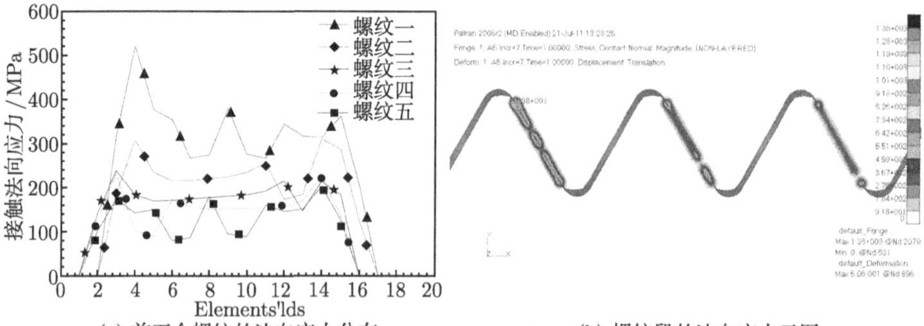

(a) 前五个螺纹的法向应力分布　　(b) 螺纹段的法向应力云图

图 15-36　螺纹面接触法向应力分布

值最大，其余依次递减，至第五个螺纹已下降约 50%，因此应力分析时应重点关注前 4~5 个螺纹的应力水平。

针对叶根预埋螺栓的受力问题，参考实际结构，进行合理的简化，通过建立二维有限元模型，对叶根预埋螺栓在轴向拉力与压力、螺栓预紧力以及组合力作用下的螺纹连接及端面的受力情况进行了接触分析。计算结果模拟了实际各部件间的接触关系和传力情况，得到了预紧力及外力作用下的传力路径及应力分布情况的直观结果，说明了应力分析中需要重点关注的部位，为实际叶根预埋螺栓线性有限元模型建模的合理简化与分析提供了依据与参考。

15.2　后打孔叶根工艺的结构校核

本节给出后打孔叶根工艺的结构分析流程。若叶根后打孔螺栓增多，将复合层的分析作为重点。但是由于螺栓增多，螺栓间的间距减小，需确保增多螺栓个数后的叶根仍能满足施加预紧扭矩时的扳手空间，保证高强叶根螺栓的预紧力。后打孔叶根螺栓结构分析流程如图 15-37 所示。

1. 叶根打孔

叶根打孔时根据叶根零刻度线和打孔设备，按照正确的打孔顺序和打孔操作流程进行叶根打孔。叶根打孔过程中应进行结构分析：

(1) 打孔时的冲击 + 振动 + 高频摩擦作用下，叶根复合材料积层的结构特性，计算复合层的塑性应变是否超出材料许用值；

(2) 打孔后，叶根复合层冲击后存在分层或泛白，表明打孔后已削弱叶根复合层的力学特性。因此需考虑打孔后叶根复合层的结构模型安全系数。

2. 安装

叶根螺栓、螺母与叶根复合层贴合，在安装叶根螺栓与螺母的时候不需要进行叶片结构分析，而叶片与变桨轴承连接，再通过变桨轴承连接于轮毂。由于大型风力机叶片叶根大多安装高强螺栓，叶片安装时应着重考虑对叶根螺栓施加预紧力，预紧力确保叶根复合层不失效，保证叶根螺栓只受拉伸作用，不受压并且不受剪。

15.2.1　结构分析流程

图 15-37 为叶根螺栓结构分析流程图。

15.2.2　整体有限元分析

后打孔叶根工艺形式，叶根校核的内容见表 15-7。

表 15-7　叶根校核内容

叶根静强度	叶根疲劳强度
螺栓缩颈处静强度	圆柱螺母间的层合板疲劳
圆柱螺母下的层合板挤压静强度	螺栓螺纹疲劳
圆柱螺母之间的层合板抗弯静强度	圆柱螺母疲劳
圆柱螺母抗弯静强度	

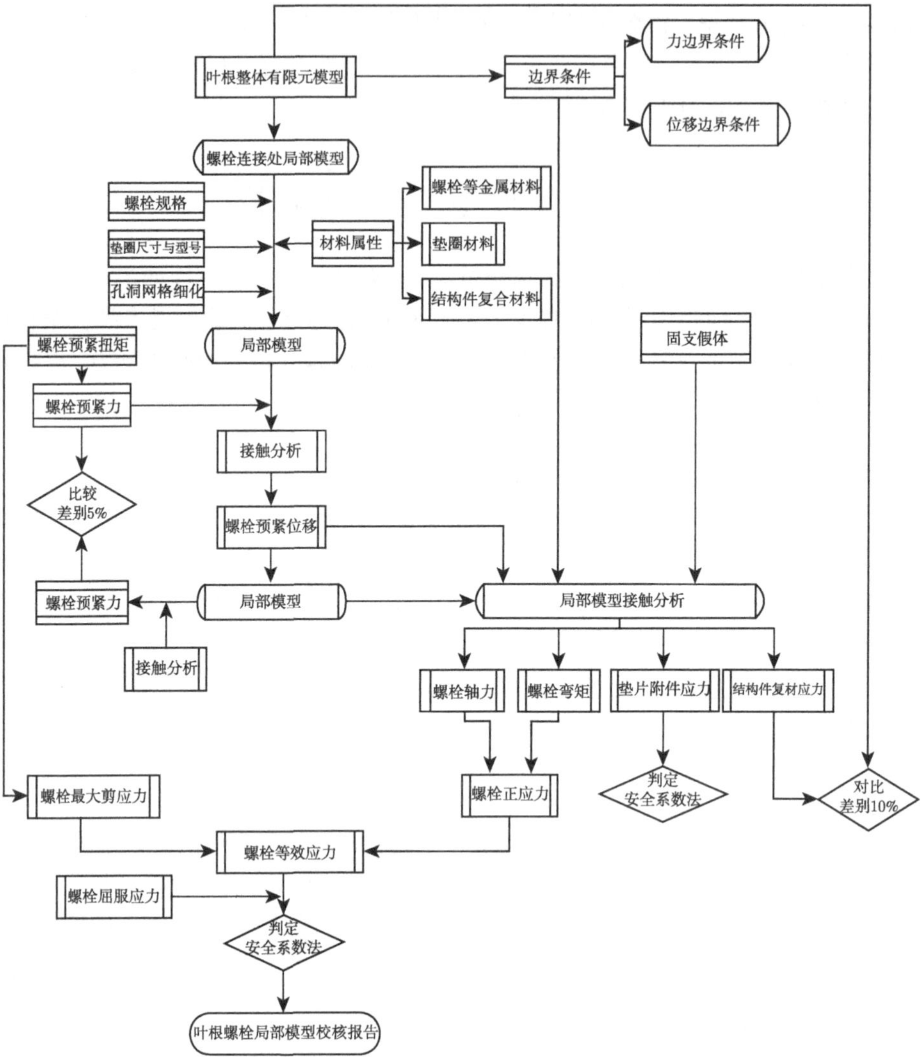

图 15-37 叶根螺栓结构分析流程

1. 有限元模型

有限元模型网格如图 15-38 所示。

模型简化依据：

(1) 叶根有限元模型考虑叶根、叶根法兰、变桨轴承和轮毂。模型主要分析螺栓受力，故忽略叶根螺母开孔、其他螺栓孔、小孔、小倒角；

(2) 考虑轮毂假体，与变桨轴承外圈共节点连接，以施加位移边界；

(3) 轮毂假体、变桨轴承和叶片采用体单元模拟；

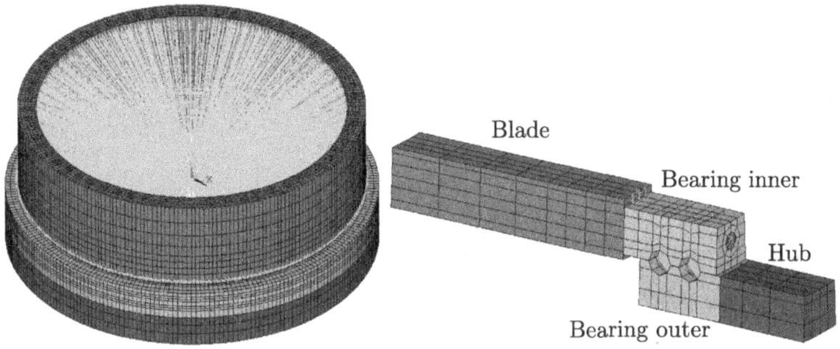

图 15-38　叶根有限元模型

(4) 叶片变桨轴承类型为双排四点球接触轴承，内外轴承间的滚珠采用交叉的杆单元模拟；

(5) 叶根法兰几何并入变桨轴承内圈，叶片不考虑圆柱螺母开孔；

(6) 螺栓采用梁单元建模，与变桨轴承对应垫片区域节点 MPC-RBE2 连接，与叶片对应螺纹区域节点 MPC-RBE2 连接。

2. 螺栓校核

通过有限元计算可得到各个螺栓在外载及预紧力载荷下轴向应力云图，如图 15-39 所示，其中轴向应力最大的螺栓云图如图 15-40 所示。

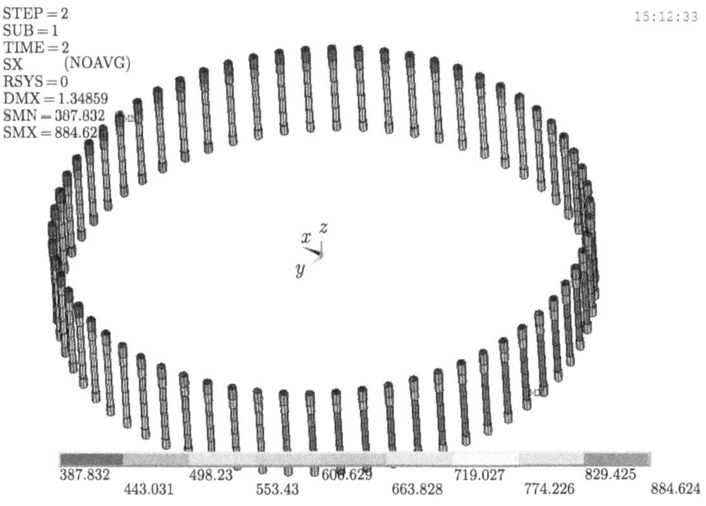

图 15-39　螺栓轴向应力云图

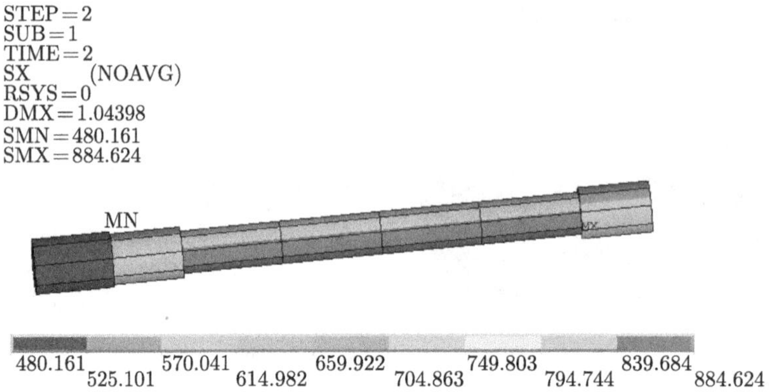

图 15-40 静强度最危险螺栓的轴向正应力云图

同时，通过 VDI 2230 及 GL 2010 可计算圆柱螺母、叶根复合层的抗弯和抗挤压受力分析，由于篇幅原因，这里不作为重点阐述该计算过程，详细可查阅相关参考文献。

15.2.3 螺栓工程方法

一般情况下，高强螺栓的预紧力都是通过液压扳手施加拧紧力矩提供的。按照预紧螺栓的规格与强度等级，由 VDI 2230 中相关计算方法得到拧紧力，计算公式为[36]

$$F_x = K_x(U_1 - U_3), \quad F_y = K_y(U_2 - U_4) \tag{15-1}$$

其中，$D_{km} = \dfrac{d_m + D_{ki}}{2}$；$D_{ki} = \max(D_a, d_{ha}, d_h, d_a)$。

螺栓采用梁单元或体单元，根据螺栓连接的有限元局部模型确定各工况下螺栓的轴向力和弯矩，计算得到螺栓正应力：

$$\sigma_M = \frac{F_M}{A_0} + \frac{M_{XY}}{W} \tag{15-2}$$

其中，A_0 为螺栓的公称应力截面积；W 为抗弯截面系数。

由 VDI 2230 确定螺栓扭矩产生的螺栓最大剪应力为

$$\tau_M = \frac{M_G}{W_t} \tag{15-3}$$

其中，W_t 为抗扭截面系数。

由 VDI 2230，同时考虑正应力与剪应力校核螺栓强度，确定等效应力

$$\sigma = \sqrt{\sigma_M^2 + 3 \times (\kappa_\tau \times \tau_M)^2} \tag{15-4}$$

其中，κ_τ 按照 VDI 2230 取为 0.5。

将螺栓的等效应力与螺栓的屈服强度比较，同时考虑材料安全系数影响，确定螺栓强度是否满足要求。

第五篇

叶片结构设计专题

第16章　疲 劳 分 析

强度、刚度和疲劳寿命是对工程结构和机械使用的三个基本要求。疲劳破坏是工程结构和机械失效的主要原因之一，引起疲劳失效的循环载荷的峰值往往远小于根据静态断裂分析估算出来的“安全”载荷，因此开展结构疲劳研究有着重要意义。设计上，叶片运行周期为 20 年，只验证叶片静强度等特性是不能保证风力机 20 年运行可靠性的，因此需要对风力机叶片进行疲劳校核，验证叶片在运行 20 年的过程中是否满足疲劳特性的要求。证明风力机使用寿命期内不会发生由疲劳引起的破坏，应通过评估强度特性、细节设计和工艺流程。

16.1　理 论 基 础

疲劳用于表达材料在循环载荷作用下的损伤和破坏。另外，在周期性应力或应变的反复作用下所发生的性能变化也叫做疲劳。在一般情况下，疲劳可表征开裂或破坏的性能变化 [37]。影响结构静强度的因素同样影响其疲劳强度或疲劳寿命，只是影响的程度有所差别。此外，还有很多对静强度几乎没有影响的因素却对疲劳强度、疲劳寿命有着明显的影响。对此，影响疲劳寿命的因素很多，归纳起来有以下方面，见表 16-1。

表 16-1　影响疲劳强度的因素

工作条件	零件状态	材料本质
载荷特性	缺口效应	化学成分
加载频率	尺寸效应	纤维方向
服役温度	零件热处理	内部缺陷分布
环境介质	表面粗糙度	金相组织
	表面热处理	
	残余应力应变	

按照疲劳机理可以将影响疲劳强度或疲劳寿命的因素分成三类：

(1) 影响局部应力应变大小的因素，如载荷特性 (应力状态、循环特性、高载效应、残余应力等)；

(2) 影响材料微观结构的因素，如材料种类、热处理状态 (影响材料的延性、缺陷分布、缺陷的种类)、机械加工 (加锻使晶粒细化，缺陷增多；表面淬火使表面层强度增加，延性下降) 等；

(3) 影响疲劳损伤源的因素，如表面粗糙度、化学物理腐蚀和应力腐蚀等。

16.1.1 循环载荷

循环载荷用于确定最大应力、最小应力和应力幅值与应力均值，如图 16-1 所示。图中，$\sigma_{\max}$ 为最大应力；$\sigma_{\min}$ 为最小应力；σ_0 为应力幅值，$\sigma_0=(\sigma_{\max}-\sigma_{\min})/2$；$\sigma_{\rm m}$ 为应力均值，$\sigma_{\rm m}=(\sigma_{\max}+\sigma_{\min})/2$；T 为周期。

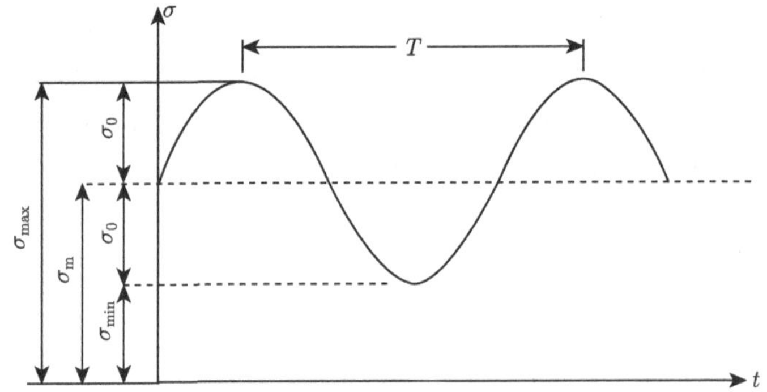

图 16-1 循环载荷

在非线性分析中，需考虑均值、幅值在外加载荷转变为载荷效应过程中的相关性。此时结构性能退化是非线性的。

16.1.2 疲劳寿命

疲劳寿命是指结构或机械直至破坏所作用的循环载荷的次数或时间。从疲劳损伤发展来看，有二阶段疲劳寿命模型、三阶段疲劳寿命和多阶段疲劳寿命模型。

二阶段疲劳寿命分为裂纹形成和裂纹扩展；三阶段模型认为疲劳损伤过程由无裂纹、小裂纹和大裂纹三个阶段组成；多阶段模型将小裂纹细分为三个阶段：微观小裂纹、物理小裂纹和结构小裂纹，如图 16-2 所示。

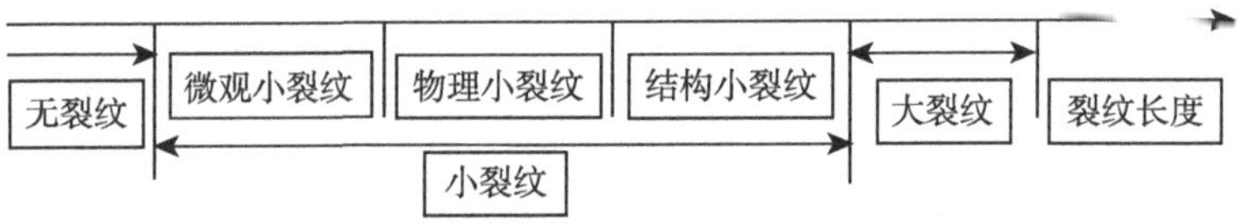

图 16-2 多阶段模型疲劳寿命

从设计准则看，又有安全寿命、经济寿命、可靠性寿命、使用寿命、设计寿命、剩余寿命等。

16.1.3 应力比

应力比 $R=\sigma_{\min}/\sigma_{\max}$，试件循环加载时的试件最小应力与最大应力之比，表

16-2 中详细展开不同应力比的示意图。

表 16-2　应力比

序号	应力范围	应力比范围	备注
1	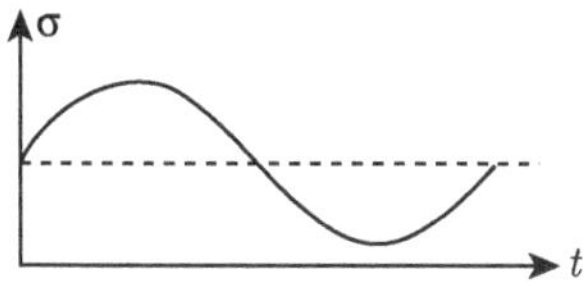	$0 < R < 1$	拉–拉
2	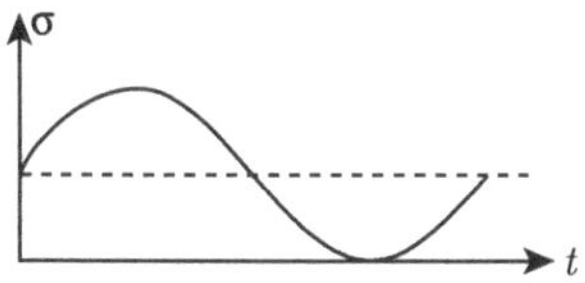	$R = 0$	
3	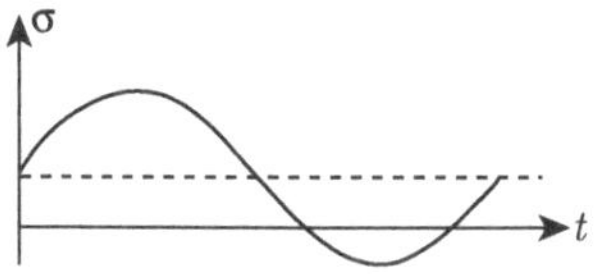	$-1 < R < 0$	
4	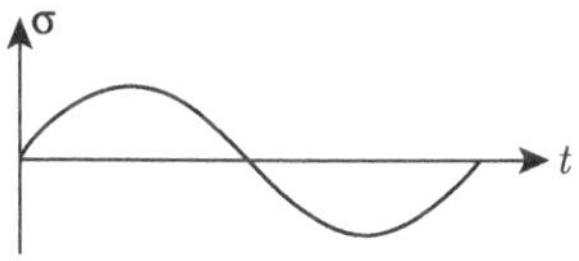	$R = -1$	拉–压
5	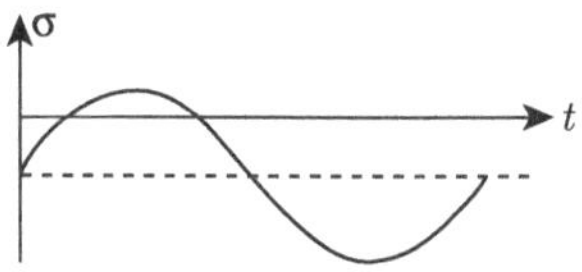	$R < -1$	
6	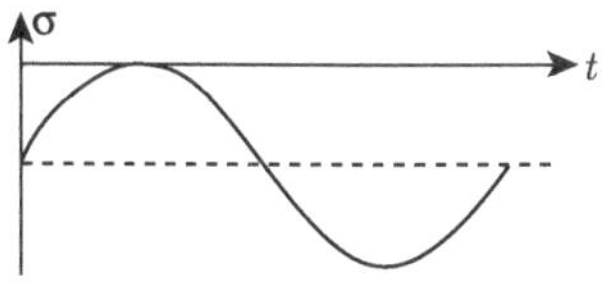	$R \in -\infty$	
7	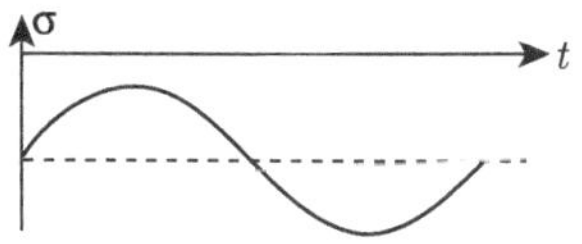	$R > 1$	压–压

各应力比下的应力-周期汇总，如图 16-3 所示。

16.1.4　S-N 曲线

为了评估和估算疲劳寿命或疲劳强度，需要建立外载荷与寿命之间的关系，而

反映外加应力幅值 σ 和疲劳寿命 N 之间关系的曲线叫做 S-N 线，S-N 曲线示意图如图 16-4 所示。

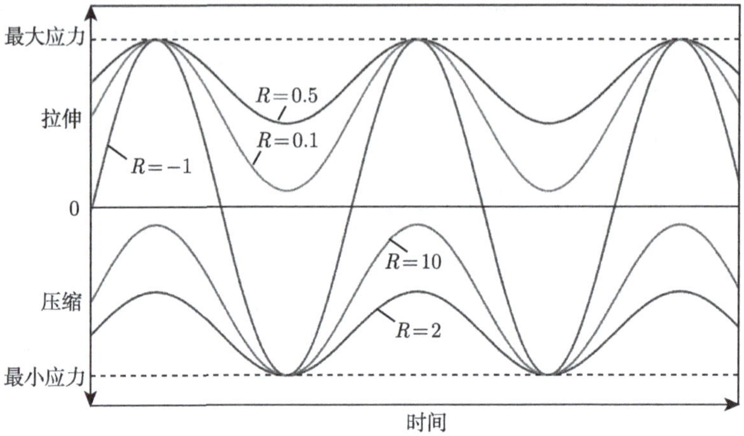

图 16-3　应力比汇总

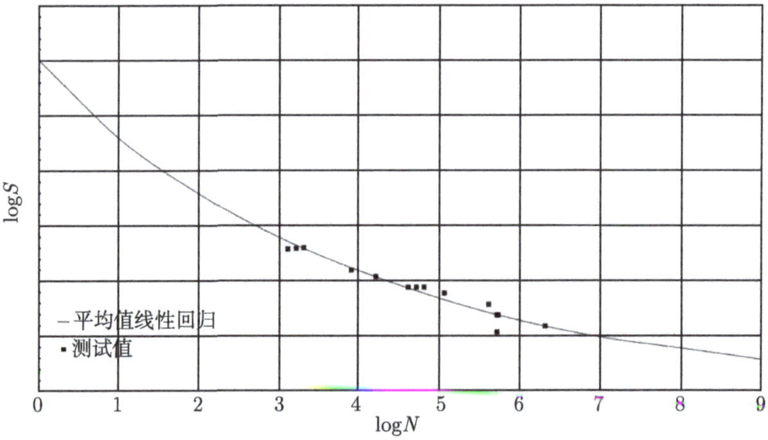

图 16-4　S-N 曲线示意图

复合材料的疲劳 S-N 曲线，可以用强度极限、疲劳极限与寿命来定义，如图 16-5 所示。其中，σ_{b}为强度极限，即静拉伸对应的疲劳强度为$\sigma_{\max}=\sigma_{\mathrm{b}}$；$\sigma_{-1}$为疲劳极限，$N=10^6\sim10^7$ 对应的疲劳强度为疲劳极限 $\sigma_{\max}=\sigma_{-1}$。

16.1.5　疲劳极限图

不同应力比时的疲劳极限是不同的。将不同应力比 R 时的疲劳极限画在 σ_a 和 σ_m 图上，即为疲劳极限图。实验测定不同应力比的疲劳极限是十分困难的，为此提出了一些经验模型来估算疲劳极限图。疲劳极限图的估算方法如图 16-6 所示。

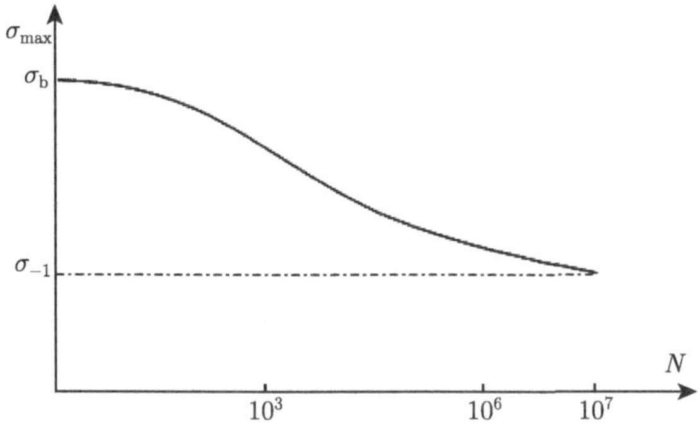

图 16-5　复合材料的疲劳 S-N 曲线

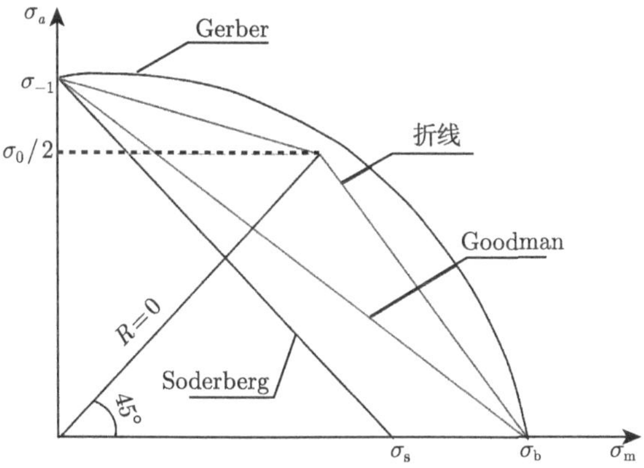

图 16-6　疲劳极限图

Gerber 抛物线模型：

$$\sigma_a = \sigma_{-1}\left[1 - \left(\frac{\sigma_m}{\sigma_b}\right)^2\right] \tag{16-1}$$

Goodman 直线模型：

$$\sigma_a = \sigma_{-1}\left[1 - \left(\frac{\sigma_m}{\sigma_b}\right)\right] \tag{16-2}$$

Soderberg 直线模型：

$$\sigma_a = \sigma_{-1}\left[1 - \left(\frac{\sigma_m}{\sigma_s}\right)\right] \tag{16-3}$$

其中，Soderberg 模型太保守，而 Gerber 模型可能偏于危险。为了提高精度，提出

了折线模型，设由实验得到的应力比 $R=0$ 的疲劳极限为 σ_0，其折线方程为

$$\sigma_a=\begin{cases}\sigma_{-1}-\dfrac{2\sigma_{-1}-\sigma_0}{\sigma_0}\sigma_{\rm m}, & R\leqslant 0\\ \sigma_0\left(\dfrac{\sigma_{\rm m}-\sigma_{\rm b}}{\sigma_0-2\sigma_{\rm b}}\right), & R>0\end{cases}\tag{16-4}$$

应力比 R 作为考虑平均应力影响的一个参数应用于等寿命曲线族，等寿命曲线族反映了在全部应力变化范围内的寿命特性，如图 16-7 所示。为简化计算，采用直线形等寿命曲线族，在考虑复合材料拉伸强度和压缩强度不相等的一般情况[38]。

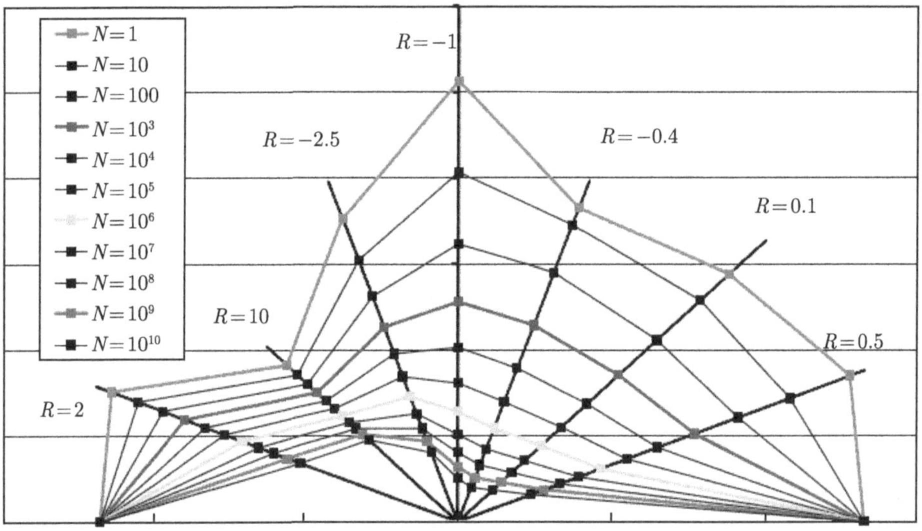

图 16-7　等寿命曲线族 (直线假设)

16.2　复合材料疲劳

叶片的疲劳主要表现为复合材料层合板结构的疲劳特性，复合材料层压结构一般都有优良的疲劳性能。对于常用的纤维控制的多向层合板 (包括含孔试样)，在拉-拉疲劳下，它能在最大应力为 80%极限拉伸强度的载荷下经受 10^6 次循环，而在拉-压或压-压疲劳下，其疲劳强度略低一些。10^6 次循环对应的疲劳强度一般约为相应静强度的 50%，特别是含冲击损伤试样在压-压疲劳下 10^6 次循环对应的疲劳强度，一般不低于相应静强度的 60%，对热塑性复合材料更高达 65%。由于目前复合材料结构设计许用值主要取决于损伤容限许用值，在这样的应变水平下，复合材料结构通常是无限寿命的，这就是习惯上所说的“静力覆盖疲劳”的含义。特别需要注意的是胶接结构，如果设计不当，有可能出现疲劳破坏。

复合材料层合板结构，即使最大应力没有达到在静力试验中的初始树脂破裂的水平，在周期性载荷下，树脂可能会先发生破坏。树脂破裂效应应在疲劳分析加以考虑。

16.2.1　疲劳累积损伤模型

1. 剩余强度降模型

由疲劳试验可以得到复合材料层合板的剩余强度-寿命曲线，它表征了层合板强度的退化。剩余强度降模型认为当剩余强度和外加交变载荷的最大值相等时，相应的寿命就是使用寿命。

2. 剩余刚度降模型

复合材料层合板或层压结构在循环应力作用下，随着循环次数的增加，材料性能下降，应力-应变曲线也会相应变化，反映其刚度的主要参数弹性模量亦随之下降，由此表明复合材料的疲劳寿命估算可以采用剩余刚度来描述。剩余刚度降模型认为当疲劳累计应变达到材料的极限应变时，疲劳破坏已经发生。已有研究表明，以纤维控制破坏的层合板或结构在交变载荷下，刚度变化很小，所以刚度模型一般不适于这类板或结构的疲劳寿命预测。

3. 疲劳寿命估算的累积损伤模型

累积损伤理论是提供在程序加载或随机加载下进行构件疲劳寿命估算方法的理论，其中最为典型的是 Miner 理论和相对 Miner 理论。

1) Miner 累积损伤理论

复合材料构件疲劳寿命分析目前基本上仍采用 Miner 线性累积损伤理论。对复合材料，Miner 理论数学表达式为

$$\sum_{i=1}^{k}(n_i/N_i)=a \tag{16-5}$$

其中，n_i 为第 i 级载荷 (应变)P_i 在谱载荷中发生的次数；N_i 为第 i 级载荷 (应变)P_i 单独作用下的破坏循环数；k 为交变载荷的应力 (应变) 水平级数；a 为损伤累积度常数。

2) 相对 Miner 累积损伤理论

相对 Miner 理论仍然采用损失线性累积，但不采用累积损伤度等于 1 或 α 代表破坏这一确定假设，而采用相似谱的寿命结果作为预测依据。相对 Miner 理论认为寿命与累积损伤度的乘积应为常值，即

$$N_{\mathrm{A}}\sum_{i=1}^{k}(n_i/N_i)_{\mathrm{A}}=N_{\mathrm{B}}\sum_{i=1}^{k}(n_i/N_i)_{\mathrm{B}} \tag{16-6}$$

则

$$N_{\mathrm{A}} = N_{\mathrm{B}} \sum_{i=1}^{k} (n_i/N_i)_{\mathrm{B}} \Big/ \sum_{i=1}^{k} (n_i/N_i)_{\mathrm{A}}$$

其中，N_{A} 为计算谱 A 的预估寿命；N_{B} 为计算谱 B 的试验寿命；$\sum_{i=1}^{k} (n_i/N_i)_{\mathrm{A}}$，$\sum_{i=1}^{k} (n_i/N_i)_{\mathrm{B}}$ 分别为计算谱 A 和相似谱 B 的计算累积损伤度。

相对 Miner 理论的特点是以相似谱 B 的试验寿命为依据，问题关键是相似谱 B 的确定和试验寿命 N_{B} 的确定。相似谱 B 应较好地模拟计算载荷谱，两者的主要载荷峰谷值 (特别是压缩载荷) 相同或接近，且两者的主要载荷峰谷次序相同。对确定试验寿命 N_{B} 的试验，要求试验件能反映出结构几何特征、铺层顺序和支持情况，以使试验件能发生反映结构危险部位实际情况的破坏。

4. 复合材料指数函数

复合材料的 S-N 曲线可以用如下的指数型函数表示:

$$N \propto (\Delta S)^{-m} \tag{16-7}$$

其中，N 为疲劳周期；ΔS 为循环应力幅值和应变幅值；m 为 Wohler 系数 (与材料相关)。

16.2.2 疲劳寿命估算方法

在疲劳寿命估算时采用累积损伤理论 (通常用 Miner 线性累积损伤理论)，它在金属结构的疲劳分析中得到普遍应用，因为该理论相对比较简单。复合材料结构目前也大多采用该理论，特别是复合材料/金属混合结构寿命估算方面，采用该理论估算会带来很大方便。

在以压缩破坏为破坏模型的复合材料疲劳问题中，S-N 曲线的数学表达式表达为

$$S_a = k \lg N - X_c \tag{16-8}$$

其中，S_a 为应力幅值；N 为疲劳寿命；k 为常数；X_c 为静压缩强度值。

随机疲劳载荷谱中几乎每一个循环的应力比 R 值都互不相同，而 S-N 曲线是对应特定 R 值的疲劳曲线，用一条 S-N 曲线并不能直接估算构件在随机载荷下的寿命。一般而言，R 值对寿命的影响通常用等寿命曲线描述。复合材料层合板的疲劳问题主要考虑以压缩为主的交变载荷，于是在工程上，只对等寿命曲线的左半部分 (即 $\sigma_m \leqslant 0$) 感兴趣。为简化处理，假设等寿命曲线在 σ_m-σ_a 坐标系中为直线。

对随机谱中的任一循环，设峰值应力为 $\sigma_{\max,i}$，谷值应力为 $\sigma_{\min,i}$，该循环的应力幅值 $\sigma_{a,i}$ 和应力均值 $\sigma_{m,i}$ 可表示为

$$\begin{aligned} \sigma_{a,i} &= \frac{\sigma_{\max,i} - \sigma_{\min,i}}{2} \\ \sigma_{m,i} &= \frac{\sigma_{\max,i} + \sigma_{\min,i}}{2} \end{aligned} \tag{16-9}$$

由于等寿命曲线都通过 $(X_c, 0)$ 点，根据直线假设，可得出随机谱中 $\sigma_{\max,i}$ 和 $\sigma_{\min,i}$ 所对应 (等损伤) 的 $R = -1$ 的常幅 σ_a

$$\sigma_a = \frac{\sigma_{a,i} X_c}{X_c - \sigma_{m,i}} \tag{16-10}$$

确定应力幅值 σ_a，可根据 S-N 曲线确定寿命 N，得到

$$N = 10^{\sigma_a + X_c/k} \tag{16-11}$$

根据以上公式，得常幅谱峰谷值应力分别为 $\sigma_{\max,i}$ 和 $\sigma_{\min,i}$ 所对应的寿命 N_i

$$N_i = 10^{\frac{X_c}{k} \times \frac{\sigma_a(i) + X_c - \sigma_m(i)}{X_c - \sigma_m(i)}} \tag{16-12}$$

随机谱中，若峰谷值应力分别为 $\sigma_{\max,i}$ 和 $\sigma_{\min,i}$，出现的次数为 n_i，结构产生的损伤为

$$d_i = \frac{n_i}{N_i} \tag{16-13}$$

定义风力机运行寿命期内 T 小时的载荷谱为一块，每块中有 k 个不同的峰谷值，经过 T 小时后结构产生的损伤为

$$D = \sum_{i=1}^{k} d_i \tag{16-14}$$

16.3　叶片疲劳校核流程

叶片疲劳校核流程如图 16-8 所示。

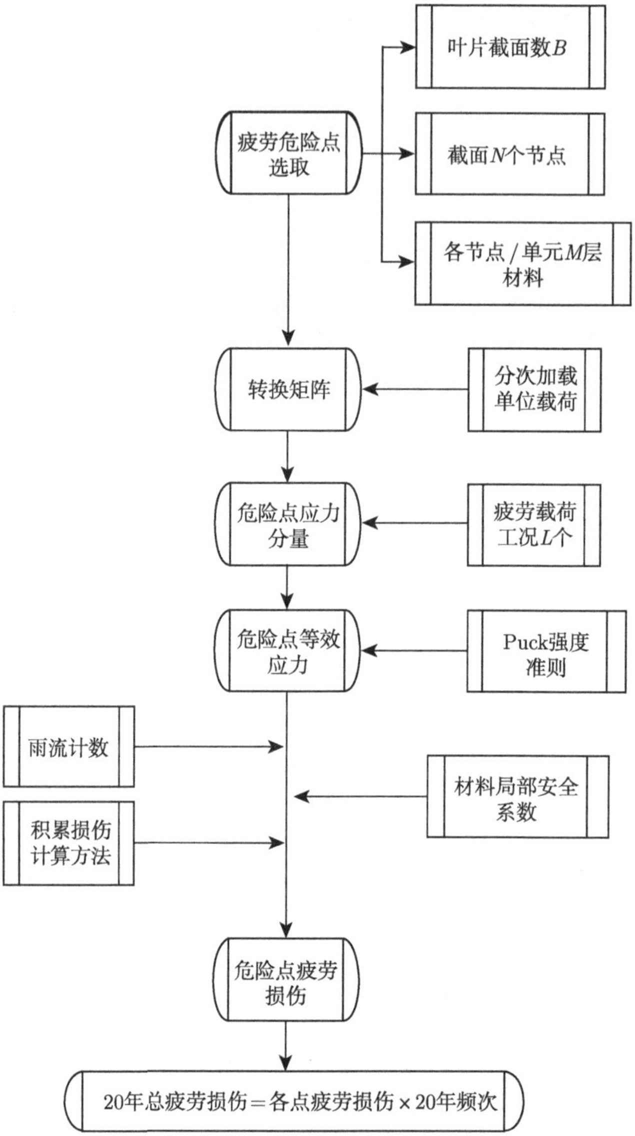

图 16-8　疲劳校核流程

16.4　疲劳载荷

根据叶片疲劳载荷工况，计算得到疲劳载荷工况频次表，用于叶片的疲劳校核，疲劳工况频次表见表 16-3。

表 16-3 疲劳工况频次表

DLC	20 年频次	DLC	20 年频次	DLC	20 年频次	DLC	20 年频次
1.1v03y000	30871	2.1v13eyen	1200	2.2v09y330	2	2.2v19y060	2
1.1v03y008	30871	2.1v13eyep	1200	2.2v09ycrp	2	2.2v19y090	2
1.1v03y352	30871	2.1v15eyen	1200	2.2v11apcrn	7	2.2v19y120	2
1.1v13y000	8958	2.2v03apcrn	7	2.2v11y210	2	2.2v21spcrp	7
1.1v25y000	26	2.2v05apcrp	7	2.2v13y210	2	2.2v23spcrp	7
1.4v25y352	163	2.2v09y000	2	2.2v17y270	2	4.1v11	1000
......	......	......	......	......	......	......	......

16.5 疲劳校核危险点选取

静态分析中所有破坏模式都应该评估潜在的疲劳破坏，确认叶片上可能发生疲劳破坏的临界单元和危险位置。由于复合材料在风力机叶片的展向和弦向分布不同，因此在计算疲劳损伤时必须计算叶片上的分布点，以确定尽可能多的危险点。

易发生疲劳破坏的位置为：应力集中处、载荷作用处、转载点。

而容易发生应力集中的位置可以确认为：断口和开孔处；线性和平滑几何不连续 (包括粗糙边缘)；螺栓、黏接及其他的机械连接；在相邻的部件或材料之间的弹性属性不协调；材料制作时的孔洞或其他损伤。

叶片疲劳校核中，由于危险点数目众多，如何减少计算量已经成为比较关键性的问题。减少计算量意味着计算中选取的危险点的数量要减少，需要确保这些危险点必须具有一定的代表性。如 WB45.3 叶片，以 N 段截面为例，通过对主梁及尾缘梁上的位于叶片最外层的单向布的疲劳损伤的统计，得出叶片主梁及尾缘梁上单向布疲劳损伤的分布规律，以此为减少疲劳计算量提供重要的依据。

对于每一个截面，疲劳损伤最大的点位于主梁中心线附近，尾缘梁处的疲劳损伤，除去尾缘梁与尾缘泡沫相交处的节点外，其他各点的损伤值均处于同一个数量级，并且基本符合越靠近尾缘点的节点的损伤值越大的规律，如图 16-9 和图 16-10 所示。

GL 2010 中规定对于疲劳分析，可以采用关键点作为危险点进行疲劳计算 (危险点可选主轴或者叶素坐标系轴线上的点)，对于挥舞方向和摆振方向上的安全余量大于 1.2 时，可不必扩大校验范围。

综合叶片主梁和尾缘梁疲劳损伤分布与 GL 2010，建议在进行疲劳校核时，每个截面危险点选取采用如下准则：

(1) 主梁可以选取主梁中心线左右各一个节点作为主梁疲劳校核的危险点；

(2) 尾缘梁可以在 P 面和 S 面上各选取最靠近尾缘点的一个节点作为尾缘梁

疲劳校核的危险点，同时要考虑上下尾缘点；

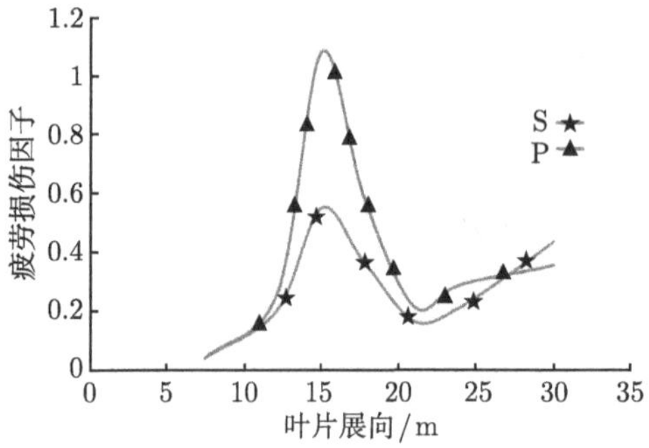

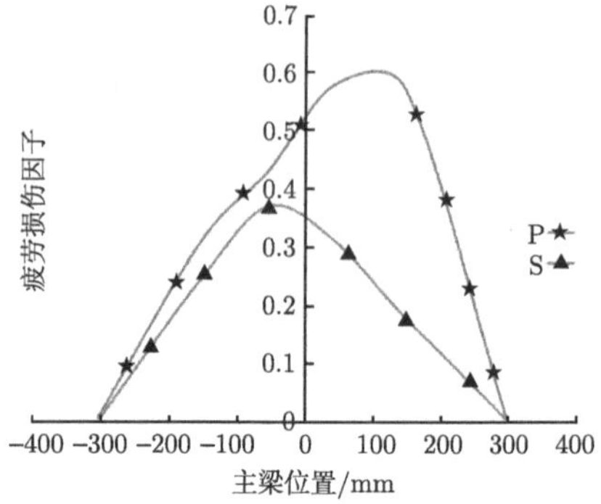

图 16-9　叶片各截面主梁中心疲劳损伤分布　图 16-10　叶片某截面主梁危险点疲劳损伤分布

(3) 前缘危险点应确定为合模后坐标系下的叶片前缘点，疲劳危险点示意图如图 16-11 所示。

该简化方法与 GL 2010 的相关规定相一致，同时校验范围相比较更大。

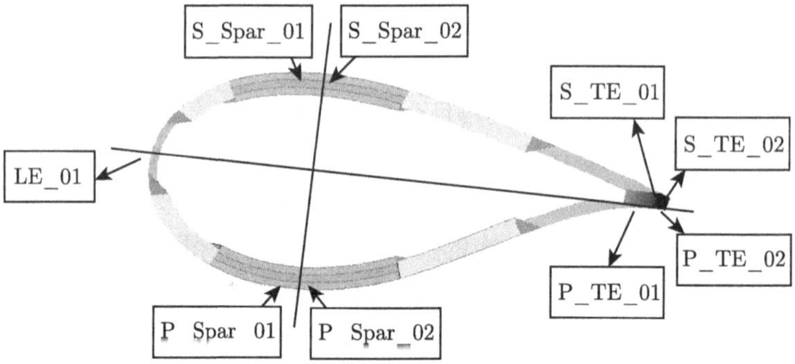

图 16-11　疲劳危险点

16.6　叶片疲劳校核方法

叶片疲劳强度校核，为了检验叶片在 20 年的使用期限内是否会发生疲劳破坏。首先通过有限元方法得到所有危险点的转换矩阵，根据载荷计算得到的各载荷工况下的载荷时间历程，经过处理得到所有危险点的等效应力，通过雨流计数法，按照 Miner 线性疲劳累积损伤理论计算所有危险点的疲劳损伤。

16.6.1　坐标系

疲劳校核中采用的载荷坐标系为叶片叶根坐标系，如图 16-12 所示。

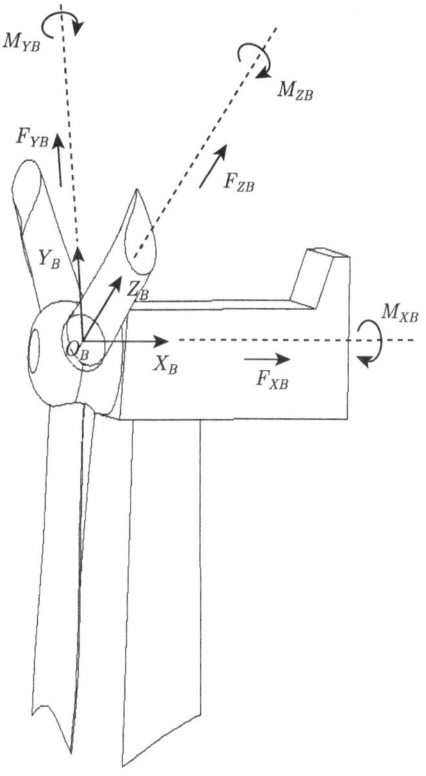

图 16-12　疲劳校核载荷坐标系

16.6.2　应力转换矩阵

应力转换矩阵基于叶片在运转过程中材料处于线弹性范围内的基本假设，通过对 3D 等截面的有限元模型分别施加单位载荷 (力和力矩)，提取出危险点的 6 个应力分量，组成 6×6 的矩阵。

其形式如下：

$$\begin{bmatrix} \sigma_x \\ \sigma_y \\ \sigma_z \\ \tau_{xy} \\ \tau_{yz} \\ \tau_{zx} \end{bmatrix} = \begin{bmatrix} a_{11} & a_{12} & a_{13} & a_{14} & a_{15} & a_{16} \\ a_{21} & a_{22} & a_{23} & a_{24} & a_{25} & a_{26} \\ a_{31} & a_{32} & a_{33} & a_{34} & a_{35} & a_{36} \\ a_{41} & a_{42} & a_{43} & a_{44} & a_{45} & a_{46} \\ a_{51} & a_{52} & a_{53} & a_{54} & a_{55} & a_{56} \\ a_{61} & a_{62} & a_{63} & a_{64} & a_{65} & a_{66} \end{bmatrix} \cdot \begin{bmatrix} M_x \\ M_y \\ M_z \\ F_x \\ F_y \\ F_z \end{bmatrix} \tag{16-15}$$

根据叶片强度分析确定危险截面，建立 2D 有限元模型。施加单位外载荷，例如施加 $M_x = 1, M_y = 0, M_z = 0, F_x = 1, F_y = 0, F_z = 0$ 的外载荷，得到的危险点的应力就是转换矩阵 $[a]$ 中第一列元素 $(a_{11}, a_{21}, a_{31}, a_{41}, a_{51}, a_{61})$ 的值；加 $M_x = 0, M_y = 1, M_z = 0, F_x = 1, F_y = 0, F_z = 0$ 的外载荷，得到的危险点的应力就是转换矩阵 $[a]$ 中第二列元素 $(a_{12}, a_{22}, a_{32}, a_{42}, a_{52}, a_{62})$ 的值，同理，可得其他列的元素。各危险点的转换矩阵见表 16-4。

表 16-4　危险点的转换矩阵

a	1	2	3	4	5	6
1	a_{11}	a_{12}	a_{13}	a_{14}	a_{15}	a_{16}
2	a_{21}	a_{22}	a_{23}	a_{24}	a_{25}	a_{26}
3	a_{31}	a_{32}	a_{33}	a_{34}	a_{35}	a_{36}
4	a_{41}	a_{42}	a_{43}	a_{44}	a_{45}	a_{46}
5	a_{51}	a_{52}	a_{53}	a_{54}	a_{55}	a_{56}
6	a_{61}	a_{62}	a_{63}	a_{64}	a_{65}	a_{66}

16.6.3　等效应力

1. 复合材料构件

对于叶片结构中的玻纤构件，假设层合板处于平面应力状态，利用转换矩阵和作用在危险点上的外载荷，可得到该点某一层玻纤的 6 个应力分量:

$$\{\sigma\}_{6\times 1} = [A]_{6\times 6} \cdot \{P\}_{6\times 1} \tag{16-16}$$

其中，$\{\sigma\}_{6\times 1} = \{\sigma_x, \sigma_y, 0, \tau_{xy}, 0, 0\}^{\mathrm{T}}$；$[A]_{6\times 6}$ 为转换矩阵；$\{P\}_{6\times 1} = \{M_x, M_y, M_z, F_x, F_y, F_z\}^{\mathrm{T}}$ 为疲劳载荷计算给出的各工况各截面的载荷时间历程。

对于任意时刻的应力状态，利用材料局部坐标系与结构整体坐标系的转换关系可以得到危险点在玻纤材料方向的应力 σ_1、根据 Puck 强度准则，将材料主方向的应力作为该危险点的等效应力 σ_1、并对其进行雨流计数。

2. 金属构件

对于叶片结构中的金属构件，利用转换矩阵和作用在危险点上的外载荷，可得到该点的 6 个应力分量:

$$\{\sigma\}_{6\times 1} = [A]_{6\times 6} \cdot \{P\}_{6\times 1} \tag{16-17}$$

其中，$\{\sigma\}_{6\times 1} = \{\sigma_x, \sigma_y, \sigma_z, \tau_{xy}, \tau_{yz}, \tau_{zx}\}^{\mathrm{T}}$；$[A]_{6\times 6}$ 为转换矩阵；$\{P\}_{6\times 1} = \{M_x, M_y, M_z, F_x, F_y, F_z\}^{\mathrm{T}}$ 为疲劳载荷计算给出的各工况各截面的载荷时间历程。

任何一个时刻的应力状态为 $\sigma_x,\sigma_y,\sigma_z,\tau_{xy},\tau_{yz},\tau_{2x},$，则第一、二、三应力不变量分别为

$$
\begin{aligned}
I_1 &= \sigma_x + \sigma_y + \sigma_z \\
I_2 &= \sigma_x\sigma_y + \sigma_y\sigma_z + \sigma_x\sigma_z - \tau_{xy}^2 - \tau_{yz}^2 - \tau_{xz}^2 \\
I_3 &= \sigma_x\sigma_y\sigma_z + \tau_{xy}\tau_{yx}\tau_{xz} - \sigma_x\tau_{yz}^2 - \sigma_y\tau_{xz}^2 - \sigma_z\tau_{xy}^2
\end{aligned}
\tag{16-18}
$$

三个主应力即为方程 $\sigma^3 - I_1\sigma^2 + I_2\sigma - I_3 = 0$ 的根，并将三个主应力中绝对值的最大值其作为等效应力，等效应力谱见表 16-5，并对其进行雨流计数。

表 16-5　等效应力谱

危险点	疲劳工况	等效应力谱
Node	B1_20.750_1.1V03Y00	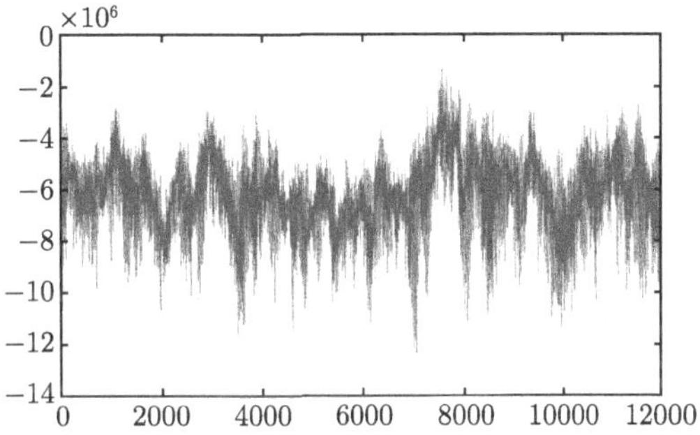

16.6.4　雨流计数

雨流计数法又称雨流法，也叫塔顶法，其计数原理如图 16-13 所示。用这种方法时，把载荷-时间历程的时间轴向下面，想象有一系列宝塔形屋顶，雨流都从内测开始，并允许继续往下流，根据雨流迹线来确定载荷循环，其计数规则如下：

(1) 雨流的起点依次在每个峰值 (谷值) 的内测；

(2) 雨流在下一个峰值 (谷值) 处落下，直到对面的峰值 (谷值) 比开始时更大 (更小) 为止；

(3) 当雨流遇到上面屋顶流下的雨时，就停止；

(4) 取出所有的全循环，并记下各自的幅值；

(5) 按正、负斜率取出所有的半循环，并记下各自的幅值；

(6) 把取出的半循环按雨流法第二阶段计数法则处理并计数。

根据上述法则，在图 16-13 中，第一个雨流应从 O 点开始，流到 a 点落下，经 a' 点继续流到 c 点落下，最后停止在谷值比 O 点更小的 d 点的对应处，取出一个半循环 $Oaa'c$。第二个雨流从 a 点的内测开始，在 b 点落下，由于 c 点的峰值比 a 点的峰值大，故雨流停止于 c 点的对应处，取出半循环 ab。第三个雨流从 b 点开始流下，由于遇到来时上面的雨流 Oaa'，故停止于 a' 点，取出半循环 ba'。ba' 与 ab

构成一个闭合的应力-应变迟滞回线，形成一个全循环 $a'ba$。依次，雨流从 c 点的内测开始，经过 d，d' 流至 f 点垂直向下，因 i 点的峰值比 c 点的峰值更大，故雨流停止于 i 点的对应处，取出半循环 $cdd'f$，如此继续下去。图 16-13 只给出了载荷-时间历程中的一小段，雨流没有流完。假定雨流在 i 点停止，于是在图 16-13 的载荷历程中，左后取出三个全循环 $a'ba, d'ed, g'hg$，三个半循环 $Oaa'c, cdd', fgg'i$。

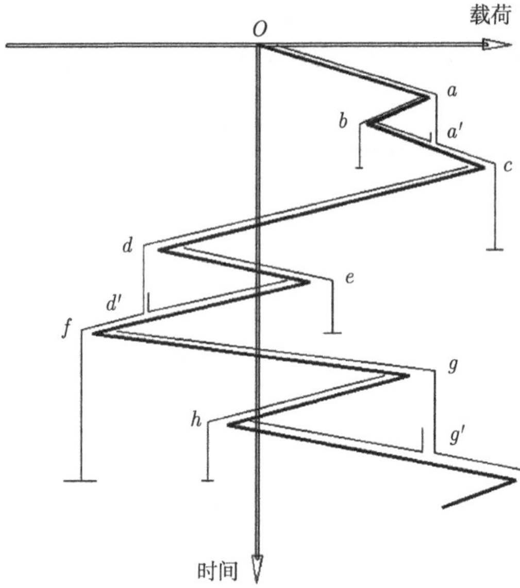

图 16-13　雨流计数法

通过雨流计数法对等效应力谱进行计数，得到各工况下每个应力等级的应力均值 $\sigma_{m,i}$、应力幅值 $\sigma_{a,i}$ 和循环次数 n。

16.6.5　疲劳分析安全系数

各载荷等级下危险点的许用循环次数，依据 GL 2010 中所规定的方式获取，许用循环次数 N 按下式确定，且 GL 2010 中规定各系数的值见表 16-6。

$$N = \left[\frac{R_{k,t} + |R_{k,c}| - |2 \cdot \gamma_{Ma} \cdot S_{k,M} - R_{k,t} + |R_{k,c}||}{2 \cdot (\gamma_{Mb}/C_{1b}) \cdot S_{k,A}}\right]^m \tag{16-19}$$

其中，$S_{k,M}$ 为各载荷等级的均值；$S_{k,A}$ 为各载荷等级的幅值；$R_{k,t}, R_{k,c}$ 为材料试验的特征值。

材料试验的特征值应用 95%置信度，5%破坏概率的正态分布可按式 (16-20) 确定

$$R_k(5\%, 95\%, v, n) = \bar{x}\left[1 - v\left[1.645 + \frac{1.645}{\sqrt{n}}\right]\right] \tag{16-20}$$

其中，m 为 S-N 曲线的斜率参数，按照 GL 2010，对于聚酯树脂基体层合板 m=9，对于环氧树脂基体层合板 m=10；γ_{Ma} 为静强度材料局部安全系数，按照 GL 2010，$\gamma_{Ma}=\gamma_{M0}\cdot\prod_{i=1}^{4}C_{ia}$；$\gamma_{Mb}$ 为疲劳强度材料的局部安全系数，按照 GL 2010，$\gamma_{Mb}=\gamma_{M0}\cdot\prod_{i=1}^{5}C_{ib}$。

表 16-6　GL 2010 中规定各系数的值

系数	安全系数分量	数值
γ_{M0}	材料局部安全系数	1.35
C_{1a}	老化影响	1.35
C_{2a}	温度影响	1.1
C_{3a}	用预浸料、弯曲技术、拉挤或树脂浇灌方法成型	1.1
	用手工铺层、压制技术湿法成型	1.2
C_{4a}	后固化成型	1.0
	非后固化成型	1.1
C_{1b}	$N^{1/m}$	
C_{2b}	温度影响	1.1
	UD 增强制品	1.0
C_{3b}	非编织纤维和单向编织粗纱	1.1
	编织纤维和垫子	1.2
C_{4b}	后固化成型	1.0
	非后固化成型	1.1
	对摆振方向的动态叶片试验	1.0
C_{5b}	有限元	1.1
	根据伯努利理论的计算	1.2

16.7　叶片疲劳损伤判断

危险点的疲劳损伤按照 Miner 线性疲劳累积损伤理论进行计算，即

$$D=\sum_{i=1}^{n}\frac{1}{N_i} \tag{16-21}$$

叶片上某危险点在风力机运行 20 年的寿命中所发生的疲劳总损伤为

$$\text{总损伤}D=\sum_{j=1}^{\text{工况数}}\left(\left(\sum_{i=1}^{\text{载荷等级数}}\frac{\text{载荷等级循环次数}n_i}{\text{许用循环次数}N_i}\right)\times\text{20年内该工况发生次数}\right)$$

以 WB45.3 叶片疲劳校核结果为例，最危险点为叶中附近截面的尾缘梁处，该危险点 20 年仿真时间内各个工况损伤如图 16-14 所示。通过计算得到所有截面上各危险点的疲劳损伤，统计得到最危险点在各工况的疲劳损伤。

20 年疲劳总损伤 D 是否满足复合材料的疲劳损伤要求为 $D \leqslant 1$。

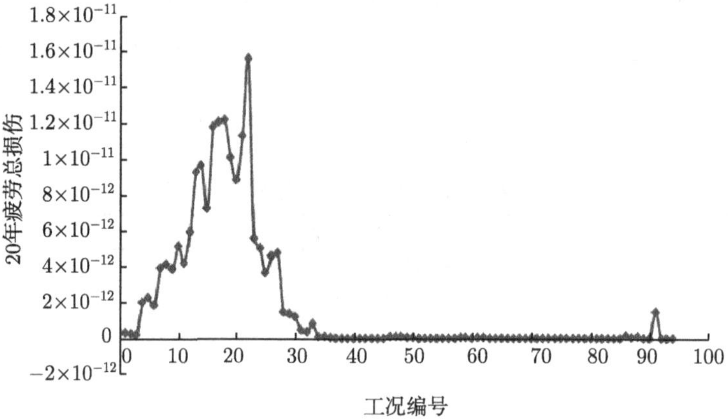

图 16-14　最危险点各工况的疲劳损伤

第 17 章　叶片抗冲击分析

复合材料结构对外来物冲击极为敏感，低速低能冲击会产生不可见的损伤，隐患极大，而高速高能冲击会直接造成失效破坏，后果更为严重。鉴于冲击有可能造成灾难性事故，所以叶片设计时需特别重视风力机的冲击现象，在基本设计中就要考虑冲击可能造成的损伤，而结构设计中应尽量考虑增加结构的吸能特性和耗散能特性，使该结构能充分吸收耗散冲击能量，具体来说在设计中应采取以下措施：

(1) 在保证一定刚度要求的前提下，应尽量增大弹塑性变形能，以最大限度地吸收冲击能量，使其在载荷消失后慢慢释放，概括地说应降低刚度及加大变形；

(2) 结构阻尼的作用就是吸收耗散能量，故在复合材料铺层与结构设计中应注意加大结构阻尼；

(3) PVC 夹芯或 Balsa 木夹芯具有高效吸能特性，故在复合材料叶片设计中应尽量采用夹层结构；

(4) 叶片前缘受冲击损伤的影响最大，应在前缘采用多层防护设计原则，如在前缘设计中，通过逐层吸收耗散能量来达到抵抗冲击的作用；

(5) 利用残余响应谱，控制冲击响应的设计原则也是抗冲击设计的一种主要方法。冲击载荷历程可近似为一个半正弦脉冲载荷。在结构设计不合理的情况下，其最大响应有可能落在载荷作用后，所以设计中应使结构响应的残余谱落在谷值区来控制最大位移，以防止损坏。

复合材料风力机叶片结构的冲击损伤，产生很小且不可察觉的表面损伤，导致很严重的铺层内损伤。结构损伤可能有两种效应：

(1) 设计载荷下引入失效模式减弱载荷承载能力；

(2) 轻微失效导致较深损伤增加，且可能失效。

17.1　冲击损伤分析技术

冲击问题是一个瞬态的复杂物理过程，涉及材料非线性、几何非线性和边界条件非线性，并且冲击过程中，载荷随时间和结构的变形而变化，导致结构与载荷在计算过程中发生了耦合。目前国内外分析冲击问题的方法主要有三种：以 MSC/DYTRAN 为代表的流固耦合分析方法、以 LS-DYNA 为代表的弹性碰撞分析方法和工程分析方法。流固耦合法将用在欧拉坐标系中建立流体 (冲击体) 模型和在拉格朗日坐标系中建立的结构模型进行耦合分析，虽然在理论上比较先进，但计算所得的冲击载荷历程曲线与测试曲线差距较大；弹性碰撞法的缺点是冲击体建模难度太大，往往因冲击体畸变而使计算无法进行；而工程化方法的计算工作量远小于前两种方法，其结果可以满足工程应用。

当冲击物以一定的速度作用在构件上时，在极短时间内，构件使冲击物的速度为零，此时两者之间产生一定的冲击载荷、冲击变形及由冲击载荷产生的冲击应力。碰撞时产生的冲击力不仅很大，而且很复杂。在碰撞的瞬间冲击力的波形与碰撞的速度、相撞双方的质量分布、接触处的形状、材料变形等因素相关。在一般计算中，根据动量守恒定理计算得到的只是名义上的平均冲击力，而最大冲击力可能远远超过平均冲击力。

风力机叶片前缘极易受到沙尘及石块等冲击，冲击之后还会留下砂眼附着于叶片前缘表面，故叶片的前缘是抗冲击分析的关键部位，如图 17-1 所示。

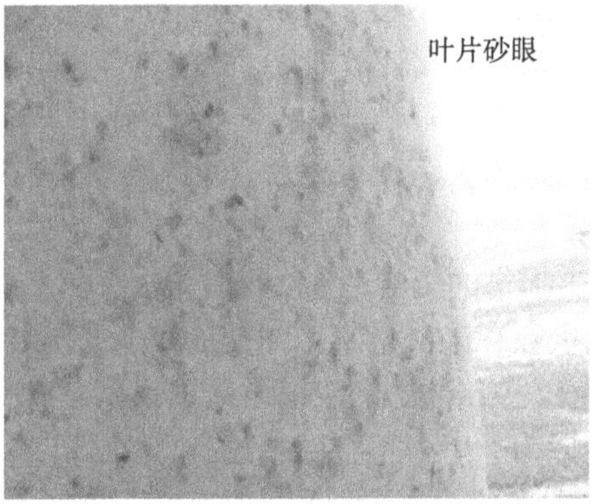

图 17-1　叶片前缘抗冲击部位

17.1.1　工程化分析方法

工程化方法的基本假设 [39]：

(1) 结构在冲击载荷作用下处于大变形状态，其破坏形式为脆性破坏；

(2) 因复合材料为一种可设计的高阻尼材料，在分析中必须考虑复合材料的阻尼耗散能量的影响；

(3) 在载荷处理上将冲击视为软体冲击，但应考虑结构变形的影响。

根据上述基本假设，复合材料结构非线性鸟撞分析的增量方程为

$$\begin{aligned}&{}^{t}K\Delta u^{(i)}+M^{t+\Delta t}\ddot{u}^{(i)}={}^{t+\Delta t}R-{}^{t+\Delta t}F^{(i-1)}K_d^t u^{(i)}\\&{}^{t+\Delta t}u^{(i)}={}^{t+\Delta t}u^{(i-1)}+\Delta u^{(i)}\end{aligned}\tag{17-1}$$

其中，${}^{t}K$ 和 M 为结构的刚度和质量矩阵；R 和 F 为载荷和等效节点力矢量；K_d

为等效阻尼刚阵，其表达式为

$$K_d = \int_{V_e} B^{\mathrm{T}} D_{\mathrm{d}} B \mathrm{d}V \tag{17-2}$$

其中，$D_{\mathrm{d}} = \Psi D$ 和 $\Psi = \mathrm{diag}\Psi_i$ 为复合材料的比阻尼矩阵；D 为复合材料本构矩阵。

17.1.2　载荷处理技术

冲击分析的典型案例为鸟撞，鸟撞过程时间相对较长，一般在 ms 量级上，撞击速度不算很快。而风力机叶片运行过程中，由于受到冰雹等影响，需要进行冲击问题的分析。由于风力机转速不高，冰雹冲击时间相对较长，因此风力机叶片的冲击分析更接近于鸟撞问题。

鸟撞载荷的处理和载荷模型的选取是鸟撞损伤分析的关系，为此国内外研究人员对其进行了大量卓有成效的理论和试验研究工作。图 17-2 给出了试验结果和常用的几种理论曲线。其中曲线①为试验曲线，曲线②为 MSC/DYTRAN 软件的计算曲线，曲线③④为工程分析中常用的两种载荷模式——三角形模式和矩形模式。可以看出，所有计算模式与试验曲线相比均有偏差，但由大量鸟撞分析结果表明，三角形模式较为理想。

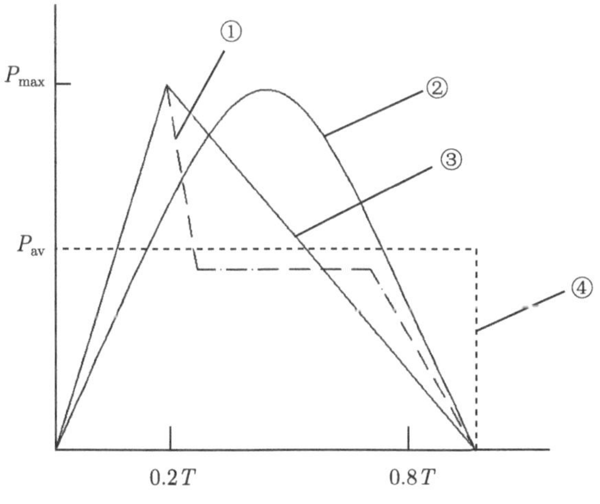

图 17-2　鸟撞载荷曲线图

根据稳态无旋流假设，将鸟体处理为以圆柱形流体，其长度为直径的 2 倍。当鸟体质量确定后，体长 L 与直径 d 由下式给出：

$$d = \sqrt[3]{\frac{2m}{\pi\rho}}, \quad L = 2d \tag{17-3}$$

若在斜撞击情况下，鸟体的有效长度为

$$L_{\mathrm{eff}} = L + d/\tan\theta \tag{17-4}$$

其中，冲击角 θ 为斜面法向矢量与鸟速 V 的夹角。

因此，鸟撞载荷的作用时间为

$$T = L_{\text{eff}}/V \tag{17-5}$$

根据冲击理论，在冲击周期内的平均冲击力为

$$F_{\text{av}} = \frac{mV\sin\theta}{T} \tag{17-6}$$

从图 17-2 中可以看出，三角形载荷模式的数学表达式为

$$F(t) = \begin{cases} 10F_{\text{av}}t/T, & 0 \leqslant t \leqslant 0.2T \\ \dfrac{5}{2}F_{\text{a}}\left(1 - \dfrac{t}{T}\right), & 0.2T \leqslant t \leqslant T \end{cases} \tag{17-7}$$

$F(t)$ 在椭圆形接触界面上的空间分布为：

(1) 沿椭圆短轴 b，$p(x) = q$；

(2) 沿椭圆长轴 a，$p(x) = (2x\sin\theta/d + 1)q$。

其中，平均分布力 $q = F(t)/\pi ab$。

工程分析的控制方程中的载荷矢量 ${}^{t+\Delta t}R$ 由下列元素公式得到

$$R = \int_S Np(x)\mathrm{d}S \tag{17-8}$$

17.2 显式时间积分方法

MD Nastran 提供了显式非线性模块 SOL 700，可以求解包含几何非线性的瞬态动力性问题。SOL 700 模块的显式时间积分方法所需求解的是一个运动方程

$$Ma_n + Cv_n + Kd_n = F_n^{\text{ext}} \tag{17-9}$$

式 (17-9) 可改写为

$$\begin{aligned} Ma_n &= F_n^{\text{ext}} - F_n^{\text{int}} \\ F_n^{\text{int}} &= Cv_n + Kd_n \end{aligned} \tag{17-10}$$

从而容易得到

$$a_n = M^{-1}F_n^{\text{residual}} \tag{17-11}$$

其中，M 为结构的质量矩阵；C 为结构的阻尼系数矩阵；K 为结构的刚度矩阵；F_n^{ext} 为第 n 个增量步的外力矢量；F_n^{int} 为第 n 个增量步的内力矢量；a_n 为第 n 个增量步的加速度矢量；v_n 为第 n 个增量步的速度矢量；d_n 为第 n 个增量步的位移矢量。

在显示有限元分析程序中，一般采用集中质量矩阵，即质量矩阵 M 只有对角元素，此时第 n 个增量步的加速度分量由式 (17-12) 计算

$$a_{ni} = F_{ni}^{\text{residual}}/M_i \tag{17-12}$$

应用显式时间积分方法的每个增量步求解抗冲击特性，在每个增量步的求解过程中，加速度、位移和力均取为当前增量步，而速度则是由中心差分法确定

$$\begin{aligned} v_{n+1/2} &= v_{n-1/2} + a_n(\Delta t_{n+1/2} + \Delta t_{n-1/2})/2 \\ d_{n+1} &= d_n + v_{n+1/2}\Delta t_{n+1/2} \end{aligned} \tag{17-13}$$

纵观显式时间积分方法，它不需要进行矩阵的分解或矩阵求逆，因此每个增量步的计算量较小，基本与求解对象的规模 (即质量矩阵规模) 成正比，求解速度也是非常快的，这对大规模有限元模型求解是有明显优势的。另外，对于包含几何非线性、材料非线性、接触等复杂因素的强非线性问题，非线性程度的大小对求解过程影响不大，使得显式时间积分方法的应用范围很广。

显式时间积分不是无条件稳定的，其积分步长必须小于一个完整的应力波传过模型中最小单元的时间，从数值计算上要求小于模型的所有固有周期。

显式时间积分的时间步长为

$$\Delta t = SL/c \tag{17-14}$$

其中，Δt 为时间步长；S 为时间步长因子, 应满足 $S < 1$；L 为模型中的最小单元尺度；c 为材料中的声速。

对于一维单元，材料中的声速 c 由式 (17-15) 确定

$$c = \sqrt{E/\rho} \tag{17-15}$$

其中，E 为材料的弹性模量；ρ 为材料密度。

17.3　材料本构关系

17.3.1　鸟体冲击材料

鸟体材料的描述需要用到状态方程 (equation of state)，用于描述材料内部压力 p 与材料密度的关系。状态方程有多个，本例使用的是多项式形式的状态方程 EOSPOL，其理论定义为

$$p = a_1\mu + a_2\mu^2 + a_3\mu^3 + (b_0 + b_1\mu + b_2\mu^2 + b_3\mu^3)\rho_0 e \tag{17-16}$$

$$p = a_1\mu + (b_0 + b_1\mu)\rho_0 e \tag{17-17}$$

其中，$\mu = \rho/\rho_0 - 1$；ρ 为任意时刻材料密度；ρ_0 为材料参考密度；e 为材料的比内能；a_i, b_i 为材料常数。

17.3.2　冰雹冲击材料

冰雹冲击中采用 30mm 直径的球体来模拟冰雹，可用 8 节点三维的显示结构实体单元，如图 17-3 所示。冲击过程中，冰雹被撞碎，体现出流体的性能，因此采用带有失效模式的 Plastic Kinematic 材料模型，模型中应变率用 Cowper-Symonds 模型来考虑，用与应变率有关的因素表示屈服应力：

$$\sigma_y = \left[1 + \left(\frac{\dot{\varepsilon}}{C}\right)^{\frac{1}{P}}\right](\sigma_0 + \beta E_P \varepsilon_P^{\mathrm{eff}}) \tag{17-18}$$

其中，σ_0 为初始屈服应力；$\dot{\varepsilon}$ 为应变率；C 和 P 为 Cowper-Symonds 应变率参数；$\varepsilon_P^{\mathrm{eff}}$ 为有效塑性应变；E_P 为塑性硬化模量，由下式给出

$$E_P = \frac{E_{\tan} E}{E - E_{\tan}} \tag{17-19}$$

其中，$E_{\tan}$ 为切线模量。

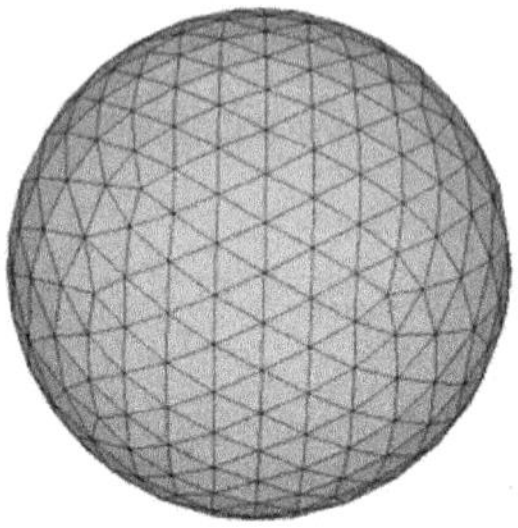

图 17-3　冰雹冲击体模型

17.4　叶片抗冲击校核

风力机一般均需要安装在风力资源比较丰富的地方，大部分安装在海边或者离海边比较近的山顶野外，其环境严酷，需经常承受雨雪甚至冰雹的冲击，加上当前风力机叶片主要采用热固性树脂基体的复合材料，热固性树脂的脆性大，不耐冲击。若风力机在运行过程里，特别是恶劣天气 (如冰雹) 和候鸟迁徙等情况下，会不时发生鸟撞之类的冲击载荷，因此需要对风力机叶片进行抗冲击性能的分析。

17.4.1　叶片抗冲击模型

叶片运行过程中，发生冲击损伤的部位基本为叶片前缘。图 17-4 为叶片抗冲击分析模型。

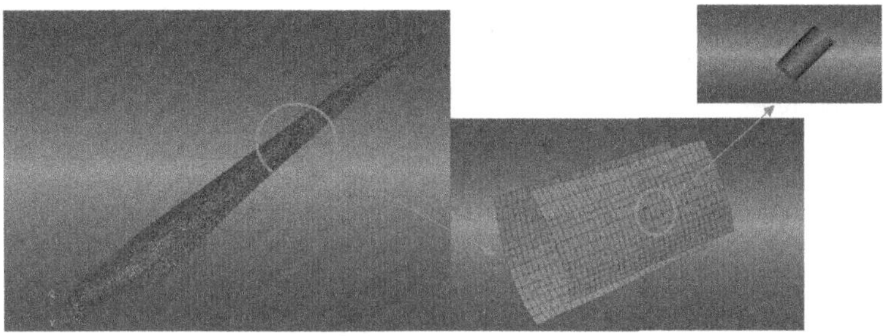

图 17-4　叶片冲击示意图

根据第 4 章的介绍，叶片前缘的铺层形式采用内/外蒙皮与手糊前缘条，如图 17-5 所示。

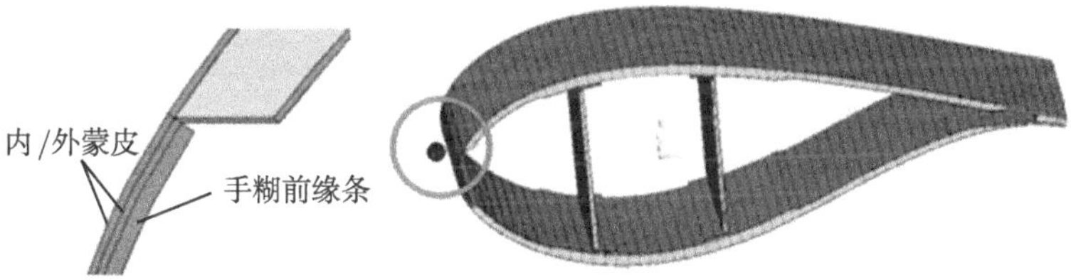

图 17-5　叶片前缘抗冲击模型

17.4.2　叶片抗冲击分析

运用显示动力分析方法对冰雹冲击叶片前缘进行数值模拟，算法采用默认的单点积分 (Const. Stress)，可以节省计算时间。设定冲击冰雹的初始速度为 V_Y=80m/s，即沿叶片弦向冲击前缘，计算时间设置为 0.001s，计算步数取 50 步。叶片叶中附近前缘抗冰雹冲击分析结果，冰雹与前缘在 $t = 80\mu s$ 时开始接触，在 t=0.38ms 时应力达到最大值，在 t=0.8ms 时应力值又一次出现一个最大值，被冲击体的各个节点应力值从外层向内层依次减小，并且衰减很快，如图 17-6 所示。

从开始冲击到冲击结束一般分为不同的阶段，各阶段的冲击破坏效果不同。冲击最后时刻，叶片损伤较大，此时冲击体与叶片的接触区域已经非常小。整个冲击结束之后，根据叶片复合材料的塑性应变判断叶片是否满足抗冲击的要求。图 17-7 为叶片冲击不同时刻的效果图。

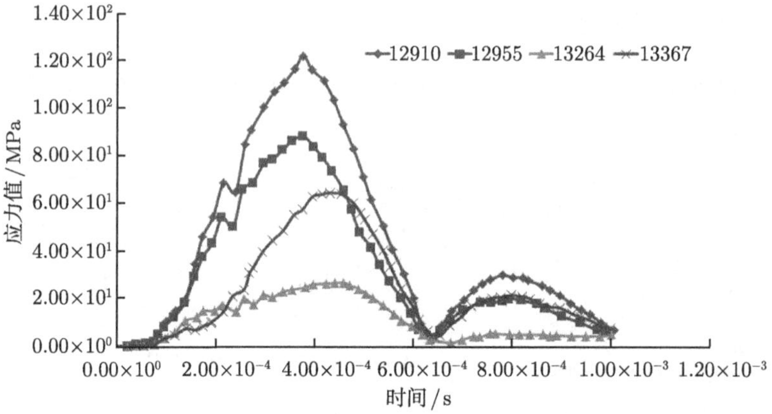

图 17-6　叶片前缘抗冲击响应-时间曲线

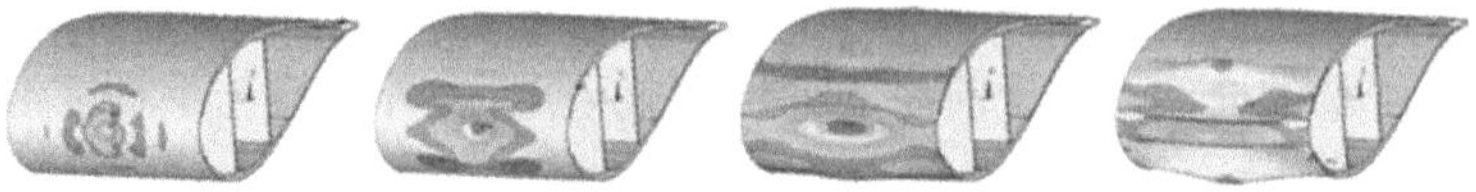

图 17-7　冲击效果

17.5　叶片抗冲击试验

叶片的冲击试验应考虑最差的冲击几何尺寸和边界条件。改变冲击体尺寸、边界条件、材料特性或测试率通常彻底改变结构的响应。在叶片的冲击试验中，应确保验证过程中不会发生任何不可预期的破坏。

第 18 章　断裂力学与层间分析

经过半个多世纪的发展，断裂力学作为一个研究领域已经相当成熟。断裂力学有助于人们认识和理解材料中裂纹的产生、扩展和最终破坏的过程，并为结构损伤容限设计提供理论基础。

18.1　复合材料的断裂分析

复合材料中的断裂问题可以分为两大类：面内断裂和层间开裂。

复合材料的面内断裂主要是为了确认其断裂韧度，复合材料自身的复杂性，没有解析的计算公式可用于计算复合材料的断裂韧度，故需要用有限元分析复合材料的面内断裂 [40]。

复合材料的层间开裂也叫分层，是纤维增强复合材料的基本破坏形式。引起复合材料层间开裂的原因很多，主要有制造中的缺陷、外部冲击载荷引起的层间损伤、高度的应力集中等。无论是单调静态加载还是循环疲劳加载，层间开裂的产生和发展都会显著降低复合材料结构物的强度，并可能对结构物造成灾难性的破坏，从而带来严重的可靠性和安全性问题。因此，层间开裂是复合材料最为严重的一种破坏模式，也是有关复合材料断裂的主要研究方向。

18.2　断裂力学中的主要参数

断裂力学中有 3 个最为基本的参数，即应力强度因子 K、路径无关积分 J 和应变能释放率 G。

(1) 应力强度因子 K 描述了弹性裂纹尖端应力场的强弱，此参数的引入消除了由裂纹引起的应力奇异性所带来的数学上的困扰，其计算依赖于断裂前端的局部应力场；

(2) J 积分和应变能释放率则是基于能量的参数；

(3) J 积分描述的是由于裂纹的存在所吸收的能量，而应变能释放率描述的则是产生新裂纹面所需要的能量。

断裂力学中基本的断裂模式有 I 型、II 型和III型，如图 18-1 所示。I 型断裂也叫张开型断裂，是一种最为危险同时也是研究最为深入的断裂模式；II 型和III型断裂分别叫滑移型断裂和撕裂型断裂，它们都和剪切应力相关，因此也都属于剪切断裂。I 型和 II 型属于面内断裂，III型则属于面外断裂。在工程实际上，并不是所有的断裂问题都可以简化为上述三个基本模式之一，因此存在着复合型断裂，即上述三种基本模式的组合。

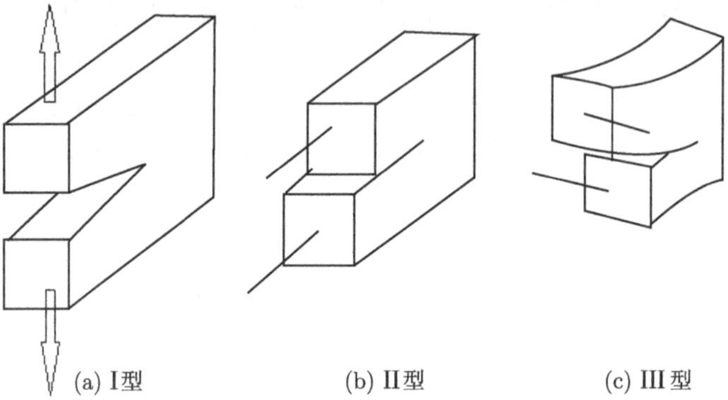

图 18-1　I 型、II 型和III型断裂模式示意图

18.3　断裂力学计算方法

最为直观的早期方法是利用裂纹尖端前沿的单元应力，或裂纹尖端后面的节点位移进行外推，来计算应力强度因子。这种外推方法要求裂纹尖端具有非常细密的网格。为提高计算效率，建议在裂纹尖端使用奇异单元或叠折单元，但是这些特殊单元在建模时显得很麻烦，也不便于用来模拟裂纹扩展问题。引入 J 积分的最初目的是为了处理弹塑性材料的断裂问题，对于一个特定长度的裂纹，应变能释放率的计算可通过虚拟裂纹扩展法、闭合法来实现，虚拟裂纹闭合法的基本特点：

(1) 计算过程中只用到裂纹尖端的节点力和裂纹尖端后面的张开位移，而节点力和位移又都是有限元分析的基本量，因而精度上需有一定的保证；

(2) 不需要使用奇异单元或叠折单元，对有限元网格尺寸大小也不敏感，计算公式简单明了。

18.3.1　有限宽中心裂纹板理论解

有限宽中心裂纹板，其板的高度、宽度和厚度分别用 $2H$、$2W$ 和 B 来表示，中心裂纹的总长为 $2a$。在板的远处承受均匀的拉伸应力 σ。假设板的材料各向同性、均匀、线弹性，其弹性模量和泊松比分别用 E 和 μ 表示。

这是典型的 I 型裂纹问题，其应力强度因子 K_I 的计算公式可通过求解无限大板中周期排列的裂纹阵问题而得到。典型的三个计算公式为

$$K_I = \sigma\sqrt{\pi a}\sqrt{\frac{2W}{\pi a}\tan\frac{\pi a}{2W}} \tag{18-1}$$

$$K_I=\sigma\sqrt{\pi a}\sqrt{\sec\frac{\pi a}{2W}}\left[1-0.025\left(\frac{a}{W}\right)^2+0.06\left(\frac{a}{W}\right)^4\right] \tag{18-2}$$

$$K_I=\sigma\sqrt{\pi a}\sqrt{\sec\frac{\pi a}{2W}} \tag{18-3}$$

通过分析证明，对于各向同性均匀线弹性材料而言，J 积分、应力强度因子 K_I 和应变能释放率 G_I 有以下的关系：

$$J=G_I=\frac{K_I^2}{\bar{E}} \tag{18-4}$$

$$K_I=\sqrt{\bar{E}J}=\sqrt{\bar{E}G_I} \tag{18-5}$$

其中，对于平面应力状态，$\bar{E}=E$；对于平面应变状态，$\bar{E}=E/(1-\mu^2)$。

假设一块含有中心裂纹的平板，其几何尺寸为：半宽 $W=100\text{mm}$，半高 $H=200\text{mm}$，板厚 $B=1.0\text{mm}$ 以及半裂纹长度 $a=20\text{mm}$。材料的弹性模量和泊松比分别为 $E=200\times10^3\text{MPa}$ 和 $\mu=0.25$。该裂纹板承受均匀应力为 $\sigma=30\text{MPa}$。基于理论公式计算得到的断裂力学基本参数值，列于表 18-1。

表 18-1　当 $a/W=0.2$ 时，3 个计算公式的结果分析

$\frac{a}{W}$	$K_I/(\text{MPa}\cdot\sqrt{\text{mm}})$			G_I(或J)/(N/mm)		
	式 (18–1)	式 (18–2)	式 (18–3)	式 (18–1)	式 (18–2)	式 (18–3)
0.2	241.8	243.6	243.8	0.2924	0.2968	0.2973

18.3.2　应力强度因子与外推法

众所周知，对于线弹性材料而言，裂纹尖端的应力是无穷大 (即应力奇异性) 的。因此，裂尖前端单元内积分点上的应力值将依赖于有限元的网格尺寸，即网格尺寸越小，所得到的应力值就越高，并且应力值不收敛于网格尺寸，因此裂纹尖端前的应力值不能作为研究裂纹问题的参数。应力强度因子概念的引入，就是为了克服这个数学上的固有困难，用来描述裂纹附近应力奇异的严重程度。

1. *基于单元应力的外推法*

计算应力强度因子最为直接的方法是基于应力的外推法。采用外推法计算的应力强度因子

$$K_I\approx\frac{\sum r_i\sum r_iK_{Ii}-\sum r_i^2\sum K_{Ii}}{(\sum r_i)^2-N\sum r_i^2} \tag{18-6}$$

其中，r 为距离裂纹尖端的极半径。

应用有限元商业软件 ABAQUS[41] 进行有限宽中心裂纹板模型的有限元分析，裂纹尖端的应力云图如图 18-2 所示。

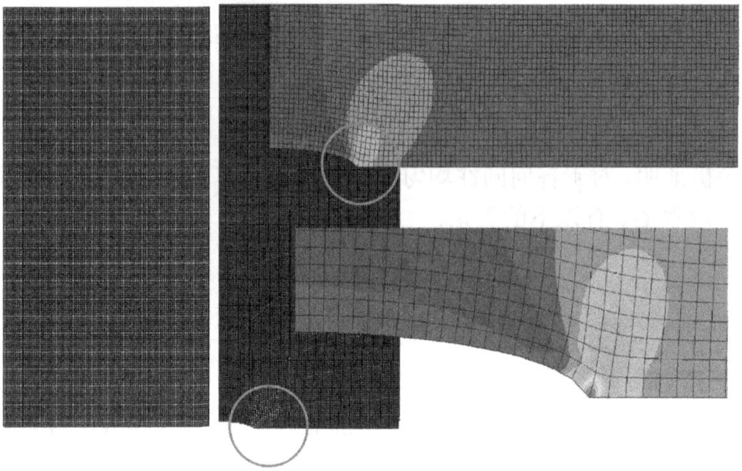

图 18-2　裂纹尖端应力云图

ELEMENT	PT	FOOT-NOTE	COORD1	COORD2	S22
21	1		20.21	0.2113	163.2
21	2		20.79	0.2113	112.9
21	3		20.21	0.7887	148.3
21	4		20.79	0.7887	97.93
22	1		21.21	0.2113	86.68
22	2		21.79	0.2113	76.91
22	3		21.21	0.7887	82.03
22	4		21.79	0.7887	72.26
23	1		22.21	0.2113	68.28
23	2		22.79	0.2113	63.36
23	3		22.21	0.7887	66.77
23	4		22.79	0.7887	61.86
24	1		23.21	0.2113	58.91
24	2		23.79	0.2113	56.11
24	3		23.21	0.7887	58.18
24	4		23.79	0.7887	55.38
25	1		24.21	0.2113	53.33
25	2		24.79	0.2113	51.47
25	3		24.21	0.7887	52.93
25	4		24.79	0.7887	51.06
26	1		25.21	0.2113	49.54
26	2		25.79	0.2113	48.21
26	3		25.21	0.7887	49.29
26	4		25.79	0.7887	47.96
27	1		26.21	0.2113	46.80
27	2		26.79	0.2113	45.79
27	3		26.21	0.7887	46.63
27	4		26.79	0.7887	45.63
28	1		27.21	0.2113	44.70
28	2		27.79	0.2113	43.92
28	3		27.21	0.7887	44.58
28	4		27.79	0.7887	43.80
29	1		28.21	0.2113	43.05
29	2		28.79	0.2113	42.42
29	3		28.21	0.7887	42.96
29	4		28.79	0.7887	42.34

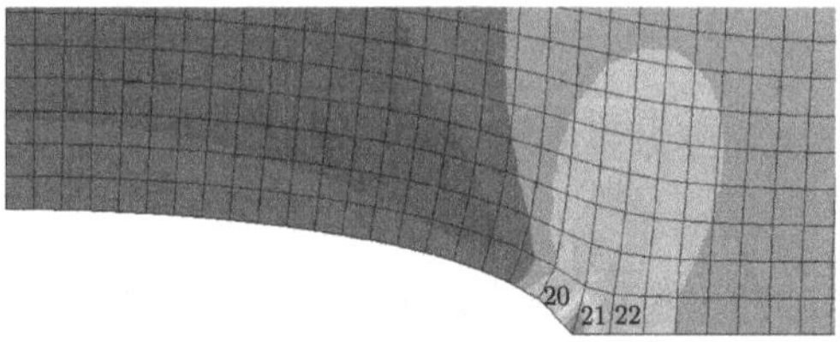

图 18-3　裂纹前端单元应力分量

如图 18-3 所示的裂纹前端单元应力分量，根据应力强度因子计算公式

$$K_I \approx \frac{\sum r_i \sum r_i K_{Ii} - \sum r_i^2 \sum K_{Ii}}{(\sum r_i)^2 - N \sum r_i^2} = 227.0(\mathrm{MPa} \cdot \sqrt{\mathrm{mm}})$$

与理论解析解

$$K_I = 243.6(\text{MPa} \cdot \sqrt{\text{mm}})$$

相比, 相对误差为 −6.8% 。

将 (r_i, K_{Ii}) 的数据对作图，该曲线表面接近裂纹尖端的时候，有较大的振荡，并且不满足线性假设条件，如图 18-4 所示。

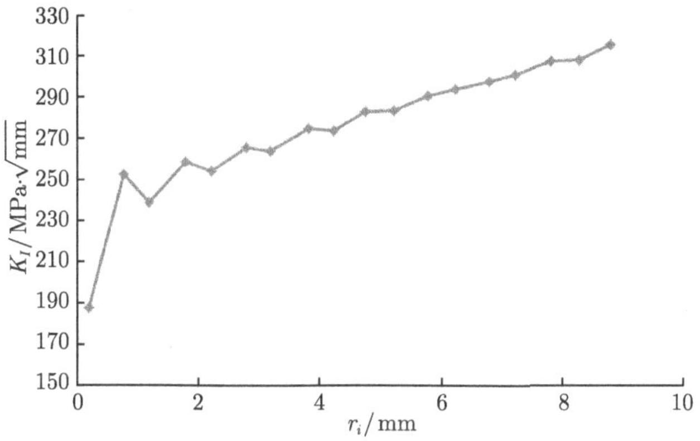

图 18-4　基于应力外推法计算应力强度因子

基于以上分析可以看到应用应力的外推法主要有以下两个局限性:

(1) 靠近裂纹尖端处的数据反而是引起误差的主要来源，而在断裂分析中又恰恰应该更多关注裂纹尖端，因此逻辑上有悖论;

(2) 如何剔除引起误差的数据以及剔除多少数据应具体情况具体分析，因此其具有不确定性。

2. 基于节点位移的外推法

在绝大多数商业有限元软件中，位移是求解的基本变量，而应力是通过应变和位移联系起来的，是次要变量，所以应力的精度比位移低，因此另外一种方法就是直接用位移来计算应力强度因子。图 18-5 为裂纹尖端位移云图，位移分量数值如图 18-6 所示。

根据应力强度因子计算公式

$$K_I \approx \frac{\sum r_i \sum r_i K_{Ii} - \sum r_i^2 \sum K_{Ii}}{(\sum r_i)^2 - N \sum r_i^2} = 233.1(\text{MPa} \cdot \sqrt{\text{mm}})$$

与理论解析解

$$K_I = 243.6(\text{MPa} \cdot \sqrt{\text{mm}})$$

相比，相对误差为 −4.3%。与应力外推法相比 (相对误差为 −6.8%)，计算精度确实有所改善。

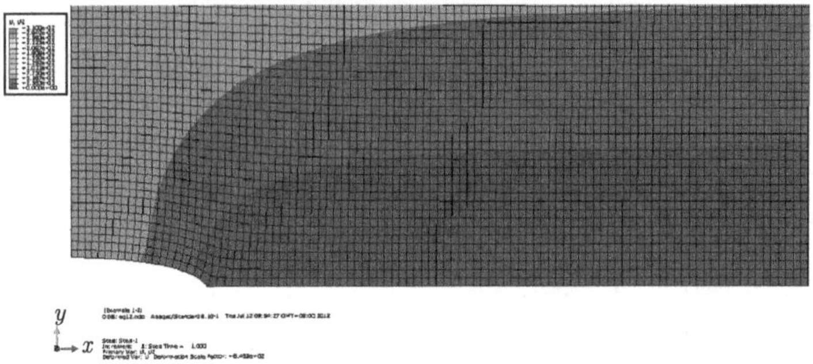

图 18-5　裂纹尖端附近位移云图

NODE	FOOT-NOTE	COOR1	U2
1		0.000	6.0715E−03
2		1.000	6.0637E−03
3		2.000	6.0403E−03
4		3.000	6.0012E−03
5		4.000	5.9459E−03
6		5.000	5.8740E−03
7		6.000	5.7850E−03
8		7.000	5.6780E−03
9		8.000	5.5519E−03
10		9.000	5.4055E−03
11		10.00	5.2371E−03
12		11.00	5.0444E−03
13		12.00	4.8245E−03
14		13.00	4.5735E−03
15		14.00	4.2861E−03
16		15.00	3.9542E−03
17		16.00	3.5654E−03
18		17.00	3.0998E−03
19		18.00	2.5061E−03
20		19.00	1.7318E−03

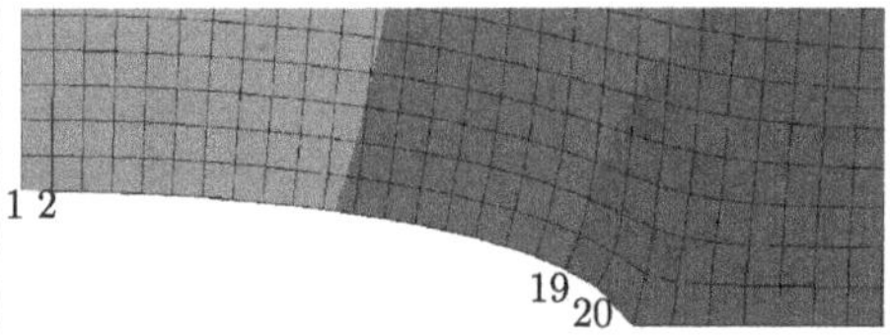

图 18-6　裂纹后端节点位移分量

将 (r_i, K_{Ii}) 的数据对作图，该曲线表面接近裂纹尖端的时候，和应力外推法类似，也不满足线性假设，如图 18-7 所示。

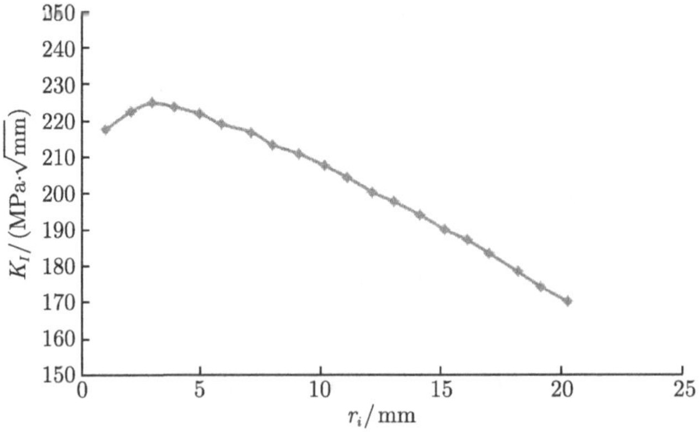

图 18-7　基于位移的外推法计算应力强度因子

上述两个具体算例清晰表明，用本例中采用的常规网格并不能很好地表征裂纹尖端的信息。如果使用较粗糙的网格，计算精度就将快速下降，对此引入奇异单元和折叠单元，将它们放置在裂纹尖端，其他区域则采用常规网格，从而能极大地减少网格数量，同时保证计算精度。

18.3.3　J 积分与等效积分区域法

J 积分是一个处理非线性断裂问题的断裂参数，这个参数的引入基于能量守恒的概念，对裂纹尖端应力奇异性的依赖程度相对较弱，并不需要对裂纹尖端处的单元进行特殊的处理。应用等效积分区域法对 J 积分进行数值计算, 通过散度定理，用裂纹尖端附近一个区域内来代替积分回路进行 J 积分的计算。J 积分围绕裂纹尖端的封闭积分区域如图 18-8 所示。

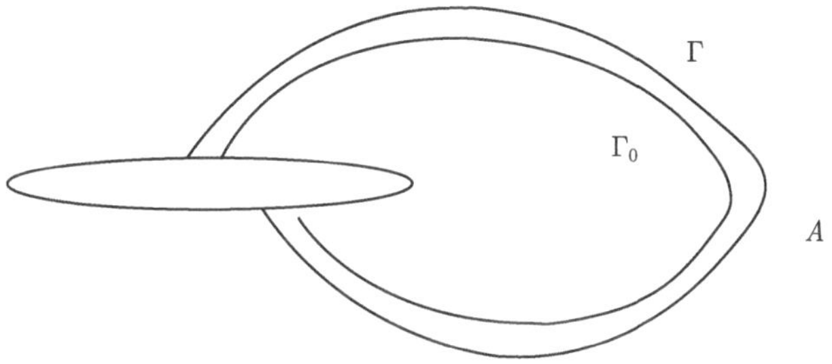

图 18-8　围绕裂纹尖端的封闭积分区域

针对二维问题可具体地展开成

$$J=\int\limits_{A}\left[\left(\sigma_{xx}\frac{\partial u}{\partial x}+\tau_{xy}\frac{\partial v}{\partial x}-\omega\right)\frac{\partial q}{\partial x}+\left(\tau_{xy}\frac{\partial u}{\partial x}+\sigma_{yy}\frac{\partial v}{\partial x}\right)\frac{\partial q}{\partial y}\right]\mathrm{d}A \tag{18-7}$$

进行计算时，应当首先确定积分区域 A。函数 $q(x,y)$ 只是一个数学上的处理，这使得积分表达式更便于采用数值计算方法。在积分区域的所有节点上，函数 $q(x,y)$ 都必须有确定的值。J 积分区域法计算方法覆盖积分区域内所有的单元，就可以得到对应积分路径下的 J 积分。通过编写 Matlab 程序，程序代码如图 18-9 所示。

```
function Je1=J_Integral(YM,PR,ue,ve,xe,ye,qe)
        rs=[-1./sqrt(3) 1./sqrt(3) 1./sqrt(3) -1/sqrt(3);
            -1./sqrt(3) -1./sqrt(3) 1./sqrt(3) 1./sqrt(3)];
  Je=0.0;
  const=YM./(1-PR.*PR);
  Ce=const.*[1 PR 0;
            PR 1 0;
             0 0 (1-PR)./2];
for ip=1:4;
    r=rs(1,ip);s=rs(2,ip);
    Nr=[-1./4.*(1-s) 1./4.*(1-s) 1./4.*(1+s) -1./4.*(1+s)];
    Ns=[-1./4.*(1-r) -1./4.*(1+r) 1./4.*(1+r) 1./4.*(1-r)];
    xr=Nr*xe;xs=Ns*xe;yr=Nr*ye;ys=Ns*ye;
    detJe=xr.*ys-xs.*yr;
    Nx=(ys.*Nr-yr.*Ns)./detJe;
    Ny=(-xs.*Nr+xr.*Ns)./detJe;
    ux=Nx*ue;
    uy=Ny*ue;
    vx=Nx*ve;
    vy=Ny*ve;
    qx=Nx*qe;
    qy=Ny*qe;
    exx=ux;
    eyy=vy;
    exy=uy+vx;
    ee=[exx;eyy;exy];
    ss=Ce*ee;
    sxx=ss(1,1);
    syy=ss(2,1);
    sxy=ss(3,1);
    w=0.5.*ss'*ee;
    Je=Je+((sxx.*ux+sxy.*vx-w).*qx+(sxy.*ux+syy.*vx).*qy).*detJe;
    Je1=Je.*2;
end
```

图 18-9　Matlab 计算程序

应用有限元商业软件，输出如下节点集合的节点坐标和节点位移，如图 18-10 和图 18-11 所示。

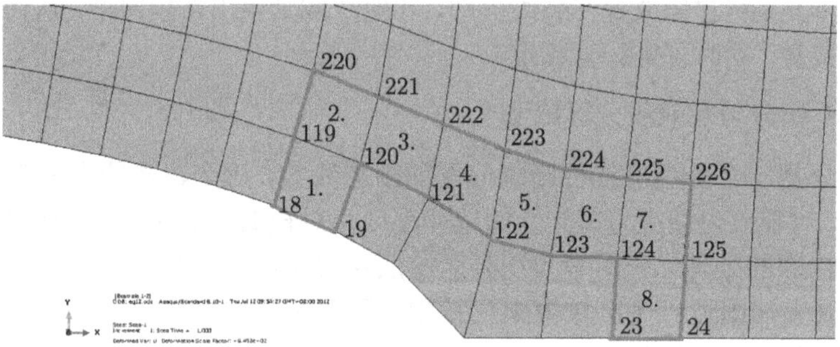

图 18-10　等效积分区域

NODE	FOOT-NOTE	COOR1	COOR2	U1	U2
18		17.00	0.000	−2.6224E−03	3.0998E−03
19		18.00	0.000	−2.7748E−03	2.5061E−03
23		22.00	0.000	−2.3639E−03	0.000
24		23.00	0.000	−2.2885E−03	0.000
119		17.00	1.000	−2.12222E−3	3.1309E−03
120		18.00	1.000	−2.1475E−03	2.5440E−03
121		19.00	1.000	−2.0871E−03	1.7081E−03
122		20.00	1.000	−2.1583E−03	7.7282E−04
123		21.00	1.000	−2.2880E−03	3.7576E−04
124		22.00	1.000	−2.2680E−03	2.9873E−04
125		23.00	1.000	−2.2320E−03	2.5998E−04
220		17.00	2.000	−1.7141E−03	3.1578E−03
221		18.00	2.000	−1.7128E−03	2.5800E−03
222		19.00	2.000	−1.7367E−03	1.9017E−03
223		20.00	2.000	−1.8302E−03	1.2600E−03
224		21.00	2.000	−1.9602E−03	8.3592E−04
225		22.00	2.000	−2.0542E−03	6.3274E−04
226		23.00	2.000	−2.0903E−03	5.4093E−04

图 18-11　ABAQUS 输出的等效积分区域的节点坐标和位移

等效积分区域的子域⑧由节点 23,24,125,124 组成，其对应的 ABAQUS 输出结果见表 18-2。

表 18-2　等效积分子域⑧的 ABAQUS 输出结果

NODE ID	COOR1/mm	COOR2/mm	U1/mm	U2/mm
23	22.00	0.000	-2.3639×10^{-3}	0.000
24	23.00	0.000	-2.2885×10^{-3}	0.000
125	24.00	1.000	-2.2320×10^{-3}	2.5998×10^{-4}
124	25.00	1.000	-2.2680×10^{-3}	2.9873×10^{-4}

根据以上 Matlab 的数据，子域⑧计算结果为 0.0169。

同样，对其他 7 个子域重复进行上述计算，分别得到各子域的计算结果，再将 8 个子域中所得计算结果相加，即得到 J 积分的值为 0.2929N/mm，其与解析解 ($G = 0.2968\text{N/mm}$) 的相对误差为 -1.3%。

由此可以看出 J 积分有较好的精度，无需对裂纹尖端的单元进行特殊处理，但它的计算过程相对烦琐和复杂，因此用其分析裂纹扩展问题并不方便。

18.3.4　应变能释放率与虚拟裂纹法

与 J 积分相比，能量释放率的计算过程非常简单，且新计算结果对网格尺寸不敏感，在计算精度和计算效率之间达到了很好的平衡，因而受到工程师的广泛欢迎。目前广泛应用的有限元分析方法即为虚拟裂纹闭合法，其基本假设是虚拟裂纹尖端后面的张开位移和实际裂纹尖端后面的张开位移近似相等。故虚拟裂纹闭合法用来计算裂纹尖端的能量释放率为

$$G = G_{\rm I} + G_{\rm II} \approx \frac{F_{y1}\Delta v_{3,4}}{2B\Delta a} + \frac{F_{x1}\Delta u_{3,4}}{2B\Delta a} \tag{18-8}$$

虚拟裂纹闭合法的示意图如图 18-12 所示，其计算结果如图 18-13 所示。

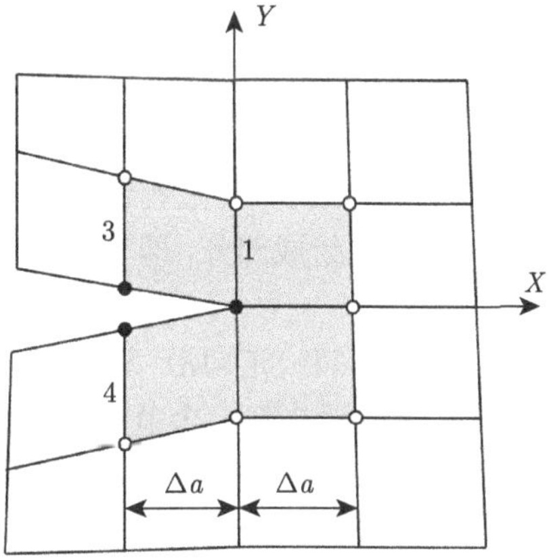

图 18-12　虚拟裂纹闭合法计算应变能释放

ELEMENT	FOOT-NOTE	NODE	NFORC1	NFORC2
20		20	−3.936	−1.716
20		21	−44.19	85.80
20		122	13.61	−37.67
20		121	34.51	−46.41
21		21	44.19	83.40
21		22	−27.61	47.18
21		123	−24.81	−63.76
21		122	8.227	−66.82

NODE	FOOT-NOTE	U2
20		1.7318E−03

图 18-13　ABAQUS 输出裂纹尖端的节点和张开位移

从本例可知裂纹尖端处的节点力

$$F_y = 85.80 + 83.40 = 169.2(\text{N})$$

裂纹尖端后面的张开位移为

$$\Delta v = 2 \times 0.0017318 = 0.0034636(\text{mm})$$

利用虚拟裂纹闭合法求出能量释放率

$$G_{\text{I}} = \frac{169.2 \times 0.0034636}{2 \times 1.0 \times 1.0} = 0.2930(\text{N/mm})$$

因此，能量释放率 $G=G_{\text{I}}+G_{\text{II}}=0.2930\text{N/mm}$，其与解析解 ($G = 0.2967\text{N/mm}$) 的相对误差为 -1.2%。

18.4 哑节点断裂单元

18.4.1 线状裂纹的哑节点断裂单元

根据 18.3 节的介绍，讨论了与三个基本断裂参数相关的数值计算方法，基本做法是对有限元分析的结果进行后处理，以得到所需要的断裂参数。这些方法的计算过程或繁或简，但都是在得到有限元结果之后再进行的，与有限元分析是相对独立的。哑节点断裂单元，可将断裂参数的计算过程镶嵌到断裂单元中，使得断裂参数的计算成为有限元分析的一个有机组成部分，即有限元分析结束时，断裂参数也就同时得到了。

考虑一个二维线状裂纹，假设其裂纹走向沿 X 方向，哑节点断裂单元的定义及其节点编号如图 18-14 所示，该单元共有 5 个节点。使用这种单元时，节点 1 和节点 2 对应于裂纹尖端，节点 3 和节点 4 在裂纹尖端的后面，节点 5 在裂纹尖端的前面。单元包含 2 组节点：顶部节点 (节点 1、节点 3 和节点 5) 和底部节点 (节点 2 和节点 4)。在实际应用时，节点 1 和节点 2、节点 3 和节点 4 的坐标分别是重合的，因此图中的间距其实是不存在的。由于单元具有 5 个节点，因此在有限元中单元所具有的完整的节点位移矢量如图 18-15 所示。

$$U = \{U_1, U_2, U_3, U_4, U_5, U_6, U_7, U_8, U_9, U_{10}\}^{\text{T}} \tag{18-9}$$

为了计算裂纹尖端处的节点力，在节点 1 和节点 2 之间放置有特殊刚度的弹簧，取断裂单元中参与刚度矩阵的位移矢量仅为 $\{U_1, U_2, U_3, U_4\}^{\text{T}}$，于是裂纹尖端的节点力

$$F_x = K_x(U_1 - U_3), F_y = K_y(U_2 - U_4) \tag{18-10}$$

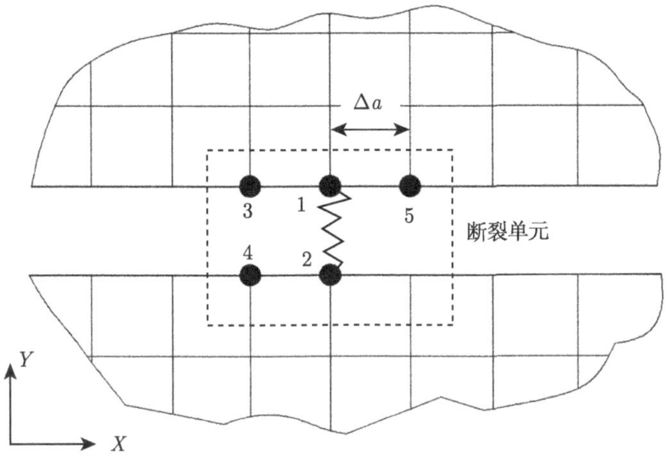

图 18-14　哑节点断裂单元的定义及其节点编号

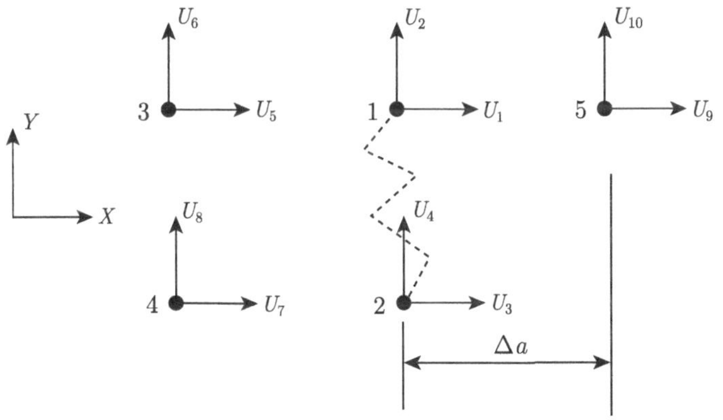

图 18-15　断裂单元的位移矢量

节点 3、节点 4 和节点 5 的引入仅仅是被用来从有限元分析结果中提取相关信息，进而计算裂纹尖端后面的张开位移和裂纹尖端前面的虚拟裂纹扩展量，它们对单元的刚度矩阵并没有贡献，因此这类节点被称为“哑节点”。哑节点的引入是此断裂单元和常规单元的区别所在，节点 3 和节点 4 可以用来计算裂纹尖端后面的张开位移：

$$\Delta u = U_5 - U_7，\Delta v = U_6 - U_8 \tag{18-11}$$

裂纹虚拟扩展量是节点 1 和节点 5 之间沿 X 方向的距离

$$\Delta a = |X_5 - X_1| \tag{18-12}$$

能量释放率为

$$G_{\mathrm{I}}\ \frac{F_y\Delta v}{2B\Delta a},\ G_{\mathrm{II}}=\frac{F_x\Delta u}{2B\Delta a} \tag{18-13}$$

其中，B 为裂纹体的厚度。

根据哑节点的定义方式及虚拟裂纹闭合法计算能量释放率的方法，应用有限元分析软件可分析断裂力学问题，如图 18-16 和图 18-17 所示。

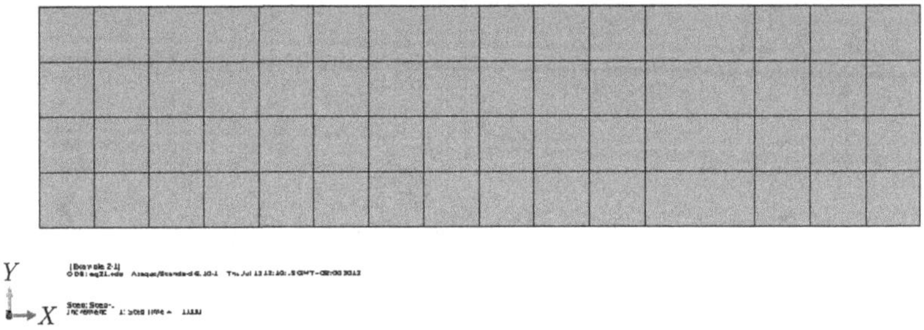

图 18-16　有限元分析模型

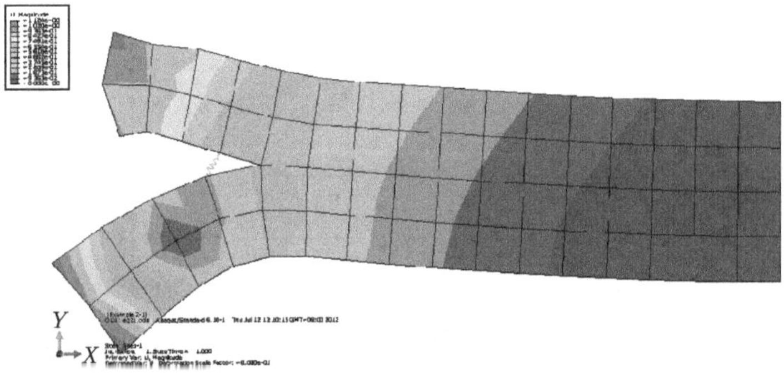

图 18-17　哑节点单元模拟的特殊刚度弹簧应力云图

平面内任意线状裂纹的断裂单元，如图 18-18 所示，可考虑位于 (x,y) 平面内的倾斜裂纹，虚拟裂纹扩展量是主节点 1 和哑节点 5 之间的距离：

$$\Delta a=\sqrt{(x_5-x_1)^2+(y_5-y_1)^2} \tag{18-14}$$

其中，(x_1,y_1) 和 (x_5,y_5) 分别为节点 1 和节点 5 在整体坐标系 (x,y) 下的坐标。如果它们在每个增量步中都通过位移来更新，那么裂纹的方向也将更新，这在分析大变形问题时很有用。

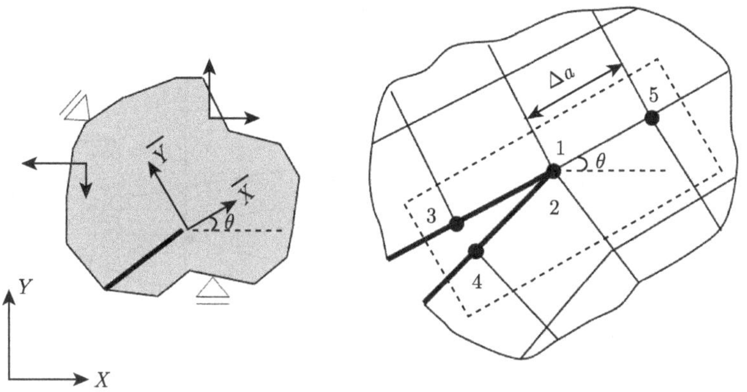

图 18-18　平面内任意线状裂纹的哑节点断裂单元

为了分离断裂模式 (Ⅰ型和Ⅱ型)，应变能释放率必须在裂纹尖端处的局部坐标系下计算 $(\bar{X},\bar{Y})$，X 轴和 $\bar{X}$ 轴之间的夹角为

$$\cos\theta=\frac{x_5-x_1}{\Delta a},\ \sin\theta=\frac{y_5-y_1}{\Delta a} \tag{18-15}$$

此时，通过简单的矢量投影关系，节点力和张开位移在局部坐标系下表示为

$$\begin{aligned}\bar{F}_x&=F_x\cos\theta+F_y\sin\theta\\\bar{F}_y&=-F_x\sin\theta+F_y\cos\theta\end{aligned} \tag{18-16}$$

$$\begin{aligned}\Delta\bar{u}&=\Delta u\cos\theta+\Delta v\sin\theta\\\Delta\bar{v}&=-\Delta u\sin\theta+\Delta v\cos\theta\end{aligned} \tag{18-17}$$

应变能释放率近似表示为裂纹尖端的节点力和裂纹尖端后面的张开位移的乘积：

$$G_{\mathrm{I}}=\frac{\bar{F}_l\Delta\bar{v}}{2B\Delta a},\ G_{\mathrm{II}}=\frac{\bar{F}_l\Delta\bar{u}}{2B\Delta a} \tag{18-18}$$

其中，B 为列裂纹体的厚度。

18.4.2　面状裂纹的哑节点断裂单元

在工程结构件中，当裂纹足够长时 (相对于结构件的尺寸而言)，通常可以忽略裂纹前沿的具体形貌，将其简化为线状裂纹。不过在具体实践中，也有一些裂纹是不能进行上述简化的，例如压力容器壁内的缺陷、复合材料层合板中的分层等。总之，当裂纹的主导尺寸相近时，不宜对裂纹做简化处理。

面状裂纹由裂纹前沿而不只是一个点 (线状裂纹的裂纹尖端) 来描述，因而更加复杂，但是其虚拟裂纹闭合法的基本思路并没有变，如图 18-19 所示。

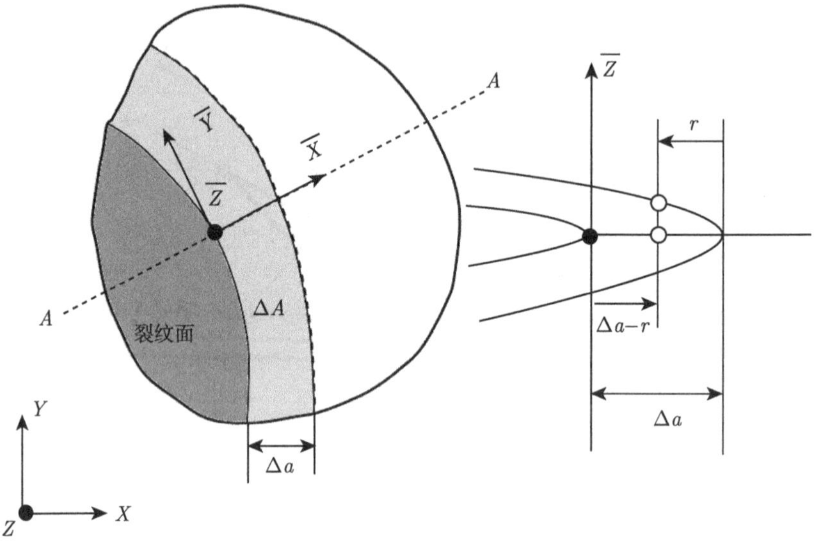

图 18-19　面状裂纹的裂纹前沿及局部坐标系

面状裂纹的断裂单元，假定裂纹位于 (X,Y) 平面内，且其局部的 $\bar{Z}$ 轴一致。这种断裂单元需要 9 个节点，只有位于裂纹尖端的节点 1 和节点 2 对单元的刚度矩阵产生影响。节点 3 和节点 4 用来计算裂纹张开位移。其他节点 (节点 5~9) 用来确定局部坐标系和计算虚拟裂纹扩展面积。该 9 节点单元的完整位移矢量如图 18-20 所示。

$$U = \{U_1, U_2, \cdots, U_{27}\}^{\mathrm{T}} \tag{18-19}$$

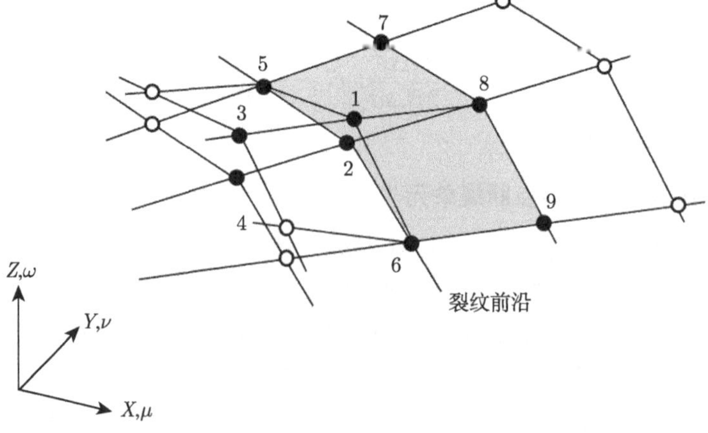

图 18-20　9 节点的面状裂纹断裂单元

为了计算裂纹尖端处的节点力，在节点 1 和节点 2 之间放置强弹簧 (这里指刚度取值很大的弹簧)。因此，参与刚度矩阵的位移矢量仅为

$$U = \{U_1, U_2, U_3, U_4, U_5, U_6\}^{\mathrm{T}} \tag{18-20}$$

设 K_x, K_y, K_z 分别为对应于总体坐标系 (X, Y, Z) 的弹簧刚度系数，则三个总体坐标方向上的节点力分量为

$$F_x = K_x(U_1 - U_2), \quad F_y = K_y(U_2 - U_5), \quad F_z = K_z(U_3 - U_6) \tag{18-21}$$

显然，单元的刚度矩阵为

$$\begin{bmatrix} F_1 \\ F_2 \\ F_3 \\ F_4 \\ F_5 \\ F_6 \end{bmatrix} = \begin{bmatrix} K_X & & & -K_X & & \\ & K_Y & & & -K_Y & \\ & & K_Z & & & -K_Z \\ -K_X & & & K_X & & \\ & -K_Y & & & K_Y & \\ & & -K_Z & & & K_Z \end{bmatrix} \begin{bmatrix} U_1 \\ U_2 \\ U_3 \\ U_4 \\ U_5 \\ U_6 \end{bmatrix} \tag{18-22}$$

节点 3 和节点 4 是哑节点，它们可用来计算裂纹张开位移如下：

$$\Delta u = U_1 - U_{10}, \quad \Delta v = U_8 - U_{11}, \quad \Delta w = U_9 - U_{12} \tag{18-23}$$

节点 5~9 也是哑节点，它们可以用来计算虚拟裂纹扩展面积 ΔA。可以利用它们的节点坐标和高斯积分法求出面积。目前，所求得的节点力和张开位移都是总体坐标系下的值，为了将它们投射到局部坐标系，必须先创建好局部坐标。应用节点 1 和节点 8 来计算倾斜角，即

$$\cos\theta = \frac{x_8 - x_1}{\Delta a}, \quad \sin\theta = \frac{y_8 - y_1}{\Delta a} \tag{18-24}$$

式中，

$$\Delta a = \sqrt{(x_8 - x_1)^2 + (y_8 - y_1)^2} \tag{18-25}$$

然后，很容易得到在局部坐标系中的节点力

$$\begin{aligned} \bar{F}_X &= F_X\cos\theta + F_Y\sin\theta \\ \bar{F}_Y &= -F_X\cos\theta + F_Y\sin\theta \end{aligned} \tag{18-26}$$

和张开位移

$$\begin{aligned} \Delta\bar{u} &= \Delta u\cos\theta + \Delta v\sin\theta \\ \Delta\bar{v} &= -\Delta u\sin\theta + \Delta v\cos\theta \end{aligned} \tag{18-27}$$

故最终计算能量释放率

$$G_{\mathrm{I}} \approx \frac{F_Z\Delta w}{2\Delta A}, \quad G_{\mathrm{II}} \approx \frac{\bar{F}_x\Delta\bar{u}}{2\Delta A}, \quad G_{\mathrm{III}} \approx \frac{\bar{F}_y\Delta\bar{v}}{2\Delta A} \tag{18-28}$$

18.5　复合材料层间应力

在经典层合板理论中，只考虑层合板的平面内应力 σ_x，σ_y 和 τ_{xy}，即假设存在平面应力状态。而实际上应力状态还具有 σ_z，σ_{xz} 和 τ_{yz} 这些层间应力，它们存在于相邻层之间的表面，而且通常在层界面上最大。高的层间应力是复合材料特有的破坏机理之一的根源。对称层合板中受拉伸载荷 N_x 时，实际存在三维的应力状态。由于层间应力作用，在层合板自由边界出现脱层和随后脱层扩大，层合板在 z 方向分离。此外在经典层合板理论中所指的 σ_y 和 τ_{xy} 在层合板边缘不可能存在。

图 18-21 为对称角铺层层合板几何形状和应力示意图，图 18-22 为自由边界脱层示意图。

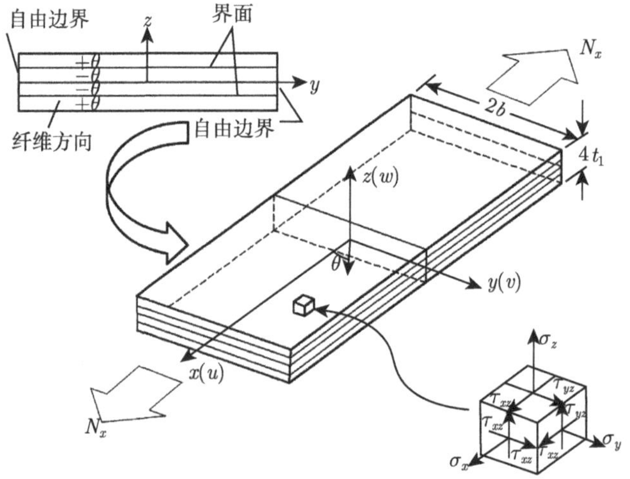

图 18-21　对称角铺层层合板几何形状和应力

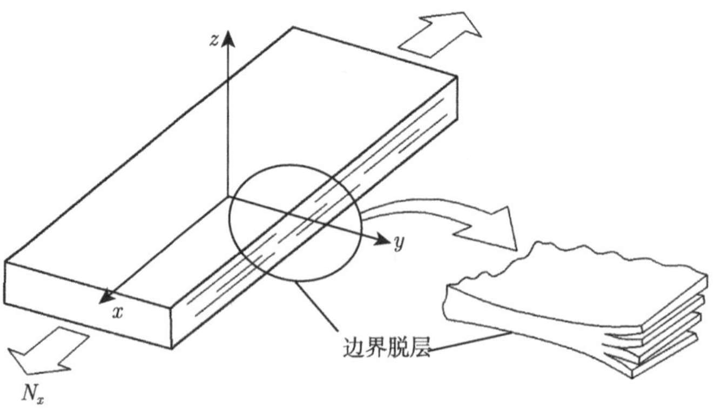

图 18-22　自由边界脱层

(1) 在层合板自由边界 (层合板边界或孔边)层间剪应力和 (或) 层间正应力很高 (可能是奇点)，从而造成这些区域内有脱胶现象；

(2) 如改变铺层顺序，即使不改变每层的方向，也将使层合板强度不同，这是层合板边界附近的层间正应力 σ_z 改变的结果。

本书考虑 4 层角铺设层合板的顶层一半的自由体图，在远离自由边界的 x-z 平面左手侧，可由经典层合板理论预定 τ_{xy}。相反，图中自由边界 $ABCD$ 面不存在 τ_{xy}。此外，x 方向的前面和背面的 τ_{xy} 在 AB 和 CD 线处应趋于零。为了实现 x 方向力的平衡，应当有一应力代替 $ABCD$ 面上不存在的 τ_{xy}，这只可能是自由体的顶层的底面应存在 τ_{xz}。为了对 z 轴的力矩平衡，τ_{xz} 应当很高，因为它存在于接近自由边界处，如图 18-23 所示。

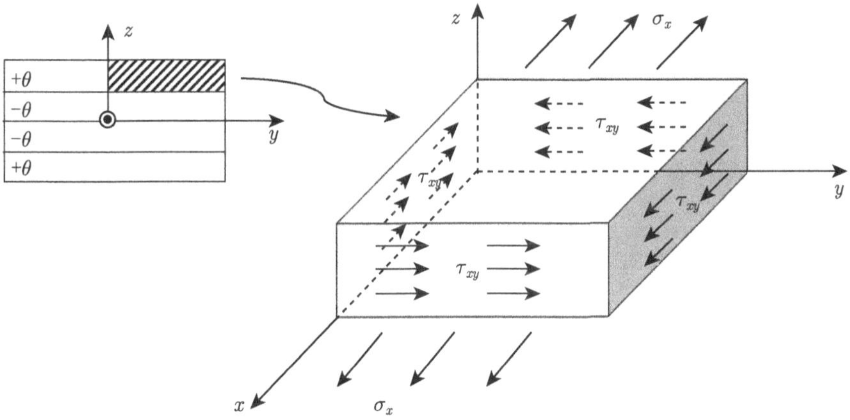

图 18-23　对称角铺设层合板自由体图

通常，对于层合板模型的层间分析，只需依据层合板 y-z 截面 (为任意值) 的四分之一区域，来研究四层对称于中面角铺设层合板，宽度为 $2b$，厚度 $t = 4t_1$，有限元模型中取 $t_1 = 1\text{mm}$。分析与计算模型如图 18-24 和图 18-25 所示。

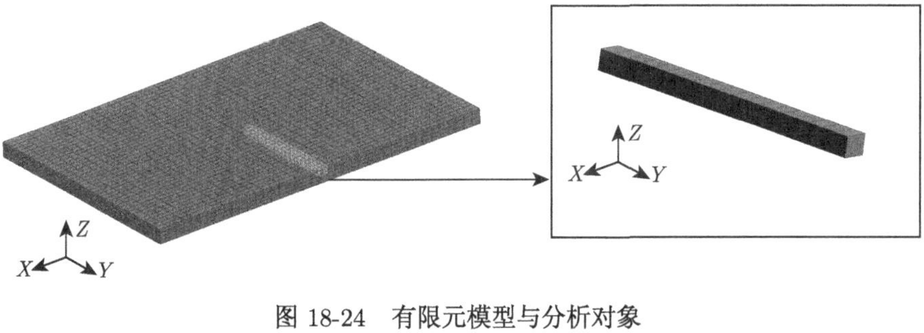

图 18-24　有限元模型与分析对象

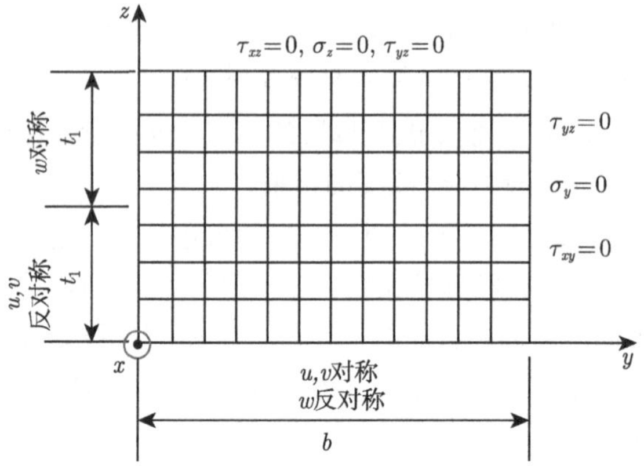

图 18-25　理论分析对象

18.5.1　层间界面的剪应力分布

由于在层合板自由边界端上不存在 τ_{xy}，为了实现 x 方向力的平衡，应当有一应力代替 $ABCD$ 面上不存在的 τ_{xy}，这只可能是自由体的顶层底面应存在 τ_{yz}。为了对 z 轴的力矩平衡，τ_{yz} 应当很高，因为它只存在于接近自由边界处，如图 18-26 所示。

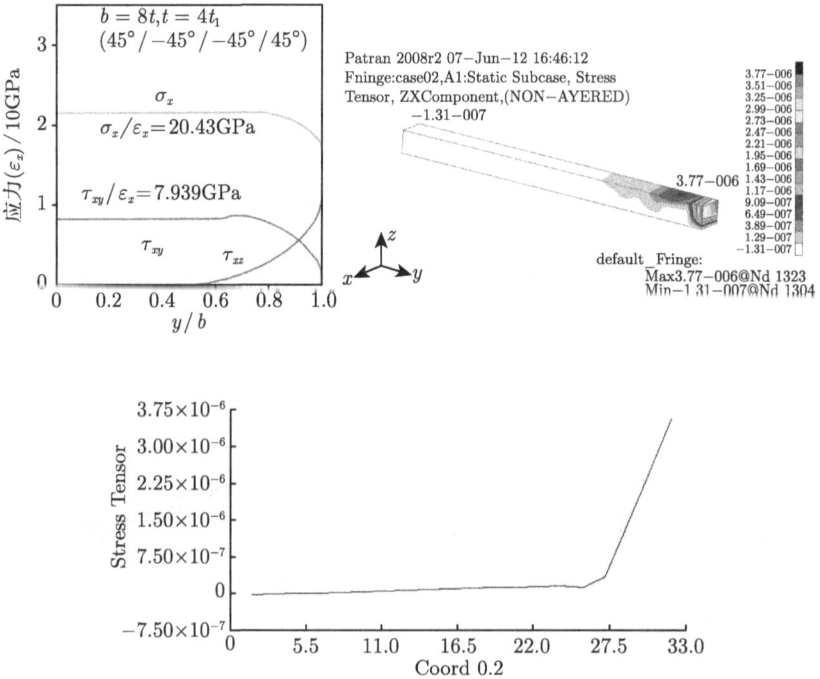

图 18-26　有限元计算得到的沿 y 方向的层间剪应力 τ_{xz} 分布

有限元计算的层间剪应力分布可以看出，层间 τ_{xz} 应力的分布范围大约为层合板厚度 t，因为层间应力可看作边缘效应，预计在离边界一个板厚度采用经典层合板理论是准确的。有限元的体模型也可以验证这一结论。

18.5.2 层合板厚度的层间剪应力分布

对于 y 向任意段沿厚度方向的任何曲线，τ_{xz} 极大值总发生在层间截面上 (即 $z/t_1=1$)。在 $z=0$ 处即层合板的中面上，$\tau_{xz}=0$(图 18-27)。

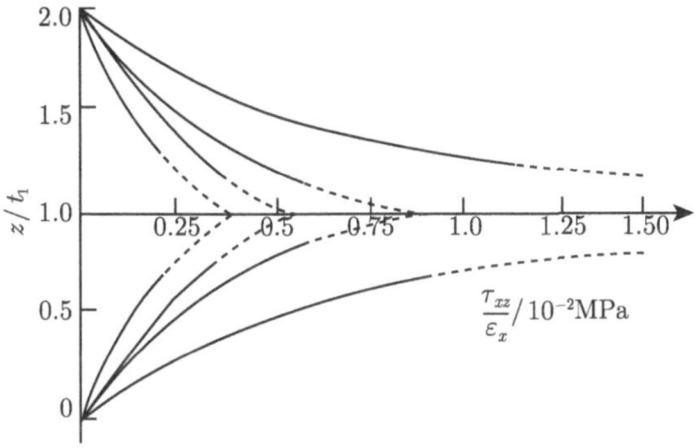

图 18-27　沿层合板厚度的层间剪应力分布

18.5.3 层间正应力

经典层合板理论中存在的 σ_y 在自由体的左半部存在，但是作为右部边界，自由体图有自由边界 $ABCD$，因此在 $ABCD$ 无 σ_y。为满足力在 y 方向的平衡，y 方向只有应力分量 τ_{yz}，而且 τ_{yz} 应存在于靠近自由边界的顶层的底面。为了对 x 轴的力矩平衡，顺时针方向的力偶应提供左手面上 σ_y 的力矩平衡，能提供这一力矩的只有应力 σ_z。但是 υ_z 应服从 z 方向力的平衡要求而无合力。σ_z 趋于零而在自由边界可能趋向无限大。显然高的拉伸 σ_z 值像高的 τ_{yz} 值一样会造成自由边界脱层。如图 18-28 所示，根据层间正应力 σ_z 的分布可以看出，σ_z 沿着 y/b 的分布存在拉伸与压缩之间的转变。

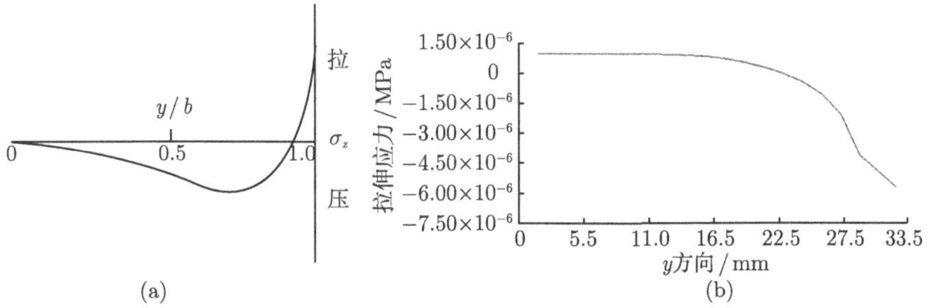

图 18-28　层间正应力 σ_z 与 y/b 关系

18.5.4　层合板表面的轴向位移分布

利用云纹法来检测对称角铺设层合板在轴向拉力作用下的表面位移。云纹法是由于两组栅线的相对位移引起的云纹现象而得名。根据云纹法的结果，显示层合板表面的轴向位移是 S 形分布，在层合板自由边界局部层板厚度附近轴向位移增大，如图 18-29 所示。

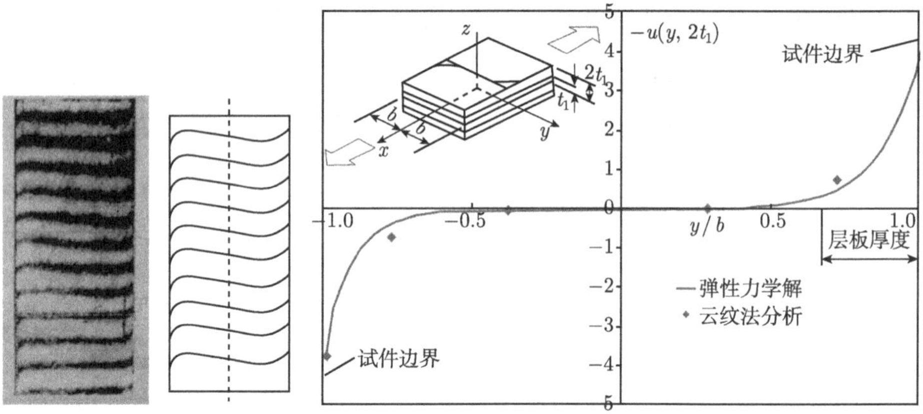

图 18-29　层合板表面的轴向位移分布

有限元体模型计算得到的层合板表面的轴向位置分布，不能出现 S 形的位移分布图，表明采用体单元分层的有限元模型，针对层合板表面的特性分析是不准确的。

层间应力的意义与由经典层合板理论确定的层合板刚度、强度和寿命有关，即除了接近自由边界的很窄的边界层以外，经典层合板理论确定的应力在大部分层合板中是精确的。这样层合板刚度受总体而非局部的应力影响，所以层合板刚度实质上不受层间应力影响。另一方面局部的高应力控制破坏过程，而较低的总体应力是不重要的，这样层合板的强度和寿命受层间应力控制。

18.6　叶片的层间失效与断裂破坏

风力机叶片运行环境复杂，层间失效和断裂破坏的现象时有发生，应在叶片设计、生产、运输等多重产业链中合理控制，降低层间及断裂失效的破坏，如图 18-30 为叶片层间失效破坏示意图。

一般情况下，层合板的自由边界应采用脱层的抑制方法来控制层间失效，如“边界增强”和“边界改变”等都是有效降低层合板边界层间应力的方法。“边界增强”是用边界带帽、缝补等方法增强自由边界，边界带帽和缝补可抵抗层间正应力和剪应力；“边界改变”不引起增强的自由边界性质改变，如层片终止、切口。切口虽然好处不明显，但是使接近自由边界的应力场混乱，可以减小脱层效应。

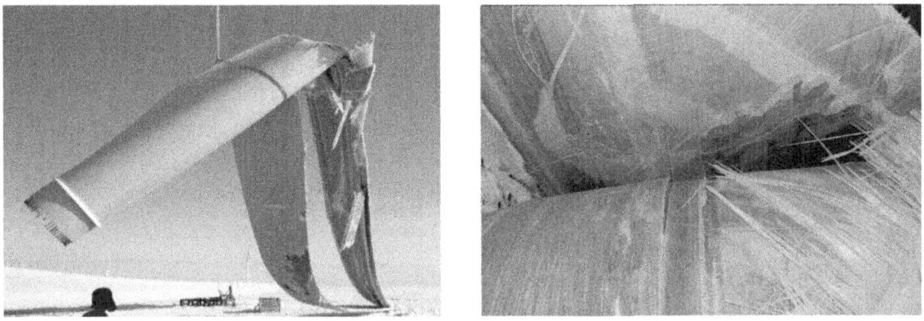

图 18-30　叶片的层间失效

第 19 章　可靠性分析

19.1　复合材料损伤容限

19.1.1　概述

损伤容限提供了结构在含有一定损伤 (或缺陷) 时能够承受设计载荷并能实现使用功能的能力，因此损伤容限最终关心，在损伤能被定期维护检测出 (或出现故障) 并达到修理之前，又或是达到最终寿命之前，损伤结构具有适当的剩余强度和刚度，来保证结构持续安全的使用。损伤的范围和可检性决定了需承受的载荷水平，可以说安全性是损伤容限的主要目标 [42]。

复合材料对拉伸和压缩载荷有其独特的损伤敏感性。复合材料层合板中的纤维起着抑制拉伸裂纹扩展的作用，只有在较高的应力水平下才会出现裂纹扩展，故在复合材料中使得纤维相继断裂的穿透厚度的损伤扩展通常并不是一个简单的问题。在研究脱胶、分层或冲击损伤的影响时，由于局部失稳会促使载荷增大，此时所关心的载荷就变成压缩和剪切载荷。复合材料是脆性材料，一旦出现损伤和裂纹将会迅速扩展。为保证不会出现重复载荷下的损伤扩展，通常在确定设计值时需要有足够的裕度，同时在设计和验证时避免可能的损伤扩展，即采用损伤 “无扩展方法”，证明在通常的设计应力水平下，给出结构对疲劳不敏感的结论。

复合材料结构的耐久性/损伤容限设计方法与金属结构有较大区别，其主要设计要求和步骤有以下几方面。

1) 结构选材

除了考虑基本性能和工艺性外，根据部件的耐久性/损伤容限要求，着重考虑材料体系的韧性性能 (如冲击后压缩强度等) 和最高使用温度等环境因素。

2) 确定设计许用值

采用蒙皮的典型铺层和厚度，通过试验确定设计许用值。其中重点是典型铺层层合板试样的冲击后压缩破坏应变、开孔拉伸破坏应变和连接许用值，同时还应考虑湿热影响和分散性，甚至必要时还应给出有关的疲劳性能。

3) 结构细节设计

着重考虑结构形式对抗冲击损伤性能的影响，避免结构受到面外载荷，表面铺层要耐冲击损伤。值得一提的是，叶片前缘和蒙皮结构应注意冲击损伤带来的维护问题。

4) 典型结构件和全尺寸结构件的耐久性/损伤容限试验验证

由简单到复杂，通过积木式设计验证试验方法，分层试验证实所选择的关键部位结构形式、工艺方法和制造水平能满足规定的耐久性/损伤容限要求。

5) 全尺寸部件的耐久性/损伤容限试验验证

试验证实结构部件满足耐久性/损伤容限的要求。

19.1.2　损伤容限三大要素

1. 允许损伤

允许损伤包括两个方面的工作：

(1) 在限制载荷下结构能允许的最大损伤 (包括多处损伤)，即临界损伤；

(2) 在临界损伤下结构能承受的剩余强度。

此两项工作可由剩余强度分析完成。

2. 损伤增长

所谓损伤增长是指在使用载荷下，损伤从初始缺陷扩展至最大允许损伤之间的时间间隔 (即裂纹扩展寿命)。该工作由裂纹扩展分析完成。

3. 损伤检测

利用规定的检测和维护手段，对损伤进行检测和评定，保证及时发现、预防或修复由疲劳、环境或意外损伤引起的损伤，以维持叶片在运行周期内的适应性。此项为检测大纲的内容。

从保证结构完整性的角度出发，可将结构分为重要结构和次要结构两类。而从保证结构安全性的角度来说，重要结构又包括主要结构件和其他结构两类，见表 19-1。

表 19-1　损伤容限结构分类

结构类型		设计原则	确保安全的技术	控制方法	实例
重要结构	主要结构件	安全寿命	保守的疲劳寿命	疲劳	叶根连接及叶片黏接部位
		损伤容限	损伤明显或功能失效	剩余强度	叶片承力梁结构
			通过预定的有计划检查来检出损伤	剩余刚度；裂纹扩展；检查大纲	除以上两种情况以外的所有主要结构件
	其他结构 (非主要结构件)		一般的维护	某些情况下可保守的列入上一类	叶根盖板、配重腔等功能件
次要结构			可安全避免运行失效	继续安全运行	叶片保护层

19.2 可　靠　性

结构可靠性分析与设计在结构安全性的评定中能够大放异彩，这是因为结构可靠性理论能合理地处理结构工程设计中的不确定性，而其他方法不能做到这一点。往往这些不确定性也正是工程结构安全性评定的难点。现实中几乎所有设计变量都带有一定的随机性，在结构可靠性分析中，可按其来源将它们分为三类：

(1) 物理性不确定性。在结构强度分析中，有很多物理量，如载荷、材料性能、几何尺寸等均存在着分散性，通常称这类与物理量直接相关的不确定性为物理性不确定性，大多数物理性不确定性都与时间有关。

(2) 统计性不确定性。对变量的分布特征的分析与分布函数的确定离不开统计和推断，但是任何一个统计与推断均是以变量的样本作为依据进行的，而任意一个样本的容量均不可能是无穷大，所以任何一种参数统计方法都带有不确定性，这种由于样本容量有限而产生的不确定性叫做统计性不确定性。

(3) 模型性不确定性。结构设计与分析首先要建立输入量与输出量之间关系的模型，这一模型通常是按力学原理或经验建立的，同一实际问题可以建立不同的模型。模型可能是确定性的，也可能是随机性的。由于现实世界的复杂性，通常数学模型不可能是现实世界的完完全全的再现，对模型所作的建设和对复杂边界条件所作的简化都会使模型包含有不确定性。在很多情况下，模型不确定性对结构可靠性有很大的影响，是不容忽略的。

技术性能、经济指标和可靠性是产品质量的标志。而可靠性即系统或设备在规定的条件下，在规定的时间内，完成规定功能的能力，以可靠性度量；安全性即建立一种环境，使人们在这种环境下生活与工作感受到的危害或危险是已知的、清楚的，并且是控制在可接受的水平上，以安全度度量；风险性以风险值度量，它是事故发生概率和该事故的后果的乘积。图 19-1 为产品质量与可靠性流程图。

19.2.1　可靠性的技术基础

可靠性的技术基础包括：概率论与数理统计；材料、结构等物理学；故障物理；基础试验技术；环境试验技术。

可靠性分析中一般分为三种水平，每种水平应用不同的分析方法评估不同阶段的可靠性。

1) 半经验半概率法 —— 第 I 水平法

对影响结构可靠度的某些参数做统计分析，然后结合经验给出一系列局部安全因子，对结构可靠性做出半定量的估计。

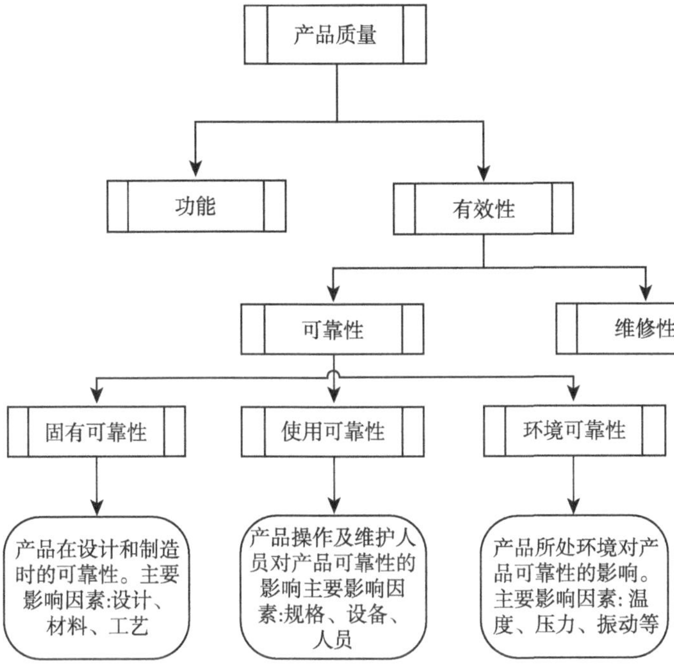

图 19-1　产品质量与可靠性

2) 近似概率法 —— 第 II 水平法

对失效域做理想化的处理，然后采用近似概率计算方法，对结构可靠度做出近似的定量估计。

3) 全概率法 —— 第III水平法

对各变量做全概率描述，用联合概率密度函数求解结构可靠度。

19.2.2　可靠性评价指标

可靠性分析中，用如下相关术语及可靠性评定指标:

(1) 失效概率 $F(t)$，结构的失效概率也称做破坏概率，它是结构在时刻 t 之前破坏的概率，即 $F(t)$ 是结构寿命 Γ 不超过 t 的概率。

(2) 可靠度 $R(t)$，可靠度也称做存活率，按定义 $R(t)$ 表示产品在规定的使用条件下，在规定的时间内，完成规定功能的概率。

(3) 失效率 $\lambda(t)$，失效率亦称做故障率，产品在 t 时刻以前未发生破坏的条件下，在 t 时刻的条件破坏概率密度。

(4) 可靠性寿命的尺度，可用平均寿命来评价，对发生故障就不能修理的零部件或系统而言，平均寿命指从开始使用到发生故障的工作时间的期望值，即为平均无故障时间。

(5) 维修度 $M(t)$，指可维修产品在规定的条件下和规定的时间内完成维修的概率。

(6) 有效度 $A(t)$，对可维修产品，指在某时刻 t 之前维持其功能的概率；对不可修复产品，有效度 $A(t)$ 即为可靠度 $R(t)$。

各可靠性指标不是相互独立的，图 19-2 给出各可靠性指标之间的关系。

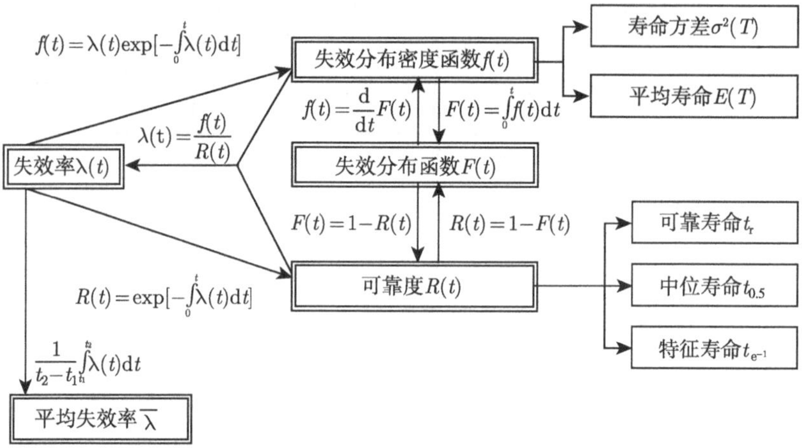

图 19-2　可靠性指标之间的关系图

19.2.3　结构系统可靠性设计

结构系统的可靠性 R_s 不仅取决于组成结构的元件的可靠性，还与结构的拓扑有关，结构系统可靠性分析的特点有：破坏模式众多；破坏模式之间高度相关；工程结构通常是非线性的。

系统设计的可靠性设计必须建立在可靠性优化的基础上，采用数值分析的方法，才能为工程设计服务。

在结构设计的方案设计阶段，精确计算各候选方案中结构体系的可靠度是十分困难和费时的，实际上也是非必要的。通常情况下，只需知道各方案的结构体系的可靠性的等级，以作为比较不同设计方案优劣的标准之一即可。结构体系的破坏可归结为两大类：

(1) 由于出现了超过设计载荷的非预期的过大载荷而导致结构体系的整体破坏，如大地震、特大暴风雪等，这一类破坏实际上是不可避免的；

(2) 由于意外事件引起的结构体系内一部分元件的失效而导致的整个结构体系的破坏，如疲劳、断裂、腐蚀、颤振等；

对第一类问题，通常以加一个统一的安全系数来处理；对第二类问题，人们认识到合理的解决途径是使结构具有一定的余度。

(1) 0 级结构余度。结构体系内任意一个元件的失效就会导致整个结构体系的破坏。

(2) 1 级结构余度。结构体系内的一些次要元件失效后，残余结构仍具有承受大部分原设计载荷的能力。

(3) 2 级结构余度。结构体系内的一个主要元件失效后，残余结构仍具有承受大部分原设计载荷的能力。

实践经验和历史事实证明，采用只具有 0 级结构余度的结构体系是不适当的，此结构体系没有抵抗任何意外事件发生的能力；而对大部分结构，采用 2 级结构余度又是不经济的，所以实际的工程结构通常采用 1 级结构余度。

第 20 章　叶片全尺寸测试

20.1　概　　述

对于风力机叶片本身结构性能测试来说，主要指叶片全尺寸结构测试，从叶片研发周期角度讲，还包括材料测试与构件测试。并且由于叶片复合材料各向异性的特性，不同于金属材料与标准构件，复合材料及其构件性能并没有具体标准规范规定，且性能受加工工艺影响，因此材料测试与构件测试并不能简单排除在设计流程之外。由于篇幅限制，本章节对材料测试与构件测试只做简单介绍，主要介绍叶片全尺寸结构测试。

20.2　材料测试与构件测试

1. *材料测试*

复合材料性能是叶片结构设计师所关心的重要问题，而复合材料性能的稳定性是影响材料质量的最主要因素，由于组分材料的分散、制备工艺的不稳定性、材料供应商等因素导致性能分散性大，叶片设计之初需要考虑供应商等级、生产工艺等因素进行材料测试。

材料测试试件由测试材料加工成层合板，采用设计要求的树脂材料，试件与试验设备如图 20-1 所示。

图 20-1　试件与材料试验机

实际测试有不同类型试件与加载方法，不同类型试件与方法各有优缺点，ASTM D 4762-04 中对适用于连续纤维增强聚合物基复合材料的 ASTM 标准 (和其他标准) 进行总结 [45]。

材料测试主要围绕物理性能与力学性能，力学性能测试方面目前主要为极限强度测试和疲劳强度测试，复合材料在不同应力比下疲劳性能差异大。由于疲劳测试费用昂贵，研发过程中较少对材料单独进行疲劳性能测试，国外“OPTIMAT BLADES”项目对复合材料疲劳性能进行了详细研究。

不同类型复合材料的不同测试项依据不同的测试标准，见表 20-1~表 20-3。

表 20-1　玻纤材料不同测试项目所用标准

项目	双轴布	三轴布
纤维体积含量	ISO 1172	ISO 1172
纤维质量分数	ISO 1172	ISO 1172
纤维方向弹性模量	ISO 527-5	ISO 527-4
纤维垂直方向弹性模量	ISO 527-5	ISO 527-4
剪切模量	ISO 14129	ASTM 7078
极限拉伸强度	ISO 527-5	ISO 527-4
极限压缩强度	ISO 14126	ISO 14126
极限剪切强度	ISO 14129	ASTM 7078
拉伸应变	ISO 527-5	ISO 527-4
压缩应变	ISO 14126	ISO 14126

表 20-2　泡沫测试所用标准

项目	泡沫
弹性模量	DIN 53421
剪切模量	ASTM C-273/DIN 53294
极限拉伸强度	ASTM D 1621
极限压缩强度	ASTM D 1621
极限剪切强度	ASTM C-273/DIN 53294

表 20-3　结构胶测试所用标准

项目	结构胶
负荷下变形温度	ISO 75-2
拉伸模量	ISO 527
拉伸强度	ISO 527
延伸率	ISO 527
拉伸搭接剪切强度	DIN 1465
弯曲强度	ISO 178
剥离强度	ISO 11339

2. 构件测试

目前叶片构件测试主要针对预制叶根螺栓，其他诸多构件测试并没有在行业内流行。针对预埋叶根螺栓，根据设计要求制作单个预埋螺栓构件进行加载测试，试件横截面及试件如图 20-2 所示。

图 20-2　预埋螺栓构件测试试件横截面与试件

20.3　叶片全尺寸测试简介

20.3.1　基本原则与相关标准规范

叶片全尺寸测试目的为验证叶片能满足设计规定的强度和使用寿命。考虑到环境因素、测试不确定度和制造差异性等影响因素，测试载荷应高于设计载荷。国内外对叶片全尺寸测试制定了相应标准规范指导叶片测试，涉及叶片全尺寸测试的标准规范有：

(1) IEC 61400-23 Wind turbine generator systems –Part 23：Full-scale structural testing of rotor blades；

(2) Germanischer Lloyd：Guideline for the Certification of Wind Turbines and Guideline for the Certification of Offshore Wind Turbines；

(3) DNV：ds-j102 Design and Manufacture of Wind Turbine Blades Offshore and Onshore Wind Turbines；

(4) GB/T 25384 风力发电机组风轮叶片全尺寸结构试验。

20.3.2　测试项目与流程

所有新设计叶片需要测试，叶片测试需要验证以下叶片结构参数：质量与重心、刚度分布、挠度变形量、固有频率、极限强度和疲劳强度。归结起来就是下面三项测试。

(1) 质量和动态特性测试。质量、重心、一阶挥舞/摆振频率、二阶挥舞/摆振频率。对于扭转柔性 (扭转频率小于 5 倍同阶挥舞频率)，叶片需要测试一阶扭转频率[14]。

(2) 静强度测试 (非破坏性)。通常进行以下 4 个方向：最大/最小挥舞弯矩 (包含仿真时同一时刻的摆振弯矩)、最大/最小摆振弯矩 (包含仿真时同一时刻的挥舞弯矩)。如果扭转频率达到设计临界值，需要进行扭转方向测试[47]。

(3) 疲劳测试。挥舞方向和摆振方向。

静强度测试与疲劳测试均采用同一只测试叶片，叶片先需要测量质量和重心位置，然后测量固有频率，后续进行非破坏性静载测试，非破坏性静载测试后执行疲劳测试。建议疲劳测试完成后进行破坏性试验完成剩余强度测试[46]。实际是否进行破坏性试验根据设计方、制造方或采购方要求。

20.4　叶片数据与试验件要求

20.4.1　叶片数据

叶片测试可能是一个多方参与的项目，设计、制造、实验室并不一定来自于同一机构，尤其是出于叶片用户考虑还会有第三方评估机构介入，因此叶片测试初期明确叶片数据来源将是十分重要的。

测试叶片需要配有可追溯的设计和制造文档以及相应图纸说明材料。并且叶片本身具有唯一编码。叶片测试需要大量数据完整详细地描述叶片，以供制定测试计划。例如确保试验台能承担该尺寸叶片测试等。叶片数据分为外形与接口尺寸、叶片特性和材料数据。

1. 外形与接口尺寸

为了确定测试所需空间、设备及工装，需要叶片长度、叶根螺栓型式与布局、叶片翼型与气动布局，尤其是最大弦长及其所在截面位置。此外还需要有叶片各测试方向下的计算挠度。

2. 叶片特性

(1) 叶片结构设计细节。包括材料分布、构件起始终止位置、主要结构布局与特性、主要制造工艺说明等。

(2) 叶片质量与动态特性。总质量、质量分布、质心、一阶挥舞/摆振频率、二阶挥舞/摆振频率、一阶扭转频率、刚度分布。

(3) 截面信息。加载截面处翼型、弦长、扭角与剪切中心。

3. 材料数据

应给出叶片测试区域所用材料的响应强度、疲劳公式及弹性特征。对于疲劳测试来说，还应包含 S-N 曲线、应力比影响等。

20.4.2　样片要求

取第一批生产叶片中的某个叶片作为测试叶片，疲劳测试和静载测试采用同样的叶片。该测试叶片需要配有设计和制造文档，测试叶片不需要涂装胶衣。

测试叶片选择可以参考以下三点：第一个制造的样片；从生产叶片中随机抽样；生产记录历史和无损检测中较差情况的叶片。

叶片测试采用多点集中加载的方式进行加载。为了避免造成局部过载，建议在加载点范围的腹板进行加强。

20.5 试 验 台

20.5.1 加载方向

试验台差异主要在加载方向和加载方式上。加载方向主要有向上、向下和侧向三种，向下多用卷扬机加载 (图 20-3)，向上适合吊车 (图 20-4)。向上或向下测试载荷需要考虑叶片自身重力影响，而侧向加载叶片自身重力对加载影响可以忽略。

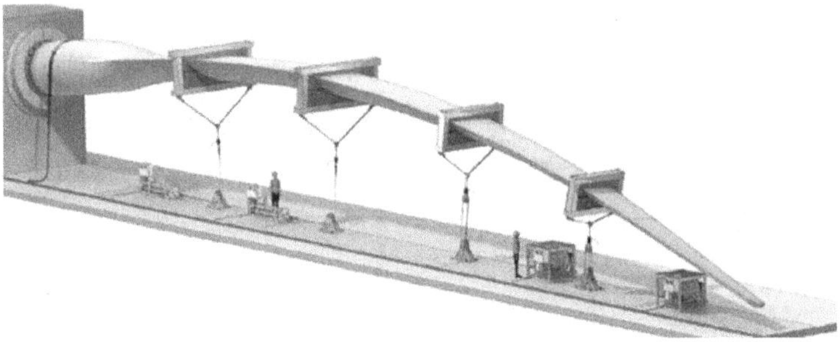

图 20-3　向下加载实验台示意图

(a) 吊车　(b) 液压

图 20-4　不同加载方式[48]

20.5.2 加载方式

叶片测试发展过程中存在很多加载方式，如静力试验中的分配梁加载和沙袋加载。目前常用加载形式为静力试验采用吊车/卷扬机、液压，而疲劳试验采用摆振块、液压。

1. 液压加载

液压加载适用于静力试验和疲劳试验，液压执行器安装在试验台与叶片上的夹具之间，通过载荷或位移来控制加载。液压加载适用于更多的试验条件，可采用不同控制方式。测试过程中可控制加载频率、载荷幅值、载荷序列、载荷分布以及加载点方向和数目，能实现多轴加载和施加变幅载荷。

液压加载的缺点：成本高，大尺寸、大载荷、高频率的叶片测试液压设备费用高昂。对于叶片测试需要大容量液压泵和多个液压执行器适应不同加载要求。全套设备需要能在测试期间承受数百万次的载荷循环。

2. 吊车/卷扬机

此类加载方式仅用于静力测试，对于位移较大且上部加载适合采用吊车或卷扬机，但吊车相对控制加载的速率较为困难。相比卷扬机可以安装在任何刚性支架或地面上，适用性更好。

3. 摆振块

摆振块用于叶片疲劳测试，通过旋转偏心轮产生循环载荷，调节变速装置到能产生测试所需响应的振动频率，产生测试所需等幅循环载荷。通过调整摆振块处静载可改变疲劳载荷的应力比。测试装置示意图如图 20-5 所示。

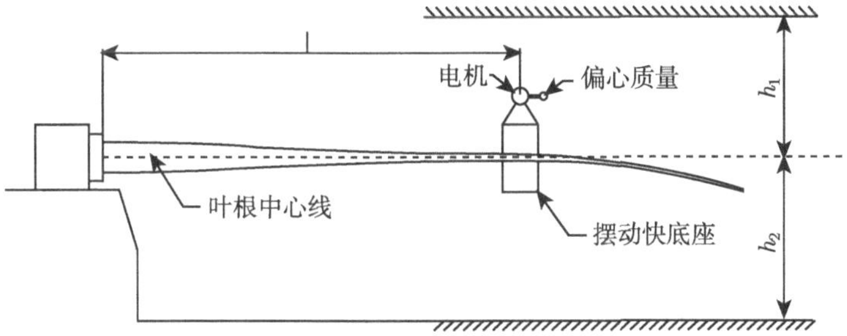

图 20-5　摆振块加载

20.5.3　其他设备与工装

1. 应变片与应变仪

用于疲劳测试中监测刚度变化，静力测试中记录极限载荷下测试应变用于与理论应变的对比验证。

应变片位置主要分叶片表面、腹板、叶根螺栓。叶片表面沿叶片展向在关心截面处布置应变片，通常选取前缘、尾缘、吸力面及压力面主梁区域，如图 20-6 所示；腹板处通常选择在所选截面中央，包括前缘腹板与尾缘腹板；螺栓选择特征方向处位置的螺栓，在螺杆处 120° 均布应变片，如图 20-7 所示。

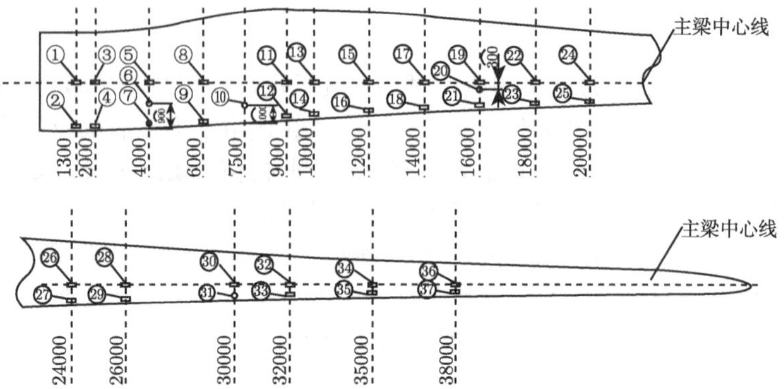

图 20-6　叶片表面应变片布局示意图 (单位：mm)

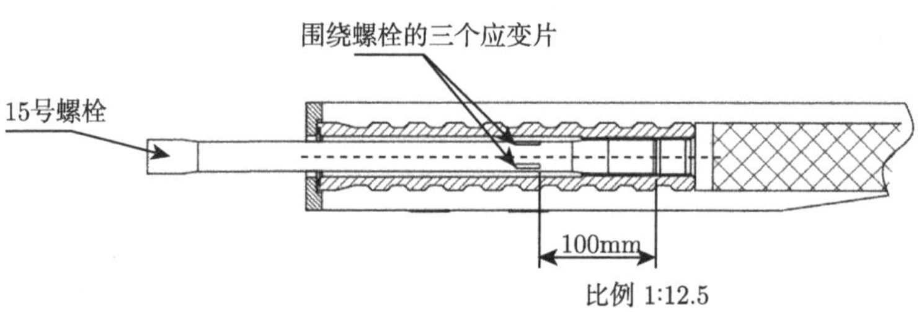

图 20-7　螺栓处应变片布置示意图

2. 转接盘

由于叶片根部螺栓布局未必与承力座螺栓布局一致，因此需要通过转接盘连接叶片与承力座，如图 20-8 所示。

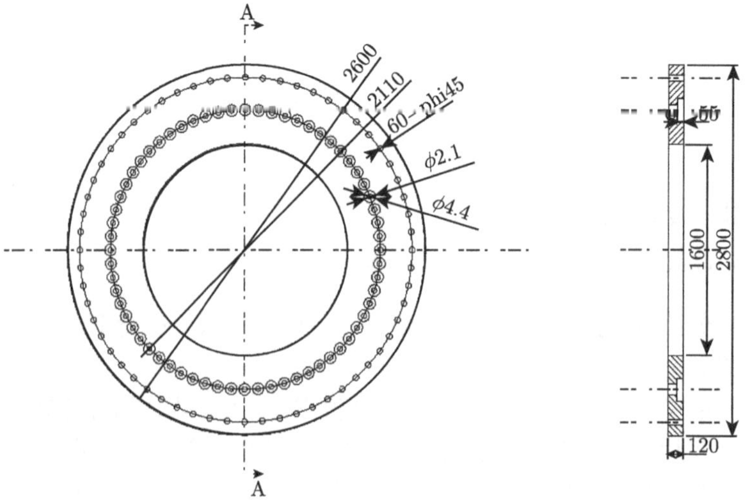

图 20-8　转接盘示意图 (单位：mm)

3. 夹具

根据截面处外形加工而成, 保障载荷均匀加载在叶片表面，为避免测试过程中产生不必要的扭矩，截面剪心需在作用力轴线上。由于剪心在截面内部，测试过程中难以直接根据剪心位置调整作用力方向，为便于测试过程中作用力经过截面剪心，建议给出各个测试方向下加载点与截面外轮廓指定点沿表面距离，如图 20-9 所示，可以在测试过程中更好地控制作用力方向。

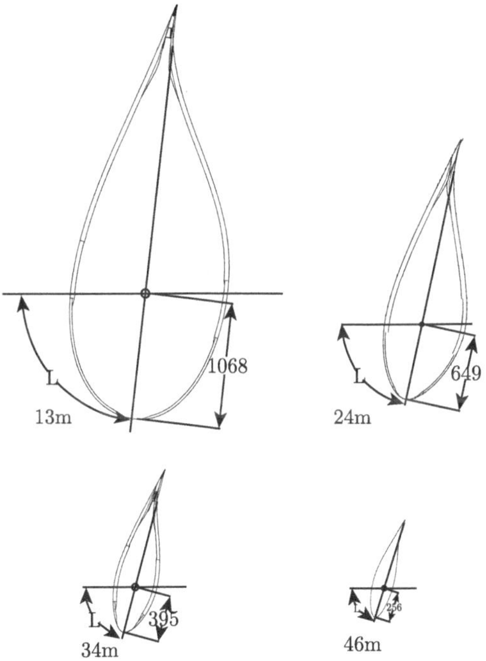

截面位置	最大挥舞工况	最小挥舞工况	最大摆振工况	最小摆振工况
[–]	[mm]	[mm]	[mm]	[mm]
13m	−1308	1118	568	−2019
24m	−706	676	401	−1050
34m	−413	410	267	−614
46m	−258	258	200	−371

图 20-9 测试过程中剪心位置确定方法示意图 (单位：mm)

20.6 设计载荷与测试载荷

整个叶片采用设计载荷乘以 IEC 61400-23 规定的测试系数。测试载荷计算如下：

$$F_{\text{test-u}} = F_{\text{du}} \times \gamma_{\text{nu}} \times \gamma_{\text{sfu}} \tag{20-1}$$

$$F_{\text{test-f}} = F_{\text{equivalent}} \times \gamma_{\text{nf}} \times \gamma_{\text{sf}} \times \gamma_{\text{ef}} \tag{20-2}$$

其中，F_{test} 为测试载荷；$F_{\text{test-u}}$ 为静载测试载荷；$F_{\text{test-f}}$ 为疲劳测试载荷；F_{du} 为设计极限载荷；$F_{\text{equivalent}}$ 为根据设计载荷谱 (需要考虑载荷局部安全系数) 得出的等效疲劳载荷。等效疲劳载荷依据测试载荷循环次数，根据 IEC 61400-1 疲劳测试所用设计载荷局部安全系数取 1.0；γ_n 为失效重要性系数，静载测试取 1.0，疲劳测试取 1.15；γ_s 为叶片差异系数，均取 1.1，此系数根据叶片生产方法与失效概率增加或减小。系数减小需要根据多重案例评估；γ_{ef} 为补偿疲劳公式中可能的误差，取 1.05。

GL 2010 测试要求中设计包络载荷乘以 1.1 的分散系数。由于测试在实验室条件下保证温度在 20 ℃以上，温度影响系数为 1。如果实际测试温度过低，测试机构需要考虑温度影响，温度从 20 deg 到 -30 deg 下系数按 1.0~1.1 线性插值[14]。

20.7 失效模式

测试过程中对叶片失效的判断准则直接影响了对测试结果的评估，叶片测试过程中可能会出现各种不同变化 (可逆或不可逆) 和响应 (噪声或异响)，如何评价测试过程中出现各种状况的叶片是否满足要求，就需要讨论叶片失效模式。

失效模式定义为叶片发生不可逆的改变，对于测试过程中出现的所有不可逆变化都需要进行记录及测后分析，在 IEC 61400-23 中失效模式被分为以下三类。

1) 灾难性失效

一个部件或结构瓦解或破坏，导致失去基本功能或削弱安全性能。以下可考虑为致命失效：叶片主要结构破裂或瓦解；结构单元完全失效，诸如内外包边、蒙皮、腹板、根部紧固件等；大片区域与主体结构分离。

2) 功能性失效

当特定部件或组件超出限制范围而失去功能则判断为功能性失效。以下例子可能考虑为功能性失效：叶片刚度显著且不可逆降低 (规定 5%~10%)；空载下叶片明显永久性变形；截面形状明显出现永久性变形；空载下叶片机械装置无法达到设计要求性能。

3) 表面失效

与结构重要性不密切相关的，以下作为浅部失效考虑的例子：小裂缝，不显著降低强度或黏接缝开裂；胶衣开裂；油漆剥落；起褶皱；次要弹性平板屈曲；小变形。

20.8 质量与动态特性测试

测量质量和重心位置，然后测量一阶和二阶的挥舞摆振方向固有频率，扭转频率可根据叶片是否具有扭转柔性决定是否测试。

从挥舞固有频率和摆振固有频率测试可以推算出阻尼值。为了减小气动阻尼对测试影响，挥舞频率测试时尽可能减小位移幅值。

叶片阻尼比可以通过对数衰减率进行计算，叶片固有频率测试期间，当停止激励后叶片做自由衰减振动期间，叶尖振幅随时间逐渐减小，如图 20-10 所示。

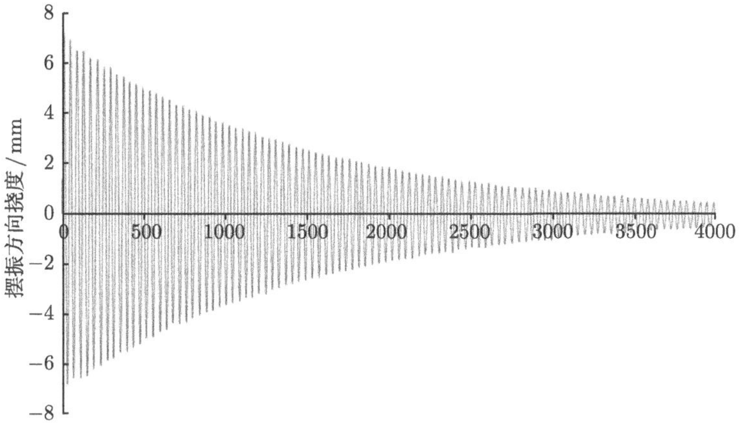

图 20-10　叶片位移随时间变化[48]

根据记录的振动数据，取第 i 个周期振幅为 A_i，第 $i+n$ 个周期振幅为 A_{i+n}，阻尼比计算公式为

$$\zeta = \frac{\ln \dfrac{A_i}{A_{i+n}}}{n} \tag{20-3}$$

20.9　静强度测试

测试载荷加载在测试坐标系下，如图 20-11 所示。测试中，在叶片四个位置加载单向载荷模拟。测试载荷加载到 100%时，载荷方向垂直叶片变形状态。因此测试中修正加载点初始的 Y、Z 处位置。

不同加载方向需要考虑不同叶片自重修正，对于侧向加载可不考虑叶片重力影响，测试执行过程中不需要考虑重力载荷影响。当叶片在自身重力和测试夹具重力下准备加载时，应变片和位移调零。

对于向上加载，在开始每一个静态测试前，施加自重补偿载荷，应变仪和挠度调零。所有静态载荷测试的自重补偿载荷相等。

对于向下加载，最终加载测试载荷需要减去自重补偿载荷。

测试中叶片定位方向选择基于叶片截面坐标系下挥舞摆振合弯矩方向。报告中需要给出各个测试项目下叶片定位方向图纸。

对于测试载荷与极限设计载荷的正确比较，测试载荷需转化到叶片截面坐标系，在实验室通过叶片方位角和叶片扭角分布来实现转化。

需要给出测试载荷下应变片粘贴位置的理论应变。采用有限元计算测试加载情况下应变，未考虑自身重力以及夹具影响。

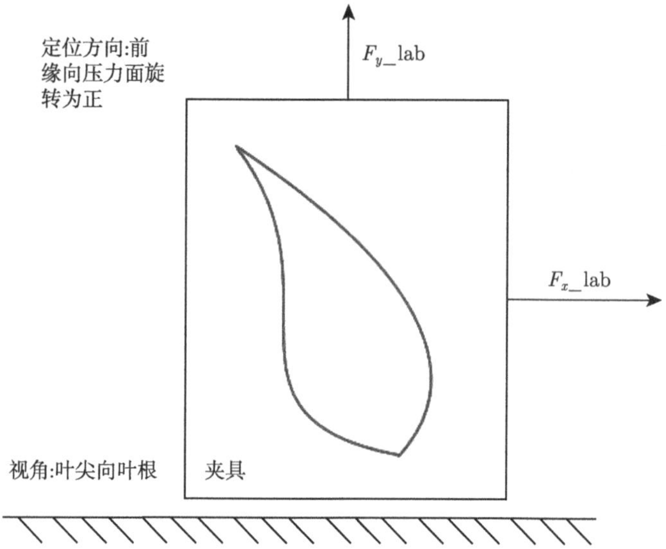

图 20-11　测试加载方向示意图

测试前需要根据测试载荷与叶片结构模型预估叶片变形与挠度，确定满足测试空间限制和与测试值对比验证。

在极限载荷测试中，采用逐级加载方式，每个载荷步至少持续 10s，期间数据 (如应变仪) 需要不间断记录。每项测试同时需要测量截面位移，测量位置，加载截面处和叶尖处三方向位移。

每项测试加载前，应变仪读数和挠度数应归零。

加载测试载荷步时，载荷在上一个载荷步基础上增加载荷 (载荷不需要回零)。在每个载荷步，该步载荷至少维持 10s 以上载荷水平并记录数据。完成 100%测试载荷加载后再载荷缓慢回零。

在每项测试结束时，要检查测量仪，目测检查叶片。

静载测试，通过统计获取四个方向极限载荷以及该极限载荷发生时垂直方向载荷，通过计算弯矩大小与方向，确定理想加载方向，实际受限于螺栓分布，加载角度只能按 $360°/n$ 调整角度 (其中 n 为螺栓数目)，选择与目标加载方向最近的安装方式，如图 20-12 所示。

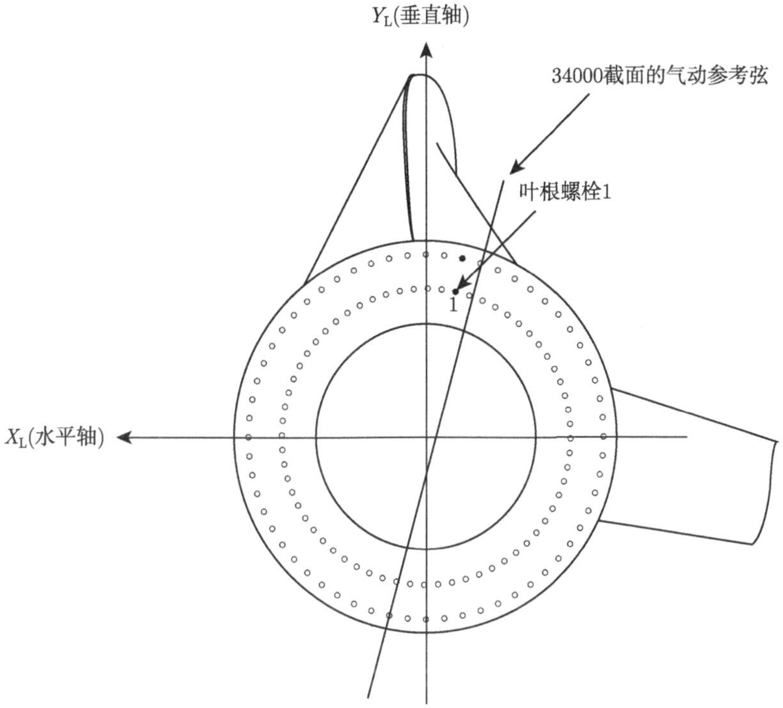

图 20-12　静加载测试某一测试项目叶片固定位置说明

例如，最大挥舞方向测试，假设安全系数为 1.1，测试载荷计算中，需要使得 70%以上截面处测试载荷下挥舞方向弯矩大于 1.1 倍设计挥舞弯矩，如图 20-13 所示。需要注意的是，载荷对比需要转化到同一坐标系下。

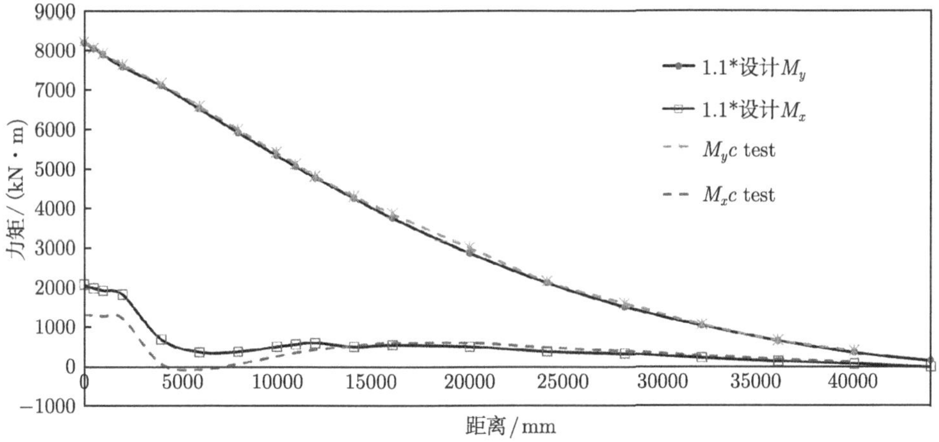

图 20-13　测试载荷加载效果与 1.1 倍设计载荷对比

20.10 疲劳测试

疲劳测试首先需要确定载荷。

(1) 平均载荷。由于叶片自身重力、测试配重以及加载装置自身重力，测试时需要考虑以上因素对平均载荷影响，将设计载荷转化为截面指定平均弯矩下的疲劳载荷。

(2) 载荷幅值。来源为叶片自身重力、夹具、摆振块以及附属测试装置重力影响，根据加载截面的不同，导致载荷平均值不同。

由于风力机设计寿命长、运行时间长、设计疲劳载荷循环次数多，为缩短测试试件可通过增大加载频率与载荷加快测试。其中增大循环载荷是一种有效途径，但载荷不能大于极限载荷并避免载荷过大导致局部过热增加疲劳损伤。

测试机构需要定期校正。校正刚度与弯矩-应变关系函数。采用如下校正间隔：

(1) 测试开始前；

(2) 第 10000 次循环；

(3) 第 50000 次循环；

(4) 第 100000 次循环；

(5) 第 250000 次循环；

(6) 第 500000 次循环；

(7) 以后间隔 1000000 次循环；

(8) 测试完成。

测试期间异常情况需要记录，环境温度、叶片温度、应变片应变等需要监视与记录。需要配备红外线照相设备检查叶片温升情况。

在每项测试结束时，要检查测量仪，目测检查叶片。

摆振块加载方法。将摆振块安置在指定位置处，摆振块载荷作用方向穿过截面剪心，避免测试过程中产生不必要的扭转载荷。设备安装就绪后测量设备归零。测试期间，启动摆振块，调节至产生共振，直至测量挠度幅值达到预期水平。

20.11 破坏性测试

通过逐级加载，在每个载荷步停留合适时间，以便及早确定破坏阶段。

第21章 总结与展望

21.1 设计与流程

结构设计本质上是在满足结构校核要求以及其他外部条件的前提下，最优化的一个问题。由于叶片结构设计的自由度非常高，在这么多自由度中如何逐步细化各个参数的范围，并最终确定参数值，是一个艺术的过程。

本书无法全面给出的是我们的实践，因为每一次设计实践都具有其问题的独特性。一种可以参考的结构设计流程是依次按照主梁、结构连接、前尾缘梁、腹板、蒙皮、芯材、胶接、结构局部细节、功能件、次要结构件、其他细节的顺序进行，用实践验证设计，在学习中成长，不断积累经验，用实践实现设计和指导设计。

特别需要指出的是叶片的螺栓连接设计，它是与结构设计并行的一项工作，所需要的知识基础与叶片结构分析所需要的知识基础有较大差别，其设计理念和方法与复合材料层合板/夹芯结构/胶接结构非常不同，在计算上的非线性以及工艺实践的重要性对测试提出更高的要求，工艺敏感性和结果的离散性对工艺和质控细节达到苛刻的程度，因为这对整个结构是否能通过疲劳校核至关重要。但叶片的螺栓连接处常常作为叶片设计/认证与整机设计/认证的接口部位而同时受到双方的忽视，因此，常常成为叶片设计的颠覆项而在项目后期甚至是整机完成载荷计算后改变整个设计，它的约束影响到叶片内部的铺层、变桨轴承的尺寸、孔数、孔径、模具的圆周部位尺寸，而这些零部件或工装恰恰是新产品开发的关键路径。

一个可以参考的项目开发计划案例见表 21-1。

表 21-1 叶片开发计划

步骤	客户	气动	结构	螺栓	工艺	工装	模具	材料
概念设计	机组参数	气动概念设计	结构概念设计	螺栓概念设计	工艺概念设计	工装设计		材料选型
	设计要求	载荷计算 I	认证标准					
				设计要求 Fixed				
设计准备	控制算法	翼型数据						材料性能
初步设计	控制初步设计	气动初步设计			工艺初步设计			
		载荷计算 II	结构初步设计	螺栓初步设计				
		气动细节设计		螺栓试验 I				
				外形 Fixed				材料测试

续表

步骤	客户	气动	结构	螺栓	工艺	工装	模具	材料
	控制细节设计	载荷计算III	控制细节设计	螺栓概念设计			模具设计	疲劳测试
细节设计		气弹分析 I	FEM 建模					
			FEM 校核	螺栓试验 II				
		载荷计算IV	结构疲劳校核				阳模制造	
		气弹校核	结构修正 I				阴模制造	
				结构 Fixed				
工程设计				螺栓疲劳实验	工艺细节设计	腹板模具设计		
			铺层图		工艺文本	腹板模具制造		
			测试大纲	叶根工艺试验	工艺试验	配套工装	模具调试	
				工艺 Fixed				
样片测试			静载测试		样片生产			
		气动修正 II	结构修正 II		工艺修正 II			
				设计 Fixed				
样机运行	样机吊装	气动性能测试	疲劳测试		样机生产			
		载荷测试						
	试运行	噪声测试						
		气动修正III	结构修正III		工艺修正III			
				产品 Fixed				

21.2　校核与经验

结构校核本身是不需要流程的，可以说，将所有可以用的校核方法，用于所有的需要校核部位，校核所有需要校核的类别和准则，如果无一例外地给出了“绿灯”，则校核工程师可以给这个设计开“绿灯”；而只要有一个“红灯”的存在，那么整个校核流水线就要回归设计。从设计中更改不满足校核要求的关键点，优化设计，重新校核。

以上穷举法的校核方式往往被世人诟病为官僚主义的 Over-Engineering。作者在没有充分理由放松警惕之前，还是应该保持“永远战战兢兢，永远如履薄冰”的态度。只有经过大量的以上官僚化的胆小，才能换回一点点“艺高人胆大”的经验，因为有大量的经验证明某种官僚化的分析是不必要的，所以才敢跳过一两步的分析；这是与无知者无畏的那种初生牛犊不怕虎的“大胆”是完全不一样的。而结构校核的本身就是需要找到一种等效和简化的方法，既能满足安全性的需求，同时又不至于让整个校核过程过于复杂。从这个角度说，结构校核方法会受到结构校核工具的影响。或者说，对于结构校核工程师，所需要考虑的是，能够在第一时间发现一个设计中可能存在的问题，并在约定的时间内最大程度地提升设计不存在问题的概率。或者说，如何能用最少的校核获得最可靠的保证，这就是校核工程师的经验所在。

21.3　设计和校核之外的眼界

在结构校核的所有“绿灯”已经点亮的情况下，并不意味这个产品的其他方面，也都点亮“绿灯”。

本书未提到结构设计和结构校核之外的很多东西，包括复合材料一套测试体系，选用新材料时需要完成的工作规范，材料安全系数的确定，材料环境与工艺性、振动、气动弹性、叶片结构状态监控，工艺操作，缺陷分析与损伤容限确定，雷击预防与设计分析，模具的公差对性能的影响，材料的保养对性能的影响等方面的问题。

在这个高度耦合的产品设计过程中，特别值得一提的是气动和结构的一体化设计。通常结构工程师并不希望讨论这个话题，而气动工程师也乐得不讨论这个话题。但是，气动工程师总是希望叶片越薄越好，而翼型的形状和厚度的设定，与结构工程师的计算结果密切相关。可以说，两者的联合设计，是风力机叶片设计的基础，也是叶片结构工程师无法回避的，这是必须正视的问题。关于这个问题，国内可参考文献[43-44]。图 21-1 为叶片一体化优化流程。

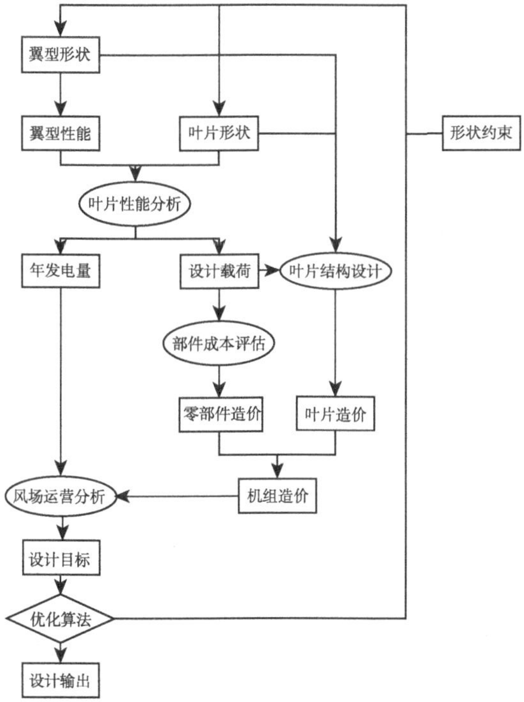

图 21-1　叶片结构一体化优化思路

21.4 对未来的展望

未来的叶片会是什么样子？这个问题的答案是很容易回答的，同时又是最难回答的。

说其容易，因为叶片作为风力机的一个部分，其发展的趋势不仅由其自身的特性决定，更多的由风力机的发展需求决定，就这点意义而言，叶片发展的总趋势是如何配合风力机实现 COE(度电成本) 的最小化。所有能够帮助风力机 COE 最小化的设计就是未来的发展趋势。

说这个问题难回答，因为有无数的可能性：

(1) 纤维方面。下一代玻璃纤维如 S-Glass、H-Glass、高模量玻璃纤维；现有的高强纤维如芳纶纤维、硼纤维；不常用的纤维，如氧化铝纤维、超高分子量聚乙烯纤维，也都有其优势所在；生物纤维，如木纤维、竹纤维、棉纤维、麻纤维；碳纤维似乎是目前最好的一种选择，除成本之外，其工艺特性、导雷特性和修补特性方面的不足，可能会超过其高强性能的优势。

(2) 基体方面。环氧树脂仍然是主流，其数据的易获得性不断强化其在工程界的优势；包括风场维护在内的便捷性方面，不饱和树脂仍然在叶片大型化的过程中保持一定成本优势；环氧乙烯基，似乎是一种可能性；热塑性塑料以及更加环保的生物基的树脂也有讨论。在这个过程中，树脂在力学性能、工艺性和成本之间保持着微妙的平衡。

(3) 泡沫方面。PVC 泡沫、PE 泡沫以及其他化工发泡材料都在尝试与现有叶片的体系兼容；Balsa 木的生长是会扩大化还是会缩小，取决于产品的应用需求和价格走势；蜂窝材料，无论是铝制蜂窝材料还是纤维增强的蜂窝材料，如 WebCore® 技术的使用，这种芯材性能定制化的发展方向在大型叶片中似乎是一种诱人的应用。

(4) 防护方面。后喷漆或者预喷胶衣、刷漆等方式对工厂环境的 EHS 带来不同的效果被各国工会及政策左右；不同化学成分的表面防护，在盐雾、酸雨、沙尘、冰雹、冻雨、冰冻等自然灾害的保护方面有不同的选项和组合。

(5) 黏接方面。结构胶、钝尾缘尝试解决一些问题，但是尾缘部位的连接强度的不足，还是会改变黏接的方式方法。铆接、预制尾缘，特别值得一提的是智能内腔技术、一体成型技术等成型方法的不断尝试和成熟应用也给行业带来了一缕新意；20 年的寿命和复杂的环境适应性验证阻碍着不断涌现的新的黏接剂切入市场；相反，基于已有黏接剂的黏接厚度的控制和黏接工艺的改进成为各个公司关注的重点。

(6) 工艺方面。真空导注目前已是主流，但是手糊、真空辅助、预浸料等方法也都是可选项；对于主梁而言，预制的主梁在工艺可靠性方面得到提升，同时也给主梁的材料及其制作工艺提供了大量的可选项，如热塑的预制单向带等。

(7) 铺放方面。目前人工剪裁和人工铺放的格局还会在长时间内存在，但是预剪裁、自动剪裁、激光指示辅助的人工剪裁等剪裁技术，以及自动铺放、立体编织等技术已经不断涌现。

(8) 工装方面。更加柔性的生产要求将预埋和后打孔的方案进行对比；越来越高的产品精度要求、表面要求、过程控制、检测要求都不断提升工装的数量和质量。

(9) 模具方面。由于叶片的定制化生产与开发，一套模具在保证不变形及自身特性的情况下如何更柔性地生产叶片；模具运输的不便利、产品之间模具的复用性、模具的系列化设计不仅改变着模具，而且深刻影响着叶片设计的理念和方法；模具精度要求的提升，必然改变阳模和模具的材料、工艺、收缩控制、钢架形式、翻转机构、加热设备等方面。

(10) 生产技术方面。绿色生产的理念、劳保要求的提升、无打磨叶片厂、自动喷漆设备都会提升产品的自动化程度，更重要的是，提升产品的一致性和可靠性，从而将半手工生产的产品向更加工业化的方向推进。

(11) 质量管理方面。全生命周期的引入和大数据战略建立，会将叶片产品生产的车间包更加数字化并贴上标签，每一支上百万元的叶片所拥有的信息可能会装满一块上千元的硬盘，而正是这些增加了千分之一成本的信息，让所有的叶片帮助工程师一起积累经验，降低风险。

(12) 结构型式方面。飞机中经常用的肋、桁架、筋板、肋板等结构也可能成为风力机叶片未来结构的主要形式，特别是当这些结构大到能够带来显而易见的结构优势时。

(13) 构件方面。更多的预制件和构件或许会应用到风力机里面，如同飞机行业中已经形成的一样。各种各样的传感器，更好的形状控制的尾缘和叶尖，拥有气动控制功能的副翼和襟翼；气动领域的潜在创新也带动着有质量扰流和无质量扰流等技术的进步。

(14) 连接方面。非圆形的连接、非螺栓的连接 (如铆接)、黏接、铆接、对接、指接、斜街等技术都会在风力机中更多的应用，如分段叶片也给这种技术的应用带来了挑战。

(15) 空气动力学方面。飞机上的各种叶尖小翼技术毫无疑问地会被应用在高尖速比的机型上，尽管工艺要考虑简化问题；气动副翼、襟翼、有质量扰流、无质量扰流等各种技术可能会用于创新的叶片。

(16) 噪声控制方面。变转速运行是最便捷的昼夜噪声控制技术，叶尖的良好设计、尾缘的优化、尾缘的导流条以及钝尾缘带来的新的噪声问题，将随着风力机逐渐走近人类居住地而变得重要；另一方面，在人烟稀少的陆上或海上地区，噪声在放弃成为制约机组叶尖速度的瓶颈之后，更高的叶尖速比在提升机组效率，改变发电机单位重量效率的情况下，将面临由此带来的前缘冲击和前缘磨损问题。

(17) 气弹方面。气动剪裁技术、被动的扭转卸载、被动的气弹阻尼技术会逐渐被采用；气弹的重要性往往仍然是在产品出现气弹问题之后，而不是在产品设计之前被人们所重视；尽管随着叶片越来越长，在风的激振能量中叶片发生颤振的可能性越来越大；但是这种重视直到气弹分析软件，特别是频域分析软件的出现，才可能在连续谱上进行设计，而不是在时间域上进行越来越大样本的蒙特卡罗模拟，加上基于概率的外推法的不完全归纳。

(18) 机组方面。各种降载控制技术的应用，柔性塔架技术带来的动力学问题，运输、吊装过程的问题都会改变叶片的形式。

(19) 可能的设计趋势方面。两叶片、单叶片、下风向、变半径 (如伸缩式、铰接式)、柔性叶片、叶片轮毂一体化风轮等创新概念的实现与应用。

(20) 环境兼容性方面。针对不同的地区提出不同的要求：在高原地区，凝露与冰冻不仅是预防的，而且是工艺人员在进行胶接工艺设计时，必须要为每一个微裂纹抵抗的；在低温地区，材料变得更脆，任何低估这种低温下的强度分析和疲劳分析的设计成为行业发展的陷阱；在沙尘地区，冲击的分析，粗糙翼型的性能分析，是虽然很难但是不得不尝试的思考题；高温地区，如科威特地区局部 60°C 的高温，会让 T_g 仅为 80°C 的叶片处于很尴尬的地位。

(21) 在线状态监控方面。在叶片中预埋光导纤维的传感器、声发射传感器、加速度传感器，在叶根布置应变传感器，实时在线监控叶片的动态响应，结合损伤诊断数据库与剩余寿命分析方法，预判叶片损伤类型及等级。

(22) 海上风力机叶片和垂直轴叶片方面。这里不加阐述，因为这都是很大的单独的题目，需要引入太多的全新的技术难题，不可盲目投入设计理念。

以上的每一项技术都可能极大地改变叶片行业的未来，但是需要注意的是，这些是各种可能，且仅是可能。在这些可能性中，只有数量很少的创新具备可行性；在这些少量的可行性中，又只剩下更少的创新在某个具体产品型号上具备经济性；在这些具备经济性的创新中，又有很多因为失败的项目管理最终流产。

作者不能确切知道的是将来哪些会成为主流，但是能确切知道的是，这些创新的发生改变，甚至决定了下一代产品的样式，并改变着整个行业的生态。推动我们认识不断提升的，并不是我们知道了什么，而是我们在探索中发现了那些我们所不知道的。

21.5 回到原点——复合材料薄壁杆件结构力学

在本书的最后，我们又回到了原点——我们似乎知道了些什么，但是我们发现了更多的未知。

复合材料，我们研究了各向异性，发现了还有 Puck 准则这样一个知识；我们研究了层间破坏，发现了断裂力学也是必要的；当我们满怀欣喜地研究了几本大部头的航空复合材料设计手册之后，2012 年初空客的螺栓连接所带来的召回问题和波音的层间剥离问题，这让我们很沮丧——又回到了原点，对于复合材料，我们才刚刚开始，距离金属的几百年，甚至上千年的成熟应用相比，我们还太年轻。

薄壁杆件，我们研究工字梁，发现了弯心和刚心；研究蒙皮和夹芯，发现了剪心和扭心；研究动力学，发现了原来剪心和弯心并不是一个概念，而对动响应分析的影响还不小；似乎很难找到一本讲解复杂铺层的薄壁杆件结构力学的书籍，我们所熟练背诵，甚至写成软件的公式，往往停留在各向同性材料、同质材料的薄壁杆件中，甚至将剪心、弯心、扭心、刚心与几何中心的概念混淆；这种混淆并不是有意的，而是在不断简化过程中所丢掉的；这让我们很沮丧——又回到了原点，对于有限元，我们把自己交付给我们的作品，我们花几天时间建立一个程序，运行出结果，却难以在结果中确认与现实的对应性，因为相比几十万个自由度的程序，我们又太简单。

结构力学，我们研究屈曲，发现那是全局性的；研究螺栓，发现边界是周期的；研究尾缘，发现结构是奇异的；研究非线性，发现在有工具的情况下，材料非线性竟然是最简单的，而这最简单的计算输入却得不到可靠的测试结果。我们回到最基本的校核方法，这让我们很沮丧——又回到了原点，不是采用什么高深的方法和理论，而是把一些最基本的工程方法用扎实，并注重每一个细节。我们在学校的书本上花了近 20 年的青春，相比实实在在的工程问题，我们还太理想化。

回到了原点。这种将我们工程设计能力建立在随时可能被证伪的公理/定理体系之上的感觉，令人很沮丧，同时也很兴奋。

参 考 文 献

[1] 沈观林, 胡更开. 复合材料力学 [M]. 北京: 清华大学出版社, 2006.

[2] 牛春匀. 实用飞机结构应用分析及尺寸设计 [M]. 北京: 航空工业出版社, 2009.

[3] 刘雄亚, 晏石林. 复合材料制品设计及应用 [M]. 北京: 化学工业出版社, 2003.

[4] Bir G, Migliore P. Preliminary Struetural Design of Composite Blades for Two-and Three-Blade Rotors[M]. National Renewable Energy Laboratory, 2004.

[5] 郑晓玲. 民用飞机复合材料结构设计与验证 [M]. 上海: 上海交通大学出版社, 2011.

[6] 黄发荣, 周燕, 等. 先进树脂基复合材料 [M]. 北京: 化学工业出版社, 2008.

[7] Dawson D. Big blades cut wind energy cost[J]. Composites Technology, 2003, 9(1): 28.

[8] 牛春匀. 实用飞机复合材料结构设计与制造 [M]. 北京: 航空工业出版社, 2010.

[9] Fibre-reinforced plastic composites-Determination of the in-plane shear stress/shear strain response, including the in-plane shear modulus and strength,by the ±45°tension test method[Z]. STD. ISO 14129-ENGL, 1997.

[10] Guidelines for Design of Wind Turbines[Z]. DNV/Riso in technical co-operation. ISBN 87-55-2870-5.

[11] 芮晓明, 柳亦兵, 等. 风力发电机组设计 [M]. 北京: 机械工业出版社, 2010.

[12] 罗永康, 李炜. 碳纤维复合材料在风力发电机叶片中的应用 [J]. 电网与清洁能源, 2008, 24(5): 2~4.

[13] Wind turbine generator systems-Lighting protection[Z]. IEC/TR 61400-24: 2002(E).

[14] Guidelines for Design of Wind Turbines[Z]. Germanischer Lloyd Industrial Services GmbH, 2010.

[15] 风力发电机组风轮叶片 GB/T 25383—2010[S]. 中华人民共和国国家质量监督检验验疫总局, 2010.

[16] 刘鸿文. 材料力学 I[M]. 4 版. 北京: 高等教育出版社, 2004.

[17] 陈佳慧. 风力机气动弹性与动态响应计算 [D]. 南京: 南京航空航天大学, 2011.

[18] 丁锡洪. 结构力学 [M]. 北京：航空工业出版社, 1991.

[19] 李慧. 大型风力机叶片的静强度设计与分析 [C]. 2010 第七届风能应用技术年会论文集, 2010.

[20] 王助成. 有限单元法 [M]. 北京: 清华大学出版社, 2005.

[21] 李慧. 大型风力机叶片结构/力学设计与分析 [D]. 南京: 南京航空航天大学, 2010.

[22] 李慧, 王同光. 风力机叶片分布力函数加载方式有限元分析 [J], 太阳能学报, 2013, 3: 384~391.

[23] Design and manufacture of wind turbine blades, offshore and onshore wind turbines[Z]. DNV/Riso in technical co-operation. DNV-OS-J102, 2006.

[24] 叶枝全, 马昊漫. 水平轴风力机浆叶的实验模态分析 [J]. 太阳能学报, 2001, 22(4): 473~477.

[25] Ye Z Q, Liu X, Chen Y. Structure dynamic analysis of a horizontal axis wind turbine system using a FEM analysis method[J]. Wind Engineering, 2001, 25 (4): 237~248.

[26] 周覆, 范赋群. 复合材料力学 [M]. 北京: 高等教育出版社, 1991.

[27] 张承宗. 复合材料板壳力学解析理论 [M]. 北京: 国防工业出版社, 2009.
[28] 中国航天研究院. 复合材料结构设计手册 [M]. 北京: 航空工业出版社, 2001.
[29] Offshore standard DNV-OS-C501, Composite components[Z]. DNV/Riso in technical co-operation, 2003.
[30] Puck A, Kopp J. Guidelines for the determination of the parameters in Puck's action plane strength criterion. Institute of plastics processing[J]. Composites Science and Technology, 2002, 62: 371~378.
[31] 朱菊芳, 汪海, 等. 非线性有限元及其在飞机结构设计中的应用 [M]. 上海: 上海交通大学出版社, 2012.
[32] 中国航空研究院. 复合材料连接手册 [M]. 北京: 航空工业出版社, 1994.
[33] 牛春匀. 实用飞机结构工程设计 [M]. 北京: 航空工业出版社, 2008.
[34] 谢鸣九. 复合材料连接手册 [M]. 上海: 上海交通大学出版社, 2011.
[35] Panigrahi S K. Pradhan B. Three dimensional failure analysis and damage propagation behavior of adhesively bonded single lap joints in laminated FRP composites[J]. Journal of Reinforced Plastics and Composites, 2007, 26(2): 183—201.
[36] Systematic calculation of high duty bolted joints joints with one cylindrical bolt[Z]. VDI 2230 Blatt1/Part1, 2003.
[37] 姚卫星. 结构疲劳寿命分析 [M]. 北京: 国防工业出版社, 2003.
[38] Janssen L G J. Reliable Optimal Use of Materials for Wind Turbine Rotor Blades[R]. ECN-C-06-023: 15.
[39] 杨剑, 张璞. 新编 MD Nastran 有限元实例教程 [M]. 北京: 机械工业出版社, 2008.
[40] 解德, 钱勤. 断裂力学中的数值计算方法及工程应用 [M]. 北京: 科学出版社, 2009.
[41] 石亦平. ABAQUS 有限元分析实例详解 [M]. 北京: 机械工业出版社, 2006.
[42] 姚卫星, 顾怡. 结构可靠性设计 [M]. 北京: 航空工业出版社, 1997.
[43] 吴江海, 王同光. 风力机叶片优化设计目标 [J]. 南京航空航天大学学报, 2011, 43(5): 661~666.
[44] 王珑, 王同光, 罗源. 改进的 NSGA-II 算法研究风力机叶片多目标优化 [J]. 应用数学与力学, 2011, 6: 693~701.
[45] 益小苏, 杜善义, 张立同. 中国材料工程大典 [M]. 北京: 化学工业出版社, 2005.
[46] IEC 61400-23 Wind turbine generator systems –Part 23: Full-scale structural testing of rotor blades, 1999.
[47] DNV: Design and Manufacture of Wind Turbine Blades Offshore and Onshore Wind Turbines, 2006.
[48] Bulder B H, Dam J J. European Wind Turbine Testing Procedure Development SMT4-CT96-2116Subtask 2: Final Report Blade testing methods, 2000.

附录 A 坐 标 系

风力发电机组的坐标系如表 A-1 所示。

表 A-1 风力发电机组坐标系

序号	坐标系名称	坐标系符号	备注
1	风坐标系	W	
2	地表坐标系	G	
3	基础坐标系	F	
4	塔架截面坐标系	Th	
5	塔顶坐标系	K	偏航轴承坐标系
6	机舱坐标系	Y	偏航坐标系
7	轮毂坐标系	N	固定轮毂坐标系
8	风轮坐标系	R	旋转轮毂坐标系
9	叶根坐标系	B	叶片坐标系
10	变桨坐标系	P	
11	叶片截面坐标系	S	
12	叶片挥舞摆振坐标系	Bl	
13	弦线坐标系	C	
14	翼型坐标系	A	
15	模具坐标系	M	
16	合模前铺层坐标系	L	
17	合模后铺层坐标系	AM	

风力机坐标系在定义时主要参考了表 A-2 中列出的各家坐标系，其中带有“√”标识的表示各参考标准中涵盖的坐标系。

表 A-2 参考坐标系列表

序号	坐标系符号	CWPI 坐标系	GH	GL	DNV	Aerodyn	LM
1	W	风坐标系					
2	G	地表坐标系					
3	F	基础坐标系		√			
4	Th	塔架截面坐标系			√		
5	K	塔顶坐标系					
6	Y	机舱坐标系	√	√			
7	N	轮毂坐标系	√	√	√	√	
8	R	风轮坐标系		√		√	

续表

序号	坐标系符号	CWPI 坐标系	GH	GL	DNV	Aerodyn	LM
9	B	叶根坐标系	√	√		√	
10	P	变桨坐标系					
11	S	叶片截面坐标系		√		√	
12	Bl	叶片挥舞摆振坐标系			√		
13	C	弦线坐标系					
14	A	翼型坐标系					
15	M	模具坐标系				√	
16	L	合模前铺层坐标系					√
17	AM	合模后铺层坐标系					

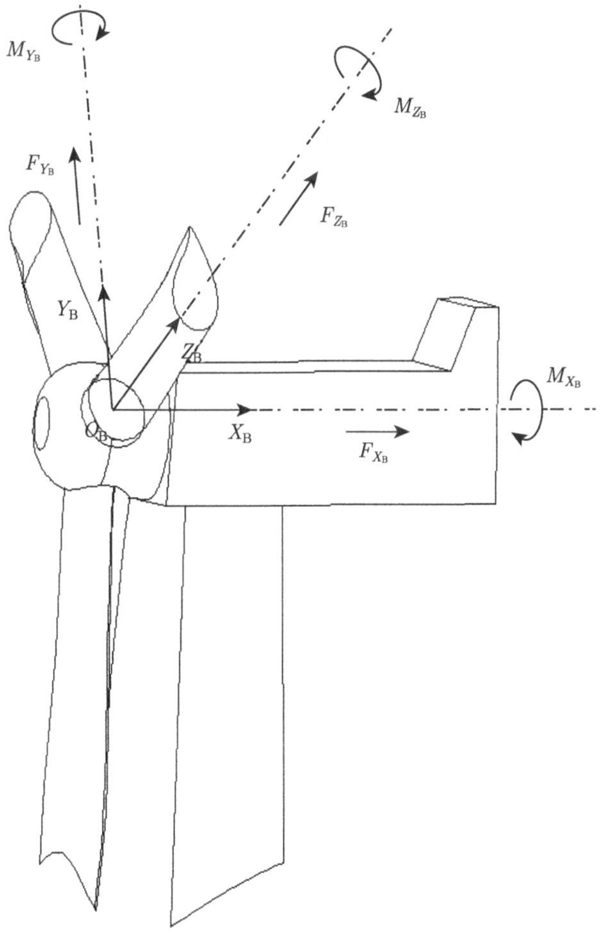

图 A-1 叶根坐标系

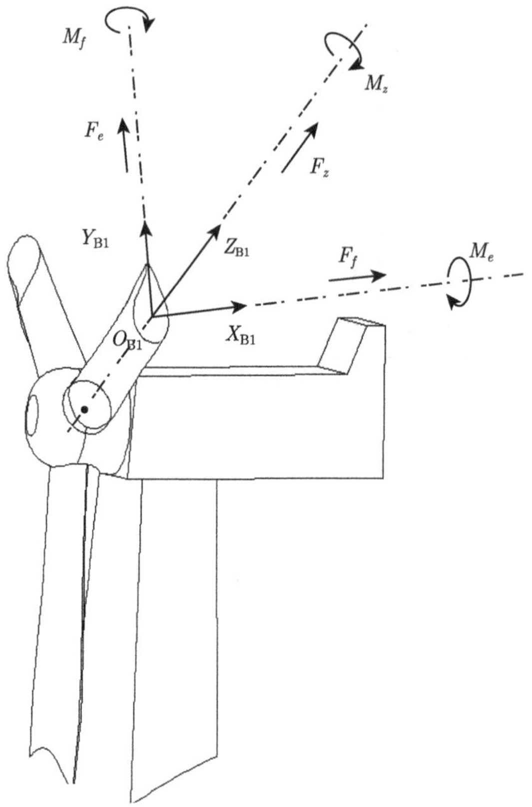

图 A-2　叶片挥舞摆振坐标系

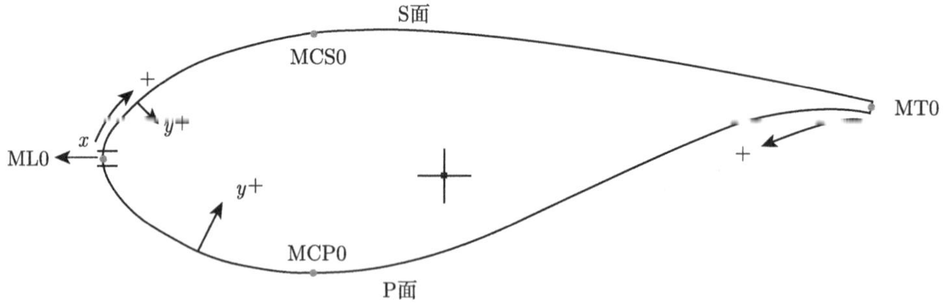

图 A-3　合模后叶片铺层坐标系

附录 B　WB45.3　叶　片

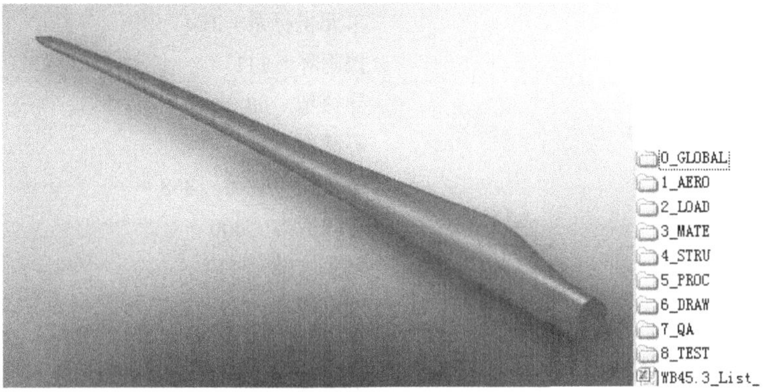

图 B-1　WB45.3 叶片

表 B-1　WB45.3 叶片参数

序号	参数	单位	数值
1	型号	[—]	WB45.3
2	风力机制造商和国别	[—]	
3	风力机等级	[—]	IIIA
4	额定功率	[kW]	2000
5	额定风速	[m/s]	10.5
6	风轮额定转速	[r/min]	16
7	齿轮箱速比	[—]	直驱
8	发电机额定转速	[r/min]	16
9	风轮直径	[m]	93
10	轮毂高度	[m]	80
11	叶片长度	[m]	45.3
12	控制器	[—]	采用外部控制器
13	轮毂高度运行风速	[m/s]	切入风速：1.8，切出风速：25
14	设计寿命	[a]	20
15	叶片总重	[kg]	8800
16	叶根工艺形式	[—]	预埋螺栓

名 词 索 引

A

安装角　182

B

摆振刚度　199
摆振弯矩　40
包络载荷　171
变形分析　121
玻璃纤维增强环氧树脂复合材料(GFRP)　17
剥离应力　265
薄壁　2
薄壁杆件　2
薄壁翼型　137
不饱和聚酯　21
Balsa 木　22

C

材料各向同性假设　138
材料局部安全系数　190
测试载荷　353
层合板　208
层间开裂　319
层间应力　334
超高分子量聚乙烯纤维　20
冲击　311

D

搭接长度　263
单搭接　258
单元法向　164
单元属性　166
单元坐标系　164
挡雨环　111
导流毡　98
等截面　155
等效疲劳载荷　353
等效应力　306
堵头　98
度电成本　362
断裂　319
钝尾缘　18
多闭式结构　15
多闭室剖面　143

E

二阶挥舞模态　153
二维方法　137
E-Glass　19

F

发电量　7
法向应力　229
非线性经典板壳理论　209
分布力　175
分歧屈曲　119
分支屈曲点　253
风剪切　36
风频分布　154
幅值　294
复合材料　13
复合毡　98
腹板　61
FF　229

G

杆件 1
各闭室周线剪力流 144
工字梁理论 124
工作时间 343
功能件 49
功能载荷 35
攻角 178
共振 201
固有频率 200
惯性和重力载荷 34
惯性矩 126

H

后打孔 93
后打孔叶根工艺的结构校核 287
后屈曲 253
环境条件 266
环境温度 257
环氧树脂 21
环氧乙烯基 21
挥舞刚度 199
挥舞弯矩 40
Hoffmann 失效准则 227

I

IFF 230

J

激振频率 201
极端载荷 33
极限点屈曲 119
极限载荷 40
夹芯结构 233
夹芯失效模式 236
剪力流 144
剪切 24
剪切褶皱 247
桨距角 40
胶接连接 257
胶接缺陷 256
胶衣 109
接闪器 107
结构构型 43
结构极限状态分析 40
结构件 49
结构力学 1
结构模型 39
结构设计 31
结构设计流程 44
结构校核方法 116
结构校核总则 115
结构指数 105
解耦 1
净空 121
局部二次分析法 248
局部屈曲 253
矩形单元假设 138
均匀轴压 238
均值 294

K

开剖面剪力流 144
坎贝尔图 204
抗疲劳性能 25
可靠度 343
空气动力 1
空气动力载荷 33

L

拉伸 23
累积损伤 299
力学 1
临界阻尼 201
流线型外形 7
螺栓套 95

M

蒙皮 72
面内剪切失效 230
MPC 多点约束 174

N

扭转刚度 199

O

欧拉梁理论 1

P

配重腔 110
疲劳 293
疲劳测试 358
疲劳分析 122
疲劳极限图 296
疲劳寿命 294
疲劳载荷 40
偏航 35
剖面无畸变假设 138
铺层 14
PMI 泡沫 17
Puck 准则 229
PU 硬质泡沫 17
PVC 泡沫 17

Q

气弹计算 36
气动布局 130
气动模型 36
前缘梁 78
强度 115
强度分析 118
切向应力 229
切应力 125
屈曲因子 207
全寿命周期 11

S

三角条 100
设计工况 190
升力 34
升力系数 37
失速 37
失稳 115
失效概率 343
失效率 320
失效因子 194
失效准则 193
使用极限状态 190
使用寿命 202
树脂破裂 228
衰减因子 193
双搭接 258
损伤容限 340
S-Glass 19
S-N 曲线 295

T

碳纤维 20
弹性矩阵 212
弹性屈曲 119
特征模态 151
特征值 214
湍流 36
脱模 11
陀螺载荷 35
Tsai-Hill 失效准则 227
Tsai-Wu 失效准则 228

V

von Mises 屈服准则 231

W

弯曲 24
弯曲刚度 40
维修度 344

尾缘几何奇点　88
尾缘开裂　81
尾缘梁　80
稳定性分析　118

X

吸力面　83
线应变假设　135
楔形块　98
虚拟裂纹闭合法　320
许用值　214
循环载荷　294

Y

压力分布　178
压力面　83
压缩　24
哑节点断裂单元　328
仰角　183
叶根法兰　92
叶根盖板　110
叶根加强层　90
叶根连接　92
叶根内包边　87
叶根外包边　87
叶根预埋工艺的结构校核　271
叶根坐标系　149
叶尖挠度　199
叶尖速比　40
叶片　1
叶片材料轴　165
叶片全尺寸测试　346
叶片拓扑图　116
叶片展向　54
叶素动量理论　37
一阶摆振模态　153
一阶挥舞模态　152
一维方法　124
翼型　31
翼型族　32
应变能　217
应变能释放率　319
应力比　294
应力与应变　24
有限单元法　159
有效度　344
雨流计数　307
预埋螺栓　97
预制主梁　59
云纹法　338
运输加强层　109

Z

载荷　31
载荷幅值　351
载荷计算　36
载荷局部安全系数　190
载荷时间历程　306
噪声　354
展弦比　1
阵风　33
正交各向异性　194
正应力　124
重力载荷　34
主梁　50
阻力　34
阻力系数　37
阻尼　201
阻尼比　201
最大极限状态　40
最大应变失效准则　226
最大应力失效准则　228